高等院校工商管理类创新课程体系教材



# 运筹学

## Operations Research

宋荣兴 荆湘霞 李扶民 主编

东北财经大学出版社
Dongbei University of Finance & Economics Press
大连

**图书在版编目（CIP）数据**

运筹学 / 宋荣兴，荆湘霞，李扶民主编. —大连：东北财经大学出版社，2018.3（2019.2 重印）
（高等院校工商管理类创新课程体系教材）
ISBN 978-7-5654-3031-2

Ⅰ. 运… Ⅱ. ①宋… ②荆… ③李… Ⅲ. 运筹学-高等学校-教材
Ⅳ. 022

中国版本图书馆CIP数据核字（2017）第322165号

东北财经大学出版社出版
（大连市黑石礁尖山街217号 邮政编码 116025）
网 址：http://www.dufep.cn
读者信箱：dufep@dufe.edu.cn
大连雪莲彩印有限公司印刷 东北财经大学出版社发行

幅面尺寸：185mm×260mm 字数：393千字 印张：17 插页：1
2018年3月第1版 2019年2月第2次印刷
责任编辑：王 莹 韩敌非 责任校对：龚 彬
封面设计：张智波 版式设计：钟福建
定价：40.00元

教学支持 售后服务 联系电话：（0411）84710309

如有印装质量问题，请联系营销部：（0411）84710711

## “高等院校工商管理类创新课程体系教材”

### 审定委员会

主　任：张伟星　李　东

委　员：王在泉　王军英　邵景玲　孙　勇

### 编写委员会

主　任：王曙光

副主任：杨成文　宋荣兴

委　员：王　新　王先鹿　薄建奎　乐国林　胡保玲　刘占军　刘成立　崔建新　于　桐　华文健

# 前言

运筹学是20世纪40年代后期发展起来的采用定量化方法研究各种系统的效能优化的一门学科，其目的是为管理决策提供科学依据。运筹学着眼于整个系统，以系统整体最优化为目标来解决系统内各部门之间的利害冲突。它的一般工作步骤是：提出问题；分析问题，建立模型；求解模型；方案检验与实施。鉴于其所蕴含的系统化思想及科学工作方法，运筹学在生产计划、市场销售、财务分析、库存管理等活动中得到广泛应用，也成为经济管理类专业普遍开设的一门专业基础课。

本书是为满足经济管理类专业本科教学需要而编写的，同时也可作为经济管理类硕士研究生、管理人员及相关人员的参考书。本书在编写过程中从以下方面进行了考虑：（1）注重理论与方法的有机结合。本书较为全面系统地介绍了运筹学学科体系的基本原理和方法，考虑到学生的数学基础不同，本书在说明各类算法的基本思想时，力图通过几何图形和其他直观手段完成，尽量避免较难理解的数学证明。（2）注重对学生应用能力的培养。本书主要满足经济管理类专业学生的需要，在例题的选取上，尽量选择学生熟悉的经济管理的实际问题，通过实例潜移默化地引导学生去发现问题、分析问题、解决问题。（3）注重计算机软件的运用。每章都有一节专门介绍WinQSB软件，帮助学生掌握计算机软件，进而提高分析问题和解决问题的能力。此外，本书在编写过程中参阅了大量国内外同类教科书，对本书体系进行优化，在此一并表示感谢。

本教材各章编写分工：各章软件应用由宋荣兴编写，第1、3章由孙海涛编写，第2章由李培培编写，第4、9章由李扶民编写，第5、6章由张湘霞编写，第7、10章由宋荣兴、吕秀艳编写，第8章由吕秀艳编写。本书编写完成后，由李永江主审，李永江对本书提出了许多中肯的意见和建议，在此表示衷心的感谢。

虽经努力，但因作者水平所限，书中疏漏及错误在所难免，恳请各位专家及读者批评指正。

编者

2018年1月

# 目　录

## 第8章 对策论/178



## 第9章 存储论/198



## 第10章 决策分析/219



## 参考文献/264

# 第1章/
# 线性规划

线性规划（Linear Programming）是运筹学中研究较早且比较成熟的一个重要分支，它主要研究在线性等式（或不等式）的限制下，使得某一线性目标函数取得最大值（或最小值）的问题。早在1939年，苏联数学家康托洛维奇（Л.В.Kαнторович）就提出了生产组织和管理中的线性规划模型。1947年美国学者丹捷格（G.B.Dantzig）提出了求解一般线性规划的单纯形方法。单纯形法的出现使得线性规划在理论上趋于成熟，应用日益广泛和深入，特别是能用于处理成千上万个约束条件和变量的计算机软件的出现，使得线性规划在工业、农业、商业、交通运输、军事、经济计划与管理、决策等领域中都得到了重要的应用。

## 1.1 线性规划问题及其数学模型

### 1.1.1 线性规划问题的提出

人类进行生产经营活动中，经常会碰到这样的问题，即在资源（如资金、原材料、设备、人工等）有限的条件下，如何统筹安排、合理规划，以最少的资源完成确定的任务或目标。这样的问题属于资源的最优利用问题，也是线性规划所要研究的问题。

【例1-1】利民公司计划用三种资源生产甲、乙两种产品，已知生产单位产品的资源消耗、单位产品的利润等数据见表1-1。

表1-1 利民公司产品生产消耗资源及利润

| 资源 \ 消耗 \ 产品 | 甲 | 乙 | 现有资源 |
|---|---|---|---|
| 材料A（千克） | 5 | 2 | 56 |
| 材料B（千克） | 1 | 4 | 45 |
| 设备（台时） | 1 | 1 | 16 |
| 利润（元/件） | 90 | 70 | |

假定市场需求无限制，公司决策者应如何安排生产计划，使公司利润最大？

解：这是一个线性规划问题，该问题可用一定的数学语言来描述，即可以用一定的数学模型表示。设 $x_1$、$x_2$ 分别表示甲、乙两种产品的生产数量（件），称为决策变量，且

$x_1$、$x_2 \geqslant 0$；$z$表示公司的总利润。由题意，问题可以转换为求变量$x_1$、$x_2$的值，使得总利润最大，即

$$\max\ z = 90x_1 + 70x_2$$

此时称$z = 90x_1 + 70x_2$为目标函数。

由目标函数可知，两种产品生产的数量越多，公司获得的利润就越多，但公司两种产品的生产量要受到现有材料和设备的限制，这就是两种产品生产量的资源约束，称为约束条件。

就材料A而言，生产两种产品实际消耗的总量，不能超过现有资源量，这种关系可以用数学语言表述为：$5x_1 + 2x_2 \leqslant 56$。

对材料B来讲，生产两种产品实际消耗的总量，也不能超过现有资源量，即：$x_1 + 4x_2 \leqslant 45$。

对设备来讲，生产两种产品实际消耗的设备总台时，不能超过现有的设备总台时，即：$x_1 + x_2 \leqslant 16$。

综合考虑公司的目标函数及资源约束，该问题的数学模型可归纳为：

$$\max\ z = 90x_1 + 70x_2$$

$$\begin{cases} 5x_1 + 2x_2 \leqslant 56 \\ x_1 + 4x_2 \leqslant 45 \\ x_1 + \ \ x_2 \leqslant 16 \\ x_1, x_2 \geqslant 0 \end{cases}$$

【例1-2】设某种动物每天需要摄入的蛋白质、矿物质、维生素的最低量及A、B、C、D、E五种饲料每千克营养成分的含量及单位价格见表1-2。

表1-2　　**五种饲料营养成分含量及单位价格**

| 类别 | A | B | C | D | E | 每天最低摄入量（克） |
|---|---|---|---|---|---|---|
| 蛋白质（克） | 3 | 2 | 1 | 6 | 18 | 700 |
| 矿物质（克） | 1 | 0.5 | 0.2 | 2 | 0.5 | 30 |
| 维生素（克） | 0.5 | 1 | 0.2 | 2 | 0.8 | 100 |
| 价格（元/千克） | 2 | 7 | 4 | 3 | 8 | |

试建立该问题的数学模型，要求既满足该种动物每天营养成分的需要量，又使总的费用最省。

解：该问题可看作一个五种饲料的混合搭配问题，并且要求总的费用最省。设$x_j$为第$j$种饲料的每天使用量，根据题意得该问题的线性规划模型为：

$$\min z = 2x_1 + 7x_2 + 4x_3 + 3x_4 + 8x_5$$

$$\begin{cases} 3x_1 + 2x_2 + \ \ x_3 + 6x_4 + 18x_5 \geqslant 700 \\ x_1 + 0.5x_2 + 0.2x_3 + 2x_4 + 0.5x_5 \geqslant 30 \\ 0.5x_1 + x_2 + 0.2x_3 + 2x_4 + 0.8x_5 \geqslant 100 \\ x_1, x_2, x_3, x_4, x_5 \geqslant 0 \end{cases}$$

### 1.1.2　线性规划问题数学模型的一般形式

由上述两个例子可以看出，线性规划问题的数学模型由三个要素组成：

（1）变量，或称决策变量，是问题中所要解决的未知量，表明规划中用数量表示的方

案、措施，可由决策者决定和控制。

（2）目标函数，是决策变量的函数。按问题的目标不同分别在这个函数前加上max或min。

（3）约束条件，由一组含决策变量的等式或不等式组成，表明决策变量取值时所受到的各种资源条件的限制。

假定线性规划问题中含有$n$个决策变量$x_j(j=1,\cdots,n)$，在目标函数中$x_j$的系数为$c_j$（$c_j$通常称为价值系数）；有$m$种资源的限制，每种资源数量用$b_i(i=1,\ldots,m)$表示；用$a_{ij}$表示变量$x_j$取值为1个单位时所消耗或含有的第$i$种资源的数量，通常称$a_{ij}$为技术系数或消耗系数。则该线性规划问题的数学模型可表示为：

目标函数　　$\max(\text{或}\min)\ z = c_1x_1 + c_2x_2 + \cdots + c_nx_n$

$$\text{约束条件}\begin{cases} a_{11}x_1 + a_{12}x_2 + \cdots + a_{1n}x_n \leqslant (\text{或} =, \geqslant)\ b_1 \\ a_{21}x_1 + a_{22}x_2 + \cdots + a_{2n}x_n \leqslant (\text{或} =, \geqslant)\ b_2 \\ \vdots \\ a_{m1}x_1 + a_{m2}x_2 + \cdots + a_{mn}x_n \leqslant (\text{或} =, \geqslant)\ b_m \\ x_1, x_2, \cdots, x_n \geqslant 0 \end{cases}$$

简写为：

$$\max(\text{或}\min)\ z = \sum_{j=1}^{n} c_jx_j$$

$$\begin{cases} \sum_{j=1}^{n} a_{ij}x_j \leqslant (\text{或} =, \geqslant)\ b_i & (i = 1, \cdots, m) \\ x_j \geqslant 0 & (j = 1, \cdots, n) \end{cases}$$

用向量形式进行表达时，模型可写为：

$$\max(\text{或}\min)\ z = CX$$

$$\begin{cases} \sum_{j=1}^{n} P_jx_j \leqslant (\text{或} =, \geqslant)\ b \\ x_j \geqslant 0 \end{cases}$$

其中：$C = (c_1, c_2, \cdots, c_n)$；$X = \begin{bmatrix} x_1 \\ x_2 \\ \vdots \\ x_n \end{bmatrix}$；$P_j = \begin{bmatrix} a_{1j} \\ a_{2j} \\ \vdots \\ a_{mj} \end{bmatrix}$；$b = \begin{bmatrix} b_1 \\ b_2 \\ \vdots \\ b_m \end{bmatrix}$

用矩阵形式来表示可写为：

$$\max(\text{或}\min)\ z = CX$$

$$\begin{cases} AX \leqslant (\text{或} =, \geqslant)\ b \\ X \geqslant 0 \end{cases}$$

$$A = \begin{bmatrix} a_{11} & a_{12} & \cdots & a_{1n} \\ a_{21} & a_{22} & \cdots & a_{2n} \\ \vdots & \vdots & \ddots & \vdots \\ a_{m1} & a_{m2} & \cdots & a_{mn} \end{bmatrix}$$

其中$A$称为约束方程组（约束条件）的系数矩阵。

变量$x_j$的取值一般为非负，即$x_j \geqslant 0$；从数学意义上可以有$x_j \leqslant 0$。如果变量$x_j$表示第$j$种产品本期内产量相对于前期产量的增加值，则$x_j$的取值范围为（$-\infty$，$+\infty$），称$x_j$取值不受约束，或$x_j$无约束。

### 1.1.3 线性规划问题的标准型

由于目标函数和约束条件内容和形式上的差别，线性规划问题可以有多种表达式。为了便于讨论和制定统一的算法，规定线性规划问题的标准型如下：

$$\max z = \sum_{j=1}^{n} c_j x_j$$

$$\begin{cases} \sum_{j=1}^{n} a_{ij} x_j = b_i & (i = 1, \cdots, m) \\ x_j \geqslant 0 & (j = 1, \cdots n) \end{cases}$$

标准型的线性规划模型中，本教材规定：目标函数为求最大值，约束条件全为等式，约束条件右端常数项$b_i$全为非负值，变量$x_j$的取值全为非负值。对不符合标准型（或称非标准型）的线性规划问题，可分别通过下列方法化为标准型。

（1）目标函数为求最小值，即：

$$\min z = \sum_{j=1}^{n} c_j x_j$$

因为求$\min z$等价于求$\max(-z)$。令$z' = -z$，即：

$$\max z' = -\sum_{j=1}^{n} c_j x_j$$

（2）约束条件的右端项$b_i < 0$时，只需将等式或不等式两端同乘“-1”，则等式右端项必然大于0。

（3）约束条件为不等式，这里有两种情况：

①约束条件为“≤”不等式，则在不等式的左端加入一个非负的松弛变量。

如$5x_1 + 2x_2 \leqslant 56$，在不等式的左端加入一个非负的松弛变量$x_3$后，不等式化为等式，即$5x_1 + 2x_2 + x_3 = 56$，显然$x_3 \geqslant 0$。

②约束条件为“≥”不等式，则在不等式的左端减去一个非负的剩余变量。

如$x_1 - x_2 + x_3 \geqslant 2$，在不等式的左端减去一个非负的剩余变量$x_6$后，不等式化为等式，即$x_1 - x_2 + x_3 - x_4 = 2$，$x_4 \geqslant 0$。

松弛变量和剩余变量在实际问题中分别表示未被充分利用和超出的资源量，二者均未转化为价值和利润，所以引进模型后它们在目标函数中的系数均为0。

（4）取值无约束的变量。如果变量$x$代表某产品当年销售收入与销售成本之差，显然$x$的取值可能为正也可能为负，这时可令$x = x' - x''$，其中$x' \geqslant 0$，$x'' \geqslant 0$，将其代入线性规划模型即可。

（5）对$x \leqslant 0$的情况，令$x' = -x$，显然$x' \geqslant 0$。

综上所述，线性规划问题的标准型具有如下特点：

（1）目标函数求最大值；

（2）所有的决策变量均要求非负；

（3）所有的约束条件均是等式；

（4）常数项为非负。

【例1-3】将下述线性规划化为标准型。

$$\min z=-x_1+2x_2-3x_3$$

$$\begin{cases} x_1+x_2+x_3\leqslant 7 \\ x_1-x_2+x_3\geqslant 2 \\ 3x_1-x_2-2x_3=-5 \\ x_1,x_2\geqslant 0,x_3\text{取值无约束} \end{cases}$$

解：(1) 本例中目标函数为求最小值，需化为求最大值，令 $z'=-z$，得到 $\max z'=-z$；

(2) 因为 $x_3$ 取值无约束，即该决策变量无符号限制，按标准型的要求，令 $x_3=x_3'-x_3''$，$x_3'\geqslant 0$，$x_3''\geqslant 0$；

(3) 第一个约束条件是“≤”，在该不等式的左端加入一个松弛变量 $x_4(x_4\geqslant 0)$，该变量在目标函数中的系数为“0”；

(4) 第二个约束条件是“≥”，在该不等式的左端减去一个剩余变量 $x_5(x_5\geqslant 0)$，该变量在目标函数中的系数为“0”；

(5) 第三个约束条件右端项是负数，将该等式两端同乘“-1”。

根据标准型的转换规则，综合考虑上述五项，得到该问题的标准型为：

$$\max z'=x_1-2x_2+3x_3'-3x_3''+0x_4+0x_5$$

$$\begin{cases} x_1+x_2+x_3'-x_3''+x_4=7 \\ x_1-x_2+x_3'-x_3''-x_5=2 \\ -3x_1+x_2+2x_3'-2x_3''=5 \\ x_1,x_2,x_3',x_3'',x_4,x_5\geqslant 0 \end{cases}$$

## 1.2 线性规划图解法

线性规划问题常用的求解方法有两种，即图解法和单纯形法，本节只介绍图解法。图解法是通过在平面直角坐标系中做图来求解线性规划问题的一种方法。这种方法简单直观，适合于求解只有两个决策变量的线性规划问题。

图解法求解的目的，一是直观地判断线性规划问题解的可能结果，二是在存在最优解的前提下，利用图示求出问题的最优解。

### 1.2.1 图解法的步骤

对于线性规划问题，图解法的求解步骤可概括为：

(1) 建立平面直角坐标系；

(2) 利用约束条件，确定线性规划问题解的可行域；

(3) 绘制目标函数的等值线和法线；

(4) 将目标函数的等值线移动至可行域的边缘，寻求问题最优解。若该问题存在最优解，则在可行域的边缘得到问题的最优解。

就一般情况而言，将目标函数等值线置于可行域中，求最大值时目标函数等值线沿法线方向移动，求最小值时目标函数等值线沿法线的反方向移动。

### 1.2.2 图解法举例

【例1-4】用图解法求解下列线性规划问题：

$$\max z = 90x_1 + 70x_2$$

$$\begin{cases} 5x_1 + 2x_2 \leqslant 56 & \text{(a)} \\ x_1 + 4x_2 \leqslant 45 & \text{(b)} \\ x_1 + x_2 \leqslant 16 & \text{(c)} \\ x_1, x_2 \geqslant 0 & \text{(d)} \end{cases}$$

（1）建立平面直角坐标系。以$x_1$作横轴，以$x_2$作纵轴，如图1-1所示。

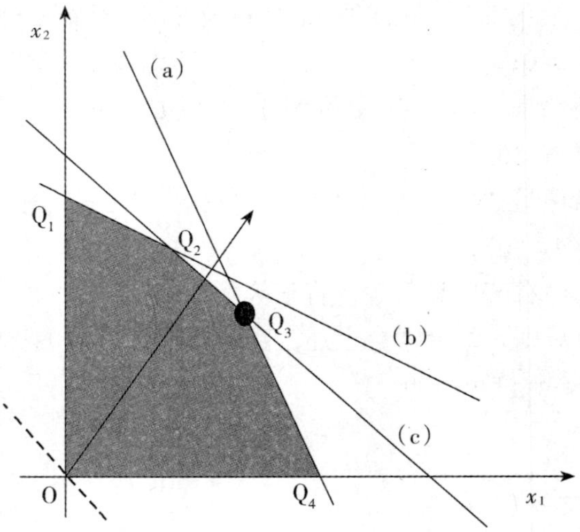


**图1-1　例1-4图解**

（2）利用约束条件，确定线性规划问题解的可行域。在图1-1上，分别根据（a）、（b）、（c）三个约束条件作三条直线，再考虑约束条件（d）在第一象限，共同确定问题解的可行域为$OQ_1Q_2Q_3Q_4$。

（3）绘制目标函数的等值线和法线。由于该问题是一个求最大值的线性规划问题，目标函数为$z = 90x_1 + 70x_2$，其斜率为$-9/7$，过原点作一条斜率为$-9/7$的直线，即为目标函数的等值线；再由原点作一条垂直于目标函数等值线的矢量线，即法线。

（4）移动目标函数等值线至可行域的边缘，以寻求问题最优解。因问题为求目标函数最大值，需沿法线方向移动目标函数等值线，当目标函数等值线移动至$Q_3$点时，问题得到最优解。则该问题的最优解为$(x_1^*, x_2^*) = (8,8)$，将其代入目标函数，得目标函数的最优值为$z^*$=1 280。即该公司每天生产甲产品8件，生产乙产品8件，利润达到最大。

### 1.2.3　线性规划问题解的可能结果

（1）唯一最优解。由图1-1可以看出，该问题的最优解是唯一的，最优解在$Q_3$点上。

（2）无穷多最优解。如果利民公司生产单位甲产品的利润不是90元，而是70元，则例1-4中的目标函数改变为$\max z = 70x_1 + 70x_2$，此时目标函数的等值线恰好与约束条件（c）平行。当目标函数等值线沿法线方向移动到可行域边缘时，与可行域相交不是在一个点上，而是与$Q_2Q_3$线段相重叠，如图1-2所示。这时点$Q_2$、$Q_3$及$Q_2Q_3$之间的所有点都能使目标函数$z$达到最大值，即有无穷多最优解，或多重最优解。

产生无穷多最优解的原因是在所建立的数学模型中，目标函数与一个或多个约束条件平行，即它们的斜率相等。

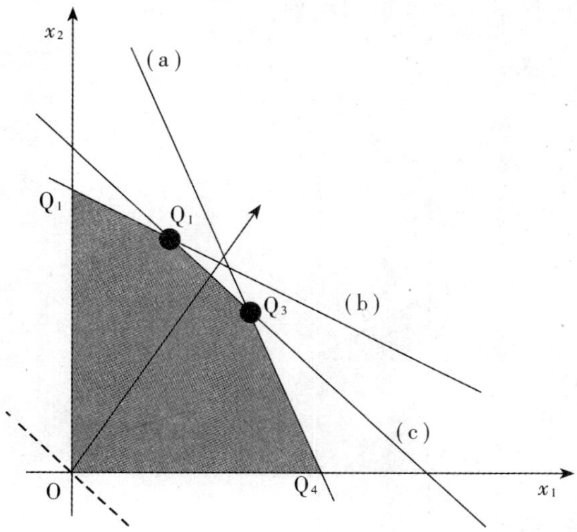


图1-2　无穷多最优解例图

（3）无界解。无界解指线性规划问题的可行域无界，即随着变量取值的增大（或减少），目标函数值也相应地增大（或减少），且趋于无穷，如图1-3所示。例如下述线性规划问题：

$$\max z = 3x_1 + 2x_2$$

$$\begin{cases} 3x_1 + x_2 \geqslant 6 \\ x_1 + x_2 \geqslant 5 \\ x_1 + 3x_2 \geqslant 6 \\ x_1, x_2 \geqslant 0 \end{cases}$$

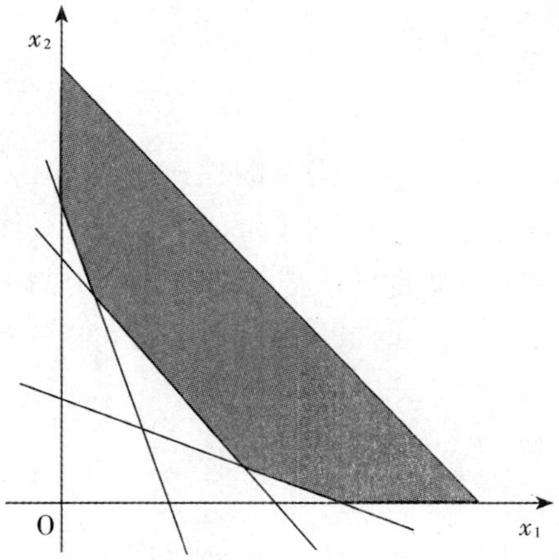


图1-3　无界解例图

图1-3中，可行域在第一象限内伸展到无穷，即变量 $x_1$、$x_2$ 的取值可以无限增大，不受限制，由此目标函数值也可增大至无穷，则该问题的最优解无界。

无界解的产生是因为在建立线性规划问题的数学模型时遗漏了某些必要的约束条件。

（4）无解，或无可行解。用图解法求解时找不到满足所有约束的可行域，说明该问题无解，如图1–4所示。例如下述线性规划模型：

$$\max z = 3x_1 + 2x_2$$

$$\begin{cases} x_1 + x_2 \leqslant 2 \\ x_1 + 2x_2 \geqslant 6 \\ x_1, x_2 \geqslant 0 \end{cases}$$

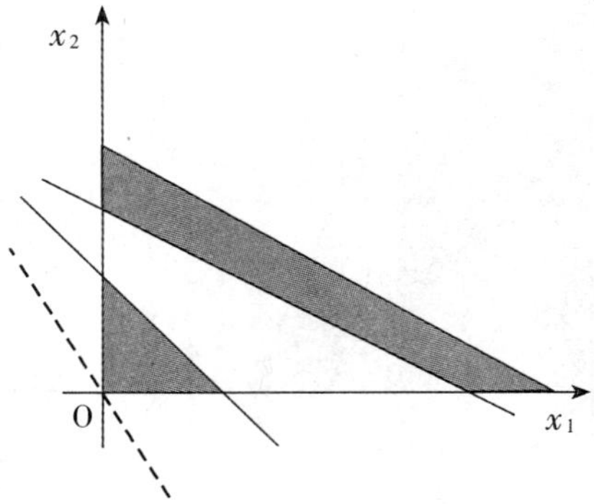


**图1–4　无解例图**

由图1–4可以看出，该问题的约束条件没有形成可行域，该问题无解。无解的原因是线性规划问题模型的约束条件之间存在矛盾，建模存在错误。

## 1.3　线性规划问题解的性质

### 1.3.1　线性规划问题解的概念

设线性规划问题的数学模型为：

$$\max z = \sum_{j=1}^{n} c_j x_j$$

$$\begin{cases} AX = b & (1.1) \\ X \geqslant 0 & (1.2) \end{cases}$$

式中$A$为$m \times n$阶矩阵，$m \leqslant n$并且矩阵$A$的秩$r(A) = m$。

则对于线性规划问题的标准型，有以下解的概念：

基：若$B$是矩阵$A$的$m \times m$阶非奇异子矩阵（$|B| \neq 0$），则称$B$是线性规划问题的一个基。即矩阵$B$是由$m$个线性无关的列向量组成，假设$B$可以表述为：

$$B = \begin{bmatrix} a_{11} & a_{12} & \cdots & a_{1m} \\ a_{21} & a_{22} & \cdots & a_{2m} \\ \vdots & \vdots & \ddots & \vdots \\ a_{m1} & a_{m2} & \cdots & a_{mm} \end{bmatrix} = (P_1, P_2, \cdots, P_m)$$

基向量：矩阵B中的各个向量$P_i (i = 1, 2, \cdots, m)$，称为基向量。

非基向量：矩阵A中其余的向量$P_j (j = m+1, m+2, \cdots, n)$，称为非基向量。

基变量：与基向量$P_i$对应的决策变量$x_i (x_1, x_2, \cdots, x_m)$，称为基变量。

非基变量：与非基向量$P_j$对应的决策变量$x_j (x_{m+1}, x_{m+2}, \cdots, x_n)$，称为非基变量。

可行解：满足约束条件（1.1）式、（1.2）式的解$X = (x_1, x_2, \cdots, x_n)^T$，称为线性规划问题的可行解。全部可行解的集合称为可行域。

最优解：使目标函数达到最大值的可行解称为最优解。

基解：对于某个特定的基$B$，非基变量均取0时的解，称为基解。

约束条件（1.1）可以改写为：

$$\sum_{i=1}^{m} P_i x_i = b_i - \sum_{j=m+1}^{n} P_j x_j$$

若不考虑线性规划问题的非负约束，令非基变量$x_{m+1} = x_{m+2} = \cdots = x_n = 0$，并用高斯消元法求出的解，即为基解。

基可行解：满足非负条件（1.2）式的基解，称为基可行解。

可行基：与基可行解相对应的基，称为可行基。

以上提到的几种解的概念，它们之间的关系可用图1-5进行表述。

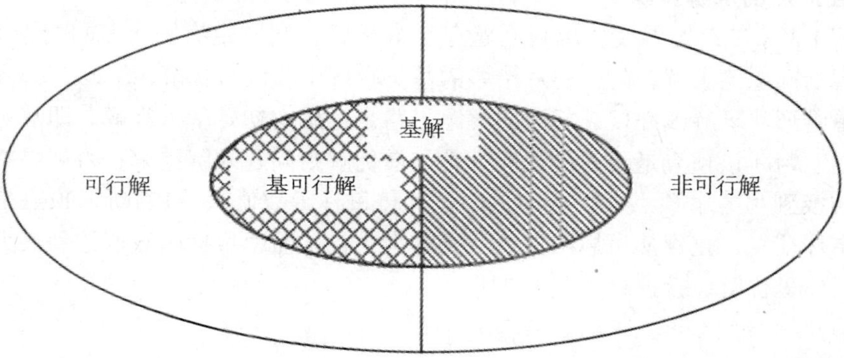


图1-5　解的关系图

### 1.3.2　线性规划的基本定理

**定义1.1**　设$K$是$n$维欧氏空间的一个点集，若对于$K$中的任意两点$X_1 \in K$和$X_2 \in K$，均有$X = \alpha X_1 + (1-\alpha) X_2 \in K, (0 \leqslant \alpha \leqslant 1)$，则称$K$为凸集。

凸集的几何意义：集合$K$中任意两点连线上的所有点均在$K$中。从直观上讲，凸集上没有凹入部分，其内部没有空洞。如图1-6中（a）和（b）是凸集，（c）和（d）则不是凸集。

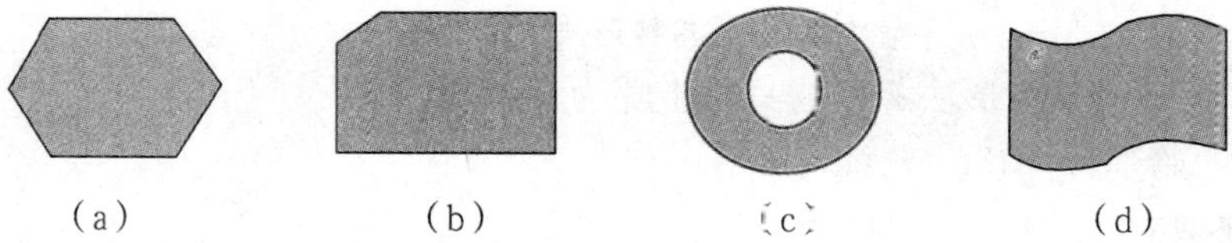


图1-6　凸集与非凸集

**定义1.2**　设$K$为凸集，$X \in K$，若$X$不能用$K$中任意两点$X_1 \in K$和$X_2 \in K$ $(X_1 \neq X_2)$的线性组合表示为$X = \alpha X_1 + (1-\alpha) X_2 (0 \leqslant \alpha \leqslant 1)$，则称$X$为凸集$K$的一个顶点（或称为极点）。

定义说明，凸集中的顶点不是凸集中任意两点所连直线内的点。

**定理1.1**　若线性规划问题存在可行域，则其可行域$R = \{X \mid AX = b, X \geqslant 0\}$是凸集。

**定理1.2**　线性规划问题的基可行解$X$对应于可行域$R$的顶点。

**定理1.3** 若线性规划问题的可行域非空有界，则线性规划问题的最优解一定可以在其可行域的某个顶点上得到。

由此可得到以下结论：

（1）线性规划问题的所有可行解的集合是凸集，它可以是有界的，也可以是无界的。

（2）线性规划问题的每一个基可行解对应可行域的一个顶点。

（3）若可行域无界，则线性规划问题可能无最优解，也可能有最优解。如线性规划问题有无界解，则可行域一定无界。

## 1.4 单纯形法

### 1.4.1 单纯形法的求解步骤

由定理1.3可知，如果线性规划问题存在最优解，则一定有一个基可行解是最优解。因而线性规划问题的求解，就是要从诸多的基可行解中找到最优解。

利用单纯形法求解线性规划问题的解题思路是：确定初始基可行解，即从可行域的一个顶点出发，判断该顶点是否为最优解，若是最优解则问题求解结束；否则寻找新的基可行解，即转换到另一个顶点（转换的目的是优化目标函数值），再判断该顶点是否为最优解，如此循环往复，直到使目标函数值达到最大为止，而使目标函数值达到最大的基可行解即为问题的最优解，该过程如图1-7所示。

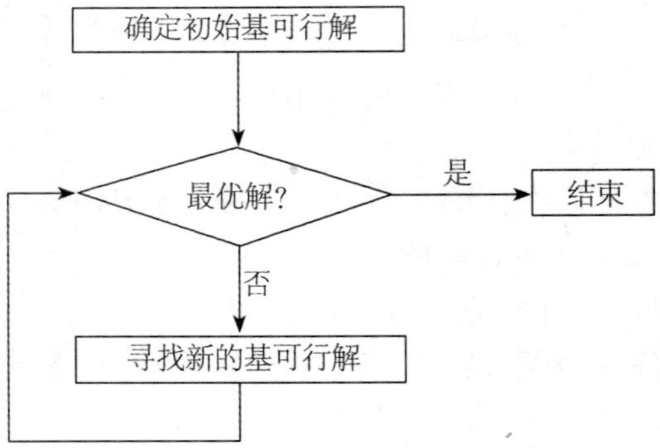


**图1-7 单纯形法求解流程**

由图1-7可知，单纯形法解题的具体步骤为：

1）确定初始基可行解

对于标准型的线性规划问题：

$$\max z=\sum_{j=1}^{n}c_jx_j$$

$$\begin{cases}\sum_{j=1}^{n}P_jx_j=b & (1.3)\\ x_j\geqslant 0\quad (j=1,\cdots,n) & (1.4)\end{cases}$$

在约束条件（1.3）式的变量系数矩阵中总会存在一个单位矩阵。为讨论方便，假定单位矩阵为：

$$(P_1,P_2,\cdots,P_m)=\begin{bmatrix}1 & 0 & \cdots & 0\\0 & 1 & \cdots & 0\\\vdots & \vdots & \ddots & \vdots\\0 & 0 & \cdots & 1\end{bmatrix}$$

该单位矩阵即为初始可行基。

当线性规划问题的约束条件均为≤时，加上松弛变量 $x_{s1},x_{s2},\cdots,x_{sm}$ 后，即产生一个单位矩阵。对约束条件为≥或=的情况，可采用人造基的方法，人为产生一个单位矩阵，这将在本章第1.5节中讨论。

约束条件（1.3）式中 $P_1,P_2,\cdots,P_m$ 称为基向量，与其对应的变量 $x_1,x_2\cdots,x_m$ 称为基变量，模型中其余的变量 $x_{m+1},x_{m+2},\cdots,x_n$ 称为非基变量。

对于（1.3）式的约束条件，用非基变量表示基变量可得到：

$$\begin{cases}x_1=b_1-a_{1,m+1}x_{m+1}-a_{1,m+2}x_{m+2}-\cdots-a_{1n}x_n\\x_2=b_2-a_{2,m+1}x_{m+1}-a_{2,m+2}x_{m+2}-\cdots-a_{2n}x_n\\\vdots\\x_m=b_m-a_{m,m+1}x_{m+1}-a_{m,m+2}x_{m+2}-\cdots-a_{mn}x_n\end{cases}$$

即：

$$x_i=b_i-a_{i,m+1}x_{m+1}-a_{i,m+2}x_{m+2}-\cdots-a_{in}x_n$$

简写为：

$$x_i=b_i-\sum_{j=m+1}^{n}a_{ij}x_j \tag{1.5}$$

令所有非基变量等于0，可得到对应基 $B$ 的初始基可行解：

$$X^{(0)}=(x_1,\cdots,x_m,x_{m+1},\cdots,x_n)^T=(b_1,\cdots,b_m,0,\cdots,0)^T$$

2）最优性检验

将（1.5）式代入目标函数：

$$\begin{aligned}z&=\sum_{j=1}^{n}c_jx_j\\&=\sum_{i=1}^{m}c_ix_i+\sum_{j=m+1}^{n}c_jx_j\\&=\sum_{i=1}^{m}c_i\left(b_i-\sum_{j=m+1}^{n}a_{ij}x_j\right)+\sum_{j=m+1}^{n}c_jx_j\\&=\sum_{i=1}^{m}c_ib_i+\sum_{j=m+1}^{n}\left(c_j-\sum_{i=1}^{m}c_ia_{ij}\right)x_j\end{aligned} \tag{1.6}$$

令 $\sigma_j=c_j-\sum_{i=1}^{m}c_ia_{ij}$ （1.7）

则有 $z=\sum_{i=1}^{m}c_ib_i+\sum_{j=m+1}^{n}\sigma_jx_j$ （1.8）

由（1.8）式可知，目标函数值是否增大，取决于式中 $\sigma_j$ 的取值。因此，对于标准型的线性规划问题，可用以下定理来判别线性规划问题是否取得最优解。

**定理1.4（最优解判别定理）**　设 $X^{(k)}=\left(b'_1,b'_2,\cdots,b'_m,0,\cdots,0\right)^T$ 为对应于基 $B$ 的一个基可行解，且对于一切 $x_j\left(j=m+1,\cdots,n\right)$ 有 $\sigma_j\leqslant 0$，则 $X^{(k)}$ 为线性规划问题的最优解。

**定理1.5（无穷多最优解判别定理）**　设 $X^{(k)}=\left(b'_1,b'_2,\cdots,b'_m,0,\cdots,0\right)^T$ 为对应于基 $B$ 的

一个基可行解，且对于一切$x_j(j=m+1,\cdots,n)$有$\sigma_j \leqslant 0$，同时又存在某个非基变量的检验数$\sigma_s=0$，则线性规划问题存在无穷多最优解。

**定理1.6（无界解判别定理）** 设$X^{(k)}=(b_1',b_2',\cdots,b_m',0,\cdots,0)^T$为对应于基$B$的一个基可行解，存在某个非基变量的检验数$\sigma_s>0$，且有$a_{is}\leqslant 0(i=1,\cdots,m)$，则线性规划问题具有无界解。

3）寻找新的基可行解

若有某个非基变量的检验数$\sigma_s>0$，且有某个或某几个$a_{is}>0(i=1,\cdots,m)$，则线性规划问题没有得到最优解，需要寻找新的基可行解。

（1）确定进基变量

进基变量的确定按以下规则进行，令：

$$\max\left\{\sigma_j \mid \sigma_j>0, j=m+1,\cdots,n\right\}=\sigma_s$$

则对应的变量$x_s$为进基变量。

（2）确定离基变量

离基变量的确定按以下规则进行，令：

$$\theta=\min\left\{\frac{b_i}{a_{is}} \middle| a_{is}>0, i=1,\cdots,m\right\}=\frac{b_h}{a_{hs}}$$

则对应的变量$x_h$为离基变量。

（3）迭代计算

对于列向量$P_s$，以$a_{hs}$为主元素，将$a_{hs}$变为1，其余$a_{is}(i\neq h)$变为0，即将向量$P_s$变换为单位向量。

重复（2）、（3）步，直到所有的检验数$\sigma_j\leqslant 0$，则问题得到最优解。

通过分析可以看出，单纯形法是从线性规划问题的一个可行解通过迭代转到另一个可行解，直到检验数满足最优条件为止。

### 1.4.2 单纯形表

实现上述求解过程，通常采用单纯形表的形式。为理解方便，将线性规划问题的标准型表达为以下形式：

$$\max z=c_1x_1+c_2x_2+\cdots+c_nx_n$$

$$\begin{cases} x_1 \quad\quad + a_{1,m+1}x_{m+1}+a_{1,m+2}x_{m+2}+\cdots+a_{1n}x_n=b_1 \\ \quad x_2 \quad + a_{2,m+1}x_{m+1}+a_{2,m+2}x_{m+2}+\cdots+a_{2n}x_n=b_2 \\ \quad\quad \ddots \\ \quad\quad x_m+a_{m,m+1}x_{m+1}+a_{m,m+2}x_{m+2}+\cdots+a_{mn}x_n=b_m \\ x_1,x_2,\cdots,x_n\geqslant 0 \end{cases}$$

依据上述的迭代原理，单纯形表的计算步骤如下：

第1步：确定初始基可行解，列出初始单纯形表。

上述线性规划问题标准型的约束条件中，前$m$个决策变量的系数均为单位向量，由此确定前$m$个决策变量为基变量，后$n-m$个变量为非基变量，其对应的单纯形表结构如表1-3所示。

表1-3　　初始单纯形表

| $c_j$ | | | $c_1$ | … | $c_m$ | … | $c_j$ | … | $c_n$ | $\theta_i$ |
|---|---|---|---|---|---|---|---|---|---|---|
| $C_B$ | $X_B$ | $b$ | $x_1$ | … | $x_m$ | … | $x_j$ | … | $x_n$ | |
| $c_1$ | $x_1$ | $b_1$ | 1 | … | 0 | … | $a_{1j}$ | … | $a_{1n}$ | $\theta_1$ |
| $c_2$ | $x_2$ | $b_2$ | 0 | … | 0 | … | $a_{2j}$ | … | $a_{2n}$ | $\theta_2$ |
| ⋮ | ⋮ | ⋮ | ⋮ | … | ⋮ | … | ⋮ | … | ⋮ | ⋮ |
| $c_m$ | $x_m$ | $b_m$ | 0 | … | 1 | … | $a_{mj}$ | … | $a_{mn}$ | $\theta_m$ |
| $\sigma_j$ | | | 0 | … | 0 | … | $c_j-\sum_{i=1}^{m}c_ia_{ij}$ | … | $c_n-\sum_{i=1}^{m}c_ia_{in}$ | |

表中：

$c_j$行为所有决策变量的价值系数$c_1,c_2,\cdots,c_n$；

$C_B$列为基变量的价值系数$c_1,c_2,\cdots,c_m$；

$X_B$列为基可行解中的基变量$x_1,x_2,\cdots,x_m$；

$b$列为约束方程的右端常数项；

$\theta$列是在进基变量确定后，按$\theta$规则计算的各约束方程中进基变量的取值；

表中最后一行是所有决策变量的检验数，其中基变量的检验数全部为0，非基变量的检验数为$c_j-\sum_{i=1}^{m}c_ia_{ij}$。

第2步：最优性检验。

若表中所有检验数$\sigma_j\leqslant 0$，且基变量中不含有人工变量时，单纯形表中的基可行解即为最优解，计算结束。当单纯形表中存在$\sigma_j>0$时，如有$P_j\leqslant 0$，则问题为无界解，计算结束；否则转下一步。

第3步：列出新的单纯形表，寻找新的基可行解。

（1）确定进基变量。当有某个检验数$\sigma_j>0$时，对应的变量$x_j$就可作为进基变量；当有一个以上检验数大于零时，一般从中找出最大的$\sigma_s$，即：

$$\sigma_s=\max\{\sigma_j|\sigma_j>0\}$$

其对应的变量$x_s$，作为进基变量。

（2）确定离基变量。根据前述内容中$\theta$的确定规则，计算得到：

$$\theta=\min\{\frac{b_i}{a_{is}}|a_{is}>0\}=\frac{b_h}{a_{hs}}$$

确定$x_h$为离基变量。元素$a_{hs}$决定了从一个基可行解到相邻基可行解的转移去向，取名主元素。

（3）迭代计算。用进基变量$x_s$替换基变量中的变量$x_h$，得到一个新的基，对应这个新基则可以找出一个新的基可行解。

第4步：重复第2、3步，直到所有的检验数$\sigma_j\leqslant 0$时，计算结束。

【例1-5】用单纯形法求解线性规划问题。

$$\max z = 90x_1 + 70x_2$$

$$\begin{cases} 5x_1 + 2x_2 \leqslant 56 \\ x_1 + 4x_2 \leqslant 45 \\ x_1 + x_2 \leqslant 16 \\ x_1, x_2 \geqslant 0 \end{cases}$$

解：将上述问题化为标准型有：

$$\max z = 90x_1 + 70x_2$$

$$\begin{cases} 5x_1 + 2x_2 + x_3 = 56 \\ x_1 + 4x_2 + x_4 = 45 \\ x_1 + x_2 + x_5 = 16 \\ x_1, x_2, x_3, x_4, x_5 \geqslant 0 \end{cases}$$

其约束条件系数矩阵为：

$$\begin{matrix} P_1 & P_2 & P_3 & P_4 & P_5 \end{matrix}$$

$$\begin{bmatrix} 5 & 2 & 1 & 0 & 0 \\ 1 & 4 & 0 & 1 & 0 \\ 1 & 1 & 0 & 0 & 1 \end{bmatrix}$$

$P_3, P_4, P_5$ 是单位矩阵，构成一个基，对应变量 $x_3, x_4, x_5$ 是基变量，令非基变量 $x_1, x_2$ 等于0，即找到一个初始基可行解：

$$X^{(0)} = (0, 0, 56, 45, 16)^T$$

以此列出初始单纯形表，见表1-4。

表1-4　**初始单纯形表**

| $c_j$ | | | 90 | 70 | 0 | 0 | 0 | $\theta$ |
|---|---|---|---|---|---|---|---|---|
| $C_B$ | $X_B$ | $b$ | $x_1$ | $x_2$ | $x_3$ | $x_4$ | $x_5$ | |
| 0 | $x_3$ | 56 | [5] | 2 | 1 | 0 | 0 | 56/5 |
| 0 | $x_4$ | 45 | 1 | 4 | 0 | 1 | 0 | 45 |
| 0 | $x_5$ | 16 | 1 | 1 | 0 | 0 | 1 | 16 |
| $\sigma_j$ | | | 90 | 70 | 0 | 0 | 0 | |

因表1-4中有大于0的检验数，故表1-4中的基可行解不是最优解；又因 $\sigma_1 > \sigma_2$，故确定 $x_1$ 为进基变量。将 $b$ 列各数除以 $P_1$ 列同行数字得：

$$\theta = \min\left\{\frac{56}{5}, \frac{45}{1}, \frac{16}{1}\right\} = \frac{56}{5} = 11.2$$

则5为主元素，作为标志对主元素5加上方括号［ ］，主元素所在行的基变量 $x_3$ 为离基变量。用 $x_1$ 替换基变量 $x_3$ 得到一个新的基 $P_1, P_4, P_5$，按上述单纯形表计算步骤第3步之(3)，可以找到新的基可行解。列出新的单纯形表，见表1-5。

表1-5　**第一次迭代计算表**

| $c_j$ | | | 90 | 70 | 0 | 0 | 0 | $\theta$ |
|---|---|---|---|---|---|---|---|---|
| $C_B$ | $X_B$ | $b$ | $x_1$ | $x_2$ | $x_3$ | $x_4$ | $x_5$ | |
| 90 | $x_1$ | 56/5 | 1 | 2/5 | 1/5 | 0 | 0 | 28 |
| 0 | $x_4$ | 169/5 | 0 | 18/5 | −1/5 | 1 | 0 | 169/18 |
| 0 | $x_5$ | 24/5 | 0 | [3/5] | −1/5 | 0 | 1 | 8 |
| $\sigma_j$ | | | 0 | 34 | −18 | 0 | 0 | |

由于表1-5中还存在大于0的检验数$\sigma_2 = 34$，故确定$x_2$为进基变量。将$b$列各数除以$P_2$列同行数字得：

$$\theta = \min\left\{\frac{56/5}{2/5}, \frac{169/5}{18/5}, \frac{24/5}{3/5}\right\} = \frac{24/5}{3/5} = 8$$

则3/5为主元素，作为标志对主元素3/5加上方括号［ ］，主元素所在行的基变量$x_5$为离基变量。用$x_2$替换基变量$x_5$得到一个新的基$P_1, P_4, P_2$，按上述单纯形表计算步骤第3步之（3），可以找到新的基可行解。列出新的单纯形表，如表1-6。

表1-6　**第二次迭代计算表**

| $c_j$ | | | 90 | 70 | 0 | 0 | 0 | $\theta$ |
|---|---|---|---|---|---|---|---|---|
| $C_B$ | $X_B$ | $b$ | $x_1$ | $x_2$ | $x_3$ | $x_4$ | $x_5$ | |
| 90 | $x_1$ | 8 | 1 | 0 | 1/3 | 0 | -2/3 | |
| 0 | $x_4$ | 5 | 0 | 0 | 1 | 1 | -6 | |
| 70 | $x_2$ | 8 | 0 | 1 | -1/3 | 0 | 5/3 | |
| $\sigma_j$ | | | 0 | 0 | -20/3 | 0 | -170/3 | |

表1-6中所有检验数$\sigma_j \leqslant 0$，且基变量中不含人工变量，故表中的基可行解$X^* = (8,8,0,5,0)^T$为最优解，代入目标函数得$z^* = 1280$。

## 1.5　单纯形法的其他问题讨论

### 1.5.1　关于标准型为最小化问题

实际问题中的线性规划问题，存在目标函数最大化和目标函数最小化两种情况。为方便讨论，本教材规定目标函数最大化为标准型。若规定目标函数最小化为标准型，则前述最优性检验的三个判别定理需要做出必要的调整。

**定理1.7（最优解判别定理）**　设$X^{(k)} = \left(b_1', b_2', \cdots, b_m', 0, \cdots, 0\right)^T$为对应于基$B$的一个基可行解，且对于一切$x_j\left(j = m+1, \cdots, n\right)$有$\sigma_j \geqslant 0$，则$X^{(k)}$为线性规划问题的最优解。

**定理1.8（无穷多最优解判别定理）**　设$X^{(k)} = \left(b_1', b_2', \cdots, b_m', 0, \cdots, 0\right)^T$为对应于基$B$的一个基可行解，且对于一切$x_j\left(j = m+1, \cdots, n\right)$有$\sigma_j \geqslant 0$，同时又存在某个非基变量的检验数$\sigma_s = 0$，则线性规划问题存在无穷多最优解。

**定理1.9（无界解判别定理）**　设$X^{(k)} = \left(b_1', b_2', \cdots, b_m', 0, \cdots, 0\right)^T$为对应于基$B$的一个基可行解，存在某个非基变量的检验数$\sigma_s < 0$，且有$a_{is} \leqslant 0\,(i = 1, \cdots, m)$，则线性规划问题具有无界解。

### 1.5.2 人工变量法

利用单纯形法求解线性规划问题，确定初始基可行解，首先需要确定初始可行基。在例1-5中，将其化为标准型后约束条件的系数矩阵中含有单位矩阵，以此单位矩阵作为初始可行基，便可确定初始基可行解。但有些线性规划问题标准化后，标准型系数矩阵中不存在单位矩阵，此时确定初始可行基变得十分困难，如例1-6。

【例1-6】用单纯形法求解线性规划问题。

$$\min z = -3x_1 + x_2 + x_3$$

$$\begin{cases} x_1 - 2x_2 + x_3 \leqslant 11 \\ -4x_1 + x_2 + 2x_3 \geqslant 3 \\ -2x_1 + x_3 = 1 \\ x_1, x_2, x_3 \geqslant 0 \end{cases}$$

解：将其化为标准型有：

$$\max z' = 3x_1 - x_2 - x_3 + 0x_4 + 0x_5$$

$$\begin{cases} x_1 - 2x_2 + x_3 + x_4 = 11 \\ -4x_1 + x_2 + 2x_3 - x_5 = 3 \\ -2x_1 + x_3 = 1 \\ x_1, x_2, x_3, x_4, x_5 \geqslant 0 \end{cases}$$

上述标准化模型中，不存在单位矩阵，为构造单位矩阵，需要通过添加人工变量的方法，人为构造一个单位矩阵，该方法即所谓的人工变量法。人工变量法一般有大M法和两阶段法。

1）大M法

大M法又称惩罚法，其基本思想是：约束条件加入人工变量后，为使目标函数取值不受影响，给定它们在求最大值（max）的目标函数中的系数为（-M）（称为惩罚因子，M为任意大的正数），以作为对基变量中含有人工变量的惩罚，从而迫使人工变量从基变量中分离出来，否则目标函数将不能实现最大化。

依据大M法的基本思想，为构造单位矩阵，分别在例1-6标准型的第二和第三个约束条件中加入人工变量$x_6$和$x_7$。添加人工变量后，例1-6的数学模型变为：

$$\max z' = 3x_1 - x_2 - x_3 + 0x_4 + 0x_5 - Mx_6 - Mx_7$$

$$\begin{cases} x_1 - 2x_2 + x_3 + x_4 = 11 \\ -4x_1 + x_2 + 2x_3 - x_5 + x_6 = 3 \\ -2x_1 + x_3 + x_7 = 1 \\ x_1, x_2, x_3, x_4, x_5, x_6, x_7 \geqslant 0 \end{cases}$$

该模型的约束条件系数矩阵中出现三列单位向量$P_4, P_6, P_7$，共同构成单位矩阵

$$\begin{matrix} P_4 & P_6 & P_7 \end{matrix}$$
$$\begin{bmatrix} 1 & 0 & 0 \\ 0 & 1 & 0 \\ 0 & 0 & 1 \end{bmatrix}$$

则$P_4, P_6, P_7$作为基向量，与$P_4, P_6, P_7$对应的变量$x_4, x_6, x_7$为基变量，令非基变量$x_1, x_2, x_3, x_5$等于0，得到初始基可行解$X^{(0)} = (0,0,0,11,0,3,1)^T$，列出初始单纯形表，如表1-7所示。

表1-7　　**大M法计算表**

| $c_j$ | | | 3 | -1 | -1 | 0 | 0 | -M | -M | $\theta$ |
|---|---|---|---|---|---|---|---|---|---|---|
| $C_B$ | $X_B$ | $b$ | $x_1$ | $x_2$ | $x_3$ | $x_4$ | $x_5$ | $x_6$ | $x_7$ | |
| 0 | $x_4$ | 11 | 1 | -2 | 1 | 1 | 0 | 0 | 0 | 11 |
| -M | $x_6$ | 3 | -4 | 1 | 2 | 0 | -1 | 1 | 0 | 3/2 |
| -M | $x_7$ | 1 | -2 | 0 | [1] | 0 | 0 | 0 | 1 | 1 |
| $\sigma_j$ | | | 3-6M | -1+M | -1+3M | 0 | -M | 0 | 0 | |
| 0 | $x_4$ | 10 | 3 | -2 | 0 | 1 | 0 | 0 | -1 | — |
| -M | $x_6$ | 1 | 0 | [1] | 0 | 0 | -1 | 1 | -2 | 1 |
| -1 | $x_3$ | 1 | -2 | 0 | 1 | 0 | 0 | 0 | 1 | — |
| $\sigma_j$ | | | 1 | -1+M | 0 | 0 | -M | 0 | 1-3M | |
| 0 | $x_4$ | 12 | [3] | 0 | 0 | 1 | -2 | 2 | -5 | 4 |
| -1 | $x_2$ | 1 | 0 | 1 | 0 | 0 | -1 | 1 | -2 | — |
| -1 | $x_3$ | 1 | -2 | 0 | 1 | 0 | 0 | 0 | 1 | — |
| $\sigma_j$ | | | 1 | 0 | 0 | 0 | -1 | 1-M | -1-M | |
| 3 | $x_1$ | 4 | 1 | 0 | 0 | 1/3 | -2/3 | 2/3 | -5/3 | |
| -1 | $x_2$ | 1 | 0 | 1 | 0 | 0 | -1 | 1 | -2 | |
| -1 | $x_3$ | 9 | 0 | 0 | 1 | 2/3 | -4/3 | 4/3 | -7/3 | |
| $\sigma_j$ | | | 0 | 0 | 0 | -1/3 | -1/3 | 1/3-M | 2/3-M | |

表1-7中最后一个表的最后一行所有检验数$\sigma_j \leqslant 0\left(j=1,2,3,4,5,6,7\right)$，并且$x_6,x_7$为非基变量，因而得到最优解$X^*=(4,1,9,0,0,0,0)^T$，最优值为$z^*=-2$。

2）两阶段法

大M法的求解思想比较直观，适合于手工计算不太复杂的线性规划问题，并且用手工计算求解时不会碰到麻烦。但利用计算机求解时，则会碰到M如何确定的问题，即使给M一个足够大的数字也很难保证能够满足求解线性规划问题的需要。为了克服这个困难，可以对添加人工变量后的线性规划问题分两个阶段来计算，称为两阶段法。

第一阶段：添加人工变量，重新构造目标函数。

（1）原问题加入人工变量$x_{n+1},x_{n+2},\cdots,x_{n+m}$，构造仅含人工变量的新的目标函数，并要求实现最小化。新构造的目标函数形式如下：

$$\min w = x_{n+1}+x_{n+2}+\cdots+x_{n+m}$$

约束条件为：

$$\begin{cases} a_{11}x_1+a_{12}x_2+\cdots+a_{1n}x_n+x_{n+1} & =b_1 \\ a_{21}x_1+a_{22}x_2+\cdots+a_{2n}x_n \qquad +x_{n+2} & =b_2 \\ \vdots \\ a_{m1}x_1+a_{m2}x_2+\cdots+a_{mn}x_n \qquad\qquad +x_{n+m} & =b_m \\ x_j \geqslant 0\,(j=1,2,\cdots,n,n+1,\cdots,n+m) \end{cases}$$

（2）求解上述线性规划问题。若$w=0$，则原线性规划问题存在基可行解，计算转入第二阶段；若 $w>0$，则原线性规划问题无可行解，计算停止。

第二阶段：对原目标函数求解。

在第一阶段的最终单纯形表中，将 $c_j$ 行的数字换为原目标函数的系数，并且去掉表中含有人工变量的列，继续求解。

将例1-6问题利用两阶段法进行求解。

第一阶段：添加人工变量，重新构造目标函数。

对于例1-6用两阶段法求解时，添加人工变量并重新构造目标函数后，线性规划问题变为：

$$\min w = x_6 + x_7$$

$$\begin{cases} x_1 - 2x_2 + x_3 + x_4 = 11 \\ -4x_1 + x_2 + 2x_3 - x_5 + x_6 = 3 \\ -2x_1 + x_3 + x_7 = 1 \\ x_1, x_2, x_3, x_4, x_5, x_6, x_7 \geqslant 0 \end{cases}$$

将上述数学模型最大化后，用单纯形法求解过程见表1-8。

表1-8 **第一阶段迭代计算表**

| $c_j$ | | | 0 | 0 | 0 | 0 | 0 | −1 | −1 | $\theta$ |
|---|---|---|---|---|---|---|---|---|---|---|
| $C_B$ | $X_B$ | $b$ | $x_1$ | $x_2$ | $x_3$ | $x_4$ | $x_5$ | $x_6$ | $x_7$ | |
| 0 | $x_4$ | 11 | 1 | −2 | 1 | 1 | 0 | 0 | 0 | 11 |
| −1 | $x_6$ | 3 | −4 | 1 | 2 | 0 | −1 | 1 | 0 | 3/2 |
| −1 | $x_7$ | 1 | −2 | 0 | [1] | 0 | 0 | 0 | 1 | 1 |
| | $\sigma_j$ | | −6 | 1 | 3 | 0 | −1 | 0 | 0 | |
| 0 | $x_4$ | 10 | 3 | −2 | 0 | 1 | 0 | 0 | −1 | — |
| −1 | $x_6$ | 1 | 0 | [1] | 0 | 0 | −1 | 1 | −2 | 1 |
| 0 | $x_3$ | 1 | −2 | 0 | 1 | 0 | 0 | 0 | 1 | — |
| | $\sigma_j$ | | 0 | 1 | 0 | 0 | −1 | 0 | −3 | |
| 0 | $x_4$ | 12 | 3 | 0 | 0 | 1 | −2 | 2 | −5 | |
| 0 | $x_2$ | 1 | 0 | 1 | 0 | 0 | −1 | 1 | −2 | |
| 0 | $x_3$ | 1 | −2 | 0 | 1 | 0 | 0 | 0 | 1 | |
| | $\sigma_j$ | | 0 | 0 | 0 | 0 | 0 | −1 | −1 | |

表1-8最后一个表中，基变量中已经没有人工变量，且 $w^*=0$，说明原线性规划问基可行解，计算转入第二阶段。

二阶段：对原目标函数求解。

，将表1-8中的人工变量 $x_6, x_7$ 列去掉，目标函数改为：

$$3x_1 - x_2 - x_3 + 0x_4 + 0x_5$$

将该目标函数的系数放入最终单纯形中，再从表1-8中的最后一个表出发，继法计算，求解过程见表1-9。

表1-9　　第二阶段迭代计算表

| $c_j$ | | | 3 | −1 | −1 | 0 | 0 | $\theta$ |
|---|---|---|---|---|---|---|---|---|
| $C_B$ | $X_B$ | $b$ | $x_1$ | $x_2$ | $x_3$ | $x_4$ | $x_5$ | |
| 0 | $x_4$ | 12 | [3] | 0 | 0 | 1 | −2 | 4 |
| −1 | $x_2$ | 1 | 0 | 1 | 0 | 0 | −1 | — |
| −1 | $x_3$ | 1 | −2 | 0 | 1 | 0 | 0 | — |
| $\sigma_j$ | | | 1 | 0 | 0 | 0 | −1 | |
| 3 | $x_1$ | 4 | 1 | 0 | 0 | 1/3 | −2/3 | |
| −1 | $x_2$ | 1 | 0 | 1 | 0 | 0 | −1 | |
| −1 | $x_3$ | 9 | 0 | 0 | 1 | 2/3 | −4/3 | |
| $\sigma_j$ | | | 0 | 0 | 0 | −1/3 | −1/3 | |

因为表1-9中最后一行所有检验数 $\sigma_j \leqslant 0(j=1,2,3,4,5)$，所以得到最优解 $X^*=(4,1,9,0,0,)^T$，最优值为 $z^*=-2$，与大M法计算结果一致。

### 1.5.3　单纯形法计算中退化与循环问题

单纯形法计算中按最小比值来确定离基变量时，有时存在两个以上相同的最小比值，这样在下一次迭代中就会出现一个或多个基变量等于零的情形，这就出现了所谓的退化解。当存在退化解时，就有可能出现迭代计算的循环。为避免出现计算的循环，1976年勃兰特（R.G.Bland）提出了一个简便有效的规则，简称为勃兰特规则：

（1）当存在多个 $\sigma_j>0$ 且相等时，选取 $\sigma_j>0$ 中下标值最小的变量作为进基变量；

（2）当按 $\theta$ 规则计算出现两个或两个以上相同的最小比值时，选取下标值最小的变量作为离基变量。

## 1.6　WinQSB软件在线性规划中的应用

WinQSB软件在线性规划中的应用是通过调用软件中的Linear and Integer Programming实现的，使用该软件之前，无须将原问题标准化。

【例1-7】利用WinQSB软件求解例1-1线性规划问题。

$$\max z = 90x_1 + 70x_2$$

$$\begin{cases} 5x_1 + 2x_2 \leqslant 56 \\ x_1 + 4x_2 \leqslant 45 \\ x_1 + x_2 \leqslant 16 \\ x_1, x_2 \geqslant 0 \end{cases}$$

解：利用WinQSB软件求解该问题的操作过程如下：

（1）启动线性规划与整数线性规划程序。依次点取：开始→程序→WinQSB→Linear and Integer Programming，系统出现如图1-8所示的界面。

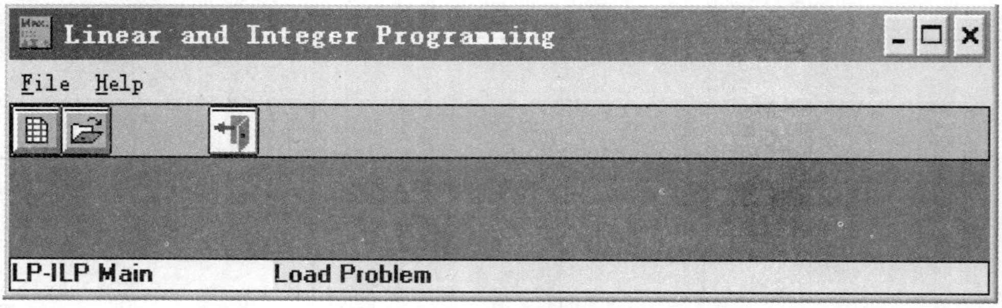


图1-8 线性规划与整数线性规划主界面

（2）建立新的数据文件或打开已有的数据文件。在图1-8中点File，出现下拉菜单New Problem（建立新问题）和Load Problem（调用已有问题），点击New Problem，系统出现如图1-9所示的界面。

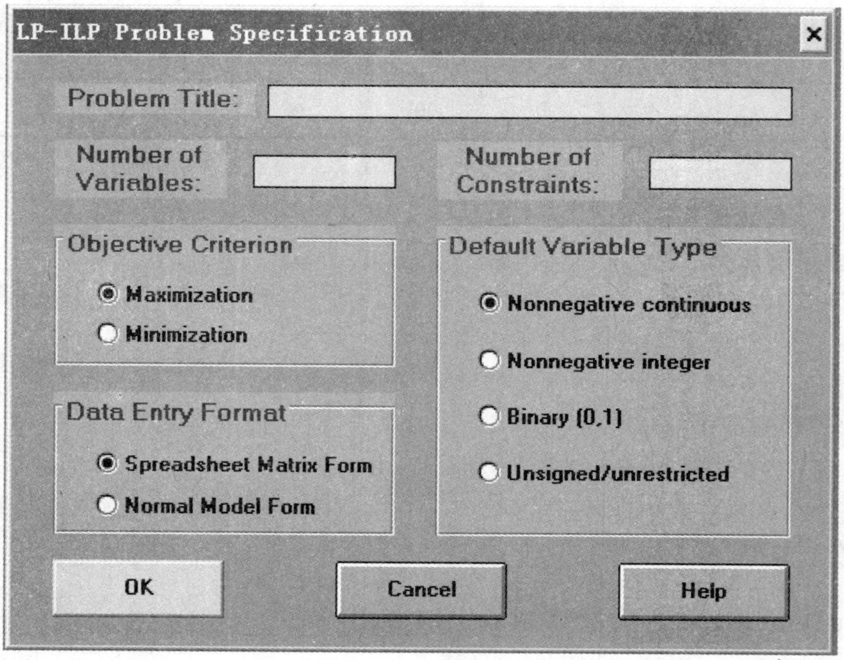


图1-9 LP-ILP问题约定

图1-9中各项的含义：

· Problem Title：问题标题，该输入项可以省略。

· Number of Variables：变量数目，该输入项不能省略，本例输入2。

· Number of Constraints：约束条件数目，该输入项不能省略，本例输入3。

· Objective Criterion：目标函数准则，有两种可供选择：Maximization（最大化，默认项）和Minimization（最小化），本例选择默认项。

· Default Variable Type：设定变量类型，变量类型有四种：Nonnegative continuous（非负的连续变量，默认项）、Nonnegative integer（非负的整数变量）、Binary［0,1］（二进制变量）和Unsigned/unrestricted（无符号/无约束变量），本例选择默认项。

· Data Entry Format：数据输入格式，有两种可供选择：Spreadsheet Matrix Form（电子表格格式，默认项）和Normal Model Form（标准模型格式），本例选择默认项。

（3）输入数据。选择Spreadsheet Matrix Form（电子表格格式），输入数据，系统显示如图1-10所示的界面。

| Variable --> | X1 | X2 | Direction | R. H. S. |
|---|---|---|---|---|
| Maximize | 90 | 70 | | |
| C1 | 5 | 2 | <= | 56 |
| C2 | 1 | 4 | <= | 45 |
| C3 | 1 | 1 | <= | 16 |
| LowerBound | 0 | 0 | | |
| UpperBound | M | M | | |
| VariableType | Continuous | Continuous | | |

图1-10　电子表格格式

若选择Normal Model Form（标准模型格式），按模型格式输入，系统显示如图1-11所示的界面。

LP Sample Problem

| Maximize | 90X1+70X2 |
|---|---|
| | OBJ/Constraint/VariableType/Bound |
| Maximize | 90X1+70X2 |
| C1 | 5X1+2X2<=56 |
| C2 | 1X1+4X2<=45 |
| C3 | 1X1+1X2<=16 |
| Integer: | |
| Binary: | |
| Unrestricted: | |
| X1 | >=0, <=M |
| X2 | >=0, <=M |

图1-11　标准模型格式

（4）改变变量类型。变量类型的确定可以在图1-9的界面中确定，也可以在图1-10中修改。本例不做改变，采用默认的Nonnegative continuous（非负的连续变量），变量的取值范围最小为0，最大为M（任意大的正数）。

（5）修改变量名称和约束条件名称。在图1-10或图1-11中，点击系统菜单上Edit可以完成标题名称（Problem Name）、变量名称（Variable Name）、约束条件名称（Constraint Name）和目标函数准则（Objective Function Criterion）的修改，还能够实现变量的插入（Insert a Variable）和删除（Delete a Variable），以及约束条件的插入（Insert a Constraint）和删除（Delete a Constraint）。本例不做修改。

（6）问题求解。点击系统菜单Solve and Analyze，出现的下拉菜单有三个选项：Solve the

Problem（求解不显示迭代过程）、Solve and Display Steps（求解并显示迭代过程）和Graphic Method（图解法）。若选择Solve the Problem，系统直接给出求解结果，如图1-12所示。

| | 16:38:03 | | 2017-2-20 16:38:03 下午 | 2017-2-20 16:38:03 下午 | 2017-2-20 16:38:03 下午 | 2017-2-20 16:38:03 下午 | | |
|---|---|---|---|---|---|---|---|---|
| | Decision Variable | Solution Value | Unit Cost or Profit c(j) | Total Contribution | Reduced Cost | Basis Status | Allowable Min. c(j) | Allowable Max. c(j) |
| 1 | X1 | 8.0000 | 90.0000 | 720.0000 | 0 | basic | 70.0000 | 175.0000 |
| 2 | X2 | 8.0000 | 70.0000 | 560.0000 | 0 | basic | 36.0000 | 90.0000 |
| | Objective | Function | (Max.) = | 1,280.0000 | | | | |
| | Constraint | Left Hand Side | Direction | Right Hand Side | Slack or Surplus | Shadow Price | Allowable Min. RHS | Allowable Max. RHS |
| 1 | C1 | 56.0000 | <= | 56.0000 | 0 | 6.6667 | 51.0000 | 80.0000 |
| 2 | C2 | 40.0000 | <= | 45.0000 | 5.0000 | 0 | 40.0000 | M |
| 3 | C3 | 16.0000 | <= | 16.0000 | 0 | 56.6667 | 11.2000 | 16.8333 |

图1-12　求解结果

若选择Solve and Display Steps（求解并显示迭代过程），系统显示问题初始可行解界面，如图1-13所示。

| | | X1 | X2 | Slack_C1 | Slack_C2 | Slack_C3 | | |
|---|---|---|---|---|---|---|---|---|
| Basis | C(j) | 90.0000 | 70.0000 | 0 | 0 | 0 | R. H. S. | Ratio |
| Slack_C1 | 0 | 5.0000 | 2.0000 | 1.0000 | 0 | 0 | 56.0000 | 11.2000 |
| Slack_C2 | 0 | 1.0000 | 4.0000 | 0 | 1.0000 | 0 | 45.0000 | 45.0000 |
| Slack_C3 | 0 | 1.0000 | 1.0000 | 0 | 0 | 1.0000 | 16.0000 | 16.0000 |
| | C(j)-Z(j) | 90.0000 | 70.0000 | 0 | 0 | 0 | 0 | |

图1-13　初始可行解

点击图标，系统给出第一次迭代结果，如图1-14所示。

| | | X1 | X2 | Slack_C1 | Slack_C2 | Slack_C3 | | |
|---|---|---|---|---|---|---|---|---|
| Basis | C(j) | 90.0000 | 70.0000 | 0 | 0 | 0 | R. H. S. | Ratio |
| X1 | 90.0000 | 1.0000 | 0.4000 | 0.2000 | 0 | 0 | 11.2000 | 28.0000 |
| Slack_C2 | 0 | 0 | 3.6000 | -0.2000 | 1.0000 | 0 | 33.8000 | 9.3889 |
| Slack_C3 | 0 | 0 | 0.6000 | -0.2000 | 0 | 1.0000 | 4.8000 | 8.0000 |
| | C(j)-Z(j) | 0 | 34.0000 | -18.0000 | 0 | 0 | 1,008.0000 | |

图1-14　第一次迭代结果

再次点击图标，系统给出第二次（最终）迭代结果，如图1-15所示。

| | | X1 | X2 | Slack_C1 | Slack_C2 | Slack_C3 | | |
|---|---|---|---|---|---|---|---|---|
| Basis | C(j) | 90.0000 | 70.0000 | 0 | 0 | 0 | R. H. S. | Ratio |
| X1 | 90.0000 | 1.0000 | 0.0000 | 0.3333 | 0 | -0.6667 | 8.0000 | |
| Slack_C2 | 0 | 0 | 0 | 1.0000 | 1.0000 | -6.0000 | 5.0000 | |
| X2 | 70.0000 | 0.0000 | 1.0000 | -0.3333 | 0 | 1.6667 | 8.0000 | |
| | C(j)-Z(j) | 0 | 0 | -6.6667 | 0 | -56.6667 | 1,280.0000 | |

图1-15　第二次迭代结果

若选择Graphic Method（图解法），系统显示图解法求解结果，如图1-16所示。

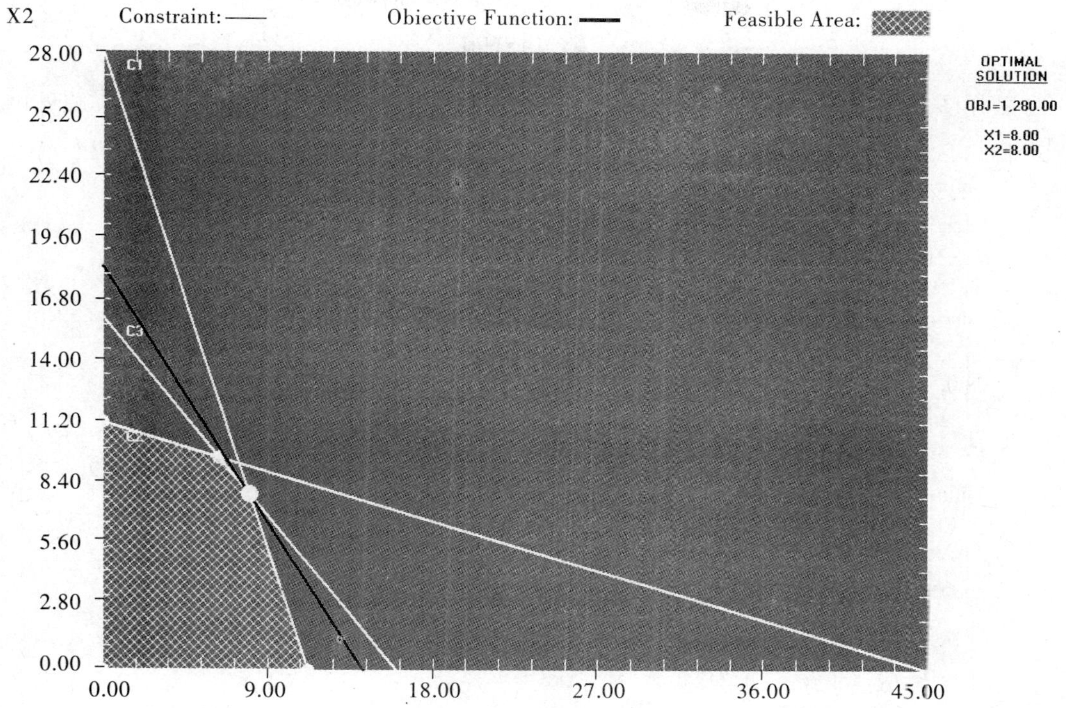


图1-16　图解法求解结果

## 本章小结

本章系统地介绍了线性规划问题及其数学模型、线性规划图解法、线性规划问题解的性质、单纯形法和单纯形法的其他问题讨论。

线性规划是辅助人们进行科学管理的一种数学方法，线性规划研究线性约束条件下线性目标函数的极值问题的数学理论和方法。运用线性规划解决实际问题的主要步骤包括：首先根据影响所要达到目的的因素找到决策变量，之后由决策变量和所要达到目的之间的函数关系确定目标函数，最后由决策变量所受的限制条件确定决策变量所要满足的约束条件。

求解线性规划问题的基本方法是单纯形法，单纯形法是一种多变量函数的寻优方法，其主要思想是先找一个基本可行解，判断是否为最优解，如果不是，则寻找另外一个解，再进行判定，如此迭代运算，直至找到最优解或者判定其无界。

对于规模较小的线性规划问题可以通过手工计算来求解，而对于大型问题通常需要借助相关软件求解，如LINDO、SAS、MATLAB、WinQSB等。本章主要介绍了如何运用WinQSB软件求解线性规划问题。

本章在理论介绍过程中，给出了许多线性规划的应用案例。一方面可以增加读者对线性规划方法解决现实问题的直观认识，另一方面也通过这些应用案例使读者具体了解线性规划的解题步骤。

## 章末习题

1.用图解法求解下列线性规划问题，并指出问题具有唯一最优解、无穷最优解还是无可行解。

（1）$\min z = 2x_1 + 3x_2$
$$\begin{cases} 4x_1 + 6x_2 \geqslant 6 \\ 2x_1 + 2x_2 \geqslant 4 \\ x_1, x_2 \geqslant 0 \end{cases}$$

（2）$\max z = 3x_1 + 2x_2$
$$\begin{cases} 2x_1 + x_2 \geqslant 2 \\ 3x_1 + 4x_2 \geqslant 12 \\ x_1, x_2 \geqslant 0 \end{cases}$$

（3）$\max z = 2x_1 + 2x_2$
$$\begin{cases} x_1 - 10x_2 \geqslant -1 \\ 0.5x_1 + x_2 \leqslant 2 \\ x_1, x_2 \geqslant 0 \end{cases}$$

（4）$\min z = 2x_1 - 2x_2$
$$\begin{cases} x_1 - x_2 \geqslant -2 \\ x_1 + 2x_2 \leqslant 6 \\ x_1, x_2 \geqslant 0 \end{cases}$$

2.将下列线性规划问题化成标准型。

（1）$\min z = x_1 + x_2 + x_3 + x_4$
$$\begin{cases} x_2 + x_3 \geqslant 13 \\ x_1 + x_4 = 10 \\ x_1 + x_2 - x_3 \leqslant 6 \\ x_1 - x_2 + x_3 - x_4 \geqslant 10 \\ x_1, x_2, x_3, x_4 \geqslant 0 \end{cases}$$

（2）$\min z = 2x_1 - 2x_2 + 3x_3$
$$\begin{cases} -x_1 + x_2 + x_3 = 4 \\ -2x_1 + x_2 - x_3 \leqslant 6 \\ -2x_1 + 3x_2 + x_3 - x_4 \geqslant 2 \\ x_1 \leqslant 0, x_2 \geqslant 0, x_3\text{无约束}, x_4 \geqslant 0 \end{cases}$$

3.用单纯形法求解下述问题。

（1）$\max z = 10x_1 + 6x_2 + 4x_3$
$$\begin{cases} x_1 + x_2 + x_3 \leqslant 100 \\ 10x_1 + 4x_2 + 5x_3 \leqslant 600 \\ x_1 + x_2 + 3x_3 \leqslant 150 \\ x_1, x_2, x_3 \geqslant 0 \end{cases}$$

（2）$\max z = 2x_1 + x_2$
$$\begin{cases} 3x_1 + 5x_2 \leqslant 15 \\ 6x_1 + 2x_2 \leqslant 24 \\ x_1, x_2 \geqslant 0 \end{cases}$$

4.分别用单纯形法中的大 M 法和两阶段法求解下列线性规划问题。

（1）$\max z = x_1 - x_2 + x_3$
$$\begin{cases} x_1 + 2x_2 + 2x_3 \doteq 6 \\ 4x_1 + 5x_2 - 6x_3 = 6 \\ x_1, x_2, x_3 \geqslant 0 \end{cases}$$

（2）$\min z = 2x_1 + 3x_2 + x_3$
$$\begin{cases} x_1 + 4x_2 + 2x_3 \geqslant 8 \\ 3x_1 + 2x_2 \geqslant 6 \\ x_1, x_2, x_3 \geqslant 0 \end{cases}$$

（3）$\min z = 4x_1 + x_2$
$$\begin{cases} 3x_1 + x_2 = 3 \\ 4x_1 + 3x_2 \geqslant 6 \\ x_1 + 2x_2 \leqslant 4 \\ x_1, x_2 \geqslant 0 \end{cases}$$

（4）$\max z = 10x_1 + 15x_2 + 12x_3$
$$\begin{cases} 5x_1 + 3x_2 + x_3 \leqslant 9 \\ -5x_1 + 6x_2 + 15x_3 \leqslant 15 \\ 2x_1 + x_2 + x_3 \geqslant 5 \\ x_1, x_2, x_3 \geqslant 0 \end{cases}$$

5.某钢铁公司生产一种合金，要求的成分规格是：锡不少于28%，锌不多于15%，铅恰好10%，镍要介于35%和55%之间，不允许有其他成分（矿石杂质在冶炼过程中废弃）。钢铁公司拟从五种不同级别的矿石中进行冶炼，每种矿石的成分含量和价格如表1-10所示：

表1-10　　矿石成分含量及价格

| 矿石＼成分 | 锡（%） | 锌（%） | 铅（%） | 镍（%） | 杂质（%） | 价格（元/吨） |
|---|---|---|---|---|---|---|
| 1 | 25 | 10 | 10 | 25 | 30 | 340 |
| 2 | 40 | 0 | 0 | 30 | 30 | 260 |
| 3 | 0 | 15 | 5 | 20 | 60 | 180 |
| 4 | 20 | 20 | 0 | 40 | 20 | 230 |
| 5 | 8 | 5 | 15 | 17 | 55 | 190 |

假设矿石在冶炼过程中金属含量没有发生变化，求每吨合金成本最低的矿物数量（建立这个问题的线性规划模型）。

6.考虑下述线性规划问题：

$$\max z = c_1x_1 + c_2x_2$$

$$\begin{cases} a_{11}x_1 + a_{12}x_2 \leqslant b_1 \\ a_{21}x_1 + a_{22}x_2 \leqslant b_2 \\ x_1, x_2 \geqslant 0 \end{cases}$$

式中 $1 \leqslant c_1 \leqslant 3, 4 \leqslant c_2 \leqslant 6, -1 \leqslant a_{11} \leqslant 3, 2 \leqslant a_{12} \leqslant 5, 8 \leqslant b_1 \leqslant 12, 2 \leqslant a_{21} \leqslant 5, 4 \leqslant a_{22} \leqslant 6,$ $10 \leqslant b_2 \leqslant 14$，试确定目标函数最优值的下界和上界。

7.某工厂准备生产三种型号的产品，每种型号产品所消耗的材料、人力及销售利润如表1-11所示。

表1-11　　产品生产消耗材料、人力及销售利润

| 项目＼产品型号 | A | B | C |
|---|---|---|---|
| 劳动力（工时/件） | 7 | 3 | 6 |
| 原材料（千克/件） | 40 | 40 | 50 |
| 利润（元/件） | 40 | 20 | 30 |

工厂每天只能保证供应2 000千克原材料，能利用的劳动力最多为150人（按每天每人工作8小时计）。为使该工厂利润最大化，每天应生产A、B、C三种型号的产品各多少件？试建立这个问题的数学模型。

8.某工厂准备将30万元现金进行债券投资。经咨询，现有5种债券是较好的投资对象，分别称为债券1、债券2、债券3、债券4、债券5，它们的投资回报率如表1-12所示。

表1-12　　债券投资回报率

| 债券名称 | 债券1 | 债券2 | 债券3 | 债券4 | 债券5 |
|---|---|---|---|---|---|
| 回报率 | 0.065 | 0.09 | 0.045 | 0.055 | 0.05 |

为了减少投资风险，要求对债券1、债券2的投资不得超过18万元，对债券3、债券4的投资不得超过12万元，其中对债券2的投资不得超过对债券1、债券2的投资的65%，对债券5的投资不得低于对债券1、债券2的投资的20%。该公司应如何投资，能在满足以上要求的前提下使得总回报额最高？试建立该问题的数学模型。

# 第2章/ 线性规划的对偶理论

线性规划早期发展中最重要的发现是对偶问题，即每一个线性规划问题（称为原问题）都有一个与之对应的对偶线性规划问题（称为对偶问题），与之相关的理论称为对偶理论。对偶理论（Duality Theory）是研究线性规划中原问题与对偶问题之间关系的理论，是线性规划理论的重要内容之一。1928年美国数学家J.von · 诺伊曼在研究对策论时已发现线性规划与对策论之间存在着密切的联系，他于1947提出了对偶理论，开创了线性规划研究的新领域。1954年美国数学家C.莱姆基提出对偶单纯形法，成为管理决策中进行灵敏度分析的重要工具。

## 2.1 线性规划的对偶问题

### 2.1.1 对偶问题的提出

线性规划问题中的原问题和对偶问题，是对同一个问题站在不同的角度所建立的不同数学模型。即对偶线性规划问题是从另一个角度对同一问题进行的研究，是线性规划的扩展和延伸。下面通过一个例子说明对偶问题的提出。

【例2-1】在第1章例1-1中讨论了利民公司利用三种资源生产甲、乙两种产品的生产计划问题，得到其线性规划问题模型为：

（LP1）$\max z = 90x_1 + 70x_2$

$$\begin{cases} 5x_1 + 2x_2 \leqslant 56 \\ x_1 + 4x_2 \leqslant 45 \\ x_1 + x_2 \leqslant 16 \\ x_1, x_2 \geqslant 0 \end{cases}$$

现在从另一角度来考虑利民公司的决策问题。假定利民公司决定自己不生产产品，而将现有的资源转让或出租给其他公司，那么该如何确定资源的转让价格？显然，如果价格太高，对方不会接受；价格太低，利民公司又不愿意放弃生产而转让资源。因此，合理的价格应是对方用最少的资金购买利民公司的全部资源，而利民公司所获得的利润又不低于自己组织生产时所获得的利润。基于上述考虑，可以得到新问题对应的线性规划模型。

解：设分别用$y_1$、$y_2$和$y_3$代表每千克材料A、材料B、单位时间（台时）设备的出让代价，则利民公司出租或转让所有资源所获得的收入，也即对方公司需要支付的资金为：

$w = 56y_1 + 45y_2 + 16y_3$

从对方公司的角度看，总是希望为购买这些资源所支付的资金越少越好。因而，该问题是一个求目标函数最小化的问题。

又因利民公司用5千克材料A、1千克材料B和1台时设备可生产1件甲产品，盈利90元，其出售这些数量的资源得到的利润不能少于90元，则有：

$5y_1 + y_2 + y_3 \geqslant 90$

同理，用2千克材料A、4千克材料B和1台时设备可生产1件乙产品，盈利70元，出售这些数量资源得到的利润不能少于70元，则有：

$2y_1 + 4y_2 + y_3 \geqslant 70$

综上分析，可得到线性规划模型为：

(LP2)　$\min w = 56y_1 + 45y_2 + 16y_3$

$$\begin{cases} 5y_1 + y_2 + y_3 \geqslant 90 \\ 2y_1 + 4y_2 + y_3 \geqslant 70 \\ y_1, y_2, y_3 \geqslant 0 \end{cases}$$

称该线性规划问题LP2为线性规划问题LP1的对偶问题，而LP1称为原问题。

### 2.1.2　对称形式下对偶问题的一般形式

若线性规划问题同时满足下面两个条件：

（1）变量均具有非负约束；

（2）约束条件：当目标函数求最大时均取"≤"号，当目标函数求最小时均取"≥"号。则该线性规划问题称为对称形式的线性规划问题。

值得注意的是，对称形式与线性规划标准型是两种不同的形式，对称形式中约束条件的符号由目标函数决定。

显然，例2-1中的线性规划模型LP1为对称形式，LP2是其对偶问题，对照两个模型可写出对称形式下线性规划原问题和对偶问题的一般形式。

以目标函数求最大化的线性规划问题为例，对称形式下原问题的一般形式为：

$\max z = c_1x_1 + c_2x_2 + \cdots + c_nx_n$

$$\begin{cases} a_{11}x_1 + a_{12}x_2 + \cdots + a_{1n}x_n \leqslant b_1 \\ a_{21}x_1 + a_{22}x_2 + \cdots + a_{2n}x_n \leqslant b_2 \\ \vdots \\ a_{m1}x_1 + a_{m2}x_2 + \cdots + a_{mn}x_n \leqslant b_m \\ x_j \geqslant 0 \quad (j = 1, \cdots, n) \end{cases} \tag{2.1}$$

设 $y_i$（$i$=1，…，$m$）为第 $i$ 种资源的估价，则对偶问题的一般形式为：

$\min w = b_1y_1 + b_2y_2 + \cdots + b_my_m$

$$\begin{cases} a_{11}y_1 + a_{21}y_2 + \cdots + a_{m1}y_m \geqslant c_1 \\ a_{12}y_1 + a_{22}y_2 + \cdots + a_{m2}y_m \geqslant c_2 \\ \vdots \\ a_{1n}y_1 + a_{2n}y_2 + \cdots + a_{mn}y_m \geqslant c_n \\ y_i \geqslant 0 \quad (i = 1, \cdots, m) \end{cases} \tag{2.2}$$

用矩阵形式表示，对称形式的线性规划问题的原问题为：

$\max z = CX$

$$\begin{cases} AX \leqslant \mathrm{b} \\ X \geqslant 0 \end{cases} \tag{2.3}$$

其对偶问题为：

$$\min w = Yb$$

$$\begin{cases} YA \geq C \\ Y \geq 0 \end{cases} \tag{2.4}$$

其中 $Y = (y_1, y_2, \cdots, y_m)$。

将上述对称形式下线性规划的原问题与对偶问题进行比较，可以列出如表2-1所示的对应关系。

表2-1　　**对称形式原问题与对偶问题对应表**

| | | | | | | | |
|---|---|---|---|---|---|---|---|
| | | $c_1$ | $c_2$ | … | $c_n$ | max←原问题 | |
| | | $x_1$ | $x_2$ | … | $x_n$ | | |
| $b_1$ | $y_1$ | $a_{11}$ | $a_{12}$ | … | $a_{1n}$ | $\leq$ | $b_1$ |
| $b_2$ | $y_2$ | $a_{21}$ | $a_{22}$ | … | $a_{2n}$ | $\leq$ | $b_2$ |
| … | … | … | … | … | … | … | … |
| $b_m$ | $y_m$ | $a_{m1}$ | $a_{m2}$ | … | $a_{mn}$ | $\leq$ | $b_m$ |
| min←对偶问题 | | $\geq$ | $\geq$ | … | $\geq$ | | |
| | | $c_1$ | $c_2$ | … | $c_n$ | | |

在已知某一线性规划问题时，可以参照表2-1的对应关系，写出其相应的对偶问题。

### 2.1.3　非对称形式的原-对偶问题关系

不同时满足对称形式条件的线性规划问题称为非对称形式的线性规划问题。实际问题中，并非所有线性规划问题都有对称形式，下面讨论一般情况下如何写出线性规划问题的对偶问题。

【例2-2】写出下述线性规划问题的对偶问题。

$$\max z = x_1 + 4x_2 + 3x_3$$

$$\begin{cases} 2x_1 + 3x_2 - 5x_3 \leq 2 & \text{(a)} \\ 3x_1 - x_2 + 6x_3 \geq 1 & \text{(b)} \\ x_1 + x_2 + x_3 = 4 & \text{(c)} \\ x_1 \geq 0, x_2 \leq 0, x_3\text{无约束} & \text{(d)} \end{cases} \tag{2.5}$$

解：该问题为非对称形式的线性规划模型，为写出对偶问题，可首先将其转换成对称形式，再按表2-1的对应关系写出其对偶问题。因例中目标函数为max，故约束条件应变换为“≤”号，所有变量均应≥0。为此：

（1）约束条件（2.5b）式两端同乘“-1”，变为 $-3x_1 + x_2 - 6x_3 \leq -1$；

（2）将约束条件（2.5c）式先等价转换为 $x_1 + x_2 + x_3 \leq 4$ 和 $x_1 + x_2 + x_3 \geq 4$，再变换为 $x_1 + x_2 + x_3 \leq 4$ 和 $-x_1 - x_2 - x_3 \leq -4$；

（3）令 $x_2' = -x_2$，$x_2' \geq 0$；

（4）令 $x_3 = x_3' - x_3''$，其中 $x_3' \geq 0, x_3'' \geq 0$。

由此，例2-2可变换成具有如下对称形式的线性规划问题：

$$\max z = x_1 - 4x_2' + 3x_3' - 3x_3''$$

$$\begin{cases} 2x_1 - 3x_2' - 5x_3' + 5x_3'' \leqslant 2 \\ -3x_1 - x_2' - 6x_3' + 6x_3'' \leqslant -1 \\ x_1 - x_2' + x_3' - x_3'' \leqslant 4 \\ -x_1 + x_2' - x_3' + x_3'' \leqslant -4 \\ x_1, x_2', x_3', x_3'' \geqslant 0 \end{cases}$$

令对应上述4个约束条件的对偶变量分别为$y_1, y_2', y_3', y_3''$，按表2-1所列对应关系写出其对偶问题为：

$$\min w = 2y_1 - y_2' + 4y_3' - 4y_3''$$

$$\begin{cases} 2y_1 - 3y_2' + y_3' - y_3'' \geqslant 1 & (a) \\ -3y_1 - y_2' - y_3' + y_3'' \geqslant -4 & (b) \\ -5y_1 - 6y_2' + y_3' - y_3'' \geqslant 3 & (c) \\ 5y_1 + 6y_2' - y_3' + y_3'' \geqslant -3 & (d) \\ y_1, y_2', y_3', y_3'' \geqslant 0 & (e) \end{cases} \tag{2.6}$$

再令$y_2 = -y_2', y_3 = y_3' - y_3''$，将式（2.6c）、式（2.6d）两个约束条件合并，约束（2.6b）两端乘以“-1”，于是有：

$$\min w = 2y_1 + y_2 + 4y_3$$

$$\begin{cases} 2y_1 + 3y_2 + y_3 \geqslant 1 \\ 3y_1 - y_2 + y_3 \leqslant 4 \\ -5y_1 + 6y_2 + y_3 = 3 \\ y_1 \geqslant 0, y_2 \leqslant 0, y_3\text{无约束} \end{cases}$$

根据例2-2中原问题和对偶问题约束条件和决策变量的对应关系，将非对称线性规划原问题与对偶问题的对应关系统一归纳为表2-2所示形式。

表2-2　**非对称形式原问题与对偶问题对应表**

| 原问题（或对偶问题） | | 对偶问题（或原问题） | |
|---|---|---|---|
| 目标函数 | $\max z=CX$ | $\min w=Yb$ | 目标函数 |
| 决策变量 | $n$个 | $n$个 | 约束条件 |
| | $X \geqslant 0$ | $YA \geqslant C$ | |
| | $X \leqslant 0$ | $YA \leqslant C$ | |
| | $X$无约束 | $YA=C$ | |
| 约束条件 | $m$个 | $m$个 | 决策变量 |
| | $AX \leqslant b$ | $Y \geqslant 0$ | |
| | $AX \geqslant b$ | $Y \leqslant 0$ | |
| | $AX=b$ | $Y$无约束 | |

表2-2清楚地表明了原问题和对偶问题之间的对应关系。因此，给出任意一个线性规划问题，都可以根据这种对应关系直接写出其对偶问题。

【例2-3】写出下列线性规划问题的对偶问题：

$$\min w = 2x_1 + 3x_2 - 5x_3 + x_4$$

$$\begin{cases} x_1 + x_2 - 3x_3 + x_4 \geqslant 5 \\ 2x_1 + 2x_3 - x_4 \leqslant 4 \\ x_2 + x_3 + x_4 = 6 \\ x_1 \leqslant 0, x_2, x_3 \geqslant 0, x_4\text{无约束} \end{cases}$$

解：目标函数求最小，应将表2-2右边看作原问题，左边看作对偶问题。原问题有3个约束4个变量，则对偶问题有3个变量4个约束，对照表2-2中变量符号和约束条件方向的关系，可直接得到上述线性规划问题的对偶问题为：

$$\max z = 5y_1 + 4y_2 + 6y_3$$

$$\begin{cases} y_1 + 2y_2 \geqslant 2 \\ y_1 + y_3 \leqslant 3 \\ -3y_1 + 2y_2 + y_3 \leqslant -5 \\ y_1 - y_2 + y_3 = 1 \\ y_1 \geqslant 0, y_2 \leqslant 0, y_3\text{无约束} \end{cases}$$

## 2.2 对偶问题的基本性质

本节首先介绍单纯形法计算的矩阵描述，它将有助于加深对单纯形法的理解，并能够为后面对偶理论的学习和讨论提供方便。在此基础上，分析对偶问题的基本性质。

### 2.2.1 单纯形法计算的矩阵描述

对具有对称形式的线性规划问题，若其目标函数为求最大，则其一般形式可表示为：

$$\max z = CX$$

$$\begin{cases} AX \leqslant \mathrm{b} \\ X \geqslant 0 \end{cases}$$

引入松弛变量，将上述线性规划问题化为标准型，则有：

$$\max z = CX + 0X_s$$

$$\begin{cases} AX + IX_s = b \\ X \geqslant 0, X_s \geqslant 0 \end{cases} \tag{2.7}$$

上式中 $X_s$ 为松弛变量，$X_s = (x_{n+1}, x_{n+2}, \cdots, x_{n+m})^T$，I 为 $m\times m$ 单位矩阵。

设将变量 $X$ 分块为变量 $X_B$ 和变量 $X_N$，相应地将系数矩阵 $A$ 分块为 $B$ 和 $N$，系数矩阵 $C$ 分块为 $C_B$ 和 $C_N$，并规定 $B$ 和 $N$ 分别为变量 $X_B$ 和变量 $X_N$ 的系数矩阵，$C_B$ 是目标函数中变量 $X_B$ 的系数矩阵，$C_N$ 是目标函数中 $X_N$ 的系数矩阵。

在单纯形表计算时，总是选取 $I$ 为初始基，对应的基变量为 $X_s$，则以矩阵形式表示的初始单纯形表如表 2-3 所示。

表 2-3　　**矩阵形式初始单纯形表**

| $C$ | | | 非基变量 | | 基变量 |
|---|---|---|---|---|---|
| | | | $X_B$ | $X_N$ | $X_s$ |
| $C_B$ | $X_B$ | $B^{-1}b$ | $B$ | $N$ | $I$ |
| $\sigma_j$ | | | $C_B$ | $C_N$ | 0 |

设经过若干次迭代后，$X_B$ 为基变量，$X_N$ 和 $X_s$ 为非基变量，则线性规划问题（2.7）式用分块矩阵表示为：

目标函数：$$\max z = (C_B, C_N)\begin{pmatrix} X_B \\ X_N \end{pmatrix} = C_B X_B + C_N X_N \tag{2.8}$$

约束条件：$$(B, N, I)\begin{pmatrix} X_B \\ X_N \\ X_s \end{pmatrix} = BX_B + NX_N + IX_s = b \tag{2.9}$$

非负条件：$$X_B, X_N, X_s \geqslant 0 \tag{2.10}$$

将约束条件（2.9）式移项得：

$$BX_B = b - NX_N - IX_s \tag{2.11}$$

将（2.11）式两边同时乘以$B^{-1}$得：

$$X_B = B^{-1}b - B^{-1}NX_N - B^{-1}X_s \tag{2.12}$$

将约束条件（2.12）式代入（2.8）式，得：

$$\begin{aligned} z &= C_B\left(B^{-1}b - B^{-1}NX_N - B^{-1}X_s\right) + C_NX_N \\ &= C_BB^{-1}b + \left(C_N - C_BB^{-1}N\right)X_N - C_BB^{-1}X_s \end{aligned} \tag{2.13}$$

令非基变量$X_N = X_s = 0$，则基变量$X_B = B^{-1}b$，目标函数$z = C_BB^{-1}b$。

因而经过若干次迭代后，单纯形表用矩阵表示如表2-4所示。

表2-4　**迭代后矩阵形式单纯形表**

| C | | | 基变量 | 非基变量 | |
|---|---|---|---|---|---|
| | | | $X_B$ | $X_N$ | $X_s$ |
| $C_B$ | $X_B$ | $B^{-1}b$ | $I$ | $B^{-1}N$ | $B^{-1}$ |
| $\sigma_j$ | | | 0 | $C_N - C_BB^{-1}N$ | $-C_BB^{-1}$ |

从表2-4可以看出，若此时得到的解是最优解，则各检验数应满足：

$$C_N - C_BB^{-1}N \leqslant 0 \tag{2.14}$$

$$-C_BB^{-1} \leqslant 0 \tag{2.15}$$

因基变量$X_B$的检验数可写为：

$$C_B - C_B \cdot I = C_B - C_BB^{-1}B = 0 \tag{2.16}$$

故（2.14）和（2.16）式可合并写为：

$$C - C_BB^{-1}\mathrm{A} \leqslant 0 \tag{2.17}$$

（2.15）、（2.17）式中都有乘子$C_BB^{-1}$，称它为单纯乘子，用符号$Y = C_BB^{-}$表示。

由（2.15）式可得：

$$Y \geqslant 0 \tag{2.18}$$

由条件（2.17）可得：

$$C - C_BB^{-1}A = C - YA \leqslant 0 \tag{2.19}$$

也即：

$$YA \geqslant C \tag{2.20}$$

对于$Y = C_BB^{-1}$，两边同时右乘$b$，有：

$$Yb = C_BB^{-1}b \tag{2.21}$$

且因为$Y$的上界无限大，故$w$只存在最小值。

综合上述分析，可得到原线性规划问题的对偶问题：

$$\min w = Yb$$

$$\begin{cases} YA \geqslant C \\ Y \geqslant 0 \end{cases}$$

可见，从理论角度分析，得到的对偶线性规划问题的形式与前面结论一致。

### 2.2.2　对偶问题的基本性质

1）对称性

对偶问题的对偶问题是原问题。假定线性规划问题的原问题为：

$$\max z = CX$$

$$\begin{cases} AX \leqslant b \\ X \geqslant 0 \end{cases} \tag{2.22}$$

根据原问题与对偶问题之间的关系，可以写出（2.22）式的对偶问题为：

$$\min w = Yb$$
$$\begin{cases} YA \geqslant C \\ Y \geqslant 0 \end{cases} \tag{2.23}$$

若要求写出（2.23）式的对偶问题，可令 $w' = -w$，将其首先转化为目标函数求最大化问题，即：

$$\max w' = -Yb$$
$$\begin{cases} -YA \leqslant -C \\ Y \geqslant 0 \end{cases} \tag{2.24}$$

如将（2.24）式作为原问题，并按表2-1所列对应关系写出它的对偶问题，则有：

$$\min z' = -CX$$
$$\begin{cases} -AX \geqslant -b \\ X \geqslant 0 \end{cases}$$

再令 $z' = -z$，则上式可改写为：

$$\max z = CX$$
$$\begin{cases} AX \leqslant b \\ X \geqslant 0 \end{cases}$$

可以发现，当将（2.22）式作为原问题时，其对偶问题为（2.23）式；当将（2.23）式作为原问题时，其对偶问题为（2.22）式。

由此可得到结论：对偶问题的对偶问题是原问题,也即若一个线性规划问题是另一个线性规划问题的对偶问题，则它们互为对偶问题。

2）弱对偶性

设 $\bar{X}$ 和 $\bar{Y}$ 分别是原问题和对偶问题的可行解，则恒有 $C\bar{X} \leqslant \bar{Y}b$。

由弱对偶性，可得出以下推论：

（1）原问题任一可行解的目标函数值是其对偶问题目标函数值的下界；反之，对偶问题任一可行解的目标函数值是其原问题目标函数值的上界。

（2）若原问题有可行解且目标函数值无界（具有无界解），则其对偶问题无可行解；反之，对偶问题有可行解且目标函数值无界，则其原问题无可行解（注意：此性质的逆推理不成立，即当对偶问题无可行解时，其原问题或具有无界解或无可行解，反之亦然）。

（3）若原问题有可行解而其对偶问题无可行解，则原问题目标函数值无界；反之，对偶问题有可行解而其原问题无可行解，则对偶问题的目标函数值无界。

3）最优性

若 $\hat{X}$ 和 $\hat{Y}$ 分别是原问题和对偶问题的可行解，则当 $C\hat{X} = \hat{Y}b$ 时，$\hat{X}$ 和 $\hat{Y}$ 是最优解。

4）强对偶性（或称对偶定理）

若原问题有最优解，则对偶问题也有最优解，且目标函数值相等。

5）互补松弛性

若 $\hat{X}$ 和 $\hat{Y}$ 分别是原问题和对偶问题的可行解，$X_s$ 和 $Y_s$ 是它们可行解的松弛变量，那么 $\hat{X}$、$\hat{Y}$ 为最优解当且仅当 $\hat{Y}X_s = 0$ 和 $Y_s\hat{X} = 0$。

对偶问题的互补松弛性说明，在线性规划问题的最优解中，如果对应某一约束条件的对偶变量值为非零，则该约束条件取严格等式；反之，如果约束条件取严格不等式，则其对应的对偶变量一定为0，即：

若 $\hat{y}_i > 0$，则有 $\sum_{j=1}^{n} a_{ij}\hat{x}_j = b_i$，即 $\hat{x}_{si} = 0$

若 $\sum_{j=1}^{n} a_{ij}\hat{x}_j < b_i$，即 $\hat{x}_{si} > 0$，则有 $\hat{y}_i = 0$

根据这一性质，可方便地求解原问题或对偶问题的最优解。

【例2-4】 对于例2-2中的线性规划问题，有：

$$\max z = x_1 + 4x_2 + 3x_3$$

$$\begin{cases} 2x_1 + 3x_2 - 5x_3 \leqslant 2 \\ 3x_1 - x_2 + 6x_3 \geqslant 1 \\ x_1 + x_2 + x_3 = 4 \\ x_1 \geqslant 0, x_2 \leqslant 0, x_3 \text{无约束} \end{cases}$$

若已知原问题的最优解为 $X^* = (0,0,4)^T$，$z^* = 12$，试求对偶问题的最优解。

解：对应的对偶问题是：

$$\min w = 2y_1 + y_2 + 4y_3$$

$$\begin{cases} 2y_1 + 3y_2 + y_3 \geqslant 1 & \text{(a)} \\ 3y_1 - y_2 + y_3 \leqslant 4 & \text{(b)} \\ -5y_1 + 6y_2 + y_3 = 3 & \text{(c)} \\ y_1 \geqslant 0, y_2 \leqslant 0, y_3 \text{无约束} \end{cases}$$

将 $X^* = (0,0,4)^T$ 代入原问题中，有：

$$\max z = x_1 + 4x_2 + 3x_3$$

$$\begin{cases} 2x_1 + 3x_2 - 5x_3 = -20 < 2 \\ 3x_1 - x_2 + 6x_3 = 24 > 1 \\ x_1 + x_2 + x_3 = 4 \end{cases}$$

根据互补松弛性，必有 $y_1^* = y_2^* = 0$，将其代入对偶问题约束条件（c）中，得 $y_3^* = 3$，即对偶问题最优解为 $Y^* = (0,0,3)$，此时最优目标函数值 $w^* = 12$。

讨论至此，可以发现一对对偶线性规划问题的解只能有下面三种情况之一出现，将原问题与对偶问题解的对应关系总结如下：

（1）都有最优解，且目标函数最优值相等；

（2）一个问题有无界解，另一个问题无可行解；

（3）两个都无可行解。

在许多情况下，一旦知道了（LP）或（LD）中一个问题的解的情况，不必求解或只经简单计算，即可根据对偶问题的基本性质求得另一问题的解。

综上所述，原问题与对偶问题解之间关系的表述如表2-5所示。

表2-5 **原问题与对偶问题解关系表**

| 原问题 | 条件关系 | 对偶问题 |
|---|---|---|
| 有最优解 | 充分必要条件（⇔） | 有最优解 |
| 有无界解 | 充分条件（⇒） | 不可行 |
| 不可行 | 必要条件（⇐） | 有无界解 |
| 不可行 | 既不充分也不必要条件 | 不可行 |

## 2.3 对偶问题的经济解释——影子价格

由单纯形法计算的矩阵描述可知，目标函数$z = C_B B^{-1} b$和检验数$C_N - C_B B^{-1} N$、$-C_B B^{-1}$中都有单纯乘子$Y = C_B B^{-1}$，那么$Y$的经济意义是什么？

从对偶问题的基本性质可以看出，当线性规划原问题求得最优解$x_j^*$（$j = 1,2,\cdots,n$）时，其对偶问题也得到最优解$y_i^*$（$i = 1,2,\cdots,m$），且代入各自的目标函数后有：

$$z^* = \sum_{j=1}^{n} c_j x_j^* = \sum_{i=1}^{m} b_i y_i^* = w^* \tag{2.25}$$

式中，$b_i$是线性规划原问题约束条件的右端项，它代表第$i$种资源的拥有量。

在（2.25）式中令$z$对$b_i$求偏导，可得：

$$\frac{\partial z^*}{\partial b_i} = y_i^* \tag{2.26}$$

所以，变量$y_i^*$的经济意义是在其他条件不变的情况下，单位资源变化所引起的目标函数最优值的改变量。例如图2-1为第1章例1-1用图解法求解时的情形，图中阴影部分标出了问题的可行域，点$Q_3$（8,8）是原问题的最优解，代入目标函数得目标函数最优值$z^*$=1 280；如果将例1-1中的第1个约束条件右端项增加1，变为$5x_1 + 2x_2 \leqslant 57$，可行域边界线由（a）移至（a′），见图2-2，此时最优解变为$Q_3$（8.33,7.67），代入目标函数得目标函数最优值$z^*$=1 286.67，说明第1种资源每增加1个单位即可多获利6.67。

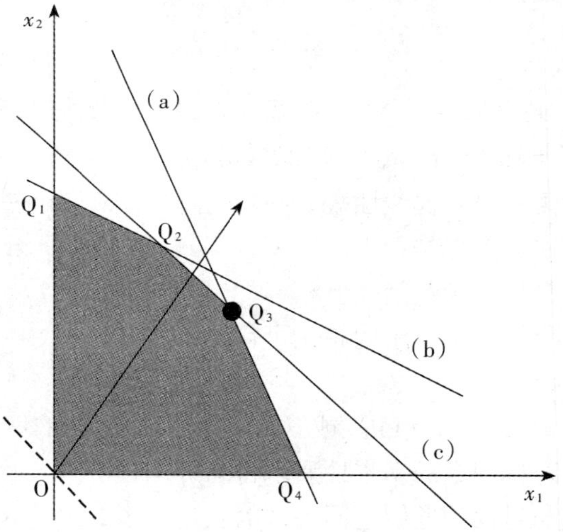


**图2-1 例1-1图解**

由上述分析可以看出，$y_i$的值代表对第$i$种资源的估价，这种估价不同于资源的市场价格，是根据资源在生产中做出的贡献而作的估价，它是针对具体企业的具体产品而存在的一种特殊价格，为区别起见，称它为“影子价格”。

一般来说，对线性规划问题的求解是确定资源的最优分配方案，而对于对偶问题的求解则是确定对资源的恰当估价，这种估价直接涉及资源的最有效利用。因此，正确理解影子价格，可帮助决策者分析经济活动，做出有利的决策。

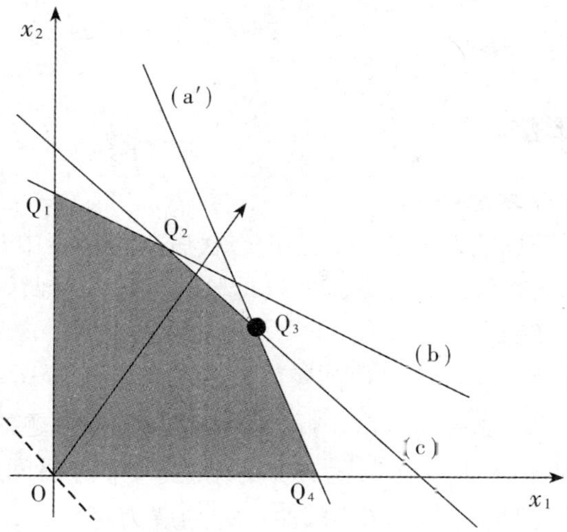


**图2-2 资源常量变化图解**

下面通过几点讨论来加深对影子价格的理解：

(1) 影子价格实际上是一种机会成本。当第$i$种资源的影子价格高于市场价格时，表示增加第$i$种资源有利可图，企业应购进该资源扩大生产规模；当第$i$种资源的影子价格低于市场价格时，说明增加该资源不能增加收益，这时不应增加该资源或将剩余资源卖掉。可见，正确理解影子价格有利于更好地调节生产规模。

(2) 影子价格是一种边际产出，表明单位资源的贡献。由（2.26）式可以看出，影子价格反映了在其他条件不变的情况下，第$i$种资源增加1个单位所带来的收益，因此可用于评估生产要素对产出贡献的分解，估算各种资源分别产生了多少利润。

(3) 影子价格可以表明生产过程中资源的利用情况。根据第2.2节对偶问题的互补松弛性可知：当$\sum_{j=1}^{n} a_{ij}\hat{x}_j < b_i$时，$\hat{y}_i = 0$；当$\hat{y}_i > 0$时，有$\sum_{j=1}^{n} a_{ij}\hat{x}_j = b_i$。这表明生产过程中如果某种资源未得到充分利用，该种资源的影子价格为0；而当资源的影子价格不为0时，表明该种资源在生产中已经耗费完毕。

需要说明的是，当某种资源的影子价格为0时，并不能说明该资源在生产过程中没有做出贡献，而只能理解为当该资源有剩余时再增加其数量不能给企业带来利润。

(4) 影子价格是生产过程中资源的一种隐含的潜在价值，与市场价格是不同的两个概念。资源的市场价格是已知数，相对比较稳定；而它的影子价格则依赖于资源的利用情况，是未知数，随着企业生产任务、产品结构等情况的变化而改变。例如，某种钢板市场价格是每吨8 000元，一个企业用来生产汽车，另一个企业用来生产空调外壳，每吨钢板的产值不同，它们的影子价格也就不同。

(5) 在单纯形法计算过程中，变量$x_j$的检验数为：

$$\sigma_j = c_j - C_B B^{-1} P_j = c_j - \sum_{i=1}^{m} a_{ij} y_i$$

式中，$c_j$代表第$j$种产品的产值，$\sum_{i=1}^{m} a_{ij} y_i$是生产该种产品所消耗各项资源的影子价格的总和，即产品的隐含成本。当产品产值大于隐含成本时，表明生产该项产品有利，可在计划中安排；否则，就不在生产计划中安排。

## 2.4 对偶单纯形法

### 2.4.1 对偶单纯形法的基本思路

根据原问题与对偶问题的对应关系，经过迭代后单纯形表中$b$列得到原问题的基可行解，而在检验数行则得到对偶问题的基解。当检验数行得到对偶问题的基可行解时，原问题与对偶问题均得到最优解。

由对偶问题的对称性，若保持对偶问题的解是基可行解即$\sigma_j \leqslant 0$，而原问题在非可行解的基础上通过逐步迭代得到基可行解，此时也就得到了原问题的最优解。

因此，对偶单纯形法的求解思路是：如果存在一个对偶问题的可行基$B$，即对$j=1,\cdots,n$，有$\sigma_j \leqslant 0$，这时只要有$X_B \geqslant 0$，即原问题的解为可行解，则两者均为最优解。否则，保持对偶问题为可行解，找出原问题的相邻基解，判别是否有$X_B \geqslant 0$，循环进行，直到使原问题也为可行解，从而两者均为最优解。

需要注意的是，对偶单纯形法是求解线性规划的一种方法，而不是求对偶问题的最优解，它之所以称为“对偶单纯形法”，是因为该方法的求解过程是以对偶原理和单纯形法原理为理论依据的。

### 2.4.2 对偶单纯形法的计算步骤

第1步：列出初始单纯形表，使对偶问题为基可行解。

对线性规划问题进行变换，使列出的初始单纯形表中所有的检验数$\sigma_j \leqslant 0\ (j=1,\cdots,n)$。据此，列出初始单纯形表如表2-6。

表2-6 **对偶初始单纯形表**

| $C$ | | | $c_1$ | $c_2$ | $\cdots$ | $c_m$ | $c_{m+1}$ | $c_{m+2}$ | $\cdots$ | $c_n$ |
|---|---|---|---|---|---|---|---|---|---|---|
| $C_B$ | $X_B$ | $b$ | $x_1$ | $x_2$ | $\cdots$ | $x_m$ | $x_{m+1}$ | $x_{m+2}$ | $\cdots$ | $x_n$ |
| $c_1$ | $x_1$ | $\bar{b}_1$ | 1 | 0 | $\cdots$ | 0 | $a_{1,m+1}$ | $a_{1,m+2}$ | $\cdots$ | $a_{1n}$ |
| $c_2$ | $x_2$ | $\bar{b}_2$ | 0 | 1 | $\cdots$ | 0 | $a_{2,m+1}$ | $a_{2,m+2}$ | $\cdots$ | $a_{2n}$ |
| $\vdots$ | $\vdots$ | $\vdots$ | $\vdots$ | $\vdots$ | $\vdots$ | $\vdots$ | $\vdots$ | $\vdots$ | $\vdots$ | $\vdots$ |
| $c_m$ | $x_m$ | $\bar{b}_m$ | 0 | 0 | $\cdots$ | 1 | $a_{m,m+1}$ | $a_{m,m+2}$ | $\cdots$ | $a_{mn}$ |
| $\sigma_j$ | | | 0 | 0 | $\cdots$ | 0 | $c_{m+1}-z_{m+1}$ | $c_{m+2}-z_{m+2}$ | $\cdots$ | $c_n-z_n$ |

表2-6中必须有$\sigma_j \leqslant 0\ (j=1,\cdots,n)$，即能够保证对偶问题为基可行解，而$\bar{b}_i\ (i=1,\cdots,m)$的值不要求为正。

第2步：最优性检验。

检查$b$列的数字，若有$\bar{b}_i \geqslant 0\ (i=1,\cdots,m)$，则原问题和对偶问题均得到最优解，停止计算。

若$\bar{b}_r<0$，而对于$a_{rj} \geqslant 0\ (j=1,\cdots,n)$，此时原问题无可行解，停止计算。因为在这种情况下，若把表中第$r$行的约束方程列出，则有：

$x_r + a_{r,m+1}x_{m+1} + \cdots + a_{rn}x_n = b_r$

由于$a_{rj} \geqslant 0\ (j = m+1,\cdots,n)$，又$b_r < 0$，故不可能存在$x_j \geqslant 0\ (j = 1,\cdots,n)$的解，原问题无可行解，这时对偶问题的目标函数值无界。

否则，保持对偶问题为基可行解，转入下一步。

第3步：列出新的单纯形表，寻找新的基可行解。

1.确定离基变量

因为总存在小于0的$\bar{b}_i$，令$\bar{b}_r = \min\{\bar{b}_i\}$，则对应变量$x_r$为离基变量。

2.确定进基变量

（1）为了使下一个表中第$r$行基变量值为正，因而只有对应$a_{rj} < 0\ (j = m+1,\cdots,n)$的非基变量才可以考虑作为进基变量。

（2）为了使下一个表中对偶问题的解仍为可行解，令

$$\theta = \min_j \left\{ \frac{\sigma_j}{a_{rj}} | a_{rj} < 0 \right\} = \frac{\sigma_s}{a_{rs}} \tag{2.27}$$

则$a_{rs}$为主元素，$x_s$为进基变量。

3.迭代计算

以$a_{rs}$为主元素，用进基变量替换离基变量，通过迭代计算得到一个新的基。

第4步：在保持对偶问题为基可行解的前提下，重复第2，3步，直到$b$列所有的数字$\bar{b}_i \geqslant 0$，计算结束。

综上分析，对偶单纯形法是从满足对偶可行性条件出发通过迭代逐步搜索原始问题的最优解。在迭代过程中始终保持基解的对偶可行性，从而使不可行性逐步消失。

对偶单纯形法与第1章中单纯形法之间的内在对应关系，归纳如表2-7所示。

表2-7　**最优性判别表**

| 项目 | 单纯形法 | 对偶单纯形法 |
|---|---|---|
| 前提条件 | 所有$b_i \geqslant 0\ (i = 1,2,\cdots,m)$ | 所有$\sigma_j \leqslant 0\ (j = 1,\cdots,n)$ |
| 最优性检验 | 是否所有$\sigma_j \leqslant 0\ (j = 1,\cdots,n)$ | 是否所有$b_i \geqslant 0\ (i = 1,2,\cdots,m)$ |
| 进基、离基变量确定 | 先确定进基变量，后确定离基变量 | 先确定离基变量，后确定进基变量 |
| 基解的进化过程 | 可行→最优 | 非可行→可行（最优） |

【例2-5】用对偶单纯形法求解下述线性规划问题。

$$\min w = 56y_1 + 45y_2 + 16y_3$$

$$\begin{cases} 5y_1 + y_2 + y_3 \geqslant 90 \\ 2y_1 + 4y_2 + y_3 \geqslant 70 \\ y_1, y_2, y_3 \geqslant 0 \end{cases}$$

解：先将问题改写为：

$$\max w' = -56y_1 - 45y_2 - 16y_3 + 0y_4 + 0y_5$$

$$\begin{cases} 5y_1 + y_2 + y_3 - y_4 = 90 & \text{(a)} \\ 2y_1 + 4y_2 + y_3 - y_5 = 70 & \text{(b)} \\ y_1, y_2, y_3, y_4, y_5 \geqslant 0 \end{cases} \tag{2.28}$$

为获得单位矩阵，将约束条件2.28（a）式、2.28（b）式两端同乘以“-1”得：

$$\max w' = -56y_1 - 45y_2 - 16y_3 + 0y_4 + 0y_5$$

$$\begin{cases} -5y_1 - y_2 - y_3 + y_4 = -90 \\ -2y_1 - 4y_2 - y_3 + y_5 = -70 \\ y_1, y_2, y_3, y_4, y_5 \geqslant 0 \end{cases}$$

列出单纯形表，并用上述对偶单纯形表求解步骤进行迭代计算，其过程见表2-8。

表2-8　　**对偶单纯形计算表**

| $C_j$ | | | -56 | -45 | -16 | 0 | 0 |
|---|---|---|---|---|---|---|---|
| $C_B$ | $Y_B$ | $b$ | $y_1$ | $y_2$ | $y_3$ | $y_4$ | $y_5$ |
| 0 | $y_4$ | -90 | [-5] | -1 | -1 | 1 | 0 |
| 0 | $y_5$ | -70 | -2 | -4 | -1 | 0 | 1 |
| $\sigma_j$ | | | -56 | -45 | -16 | 0 | 0 |
| -56 | $y_1$ | 18 | 1 | 1/5 | 1/5 | -1/5 | 0 |
| 0 | $y_5$ | -34 | 0 | -18/5 | [-3/5] | -2/5 | 1 |
| $\sigma_j$ | | | 0 | -169/5 | -24/5 | -56/5 | 0 |
| -56 | $y_1$ | 20/3 | 1 | -1 | 0 | -1/3 | 1/3 |
| -16 | $y_3$ | 170/3 | 0 | 6 | 1 | 2/3 | -5/3 |
| $\sigma_j$ | | | 0 | -5 | 0 | -8 | -8 |

因表2-8中最后一张表$b$列数字全为非负，检验数全为非正，故问题得到最优解。最优解为：

$$Y^* = (y_1^*, y_2^*, y_3^*, y_4^*, y_5^*) = (20/3, 0, 170/3, 0, 0)$$

相应地，其对偶问题的最优解为：

$$X^* = (x_1^*, x_2^*)^T = (8, 8)^T$$

从表2-8中可以看出，当约束条件为≥时，问题的求解不需要添加人工变量，使得计算过程大大简化，这是对偶单纯形法求解线性规划问题的优点。但对偶单纯形法在使用时有很大的局限性，主要表现在对大多数线性规划问题来说，很难找到对偶问题的一个初始可行基，因而这种方法在求解线性规划问题时很少单独使用。

## 2.5 灵敏度分析

在实际工作中，企业决策者必须随时掌握市场动态及数据资料的变化情况，及时调整决策方案，有效地利用线性规划这一工具，更好地指导实际工作，达到增加效益、降低成本的目的。

前面讨论的线性规划问题中，都假定参数$a_{ij}$、$b_i$、$c_j$是已知常数，当这些参数准确不变且约束条件比较完整时，由此得到的解在指导实际工作时的可靠性也比较强。但事实上，在生产过程中，工艺条件、资源数量、市场需求、市场价格等因素都在不断地变化，此时线性规划模型中的参数及约束条件也会相应地发生改变。例如，市场条件改变，产品的价值系数$c_j$会随之改变；资源投入情况改变，资源限制量$b_i$会随之改变；工艺条件改变，$a_{ij}$会随之改变；有时，生产中会增加一种新的产品或增加一道新工序，这时模型中也需引入新的变量或约束条件等。人们不禁会问，当线性规划模型发生上述变化时，问题的最优解是否会发生变化？会有怎样的变化？

灵敏度分析研究的就是模型的变化对线性规划问题最优基或最优解的影响程度，主要包括以下两个问题：

（1）参数在什么范围内变化时，原最优基和最优解不变？

（2）模型发生变化时，最优基和最优解会如何变化？

要回答上面两个问题，当然可以用单纯形法从头计算，观察最优解有无变化，但这样做既麻烦又没必要。因为在单纯形法迭代时，每次运算都和基变量的系数矩阵$B$有关，因此可以把个别参数的变化直接在计算得到最优解的最终单纯形表上反映出来，并按表2-9中几种情况进行处理。

表2-9 **可行解判别表**

| 原问题 | 对偶问题 | 结论或继续计算的步骤 |
| --- | --- | --- |
| 可行解 | 可行解 | 问题的最优解或最优基不变 |
| 可行解 | 非可行解 | 用单纯形法继续迭代求最优解 |
| 非可行解 | 可行解 | 用对偶单纯形法继续迭代求最优解 |
| 非可行解 | 非可行解 | 引进人工变量，编制新的单纯形表重新计算 |

按表2-9的方法对问题进行处理，既可减少计算量，又可根据参数的变化范围及时对原决策做出调整和修正。

### 2.5.1 价值系数$c_j$的变化分析

线性规划目标函数中变量系数$c_j$的变化仅仅影响到检验数$\sigma_j$的变化，所以将$c_j$的变化直接反映到最终单纯形表中，只可能出现表2-9中的前两种情况之一。若最终表中所有检验数仍然均不大于零，即对偶问题取得可行解，出现表2-9中第一种情况，问题的最优基和最优解不变；若出现大于零的检验数，即出现表2-9中第二种情况，则需使用单纯形法继续迭代求得最优解。下面举例说明。

【例2-6】在第1章例1-1的利民公司的例子中，（1）若甲产品的利润降至85元/件，而乙产品的利润增至95元/件时，该企业的最优生产计划有何变化；（2）若甲产品的利润不变，则乙产品的利润在什么范围内变化时，该公司的最优生产计划将不发生变化。

解：（1）将甲、乙产品的利润变化直接反映到最终单纯形表中，结果如表2-10所示。

表2-10 **价值系数变化的单纯形表**

| | $c_j$ | | 85 | 95 | 0 | 0 | 0 | $\theta$ |
| --- | --- | --- | --- | --- | --- | --- | --- | --- |
| $C_B$ | $X_B$ | $b$ | $x_1$ | $x_2$ | $x_3$ | $x_4$ | $x_5$ | |
| 85 | $x_1$ | 8 | 1 | 0 | 1/3 | 0 | −2/3 | 24 |
| 0 | $x_4$ | 5 | 0 | 0 | [1] | 1 | −6 | 5 |
| 95 | $x_2$ | 8 | 0 | 1 | −1/3 | 0 | 5/3 | — |
| | $\sigma_j$ | | 0 | 0 | 10/3 | 0 | −305/3 | |

因表2-10中变量$x_3$的检验数大于零，问题没有得到最优解，故需用单纯形法进行迭代计算，结果如表2-11所示。

表2-11　　　　　　　　　　　　　　　　**迭代计算表**

| $c_j$ | | | 85 | 95 | 0 | 0 | 0 | $\theta$ |
|---|---|---|---|---|---|---|---|---|
| $C_B$ | $X_B$ | $b$ | $x_1$ | $x_2$ | $x_3$ | $x_4$ | $x_5$ | |
| 85 | $x_1$ | 19/3 | 1 | 0 | 0 | −1/3 | 4/3 | |
| 0 | $x_3$ | 5 | 0 | 0 | 1 | 1 | −6 | |
| 95 | $x_2$ | 29/3 | 0 | 1 | 0 | 1/3 | −1/3 | |
| $\sigma_j$ | | | 0 | 0 | 0 | −10/3 | −245/3 | |

因表2-11中全部变量的检验数均不大于零，问题得到最优解，即该公司随甲、乙产品利润的变化，生产计划应调整为生产甲产品19/3件、乙产品29/3件。

（2）假定乙产品的利润为（70+λ）元，反映到最终单纯形表中，结果如表2-12所示。

表2-12　　　　　　　　　　　　　　　　**价值系数参数分析表**

| $c_j$ | | | 90 | 70+λ | 0 | 0 | 0 | $\theta$ |
|---|---|---|---|---|---|---|---|---|
| $C_B$ | $X_B$ | $b$ | $x_1$ | $x_2$ | $x_3$ | $x_4$ | $x_5$ | |
| 90 | $x_1$ | 8 | 1 | 0 | 1/3 | 0 | −2/3 | |
| 0 | $x_4$ | 5 | 0 | 0 | 1 | 1 | −6 | |
| 70+λ | $x_2$ | 8 | 0 | 1 | −1/3 | 0 | 5/3 | |
| $\sigma_j$ | | | 0 | 0 | （λ−20）/3 | 0 | −（170+5λ）/3 | |

为使表2-12中的解仍为最优解，所有变量的检验数均应小于等于零，即有：

$(\lambda-20)/3 \leqslant 0, -(170+5\lambda)/3 \leqslant 0$

解得：

$-34 \leqslant \lambda \leqslant 20$

即乙产品利润$c_2$的变化范围应满足：

$36 \leqslant c_2 \leqslant 90$

### 2.5.2　资源限量$b_i$的变化分析

在实际问题中资源数量$b_i$的变化，反映为约束条件右端项的变化。$b_i$的变化反映到最终单纯形表中将会引起$b$列数字的变化，可能出现表2-9中第一种或第三种的两种情况。出现第一种情况时，问题的最优基不变，变化后的$b$列值仍为最优解；出现第三种情况时，需要使用对偶单纯形法迭代以找出问题的最优解。

【例2-7】在利民公司的案例中：（1）若材料B和设备的现有资源不变，而材料A的现有资源减少到45千克时，分析公司最优计划的变化；（2）若材料A和材料B的现有资源不变，分析设备的现有资源在什么范围内变化时，问题的最优基不变。

解：（1）据题意，有$\Delta b=\begin{bmatrix}-11\\0\\0\end{bmatrix}$，则：

$$\Delta b' = B^{-1}\Delta b=\begin{bmatrix}1/3 & 0 & -2/3\\1 & 1 & -6\\-1/3 & 0 & 5/3\end{bmatrix}\begin{bmatrix}-11\\0\\0\end{bmatrix}=\begin{bmatrix}-11/3\\-11\\11/3\end{bmatrix}$$

则单纯形表中$b$列数字变为：

$$b=\begin{bmatrix}8-11/3\\5-11\\8+11/3\end{bmatrix}=\begin{bmatrix}13/3\\-6\\35/3\end{bmatrix}$$

将其反映到最终单纯形表中得表2-13。

表2-13　**资源限量变化的单纯形表**

| $c_j$ | | | 90 | 70 | 0 | 0 | 0 |
|---|---|---|---|---|---|---|---|
| $C_B$ | $X_B$ | $b$ | $x_1$ | $x_2$ | $x_3$ | $x_4$ | $x_5$ |
| 90 | $x_1$ | 13/3 | 1 | 0 | 1/3 | 0 | -2/3 |
| 0 | $x_4$ | -6 | 0 | 0 | 1 | 1 | [-6] |
| 70 | $x_2$ | 35/3 | 0 | 1 | -1/3 | 0 | 5/3 |
| $\sigma_j$ | | | 0 | 0 | -20/3 | 0 | -170/3 |

因表2-13中原问题为非可行解，故用对偶单纯形法继续计算得表2-14。

表2-14　**迭代计算表**

| $c_j$ | | | 90 | 70 | 0 | 0 | 0 |
|---|---|---|---|---|---|---|---|
| $C_B$ | $X_B$ | $b$ | $x_1$ | $x_2$ | $x_3$ | $x_4$ | $x_5$ |
| 90 | $x_1$ | 5 | 1 | 0 | 2/9 | -1/9 | 0 |
| 0 | $x_5$ | 1 | 0 | 0 | -1/6 | -1/6 | 1 |
| 70 | $x_2$ | 10 | 0 | 1 | -1/18 | 5/18 | 0 |
| $\sigma_j$ | | | 0 | 0 | -145/9 | -85/9 | 0 |

因表2-14中$b$列数字全部大于零，检验数行均小于等于零，问题得到最优解。由此该公司的最优计划改变为生产甲产品5件，生产乙产品10件。

（2）假定设备的现有资源为$(16+\lambda)$，则有：

$$\Delta b'=B^{-1}\Delta b=\begin{bmatrix}1/3&0&-2/3\\1&1&-6\\-1/3&0&5/3\end{bmatrix}\begin{bmatrix}0\\0\\\lambda\end{bmatrix}=\begin{bmatrix}-2\lambda/3\\-6\lambda\\5\lambda/3\end{bmatrix}$$

将其反映到最终单纯形表中，相应地b列数字为：

$$b=\begin{bmatrix}8-2\lambda/3\\5-6\lambda\\8+5\lambda/3\end{bmatrix}$$

当$b\geqslant 0$时问题最优基不变，即有：

$8-2\lambda/3\geqslant 0$，$5-6\lambda\geqslant 0$，$8+5\lambda/3\geqslant 0$

解得：

$$-\frac{24}{5}\leqslant\lambda\leqslant\frac{5}{6}$$

因此设备的现有资源在$11\frac{1}{5}\leqslant\lambda\leqslant 16\frac{5}{6}$台时之间变化时，问题的最优基不变。

### 2.5.3　增加一个变量$x_j$的分析

增加一个变量在实际问题中反映为增加一种新的产品。其分析步骤为：

（1）计算新变量在最终单纯形表中的系数向量，即：

$$P_j'=B^{-1}P_j$$

（2）计算新变量在最终单纯形表中的检验数，即：

$\sigma_j' = c_j - C_B B^{-1} P_j$

（3）若 $\sigma_j' \leqslant 0$，原最优解不变，只需将计算得到的 $P_j'$ 和 $\sigma_j'$ 直接写入最终单纯形表中；若 $\sigma_j' > 0$，则按单纯形法继续迭代计算找出最优基和最优解。

【例2-8】在利民公司的例子中，假设该公司又计划推出新型号的丙产品，生产1件丙产品所需材料A和材料B及设备台时分别为4千克、3千克、1台时，该产品的预期利润为95元/件，试分析该种产品是否值得投产；如投产，该公司的最优生产计划有何变化？

解：设该公司生产丙产品 $x_6$ 件。根据题意，有 $c_6 = 95$，$P_6 = (4,3,1)^T$，则：

$$P_6' = \begin{bmatrix} 1/3 & 0 & -2/3 \\ 1 & 1 & -6 \\ -1/3 & 0 & 5/3 \end{bmatrix} \begin{bmatrix} 4 \\ 3 \\ 1 \end{bmatrix} = \begin{bmatrix} 2/3 \\ 1 \\ 1/3 \end{bmatrix}$$

$$\begin{aligned} \sigma_6' &= c_6 - C_B B^{-1} P_6 \\ &= 95 - (90,0,70) \begin{bmatrix} 1/3 & 0 & 2/3 \\ 1 & 1 & -6 \\ -1/3 & 0 & 5/3 \end{bmatrix} \begin{bmatrix} 1 \\ 4 \\ 3 \end{bmatrix} \\ &= 95 - (90,0,70) \begin{bmatrix} 2/3 \\ 1 \\ 1/3 \end{bmatrix} \\ &= \frac{35}{3} \end{aligned}$$

将其反映到最终单纯形表中，得表2-15。

表2-15 **增加变量的单纯形表**

| $c_j$ | | | 90 | 70 | 0 | 0 | 0 | 95 | $\theta$ |
|---|---|---|---|---|---|---|---|---|---|
| $C_B$ | $X_B$ | $b$ | $x_1$ | $x_2$ | $x_3$ | $x_4$ | $x_5$ | $x_6$ | |
| 90 | $x_1$ | 8 | 1 | 0 | 1/3 | 0 | −2/3 | 2/3 | 12 |
| 0 | $x_4$ | 5 | 0 | 0 | 1 | 1 | −6 | [1] | 5 |
| 70 | $x_2$ | 8 | 0 | 1 | −1/3 | 0 | 5/3 | 1/3 | 24 |
| $\sigma_j$ | | | 0 | 0 | −20/3 | 0 | −170/3 | 35/3 | |

因丙产品 $x_6$ 的检验数大于零，故用单纯形法继续迭代计算得表2-16。

表2-16 **增加变量第一次迭代计算表**

| $c_j$ | | | 90 | 70 | 0 | 0 | 0 | 95 | $\theta$ |
|---|---|---|---|---|---|---|---|---|---|
| $C_B$ | $X_B$ | $b$ | $x_1$ | $x_2$ | $x_3$ | $x_4$ | $x_5$ | $x_6$ | |
| 90 | $x_1$ | 14/3 | 1 | 0 | −1/3 | −2/3 | [10/3] | 0 | 7/5 |
| 95 | $x_6$ | 5 | 0 | 0 | 1 | 1 | −6 | 1 | — |
| 70 | $x_2$ | 19/3 | 0 | 1 | −2/3 | −1/3 | 11/3 | 0 | 19/11 |
| $\sigma_j$ | | | 0 | 0 | −55/3 | −35/3 | 40/3 | 0 | |

因表2-16中变量 $x_5$ 的检验数大于零，选取 $x_5$ 为进基变量进行迭代计算得表2-17。

表2-17　　增加变量第二次迭代计算表

| $c_j$ | | | 90 | 70 | 0 | 0 | 0 | 95 | $\theta$ |
|---|---|---|---|---|---|---|---|---|---|
| $C_B$ | $X_B$ | $b$ | $x_1$ | $x_2$ | $x_3$ | $x_4$ | $x_5$ | $x_6$ | |
| 0 | $x_5$ | 7/5 | 3/10 | 0 | −1/10 | −1/5 | 1 | 0 | |
| 95 | $x_6$ | 67/5 | 9/5 | 0 | 2/5 | −1/5 | 0 | 1 | |
| 70 | $x_2$ | 6/5 | −11/10 | 1 | −3/10 | 2/5 | 0 | 0 | |
| $\sigma_j$ | | | −4 | 0 | −17 | −9 | 0 | 0 | |

因表2-17中全部变量的检验数均不大于零，问题得到最优解，即该公司新的最优生产计划应为生产乙产品$\frac{6}{5}$件、丙产品$\frac{67}{5}$件。

### 2.5.4　技术系数$a_{ij}$的变化分析

$a_{ij}$的变化使线性规划的约束系数矩阵$A$发生变化。若变量$x_j$在最终单纯形表中为非基变量，其约束条件中系数$a_{ij}$的变化分析步骤可参照2.3；若变量$x_j$在最终单纯形表中为基变量，则$a_{ij}$的变化将使相应的$B$和$B^{-1}$发生变化，因此有可能出现原问题和对偶问题均为非可行解的情况。出现这种情况时，需引进人工变量将原问题的解转化为可行解，再用单纯形法求解。

【例2-9】在利民公司的例子中，若进行工艺改进后甲产品每件需材料A、材料B和设备变为4千克、1千克和1台时，该产品的利润变为100元／件，试重新确定该公司最优生产计划。

解：先将生产消耗变化后新的甲产品看作是一种新产品，生产量为$x_1'$，方本节三的步骤直接计算$P_1'$和$\sigma_1'$并反映到最终单纯形表中。其中：

$$P_1' = \begin{bmatrix} 1/3 & 0 & -2/3 \\ 1 & 1 & -6 \\ -1/3 & 0 & 5/3 \end{bmatrix}\begin{bmatrix} 4 \\ 1 \\ 1 \end{bmatrix} = \begin{bmatrix} 2/3 \\ -1 \\ 1/3 \end{bmatrix}$$

$$\sigma_1' = c_1' - C_B B^{-1} P_1'$$

$$= 100 - (90,0,70)\begin{bmatrix} 1/3 & 0 & -2/3 \\ 1 & 1 & -6 \\ -1/3 & 0 & 5/3 \end{bmatrix}\begin{bmatrix} 4 \\ 1 \\ 1 \end{bmatrix}$$

$$= 100 - (90,0,70)\begin{bmatrix} 2/3 \\ -1 \\ 1/3 \end{bmatrix}$$

$$= \frac{50}{3}$$

将其反映到最终单纯形表中，得表2-18。

表2-18　　技术系数变化的单纯形表

| $c_j$ | | | 90 | 70 | 0 | 0 | 0 | 100 | $\theta$ |
|---|---|---|---|---|---|---|---|---|---|
| $C_B$ | $X_B$ | $b$ | $x_1$ | $x_2$ | $x_3$ | $x_4$ | $x_5$ | $x_1'$ | |
| 90 | $x_1$ | 8 | 1 | 0 | 1/3 | 0 | −2/3 | [2/3] | 12 |
| 0 | $x_4$ | 5 | 0 | 0 | 1 | 1 | −6 | −1 | — |
| 70 | $x_2$ | 8 | 0 | 1 | −1/3 | 0 | 5/3 | 1/3 | 24 |
| $\sigma_j$ | | | 0 | 0 | −20/3 | 0 | −170/3 | 50/3 | |

因工艺改进后甲产品 $x_1'$ 的检验数大于零，问题没有得到最优解，故用单纯形法将 $x_1'$ 替换出基变量中的 $x_1$，并进行迭代得表2-19。

表2-19 **技术系数变化迭代计算表**

| | $c_j$ | | 90 | 70 | 0 | 0 | 0 | 100 | $\theta$ |
|---|---|---|---|---|---|---|---|---|---|
| $C_B$ | $X_B$ | $b$ | $x_1$ | $x_2$ | $x_3$ | $x_4$ | $x_5$ | $x_1'$ | |
| 100 | $x_1'$ | 12 | 3/2 | 0 | 1/2 | 0 | −1 | 1 | |
| 0 | $x_4$ | 17 | 3/2 | 0 | 3/2 | 1 | −7 | 0 | |
| 70 | $x_2$ | 4 | −1/2 | 1 | −1/2 | 0 | 2 | 0 | |
| | $\sigma_j$ | | −25 | 0 | −15 | 0 | −40 | 0 | |

表2-19中所有变量的检验数均不大于零，问题得到最优解。由表中结果可知，该公司的最优生产计划为生产工艺改进后的甲产品12件、乙产品4件。

### 2.5.5 增加一个约束条件的分析

增加一个约束条件在实际问题中相当于增添一道工序。分析的方法是：先将原问题最优解的变量值代入新增加的约束条件，如果约束条件满足，说明新增加的约束未起到限制作用，原最优解不变。否则，将新增加的约束直接反映到最终单纯形表中再进一步分析。

【例2-10】仍以利民公司为例，设甲乙产品生产完成后，还需要经过一道环境试验工序。甲产品每件须环境试验2小时，乙产品每件须环境试验2小时，环境试验工序拥有资源为24小时。试分析增加该工序后公司的最优生产计划。

解：先将原问题的最优解 $x_1=8, x_2=8$ 代入环境试验工序的约束条件 $2x_1+2x_2\leqslant 24$。因 $2\times 8+2\times 8=32>24$，故原问题最优解不是本例的最优解。

在环境试验工序的约束条件中添加松弛变量得：

$$2x_1+2x_2+x_6=24 \tag{2.29}$$

以 $x_6$ 为基变量，将（2.27）式反映到最终单纯形表中，得表2-20。

表2-20 **增加约束的单纯形表**

| | $c_j$ | | 90 | 70 | 0 | 0 | 0 | 0 | $\theta$ |
|---|---|---|---|---|---|---|---|---|---|
| $C_B$ | $X_B$ | $b$ | $x_1$ | $x_2$ | $x_3$ | $x_4$ | $x_5$ | $x_6$ | |
| 90 | $x_1$ | 8 | 1 | 0 | 1/3 | 0 | −2/3 | 0 | |
| 0 | $x_4$ | 5 | 0 | 0 | 1 | 1 | −6 | 0 | |
| 70 | $x_2$ | 8 | 0 | 1 | −1/3 | 0 | 5/3 | 0 | |
| 0 | $x_6$ | 24 | 2 | 2 | 0 | 0 | 0 | 1 | |
| | $\sigma_j$ | | 0 | 0 | −20/3 | 0 | −170/3 | | |

由于基变量对应的列向量应为单位向量，故表2-20需要进行变换，变换后得表2-21。

表2-21　　**增加约束第一次迭代计算表**

| $c_j$ | | | 90 | 70 | 0 | 0 | 0 | 0 | $\theta$ |
|---|---|---|---|---|---|---|---|---|---|
| $C_B$ | $X_B$ | $b$ | $x_1$ | $x_2$ | $x_3$ | $x_4$ | $x_5$ | $x_6$ | |
| 90 | $x_1$ | 8 | 1 | 0 | 1/3 | 0 | −2/3 | 0 | |
| 0 | $x_4$ | 5 | 0 | 0 | 1 | 1 | −6 | 0 | |
| 70 | $x_2$ | 8 | 0 | 1 | −1/3 | 0 | 5/3 | 0 | |
| 0 | $x_6$ | −8 | 0 | 0 | 0 | 0 | [−2] | 1 | |
| $\sigma_j$ | | | 0 | 0 | −20/3 | 0 | −170/3 | | |

因表2-21中对偶问题为可行解，原问题为非可行解，故用对偶单纯形法迭代计算得表2-22。

表2-22　　**增加约束第二次迭代计算表**

| $c_j$ | | | 90 | 70 | 0 | 0 | 0 | 0 | $\theta$ |
|---|---|---|---|---|---|---|---|---|---|
| $C_B$ | $X_B$ | $b$ | $x_1$ | $x_2$ | $x_3$ | $x_4$ | $x_5$ | $x_6$ | |
| 90 | $x_1$ | 32/3 | 1 | 0 | 1/3 | 0 | 0 | −1/3 | |
| 0 | $x_4$ | 29 | 0 | 0 | 1 | 1 | 0 | −3 | |
| 70 | $x_2$ | 4/3 | 0 | 1 | −1/3 | 0 | 0 | 5/6 | |
| 0 | $x_5$ | 4 | 0 | 0 | 0 | 0 | 1 | −1/2 | |
| $\sigma_j$ | | | 0 | 0 | −20/3 | 0 | 0 | −85/3 | |

由于表2-22中$b$列数字均大于零，检验数行数字均不大于零，因而问题得到最优解，即添加环境试验工序后，该公司的最优生产计划为甲产品生产$\frac{32}{3}$件、乙产品生产$\frac{4}{3}$件。

## 2.6　WinQSB软件在对偶线性规划中的应用

WinQSB软件在对偶线性规划中的应用，同样是由软件中的Linear and Integer Programming实现的。下面通过例子说明其操作过程。

【例2-11】利用WinQSB软件求解例2-1的线性规划问题，并进行灵敏度分析。

解：具体操作过程如下：

（1）启动线性规划与整数线性规划程序。依次单击：开始→程序→WinQSB→Linear and Integer Programming，系统出现如图2-3所示的界面。

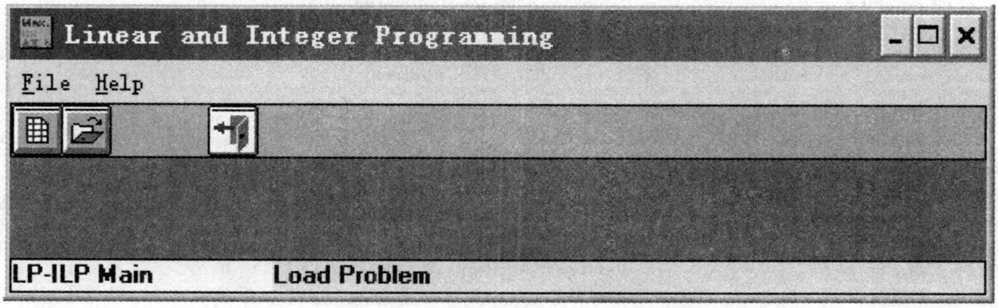


**图2-3　线性规划与整数线性规划主界面**

（2）建立新的数据文件或打开已有的数据文件。在图2-3中点File出现下拉菜单New Problem（建立新问题）和Load Problem（调用已有问题）。单击File→New Problem，系统出现如图2-4所示的界面。

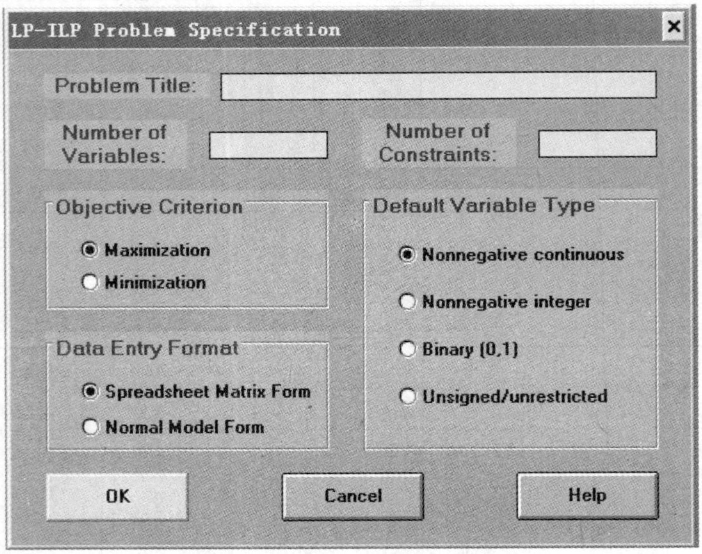


图2-4　LP-ILP问题约定

在图2-4中输入变量数目、约束条件数目，单击OK，输入数据，系统显示如图2-5所示的界面。

| Variable --> | X1 | X2 | Direction | R. H. S. |
|---|---|---|---|---|
| Maximize | 90 | 70 | | |
| C1 | 5 | 2 | <= | 56 |
| C2 | 1 | 4 | <= | 45 |
| C3 | 1 | 1 | <= | 16 |
| LowerBound | 0 | 0 | | |
| UpperBound | M | M | | |
| VariableType | Continuous | Continuous | | |

图2-5　数据输入界面

（3）问题求解。单击系统菜单Solve and Analyze的下拉菜单选项：Solve the Problem（求解不显示迭代过程），系统显示如图2-6所示的求解结果。

| | 16:46:37 | | 2017-2-21 16:46:37 下午 | 2017-2-21 16:46:37 下午 | 2017-2-21 16:46:37 下午 | 2017-2-21 16:46:37 下午 | | |
|---|---|---|---|---|---|---|---|---|
| | Decision Variable | Solution Value | Unit Cost or Profit c(j) | Total Contribution | Reduced Cost | Basis Status | Allowable Min. c(j) | Allowable Max. c(j) |
| 1 | X1 | 8.0000 | 90.0000 | 720.0000 | 0 | basic | 70.0000 | 175.0000 |
| 2 | X2 | 8.0000 | 70.0000 | 560.0000 | 0 | basic | 36.0000 | 90.0000 |
| | Objective | Function | (Max.) = | 1,280.0000 | | | | |
| | | | | | | | | |
| | Constraint | Left Hand Side | Direction | Right Hand Side | Slack or Surplus | Shadow Price | Allowable Min. RHS | Allowable Max. RHS |
| 1 | C1 | 56.0000 | <= | 56.0000 | 0 | 6.6667 | 51.0000 | 80.0000 |
| 2 | C2 | 40.0000 | <= | 45.0000 | 5.0000 | 0 | 40.0000 | M |
| 3 | C3 | 16.0000 | <= | 16.0000 | 0 | 56.6667 | 11.2000 | 16.8333 |

图2-6　求解结果

（4）目标函数价值系数灵敏度分析。

在图2-6的状态下，单击Results→Sensitivity Analysis for OBJ，系统显示如图2-7所示。

| 02-21-2017 16:48:04 | Decision Variable | Solution Value | Reduced Cost | Unit Cost or Profit C(j) | Allowable Min. C(j) | Allowable Max. C(j) |
|---|---|---|---|---|---|---|
| 1 | X1 | 8.0000 | 0 | 90.0000 | 70.0000 | 175.0000 |
| 2 | X2 | 8.0000 | 0 | 70.0000 | 36.0000 | 90.0000 |

图2-7　价值系数灵敏度分析

由图2-7可以看出，价值系数$c_1$、$c_2$的变化范围（Allowable Min. c（j），Allowable Max. c（j））分别是［70.0000，175.0000］和［36.0000，90.0000］。

（5）资源常量灵敏度分析。

在图2-6或图2-7的状态下，单击Results→Sensitivity Analysis for RHS，系统显示如图2-8所示。

| 02-21-2017 16:49:09 | Constraint | Direction | Shadow Price | Right Hand Side | Allowable Min. RHS | Allowable Max. RHS |
|---|---|---|---|---|---|---|
| 1 | C1 | <= | 6.6667 | 56.0000 | 51.0000 | 80.0000 |
| 2 | C2 | <= | 0 | 45.0000 | 40.0000 | M |
| 3 | C3 | <= | 56.6667 | 16.0000 | 11.2000 | 16.8333 |

图2-8　资源常量灵敏度分析

资源常量$b_1$、$b_2$、$b_3$的变化范围（Allowable Min. RHS，Allowable Max. RHS）分别是［51.0000，80.0000］、［40.0000，+∞］和［11.2000，16.8333］。

（6）增加或删除变量。单击Edit→Insert a Variable（增加一个变量），单击Edit→Delete a Variable（删除一个变量），完成决策变量的增加或减少。

（7）增加或删除约束条件。单击Edit→Insert a Constraint（增加一个约束条件），单击Edit→Delete a Constraint（删除一个约束条件），完成约束条件的增加或减少。

（8）写出对偶问题。单击Format→Switch to Dual Form，修改变量名称后，系统显示如图2-9所示。

| Variable --> | C1 | C2 | C3 | Direction | R. H. S. |
|---|---|---|---|---|---|
| Minimize | 56 | 45 | 16 | | |
| X1 | 5 | 1 | 1 | >= | 90 |
| X2 | 2 | 4 | 1 | >= | 70 |
| LowerBound | 0 | 0 | 0 | | |
| UpperBound | M | M | M | | |
| VariableType | Continuous | Continuous | Continuous | | |

图2-9　对偶问题

## 本章小结

本章先后介绍了线性规划的对偶问题、对偶问题的基本性质、对偶问题的经济解释——影子价格、对偶单纯形法和灵敏度分析，它们都是对线性规划问题的进一步讨论。每一个线性规划问题都存在一个对偶问题，在求出一个问题解的同时，也给出了另一个问题的解。对偶问题有许多重要的特征，它的变量能提供许多关于原始问题最优解的重要资料，有助于原始问题的求解和分析。

求解线性规划问题时，往往假定模型中的价值系数、资源限量和技术系数是已知常数，这只是在建模时对实际情况的粗略估计。但是实际上这些参数往往是一些根据估计或预测得到的数据，因而存在误差。同时，在实际过程中，这些参数还会发生不同程度的变化。线性规划中灵敏度分析所要解决的问题是：当这些数据中的一个或几个发生变化时，最优解将会发生怎样的变化。或者说，当这些数据在一个多大的范围内变化时最优解将不发生变化。

本章最后主要介绍了如何运用WinQSB软件求解线性规划灵敏度分析问题。

## 章末习题

1.写出下列线性规划问题的对偶问题。

(1) $\min z = 2x_1 + 2x_2 + 4x_3$

$$\begin{cases} 2x_1 + 3x_2 + 5x_3 \geqslant 2 \\ 3x_1 + x_2 + 7x_3 \leqslant 3 \\ x_1 + 4x_2 + 6x_3 \leqslant 5 \\ x_1, x_2, x_3 \geqslant 0 \end{cases}$$

(2) $\max z = x_1 + 2x_2 + 3x_3 + 4x_4$

$$\begin{cases} -x_1 + x_2 - x_3 - 3x_4 = 5 \\ 6x_1 + 7x_2 + 3x_3 - 5x_4 \geqslant 8 \\ 12x_1 - 9x_2 - 9x_3 + 9x_4 \leqslant 20 \\ x_1, x_2 \geqslant 0, x_3 \leqslant 0, x_4\text{无约束} \end{cases}$$

(3) $\min z = \sum_{i=1}^{m}\sum_{j=1}^{n} c_{ij}x_{ij}$

$$\begin{cases} \sum_{j=1}^{n} x_{ij} = a_i \ (i = 1, 2, \cdots, m) \\ \sum_{i=1}^{m} x_{ij} = b_j \ (j = 1, 2, \cdots, n) \\ x_{ij} \geqslant 0 \end{cases}$$

(4) $\max z = \sum_{j=1}^{n} c_j x_j$

$$\begin{cases} \sum_{j=1}^{n} a_{ij} x_j \leqslant b_i (i = 1,2,\cdots,m_1) \\ \sum_{j=1}^{n} a_{ij} x_j = b_i (i = m_1+1, m_1+2,\cdots,m) \\ x_j \geqslant 0 \quad j = 1,2,\cdots,n_1 \\ x_j \text{无约束} \quad j = n_1+1,\cdots,n \end{cases}$$

2.判断下面说法是否正确，为什么？

(1) 如果线性规划的原问题存在可行解，则其对偶问题也一定存在可行解。

(2) 如果线性规划的对偶问题无可行解，则原问题也一定无可行解。

(3) 在互为对偶的一对原问题与对偶问题中，不管原问题是求最大或最小，原问题可行解的目标函数值一定不超过其对偶问题可行解的目标函数值。

(4) 任何线性规划问题具有唯一的对偶问题。

3.给出线性规划问题：

$\max z = x_1 + 2x_2 + x_3$

$$\begin{cases} x_1 + x_2 - x_3 \leqslant 2 \\ x_1 - x_2 + x_3 = 1 \\ 2x_1 + x_2 + x_3 \geqslant 2 \\ x_1 \geqslant 0, x_2 \leqslant 0, x_3 \text{无约束} \end{cases}$$

(1) 写出其对偶问题；

(2) 利用对偶问题性质证明原问题目标函数值 $z \leqslant 1$。

4.已知线性规划问题：

$\max z = x_1 + x_2$

$$\begin{cases} -x_1 + x_2 + x_3 \leqslant 2 \\ -2x_1 + x_2 - x_3 \leqslant 1 \\ x_1, x_2, x_3 \geqslant 0 \end{cases}$$

试用对偶理论证明上述线性规划问题无最优解。

5.对于线性规划问题：

$\min \omega = 2x_1 + 3x_2 + 5x_3 + 2x_4 + 3x_5$

$$\begin{cases} x_1 + x_2 + 2x_3 + x_4 + 3x_5 \geqslant 4 \\ 2x_1 - x_2 + 3x_3 + x_4 + x_5 \geqslant 3 \\ x_j \geqslant 0, j = 1,2,3,4,5 \end{cases}$$

已知其对偶问题的最优解为 $y_1^* = 4/5, y_2^* = 3/5; z = 5$。试利用对偶理论找出原问题的最优解。

6.已知线性规划问题：

$\max z = x_1 + 2x_2 + 3x_3 + 4x_4$

$$\begin{cases} x_1 + 2x_2 + 2x_3 + 3x_4 \leqslant 20 \\ 2x_1 + x_2 + 3x_3 + 2x_4 \leqslant 20 \\ x_j \geqslant 0, j = 1,2,3,4 \end{cases}$$

其对偶问题的最优解为 $y_1^* = 1.2, y_2^* = 0.2$，试利用对偶理论找出原问题的最优解。

7.已知线性规划问题：

$\min z = 2x_1 - x_2 + 2x_3$

$$\begin{cases} -x_1 + x_2 + x_3 = 4 \\ -x_1 + x_2 - kx_3 \leqslant 6 \\ x_1 \leqslant 0, x_2 \geqslant 0, x_3\text{无约束} \end{cases}$$

其最优解为 $x_1^* = -5, x_2^* = 0, x_3^* = -1$。

（1）求k的值；

（2）写出对偶线性规划问题；

（3）求对偶线性规划问题的最优解。

8.用对偶单纯形法求解下列线性规划问题：

（1）$\min z = 3x_1 + 4x_2 + 5x_3$

$$\begin{cases} x_1 + 2x_2 + 3x_3 \geqslant 8 \\ 2x_1 + 2x_2 + x_3 \geqslant 10 \\ x_1, x_2, x_3 \geqslant 0 \end{cases}$$

（2）$\min z = 5x_1 + 2x_2 + 4x_3$

$$\begin{cases} 3x_1 + x_2 + 2x_3 \geqslant 4 \\ 6x_1 + 3x_2 + 5x_3 \geqslant 10 \\ x_1, x_2, x_3 \geqslant 0 \end{cases}$$

9.考虑如下线性规划：

$\max z = -5x_1 + 5x_2 + 13x_3$

$$\begin{cases} -x_1 + x_2 + 3x_3 \leqslant 20 \\ 12x_1 + 4x_2 + 10x_3 \leqslant 90 \\ x_1, x_2, x_3 \geqslant 0 \end{cases}$$

求解该线性规划问题，并回答如下问题：

（1）$b_1$由20变为45，求新的最优解；

（2）$b_2$由90变为70，求新的最优解；

（3）$c_3$由13变为8，求新的最优解；

（4）$c_2$由5变为6，求新的最优解；

（5）增加变量$x_6$（$c_6 = 10, a_{16} = 3, a_{26} = 5$），对最优解是否有影响；

（6）增加一个约束条件 $2x_1 + 3x_2 + 5x_3 \leqslant 50$，求新的最优解；

（7）$x_1$的系数列向量由$\begin{pmatrix} -1 \\ 12 \end{pmatrix}$变为$\begin{pmatrix} 0 \\ 5 \end{pmatrix}$，求新的最优解。

# 第3章/ 运输问题

在生产经营活动中，经常需要将某种产品或物资从一些产地运往另一些销地，因而存在着如何调运使总运费最小的问题，这类问题就是所谓的运输问题（Transportation Problems）。运输问题一般可以用线性规划问题模型来描述，当然也可以单纯形法求解。但由于其数学模型自身构造的特殊性，使得我们可以用一些更方便、更有效的特殊解法。

## 3.1 运输问题及其数学模型

### 3.1.1 运输问题的数学模型

下面通过实例说明运输问题及其数学模型。

【例3-1】某地区有三个生产同类产品的企业，生产的产品由四个销售地出售，各企业生产量、各销售地的销售需求量以及从$A_i$运往$B_j$单位产品的运价如表3-1所示。

表3-1 产销平衡表及单位运价表

| | 平衡表 | | | | | 运价表 | | | |
|---|---|---|---|---|---|---|---|---|---|
| 销售地<br>生产地 | $B_1$ | $B_2$ | $B_3$ | $B_4$ | 生产量（吨） | $B_1$ | $B_2$ | $B_3$ | $B_4$ |
| $A_1$ | | | | | 9 | 5 | 4 | 8 | 5 |
| $A_2$ | | | | | 7 | 7 | 5 | 10 | 4 |
| $A_3$ | | | | | 5 | 6 | 3 | 4 | 11 |
| 需求量（吨） | 5 | 7 | 6 | 3 | 21 | | | | |

问应怎样调运才能使总运费最少？

解：设$x_{ij}$表示从生产地$A_i$运往销售地$B_j$产品的数量，则生产地与销售地之间的调运量如表3-2所示。

表3-2 **产销平衡表**

| 销售地<br>生产地 | $B_1$ | $B_2$ | $B_3$ | $B_4$ | 生产量（吨） |
|---|---|---|---|---|---|
| $A_1$ | $x_{11}$ | $x_{12}$ | $x_{13}$ | $x_{14}$ | 9 |
| $A_2$ | $x_{21}$ | $x_{22}$ | $x_{23}$ | $x_{24}$ | 7 |
| $A_3$ | $x_{31}$ | $x_{32}$ | $x_{33}$ | $x_{34}$ | 5 |
| 需求量（吨） | 5 | 7 | 6 | 3 | 21 |

由于生产总量与需求总量相等，因此从横向上讲，从某生产地运往各销售地的产品总量应等于该生产地能够生产的数量，即：

$$x_{11}+x_{12}+x_{13}+x_{14}=9$$
$$x_{21}+x_{22}+x_{23}+x_{24}=7$$
$$x_{31}+x_{32}+x_{33}+x_{34}=5$$

同理，从纵向上讲，运往某销售地的该产品总量应等于该销售地的需求量，即：

$$x_{11}+x_{21}+x_{31}=5$$
$$x_{12}+x_{22}+x_{32}=7$$
$$x_{13}+x_{23}+x_{33}=6$$
$$x_{14}+x_{24}+x_{34}=3$$

目标函数为运输总费用，它等于从生产地$A_i$运往销售地$B_j$产品的数量$x_{ij}$与相应的单位运价乘积的总和。因此，该问题的数学模型为：

$$\min z=5x_{11}+4x_{12}+8x_{13}+5x_{14}+7x_{21}+5x_{22}+10x_{23}+4x_{24}+6x_{31}+3x_{32}+4x_{33}+11x_{34}$$

$$\begin{cases} x_{11}+x_{12}+x_{13}+x_{14}=9 \\ x_{21}+x_{22}+x_{23}+x_{24}=7 \\ x_{31}+x_{32}+x_{33}+x_{34}=5 \\ x_{11}+x_{21}+x_{31}=5 \\ x_{12}+x_{22}+x_{32}=7 \\ x_{13}+x_{23}+x_{33}=6 \\ x_{14}+x_{24}+x_{34}=3 \\ x_{ij}\geqslant 0(i=1,2,3;j=1,2,3,4) \end{cases}$$

将上述问题一般化，可用以下数学语言进行描述：

已知有$m$个生产地$A_i(i=1,2,\cdots,m)$可供应某种产品，其生产量为$a_i(i=1,2,\cdots,m)$；有$n$个销售地$B_j$可以销售该产品，其需求量为$b_j(j=1,2,\cdots,n)$；从$A_i$运往$B_j$单位产品的运价（单价）为$c_{ij}$。设$\sum_{i=1}^{m}a_i=\sum_{j=1}^{n}b_j$，将这些资料汇总，如表3-3所示。

现要求根据给定的资料制定一个最优运输方案，使总的运输费用最省。

若用$x_{ij}$表示从生产地$A_i$运往销售地$B_j$产品的数量，在产销平衡的条件下，该问题的数学模型为：

$$\min z=\sum_{i=1}^{m}\sum_{j=1}^{n}c_{ij}x_{ij}$$

表3-3　　**产销平衡表及单位运价表**

| 平衡表 | | | | | | 运价表 | | | |
|---|---|---|---|---|---|---|---|---|---|
| 销售地<br>生产地 | $B_1$ | $B_2$ | … | $B_n$ | 生产量（吨） | $B_1$ | $B_2$ | … | $B_n$ |
| $A_1$ | | | | | $a_1$ | $c_{11}$ | $c_{12}$ | … | $c_{1n}$ |
| $A_2$ | | | | | $a_2$ | $c_{21}$ | $c_{22}$ | … | $c_{2n}$ |
| … | | | | | … | ⋮ | ⋮ | … | ⋮ |
| $A_m$ | | | | | $a_m$ | $c_{m1}$ | $c_{m2}$ | … | $c_{mn}$ |
| 需求量（吨） | $b_1$ | $b_2$ | … | $b_n$ | $\sum a_i$<br>$\sum b_j$ | | | | |

$$\begin{cases} \sum_{j=1}^{n} x_{ij} = a_i & (i = 1,2,\cdots,m) \\ \sum_{i=1}^{m} x_{ij} = b_j & (j = 1,2,\cdots,n) \\ x_{ij} \geqslant 0 & (i = 1,2,\cdots m; j = 1,2,\cdots n) \end{cases} \tag{3.1}$$

用矩阵形式表示为：

$$\min z = CX$$

$$\begin{cases} AX = b \\ X \geqslant 0 \end{cases} \tag{3.2}$$

其中：

$$C = (c_{11}, c_{12}, \cdots, c_{1n}, c_{21}, c_{22}, \cdots c_{2n}, \cdots, c_{m1}, c_{m2} \cdots, c_{mn})$$

$$b = (a_1, a_2, \cdots, a_m, b_1, b_2, \cdots, b_n)^T$$

$$X = (x_{11}, x_{12}, \cdots, x_{1n}, x_{21}, x_{22}, \cdots, x_{2n}, \cdots, x_{m1}, x_{m2}, \cdots, x_{mn})$$

$$A = \underbrace{\left[\begin{array}{cccccccccccc} 1 & 1 & \cdots & 1 & & & & & & & & \\ & & & & 1 & 1 & \cdots & 1 & & & & \\ & & & & & & & & \cdots & \cdots & & \\ & & & & & & & & 1 & 1 & \cdots & 1 \\ 1 & & & & 1 & & & & 1 & & & \\ & 1 & & & & 1 & & & & 1 & & \\ & & & & & & \cdots & \cdots & & & \ddots & \\ & & & 1 & & & & 1 & & & & 1 \end{array}\right]}_{m \times n\text{列}} \begin{array}{l} \left.\right\} m\text{行} \\ \left.\right\} n\text{行} \end{array}$$

（每组 $n$ 列，共 $m \times n$ 列）

在产销平衡的条件下，上述数学模型有 $m+n$ 个等式约束条件，有 $mn$ 个决策变量，约束条件的系数矩阵 $A$ 有 $m+n$ 行 $mn$ 列，目标函数由运价矩阵 $C_{m\times n}$ 与决策变量 $X_{m\times n}$ 中对应元素相乘求和构成。

### 3.1.2　运输问题的特点

对于平衡运输问题（$\sum_{i=1}^{m} a_i = \sum_{j=1}^{n} b_j$），可以证明其有如下特点：

（1）约束条件系数矩阵 $A$ 的秩 $r(A) = m+n-1$。因为，约束条件（3.1）式有且必有一个约束方程是多余的，而且 $A$ 中有且必有 $m+n-1$ 个线性无关的列向量。所以（3.1）

式的任意一个基可行解都有 $m+n-1$ 个基变量，这 $m+n-1$ 个基变量的值就对应一个可行的调运方案。

（2）运输问题中所有变量有界，（3.1）式必有最优解，而且当 $a_i$、$b_j$ 皆为整数时，其最优解必为整数最优解。

## 3.2 表上作业法

表上作业法也叫运输单纯形法，是直接在运价表上求最优解的一种方法。它是单纯形法求解运输问题的一种简化方法，其求解过程和运用的准则与一般线性规划问题的求解一致。其求解步骤可归纳为：

第一步，确定初始基可行解，即确定初始调运方案。在运输问题平衡表的 $m\times n$ 个格子中，按照一定的规则，填上 $m+n-1$ 个数字，此数字即为初始基变量的取值。

第二步，最优性检验。计算平衡表中空格处的检验数，根据最优性检验的定理，判别是否达到最优解。若达到最优解，则停止计算；否则，转入下一步。

第三步，寻找新的基可行解——闭回路法调整方案。确定进基变量和离基变量，通过调整得到新的基可行解，即新的调运方案。

重复第二步、第三步，直到得到最优解为止。

### 3.2.1 确定初始基可行解

利用表上作业法求解运输问题时，确定初始基可行解的方法很多，本章结合实际例子介绍几种常用的方法：最小元素法、西北角法和Vogel近似法。

1）最小元素法

所谓最小元素法（Matrix Minimum），就是按照通常习惯，优先安排运价最小的生产地和销售地之间产品的调运量。在平衡表的 $m\times n$ 个空格中，选取 $m+n-1$ 空格，填上适当的运量，以形成一个初始调运方案——基可行解。表中填有运量的格子对应基变量，没填运量的空格对应非基变量。

【例3-2】已知某产品有 $A_1$、$A_2$、$A_3$ 三个生产地，有 $B_1$、$B_2$、$B_3$、$B_4$ 四个销售地可以销售该产品，生产地可供应的生产量、销售地对该产品的需求量以及从 $A_i$ 运往 $B_j$ 单位产品的运价如表3-4所示。

表3-4 **产销平衡表**

| 生产地＼销售地 | 平衡表 $B_1$ | $B_2$ | $B_3$ | $B_4$ | 生产量（吨） | 运价表 $B_1$ | $B_2$ | $B_3$ | $B_4$ |
|---|---|---|---|---|---|---|---|---|---|
| $A_1$ | | | | | 15 | 20 | 11 | 30 | 21 |
| $A_2$ | | | | | 25 | 22 | 17 | 19 | 30 |
| $A_3$ | | | | | 5 | 12 | 24 | 16 | 28 |
| 需求量（吨） | 10 | 12 | 15 | 8 | 45 | | | | |

解：应用最小元素法确定该问题的初始基可行解，具体做法如下：

（1）在表3-4的运价表中，最小运价是$c_{12}$=11，于是在平衡表上与$c_{12}$对应的空格里填运量12，即从$A_1$的15吨产品中，优先供足$B_2$所需的12吨，同时把$B_2$的需求量12划去，把$A_1$的生产量15减去12，改为3，并把运价表中$B_2$那一列运价全部划去（因为$B_2$已经满足，这一列的运价下次不再考虑）。

（2）在未被划去的运价中，选最小运价$c_{31}$=12，并在平衡表中相对应的空格里填足运量5，同时把$A_3$的生产量5划去，把$B_1$的需求量10减去5，改为5，再把运价表中$A_3$对应的第三行运价全部划去（因为$A_3$已发完，该行运价下次再也不考虑）。

（3）在未被划去的运价中，选最小运价$c_{23}$=19，并在平衡表中相对应的空格里填足运量15，同时把$A_2$的生产量25减去15，改为10，把$B_3$的需求量15划去，再把运价表中$B_3$对应的第三列运价全部划去（因为$B_3$已满足，该列运价下次再也不考虑）。

（4）在未被划去的运价中，选最小运价$c_{11}$=20，并在平衡表中相对应的空格里填足运量3，同时把$A_1$的剩余生产量3划去，把$B_1$的剩余需求量5减去3，改为2，再把运价表中$A_1$对应的第一行运价全部划去（因为$A_1$已发完，该行运价下次再也不考虑）。

（5）在未被划去的运价中，选最小运价$c_{21}$=22，并在平衡表中相对应的空格里填足运量2，同时把$B_1$的剩余需求量2划去，把$A_2$的剩余生产量10减去2，改为8，再把运价表中$B_1$对应的第一列运价全部划去（因为$B_1$已满足，该列运价下次再也不考虑）。

（6）最后，未被划去的运价只有$c_{24}$=30，并在平衡表中相对应的空格里填足运量8，同时把$B_4$的需求量8划去，把$A_2$的剩余生产量8划去，再把运价表中$B_4$对应的第四列运价和$A_2$对应的第二行运价全部划去（因为全部均得到满足），至此，在平衡表上所反映的就是一个初始基可行解（即初始调运方案），如表3-5所示。

表3-5　　**最小元素法初始调运方案**

| 平衡表 | | | | | | 运价表 | | | | |
|---|---|---|---|---|---|---|---|---|---|---|
| 销售地<br>生产地 | $B_1$ | $B_2$ | $B_3$ | $B_4$ | 生产量（吨） | $B_1$ | $B_2$ | $B_3$ | $B_4$ | |
| $A_1$ | 3 | 12 | | | ~~15~~ 3 | 20 | 11 | 30 | 21 | ④ |
| $A_2$ | 2 | | 15 | 8 | ~~25~~ ~~10~~ 8 | 22 | 17 | 19 | 30 | ⑥ |
| $A_3$ | 5 | | | | 5 | 12 | 24 | 16 | 28 | ② |
| 需求量（吨） | ~~10~~ ~~5~~ ~~2~~ | ~~12~~ | ~~15~~ | ~~8~~ | 45 | ⑤ | ① | ③ | ⑥ | |

注：表3-5边上的①，②，…，⑥表示第一次，第二次…第六次划去的行或列。

对于任何一个平衡运输问题，都可以用最小元素法求出一个初始基可行解，这个初始基可行解就是一个初始调运方案。

表3-5中的初始基可行解为：基变量为$x_{11}=3,x_{12}=12,x_{21}=2,x_{23}=15,x_{24}=8,x_{31}=5$；非基变量为$x_{13}=0,x_{14}=0,x_{22}=0,x_{32}=0,x_{33}=0,x_{34}=0$。对应的目标函数值为：

$z=20\times3+11\times12+22\times2+19\times15+30\times8+12\times5=821$（元）

该基可行解对应的典式目标函数为：

$$
\begin{aligned}
z &= C_BB^{-1}b+(C-C_BB^{-1}A)X \\
&= 821+(0x_{11}+0x_{12}+\sigma_{13}x_{13}+\sigma_{14}x_{14}+0x_{21}+\sigma_{22}x_{22}+0x_{23}+0x_{24}+0x_{31}+\sigma_{32}x_{32}+\sigma_{33}x_{33}+\sigma_{34}x_{34})
\end{aligned}
$$

其中，括号内的系数就是该变量对应的检验数。因为$x_{11},x_{12},x_{21},x_{23},x_{24},x_{31}$为基变量，它们对应的检验数为0；其余变量为非基变量，它们对应的检验数用$\sigma_{ij}$表示。

2）西北角法

西北角法（North West Corner Method），又称左上角法，它是从平衡表的左上角开始自左向右依次给各个空格赋值，直至右下角空格全部生产量安排完毕、所有需求量满足为止。

仍以例3-2为例进行说明。

表3-6　　　　西北角法初始调运方案

| 平衡表 | | | | | | | 运价表 | | | |
|---|---|---|---|---|---|---|---|---|---|---|
| 销售地<br>生产地 | $B_1$ | $B_2$ | $B_3$ | $B_4$ | 生产量（吨） | | $B_1$ | $B_2$ | $B_3$ | $B_4$ |
| $A_1$ | 10 | 5 | | | 15 | ② | 20 | 11 | 30 | 21 |
| $A_2$ | | 7 | 15 | 3 | 25 | ⑤ | 22 | 17 | 19 | 30 |
| $A_3$ | | | | 5 | 5 | ⑥ | 12 | 24 | 16 | 28 |
| 需求量（吨） | 10 | 12 | 15 | 8 | 45 | | | | | |
| | ① | ③ | ④ | ⑥ | | | | | | |

（1）在表3-6的平衡表中，其左上角的空格是（$A_1$，$B_1$），$B_1$的需求量是10吨，而$A_1$的生产量是15吨，优先满足$B_1$的需要，即在空格（$A_1$，$B_1$）处填上运量10，把$B_1$的需求量10划去，并将$A_1$的生产量改为5，同时划去$B_1$所在的列（因为$B_1$的需求量已经满足）。

（2）在剩余的空格中再找左上角，其左上角的空格是（$A_1$，$B_2$），$A_1$的剩余生产量是5吨，而$B_2$的需求量是12吨，在空格（$A_1$，$B_2$）处填上运量5，把$A_1$的剩余生产量5划去，并将$B_2$的需求量改为7，同时划掉$A_1$所在的行（因为$A_1$的生产量已经安排完毕）。

（3）在剩余的空格中再找左上角，其左上角的空格是（$A_2$，$B_2$），$A_2$的生产量是25吨，而$B_2$的剩余需求量是7吨，在空格（$A_2$，$B_2$）处填上运量7，把$B_2$的剩余需求量7划去，并将$A_2$的生产量改为18，同时划去$B_2$所在的列（因为$B_2$的需求量已经满足）。

（4）在剩余的空格中再找左上角，其左上角的空格是（$A_2$，$B_3$），$A_2$的剩余生产量是18吨，而$B_3$的需求量是15吨，在空格（$A_2$，$B_3$）处填上运量15，把$B_3$的需求量15划去，并将$A_2$的剩余生产量改为3，同时划去$B_3$所在的列（因为$B_3$的需求量已经满足）。

（5）在剩余的空格中再找左上角，其左上角的空格是（$A_2$，$B_4$），$A_2$的剩余生产量是3吨，而$B_4$的需求量是8吨，在空格（$A_2$，$B_4$）处填上运量3，把$A_2$的剩余生产量3划去，并将$B_4$的需求量改为5，同时划去$A_2$所在的行（因为$A_2$的生产量已经安排完毕）。

（6）最后只剩余右下角空格（$A_3$，$B_4$），$A_3$的生产量是5吨，而$B_4$的剩余需求量是5吨，在空格（$A_3$，$B_4$）处填上运量5，同时划去$A_3$所在的行和$B_4$所在的列。

至此，全部生产量已经安排完毕，全部需求量也得到满足。由此确定出初始基可行解，相应的目标函数值为：

$$z=20\times10+11\times5+17\times7+19\times15+30\times3+28\times5=889\text{（元）}$$

3）Vogel近似法

最小元素法是从最小运价出发，优先考虑其运量。这种方法的缺点是：为了节省一处的费用，可能会造成在其他处要多花几倍的费用。Vogel近似法（Vogel's Approximation Method）对最小元素法进行了改进，它认为如果某产品不能按最小运价就近供应，则考虑次小运价。这就产生一个差额，差额越大，说明不能按最小运价调运时，运费增加得越多。因此，对于差额最大处，应优先按最小运价调运。其确定初始基可行解的步骤如下：

第一步，求出每行次最小运价与最小运价之差，即行差；同时求出每列次最小运价与最小运价之差，即列差。

第二步，找出行差、列差中的最大值，记为L。若L是行差，则在L对应的行的最小运价处优先安排足够运量；若L是列差，则在L对应的列的最小运价处优先安排足够运量。若某个产地的产量变为0，划掉相应行的运价；若某个销售地的需求量变为0，划掉相应列的运价。

第三步，重新计算行差、列差，转入第二步。

仍以例3-2为例说明Vogel近似法确定初始基可行解的具体过程。

（1）在运价表中分别增加一行（列差额）和一列（行差额），并分别计算出各行和各列次最小运价和最小运价的差额。如表3-7所示。

表3-7　**初始行差额和列差额计算表**

| 生产地＼销售地 | $B_1$ | $B_2$ | $B_3$ | $B_4$ | 行差额 |
|---|---|---|---|---|---|
| $A_1$ | 20 | 11 | 30 | 21 | 9 |
| $A_2$ | 22 | 17 | 19 | 30 | 2 |
| $A_3$ | 12 | 24 | 16 | 28 | 4 |
| 列差额 | 8 | 6 | 3 | 7 | |

（2）从行差额或列差额中选出最大者，选择它所在的行或列中的最小运价优先安排运量。

在表3-7中，最大差额为9，它是$A_1$所在的行，该行最小运价为$c_{12}=11$，由此可以确定对（$A_1$，$B_2$）安排运量12吨，如表3-8所示，同时将$B_2$列的运价划掉，如表3-9所示。

表3-8　**初次安排运量表**

| 生产地＼销售地 | $B_1$ | $B_2$ | $B_3$ | $B_4$ | 生产量（吨） |
|---|---|---|---|---|---|
| $A_1$ | | 12 | | | 15 |
| $A_2$ | | | | | 25 |
| $A_3$ | | | | | 5 |
| 需求量（吨） | 10 | 12 | 15 | 8 | 45 |

表3-9　　重新计算的行差额和列差额表

| 销售地<br>生产地 | $B_1$ | $B_2$ | $B_3$ | $B_4$ | 行差额 |
|---|---|---|---|---|---|
| $A_1$ | 20 | 11 | 30 | 21 | 1 |
| $A_2$ | 22 | 17 | 19 | 30 | 3 |
| $A_3$ | 12 | 24 | 16 | 28 | 4 |
| 列差额 | 8 | | 3 | 7 | |

（3）在运价表中，重新计算行差额和列差额，如表3-9所示。重复（2）、（3）直到所有运量安排完毕，则形成Vogel近似法的初始基可行解，如表3-10所示。

表3-10　　Vogel近似法确定的初始调运方案

| 销售地<br>生产地 | $B_1$ | $B_2$ | $B_3$ | $B_4$ | 生产量（吨） |
|---|---|---|---|---|---|
| $A_1$ | | 12 | | 3 | 15 |
| $A_2$ | 5 | | 15 | 5 | 25 |
| $A_3$ | 5 | | | | 5 |
| 需求量（吨） | 10 | 12 | 15 | 8 | 45 |

对应的目标函数值为：

$z=11\times12+21\times3+22\times5+19\times15+30\times5+12\times5=800$（元）

从计算结果看，Vogel近似法确定的初始基可行解最接近最优解，有时一次即可得到最优解。

### 3.2.2 最优性检验

初始基可行解确定后，便得到一个初始调运方案，该方案是否为最优方案，需要通过计算空格处的检验数进行判别。若所有空格处的检验数全部非负，由基可行解对应的典式目标函数可知，无论对初始调运方案如何进行调整，目标函数值均无法减少，则该初始调运方案为最优调运方案；若空格处的检验数存在负数，则通过对初始调运方案进行调整，可以使目标函数得到优化，表明初始调运方案不是最优调运方案。

1）闭回路法

在给出的初始调运方案计算表上，从每一个空格（非基变量）出发，都有且只有一条闭回路。闭回路的具体做法是：在平衡表上，以某个空格为起点，用水平线或垂直线向前划，只有碰到数字格才可转90度，然后继续前进，直到回到起始空格为止。闭回路上所有的拐点中，只有一个是空格（非基变量），其余拐点均为数字格（基变量）。

按闭回路的具体做法，绘制出用最小元素法形成的初始调运方案，表3-5中（$A_3$，$B_3$）处的闭回路如表3-11所示。（$A_3$，$B_3$）处的闭回路，由（$A_3$，$B_3$）空格与（$A_2$，$B_1$）、（$A_2$，$B_3$）和（$A_3$，$B_1$）三个数字格共同构成。

表3-11　　　　　　　　　　**空格（$A_3$，$B_3$）闭回路**

| 销售地<br>生产地 | $B_1$ | $B_2$ | $B_3$ | $B_4$ | 生产量（吨） | $B_1$ | $B_2$ | $B_3$ | $B_4$ | |
|---|---|---|---|---|---|---|---|---|---|---|
| $A_1$ | 3 | 12 | | | ~~15~~ 3 | 20 | 11 | 30 | 21 | ④ |
| $A_2$ | 2 | | 15 | 8 | ~~25~~ ~~10~~ 8 | 22 | 17 | 19 | 30 | ⑥ |
| $A_3$ | 5 | | | | 5 | 12 | 24 | 16 | 28 | ② |
| 需求量（吨） | ~~10~~ ~~5~~ ~~2~~ | ~~12~~ | ~~15~~ | ~~8~~ | 45 | ⑤ | ① | ③ | ⑥ | |

闭回路计算检验数的经济解释为：在已给出的初始调运方案计算表3-11中，从任一空格出发的闭回路上，如从（$A_3$，$B_3$）出发的闭回路，若将$A_3$的产品调运1吨给$B_3$，为保持产销平衡，在（$A_3$，$B_1$）处就应减少1吨，相应地在（$A_2$，$B_1$）处要增加1吨，在（$A_2$，$B_3$）处就应减少1吨。这样的调整使总运费发生了变化，增加的运费为：

$$(+1)\times22+(-1)\times19+(+1)\times16+(-1)\times12=7\text{（元）}$$

即：

$$(+1)\times c_{21}+(-1)\times c_{23}+(+1)\times c_{33}+(-1)\times c_{31}=7\text{（元）}$$

依据运输问题典式目标函数计算应为$\sigma_{33}$，由此可知：

$$\sigma_{33}=c_{21}-c_{23}+c_{33}-c_{31}=\left(c_{21}+c_{33}\right)-\left(c_{23}+c_{31}\right) \tag{3.3}$$

其中$\left(c_{21}+c_{33}\right)$正是$\sigma_{33}$对应的闭回路第偶数次拐角点对应的运价之和，$\left(c_{23}+c_{31}\right)$正是第奇数次拐角点对应的运价之和。

一般地，可以证明：空格$x_{ij}$对应的检验数$\sigma_{ij}$与其相应的闭回路的关系是：

$$\sigma_{ij}=\text{［偶拐角点对应运价之和］}-\text{［奇拐角点对应运价之和］} \tag{3.4}$$

按闭回路的具体做法和$\sigma_{ij}$的计算公式，表3-11中空格处的闭回路和检验数如表3-12所示。

表3-12　　　　　　　**各空格对应的闭回路及相应的检验数表**

| 空格 | 闭回路 | 检验数$\sigma_{ij}$ |
|---|---|---|
| （13） | （13）→（23）→（21）→（11）→（13） | 13 |
| （14） | （14）→（24）→（21）→（11）→（14） | -7 |
| （22） | （22）→（21）→（11）→（12）→（22） | 4 |
| （32） | （32）→（31）→（11）→（12）→（32） | 21 |
| （33） | （33）→（31）→（21）→（23）→（33） | 7 |
| （34） | （34）→（31）→（21）→（24）→（34） | 8 |

表3-12中存在负的检验数，说明利用最小元素法形成的初始调运方案计算表3-5不是最优调运方案。

经过以上分析，我们对调运方案的判别准则概括如下：

（1）从调运方案表中的第一行开始，从左到右按公式（3.4），依次计算每个空格对应的检验数。

（2）若全部检验数$\sigma_{ij} \geqslant 0$，则已有方案便是最优方案。

（3）若计算中遇到某检验数小于0，则表明方案需要调整，停止其他检验数的计算，转入下一步——寻找新的基可行解。

2）位势法

用闭回路法计算检验数时，需要对每个空格都做出一条闭回路。当产地和销地很多时，这种计算会很繁琐。而位势法可以简化这种计算。

设平衡运输问题为：

$$\min z = CX$$

$$\begin{cases} AX = b \\ X \geqslant 0 \end{cases}$$

若$B$为其一可行基，根据线性规划的基本原理，对应基变量可行解各变量的检验数为：

$$\sigma_{ij} = c_{ij} - C_B B^{-1} p_{ij}$$

相应地，平衡运输问题的对偶问题为：

$$\max w = Yb$$

$$\begin{cases} YA \leqslant C \\ Y\text{无约束} \end{cases}$$

设$u_1, u_2, \cdots, u_m; v_1, v_2, \cdots, v_n$是对应平衡运输问题的$m+n$个约束条件的对偶变量，则：

$$Y = (u_1, u_2, \cdots, u_m, v_1, v_2, \cdots, v_n)$$

根据对偶理论有：

$$Y = C_B B^{-1}$$

因此有：

$$\sigma_{ij} = c_{ij} - Yp_{ij}$$

又因为$p_{ij}$中除第$i$个元素和第$m+j$个元素为1以外，其余元素均为0，所以有：

$$\begin{aligned} \sigma_{ij} &= c_{ij} - Yp_{ij} \\ &= c_{ij} - (u_1, u_2, \cdots, u_m, v_1, v_2, \cdots, v_n) p_{ij} \\ &= c_{ij} - (u_i + v_j) \end{aligned} \tag{3.5}$$

由于所有基变量的检验数均等于0，因此有：

$$c_{ij} - (u_i + v_j) = 0$$

即：

$$c_{ij} = (u_i + v_j) \tag{3.6}$$

其中$u_i$对应于运输表的第$i$行，称为行位势数；$v_j$对应于运输表的第$j$列，称为列位势数。

下面仍以最小元素法形成的初始调运方案计算表3-5为例，说明位势法计算检验数的具体过程。

（1）编制位势表

所谓位势表，就是在运价表的右侧和下侧分别加上一列和一行（分别叫作行位势和列位势），在运价表中，凡是对应于平衡表中有运量的运价均画上圈，如表3-13所示。

表3-13 **位势表**

| 销售地 / 生产地 | $B_1$ | $B_2$ | $B_3$ | $B_4$ | 行位势 $u_i$ |
|---|---|---|---|---|---|
| $A_1$ | ⑳ | ⑪ | 30 | 21 | |
| $A_2$ | ㉒ | 17 | ⑲ | ㉚ | |
| $A_3$ | ⑫ | 24 | 16 | 28 | |
| 列位势 $v_j$ | | | | | |

（2）填写位势数

在位势表的最后一列填入 $m$ 个数（称为行位势，此例中 $m=3$），在最末一行填入 $n$ 个数（称为列位势，此例中，$n=4$），这 $m+n$ 个位势数必须满足（3.6）式的要求。具体填写方法如下：

在表3-13中，任选一行或一列，首先填入第一个位势数，比如首先填写 $u_1$ 为10（具体数值任意选定），既然 $u_1$=10，那么受（3.6）式的约束，$v_1$ 只能填10，$v_2$ 只能填1；既然 $v_1$=10，那么受（3.6）式限制，$u_2$ 只能填12，继而 $u_3$ 只能填2……如此继续填写，直至填完全部 $m+n=3+4=7$ 个位势数为止。其中，除第一个位势数可以任意选位填数之外，其余各数皆须按（3.6）式的约束相互关联地填写，具体结果如表3-14所示。

表3-14 **位势计算表**

| 销售地 / 生产地 | $B_1$ | $B_2$ | $B_3$ | $B_4$ | 行位势 $u_i$ |
|---|---|---|---|---|---|
| $A_1$ | ⑳ | ⑪ | 30 | 21 | 10 |
| $A_2$ | ㉒ | 17 | ⑲ | ㉚ | 12 |
| $A_3$ | ⑫ | 24 | 16 | 28 | 2 |
| 列位势 $v_j$ | 10 | 1 | 7 | 18 | |

（3）计算检验数。利用（3.5）式计算如下：

$\sigma_{13}=30-(10+7)=13$

$\sigma_{14}=21-(10+18)=-7$

$\sigma_{22}=17-(12+1)=4$

$\sigma_{32}=24-(2+1)=21$

$\sigma_{33}=16-(2+7)=7$

$\sigma_{34}=28-(2+18)=8$

同样检验数中存在负数，说明利用最小元素法形成的初始调运方案表3-5不是最优调运方案。

### 3.2.3 寻找新的基可行解——闭回路法调整方案

运输问题中基可行解的转换是单纯形法中的迭代，即从一个基可行解开始，经过调整，求出另一个基可行解，以使目标函数值有所下降。运输问题中，寻找新的基可行解——闭回路法调整方案的具体做法是：

（1）做第一个出现的负检验数$\sigma_{ij}$对应的闭回路。

（2）求调整量$\varepsilon$，$\varepsilon$=闭回路奇拐角点中的最小运量。

（3）调整。在闭回路中，偶拐角点处运量均加上$\varepsilon$，奇拐角点处运量均减去$\varepsilon$（其中离基变量对应的格子变成空格），不在闭回路拐角点上的格子，运量不变；最后写出新的调运方案。

最小元素法形成的初始方案计算表3-5中，利用位势法计算的第一个负检验数为$\sigma_{14}=-7$。过空格$x_{14}$做闭回路如表3-15所示。

表3-15　　**闭回路法第一次调整运量表**

| 销售地<br>生产地 | $B_1$ | $B_2$ | $B_3$ | $B_4$ | $B_1$ | $B_2$ | $B_3$ | $B_4$ | 生产量（吨） |
|---|---|---|---|---|---|---|---|---|---|
| $A_1$ | $3^{-3}$ | 12 | | $^{+3}$ | | 12 | | 3 | 15 |
| $A_2$ | $2^{+3}$ | | 15 | $8^{-3}$ | 5 | | 15 | 5 | 25 |
| $A_3$ | 5 | | | | 5 | | | | 5 |
| 需求量（吨） | 10 | 12 | 15 | 8 | 10 | 12 | 15 | 8 | 45 |

表3-15的闭回路中，$(A_1, B_4)$和$(A_2, B_1)$两点为偶拐角点，$(A_1, B_1)$和$(A_2, B_4)$两点为奇拐角点，奇拐角点处最小运量$\varepsilon=3$，沿该闭回路做一次调整，即偶拐角点运量均加上3，奇拐角点运量均减去3（写在各运量的右上角，如表3-15左部），然后写出新的调运方案（如表3-15右部）。

利用位势法计算表3-15右部的检验数，经计算$\sigma_{22}=-3$。过空格$x_{22}$作闭回路，奇拐角点处最小运量$\varepsilon$=5，进行调整结果如表3-16所示。

表3-16　　**闭回路法第二次调整运量表**

| 销售地<br>生产地 | $B_1$ | $B_2$ | $B_3$ | $B_4$ | $B_1$ | $B_2$ | $B_3$ | $B_4$ | 生产量（吨） |
|---|---|---|---|---|---|---|---|---|---|
| $A_1$ | | $12^{-5}$ | | $3^{+5}$ | | 7 | | 8 | 15 |
| $A_2$ | 5 | $^{+5}$ | 15 | $5^{-5}$ | 5 | 5 | 15 | | 25 |
| $A_3$ | 5 | | | | 5 | | | | 5 |
| 需求量（吨） | 10 | 12 | 15 | 8 | 10 | 12 | 15 | 8 | 45 |

继续利用位势法计算表3-16右部的检验数，经计算全部空格处的检验数均大于0，所以表3-16右部的调运方案为最优调运方案。对应的目标函数的最优值为：

$z=11\times7+21\times8+22\times5+17\times5+19\times15+12\times5=785$（元）

### 3.2.4　表上作业法计算中的问题

1）关于初始方案中运量填为“0”的规定

当销售地个数为$n$，生产地个数为$m$时，在方案表中，填有运量的格子数必须是$m+n-1$个。因此，在编制初始调运方案时，如果填上运量$x_{ij}$后，第$i$行的生产量已经发完，同时第$j$列的需求量也已经满足，此时不能把运价表中的第$i$行和第$j$列同时都划去，而只能划去第$i$行或第$j$列中的一个；此后再出现最小运价为（$c_{kj}$）或（$c_{it}$）时，尽管$B_j$已收足或$A_i$已发完，但仍要在格子$x_{kj}$或$x_{it}$处填上“0”，并把这个填“0”的格子与其他有运量的格子一样看待。

2）关于调整方案中运量填为“0”的规定

在方案调整过程中，调整量$\varepsilon$所以要取闭回路奇拐角点处的最小运量，一是为了调整后的运量不出现负数（保证解的可行性）；二是为了保证新方案中有运量的格子数仍是$m+n-1$个。

当奇拐角点中有多个运量相同时，调整以后就会有多个奇拐点处的运量同时变为0。为保证调整后的运量也有$m+n-1$个，此时规定：把最上一行、最左边那个运量变为0的奇拐角点当作空格，其他几个奇拐角点处的“0”运量仍然保留，将把它们与有运量的格子同等看待。

3）最优方案不唯一的情况

根据第1章定理1.8（无穷多最优解判别定理），当存在某个非基变量的检验数等于0时，则线性规划问题存在无穷多最优解。同样，在运输问题的表上作业法中，若一个运输问题的最优调运方案表中，某个空格（非基变量）$x_{kt}$对应的检验数$\sigma_{kt}=0$，那么该运输问题必有另一个最优调运方案，即出现最优方案不唯一的情况。其他最优调运方案可以通过在原最优调运方案表上，对应$\sigma_{kt}$作闭回路并进行调整而得到。

## 3.3 运输问题的进一步讨论

### 3.3.1 产销不平衡的运输问题

前两节所讲的运输问题是以产销平衡为前提的，即假设生产总量等于需求总量。实际问题中生产总量往往不等于需求总量，或者产大于销，或者销大于产。生产总量与需求总量不相等时的运输问题，称为不平衡运输问题。

1）产大于销的不平衡运输问题

产大于销，即$\sum_{i=1}^{m} a_i \geqslant \sum_{j=1}^{n} b_j$，其数学模型为：

$$\min z = \sum_{i=1}^{m}\sum_{j=1}^{n} c_{ij}x_{ij}$$

$$\begin{cases} \sum_{j=1}^{n} x_{ij} \leqslant a_i & (i=1,2,\cdots,m) \\ \sum_{i=1}^{m} x_{ij} = b_j & (j=1,2,\cdots,n) \\ x_{ij} \geqslant 0 & (i=1,2,\cdots,m;j=1,2,\cdots,n) \end{cases}$$

由于生产总量大于需求总量，必然有一部分产品无法实现运输，必须就地进行存储。因此，假设每个产地都有一个仓库，其库存量为$x_{i,n+1}(i=1,2,\cdots,m)$，则总的库存量为：

$$b_{n+1}=\sum_{i=1}^{m}x_{i,n+1}=\sum_{i=1}^{m}a_i-\sum_{j=1}^{n}b_j$$

经过处理后，该问题就变成了产销平衡的运输问题，其数学模型为：

$$\min z=\sum_{i=1}^{m}\sum_{j=1}^{n+1}c_{ij}x_{ij}$$

$$\begin{cases}\sum_{j=1}^{n+1}x_{ij}=a_i & (i=1,2,\cdots,m)\\ \sum_{i=1}^{m}x_{ij}=b_j & (j=1,2,\cdots,n,n+1)\\ x_{ij}\geqslant 0 & (i=1,2,\cdots,m;j=1,2,\cdots,n,n+1)\end{cases}$$

由于虚拟的库存不存在，因而运价表中虚拟库存一列的运价全部为0。利用表上作业法编制初始调运方案时，应首先把运价表中库存一列的0运价划去，然后再在其余运价中依次选取最小运价来编制初始调运方案。

2）销大于产的不平衡运输问题

销大于产，即$\sum_{i=1}^{m}a_i\leqslant\sum_{j=1}^{n}b_j$，其数学模型为：

$$\min z=\sum_{i=1}^{m}\sum_{j=1}^{n}c_{ij}x_{ij}$$

$$\begin{cases}\sum_{j=1}^{n}x_{ij}=a_i & (i=1,2,\cdots,m)\\ \sum_{i=1}^{m}x_{ij}\leqslant b_j & (j=1,2,\cdots,n)\\ x_{ij}\geqslant 0 & (i=1,2,\cdots,m;j=1,2,\cdots,n)\end{cases}$$

由于需求总量大于生产总量，必然有一部分需求无法满足，这时假设有一个虚拟产地$A_{m+1}$，其产量为：

$$a_{m+1}=\sum_{j=1}^{n}x_{m+1,j}=\sum_{j=1}^{n}b_j-\sum_{i=1}^{m}a_i$$

经过处理后，该问题就变成了产销平衡的运输问题，其数学模型为：

$$\min z=\sum_{i=1}^{m+1}\sum_{j=1}^{n}c_{ij}x_{ij}$$

$$\begin{cases}\sum_{j=1}^{n}x_{ij}=a_i & (i=1,2,\cdots,m,m+1)\\ \sum_{i=1}^{m+1}x_{ij}=b_j & (j=1,2,\cdots,n)\\ x_{ij}\geqslant 0 & (i=1,2,\cdots,m,m+1;j=1,2,\cdots,n)\end{cases}$$

同样，由于虚拟产地不存在，因而运价表中虚拟产地一行的运价全部为0。利用表上作业法编制初始调运方案时，应首先把运价表中虚拟产地一行的0运价划去，然后再在其余运价中依次选取最小运价来编制初始调运方案。

3）需求量不确定的运输问题

【例3-3】设有3个生产地向4个销售地供应物资，各生产地产量、各销售地需求量及从各生产地运往各销售地单位物资的费用如表3-17所示，试求最优调运方案。

表3-17　　物资产销量与单位费用表

| 生产地 \ 销售地 | $B_1$ | $B_2$ | $B_3$ | $B_4$ | 生产量（万吨） |
|---|---|---|---|---|---|
| $A_1$ | 11 | 8 | 17 | 12 | 50 |
| $A_2$ | 9 | 8 | 14 | 10 | 60 |
| $A_3$ | 14 | 15 | 19 | — | 50 |
| 最低需求量（万吨） | 30 | 70 | 0 | 10 | |
| 最高需求量（万吨） | 50 | 70 | 30 | 不限 | |

解：这是一个产销不平衡的运输问题，总产量为160万吨，四个销售地的总需求量最低为110万吨，最高需求无限。根据现有产量，销售地$B_4$最多能够满足60万吨，这样最高需求量为210万吨，比现有生产总量多50万吨。

为方便利用表上作业法进行求解，需要将上述问题变为平衡运输问题。在表3-17中增加一个假想的生产地$A_4$，其年产量为50万吨。由于各生产地的需求量均包括两部分，如销售地$B_1$，其中30万吨是最低需求量，该部分需求量不能由假想生产地$A_4$提供，令相应的运价为$M$（任意大的正数），剩余的20万吨可以由假想生产地$A_4$提供，相应的运价为0；依次类推，可以写出这个问题的产销平衡运输表如表3-18所示。

表3-18　　产销平衡物资运输表

| 生产地 \ 销售地 | $B'_1$ | $B''_1$ | $B_2$ | $B_3$ | $B'_4$ | $B''_4$ | 生产量（万吨） | $B'_1$ | $B''_1$ | $B_2$ | $B_3$ | $B'_4$ | $B''_4$ |
|---|---|---|---|---|---|---|---|---|---|---|---|---|---|
| $A_1$ | | | | | | | 50 | 11 | 11 | 8 | 17 | 12 | 12 |
| $A_2$ | | | | | | | 60 | 9 | 9 | 8 | 14 | 10 | 10 |
| $A_3$ | | | | | | | 50 | 14 | 14 | 15 | 19 | M | M |
| $A_4$ | | | | | | | 50 | M | 0 | M | 0 | M | 0 |
| 需求量（万吨） | 30 | 20 | 70 | 30 | 10 | 50 | | | | | | | |

利用最小元素法，编制初始调运方案如表3-19所示。

表3-19　　物资初始调运方案

| 生产地 \ 销售地 | $B'_1$ | $B''_1$ | $B_2$ | $B_3$ | $B'_4$ | $B''_4$ | 生产量（万吨） |
|---|---|---|---|---|---|---|---|
| $A_1$ | | | 50 | | | | 50 |
| $A_2$ | 30 | 10 | 20 | | | | 60 |
| $A_3$ | | 10 | | 30 | 10 | 0 | 50 |
| $A_4$ | | | | | | 50 | 50 |
| 需求量（万吨） | 30 | 20 | 70 | 30 | 10 | 50 | |

利用位势法计算得到空格$x_{15}$处的检验数$\sigma_{15}=17-M<0$，表3-19的调运方案不是最优调运方案，需要进行调整。以空格$x_{15}$作闭回路得$\varepsilon=10$，进行方案调整得表3-20。

表3-20　　物资调运方案第一次调整表

| 生产地＼销售地 | $B_1'$ | $B_1''$ | $B_2$ | $B_3$ | $B_4'$ | $B_4''$ | 生产量（万吨） |
|---|---|---|---|---|---|---|---|
| $A_1$ | | | 40 | | 10 | | 50 |
| $A_2$ | 30 | | 30 | | | | 60 |
| $A_3$ | | 20 | | 30 | 0 | 0 | 50 |
| $A_4$ | | | | | | 50 | 50 |
| 需求量（万吨） | 30 | 20 | 70 | 30 | 10 | 50 | |

利用位势法计算空格$x_{25}$处的检验数得到$\sigma_{25}=-2$，表3-20的调运方案不是最优调运方案，需要进行调整。以空格$x_{25}$作闭回路得$\varepsilon=10$，进行方案调整得表3-21。

表3-21　　物资调运方案第二次调整表

| 生产地＼销售地 | $B_1'$ | $B_1''$ | $B_2$ | $B_3$ | $B_4'$ | $B_4''$ | 生产量（万吨） |
|---|---|---|---|---|---|---|---|
| $A_1$ | | | 50 | | | | 50 |
| $A_2$ | 30 | | 20 | | 10 | | 60 |
| $A_3$ | | 20 | | 30 | 0 | 0 | 50 |
| $A_4$ | | | | | | 50 | 50 |
| 需求量（万吨） | 30 | 20 | 70 | 30 | 10 | 50 | |

利用位势法计算得到空格$x_{31}$处的检验数$\sigma_{31}=15-M<0$，表3-21的调运方案不是最优调运方案，需要进行调整。以空格$x_{31}$作闭回路得$\varepsilon=0$，进行方案调整得表3-22。

表3-22　　物资调运方案第三次调整表

| 生产地＼销售地 | $B_1'$ | $B_1''$ | $B_2$ | $B_3$ | $B_4'$ | $B_4''$ | 生产量（万吨） |
|---|---|---|---|---|---|---|---|
| $A_1$ | | | 50 | | | | 50 |
| $A_2$ | 30 | | 20 | | 10 | | 60 |
| $A_3$ | 0 | 20 | | 30 | | 0 | 50 |
| $A_4$ | | | | | | 50 | 50 |
| 需求量（万吨） | 30 | 20 | 70 | 30 | 10 | 50 | |

利用位势法计算得到空格 $x_{16}$ 处的检验数 $\sigma_{16}=17-M<0$，表3-22的调运方案不是最优调运方案，需要进行调整。以空格 $x_{16}$ 作闭回路得 $\varepsilon=0$，进行方案调整得表3-23。

表3-23　　**物资调运方案第四次调整表**

| 销售地 / 生产地 | $B_1'$ | $B_1''$ | $B_2$ | $B_3$ | $B_4'$ | $B_4''$ | 生产量（万吨） |
|---|---|---|---|---|---|---|---|
| $A_1$ | | | 50 | | | 0 | 50 |
| $A_2$ | 30 | | 20 | | 10 | | 60 |
| $A_3$ | | 20 | | 30 | | 0 | 50 |
| $A_4$ | | | | | | 50 | 50 |
| 需求量（万吨） | 30 | 20 | 70 | 30 | 10 | 50 | |

利用位势法计算得到空格 $x_{26}$ 处的检验数 $\sigma_{26}=-2$，表3-23的调运方案不是最优调运方案，需要进行调整。以空格 $x_{26}$ 作闭回路得 $\varepsilon=0$，进行方案调整得表3-24。

表3-24　　**物资调运方案第五次调整表**

| 销售地 / 生产地 | $B_1'$ | $B_1''$ | $B_2$ | $B_3$ | $B_4'$ | $B_4''$ | 生产量（万吨） |
|---|---|---|---|---|---|---|---|
| $A_1$ | | | 50 | | | | 50 |
| $A_2$ | 30 | | 20 | | 10 | 0 | 60 |
| $A_3$ | | 20 | | 30 | | 0 | 50 |
| $A_4$ | | | | | | 50 | 50 |
| 需求量（万吨） | 30 | 20 | 70 | 30 | 10 | 50 | |

利用位势法计算得到空格 $x_{31}$ 处的检验数 $\sigma_{31}=15-M<0$，表3-24的调运方案不是最优调运方案，需要进行调整。以空格 $x_{31}$ 作闭回路得 $\varepsilon=0$，进行方案调整得表3-25。

表3-25　　**物资调运方案第六次调整表**

| 销售地 / 生产地 | $B_1'$ | $B_1''$ | $B_2$ | $B_3$ | $B_4'$ | $B_4''$ | 生产量（万吨） |
|---|---|---|---|---|---|---|---|
| $A_1$ | | | 50 | | | | 50 |
| $A_2$ | 30 | | 20 | | 10 | 0 | 60 |
| $A_3$ | 0 | 20 | | 30 | | | 50 |
| $A_4$ | | | | | | 50 | 50 |
| 需求量（万吨） | 30 | 20 | 70 | 30 | 10 | 50 | |

利用位势法计算得到空格 $x_{44}$ 处的检验数 $\sigma_{44}=-4$，表3-25的调运方案不是最优调运方案，需要进行调整。以空格 $x_{44}$ 作闭回路得 $\varepsilon=30$，进行方案调整得表3-26。

表3-26 **物资调运方案第七次调整表**

| 销售地<br>生产地 | $B_1'$ | $B_1''$ | $B_2$ | $B_3$ | $B_4'$ | $B_4''$ | 生产量（万吨） |
|---|---|---|---|---|---|---|---|
| $A_1$ | | | 50 | | | | 50 |
| $A_2$ | | | 20 | | 10 | 30 | 60 |
| $A_3$ | 30 | 20 | | 0 | | | 50 |
| $A_4$ | | | | 30 | | 20 | 50 |
| 需求量（万吨） | 30 | 20 | 70 | 30 | 10 | 50 | |

利用位势法计算得到空格 $x_{33}$ 处的检验数 $\sigma_{33}=-2$，表3-26的调运方案不是最优调运方案，需要进行调整。以空格 $x_{33}$ 作闭回路得 $\varepsilon=0$，进行方案调整得表3-27。

表3-27 **物资调运方案第八次调整表**

| 销售地<br>生产地 | $B_1'$ | $B_1''$ | $B_2$ | $B_3$ | $B_4'$ | $B_4''$ | 生产量（万吨） |
|---|---|---|---|---|---|---|---|
| $A_1$ | | | 50 | | | | 50 |
| $A_2$ | | | 20 | | 10 | 30 | 60 |
| $A_3$ | 30 | 20 | 0 | | | | 50 |
| $A_4$ | | | | 30 | | 20 | 50 |
| 需求量（万吨） | 30 | 20 | 70 | 30 | 10 | 50 | |

利用位势法计算各空格处的检验数，因空格处的全部检验数均大于零，表3-27的调运方案即为最优调运方案。

本题中，我们采用最小元素法找到初始方案，然后通过八次方案调整最后才得到最优调运方案。如果采用Vogel近似法求初始方案，本题可节省很多计算量，大大简化计算过程。

在运价表中增加一列（行差额）和一行（列差额），找出最大差额14，这一列差额对应 $B_3$ 列，在 $B_3$ 列的最小运价处（$A_4$，$B_3$）填上最大运量30，划掉 $B_3$ 列。列差额不变，重新计算行差额。

最大差额为10，这一列差额对应 $B_4''$ 列，在 $B_4''$ 列的最小运价处（$A_4$，$B_4''$）填上最大运量20，划掉 $A_4$ 行。行差额不变，重新计算列差额。

重复以上过程，得到最终调运方案（见表3-28）。行差额及列差额的计算过程如表3-29所示。

表3-28　**Vogel近似法最终调运方案**

| 销售地 / 生产地 | $B_1'$ | $B_1''$ | $B_2$ | $B_3$ | $B_4'$ | $B_4''$ | 生产量（万吨） |
|---|---|---|---|---|---|---|---|
| $A_1$ | | | 50 | | | | 50 |
| $A_2$ | | | 20 | | 10 | 30 | 60 |
| $A_3$ | 30 | 20 | 0 | | | | 50 |
| $A_4$ | | | | 30 | | 20 | 50 |
| 需求量（万吨） | 30 | 20 | 70 | 30 | 10 | 50 | |

表3-29　**Vogel近似法调运方案行、列差额计算总表**

| 销售地 / 生产地 | | $B_1'$ | $B_1''$ | $B_2$ | $B_3$ | $B_4'$ | $B_4''$ | 行差额 | | | | | |
|---|---|---|---|---|---|---|---|---|---|---|---|---|---|
| | | | | | | | | ① | ② | ③ | ④ | ⑤ | ⑥ |
| $A_1$ | | 11 | 11 | 8 | 17 | 12 | 12 | 3 | 3 | (3) | | | |
| $A_2$ | | 9 | 9 | 8 | 14 | 10 | 10 | 1 | 1 | 1 | 1 | 1 | 1 |
| $A_3$ | | 14 | 14 | 15 | 19 | M | M | 0 | 0 | 0 | 0 | 0 | 0 |
| $A_4$ | | M | 0 | M | 0 | M | 0 | 0 | 0 | | | | |
| 列差额 | ① | 2 | 9 | 0 | (14) | 2 | 10 | | | | | | |
| | ② | 2 | 9 | 0 | | 2 | (10) | | | | | | |
| | ③ | 2 | 2 | 0 | | 2 | 2 | | | | | | |
| | ④ | 5 | 5 | 7 | | (M-10) | M-10 | | | | | | |
| | ⑤ | 5 | 5 | 7 | | | (M-10) | | | | | | |
| | ⑥ | 5 | 5 | (7) | | | | | | | | | |

用位势法进行检验（过程略），上述方案即为最优调运方案。

### 3.3.2　转运问题

在运输问题中，运往销售地的产品，可能是由生产地运出，也可能是由其他销售地或中间转运地运出，此类问题称为转运问题。

已知某产品生产地有$m$个，销售地有$n$个，中间转运地有$r$个，产销平衡。从$A_i$运往$A_j$单位产品的运价为$c_{ij}$，不可到达的运价为$M$，本地的运价为0。若用$x_{ij}$表示从某地$A_i$运往另一地$A_j$产品的数量，在产销平衡的条件下，中转运输问题的数学模型为：

$$\min z = \sum_{(i,j)} c_{ij} x_{ij}$$

$$\begin{cases} \sum\limits_{\text{流出}} x_{ij} - \sum\limits_{\text{流入}} x_{ij} = a_i & (i = 1,2,\cdots,m) \quad \text{产地} \\ \sum\limits_{\text{流出}} x_{kj} - \sum\limits_{\text{流入}} x_{ik} = 0 & (k = 1,2,\cdots,r) \quad \text{中转地} \\ \sum\limits_{\text{流入}} x_{ij} - \sum\limits_{\text{流出}} x_{ij} = b_j & (j = 1,2,\cdots,n) \quad \text{销地} \\ x_{ij} \geqslant 0\,(i,j = 1,2,\cdots,m+n+1) \end{cases}$$

【例3-4】某产品有$A_1$、$A_2$、$A_3$三个生产地，$A_4$、$A_5$两个中转地，$A_6$、$A_7$、$A_8$、$A_9$四个销售地，各地之间的单位产品运输单价及各地的生产量和需求量如图3-1所示，各地之间不能直接运输的运输单价为M。

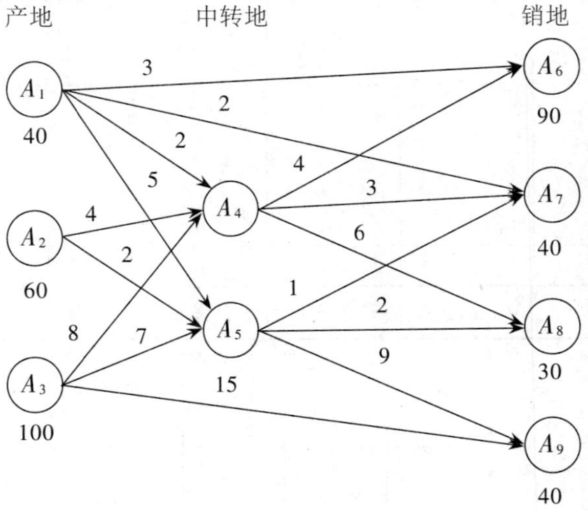


**图 3-1　转运问题调运图**

问如何调运这种产品，使总的运输费用最省？

解　若用$x_{ij}$表示从$A_i$运往$A_j$产品的数量，则该问题的目标函数为：

$$\min z = 2x_{14} + 5x_{15} + 3x_{16} + 2x_{17} + 4x_{24} + 2x_{25} + 8x_{34} + 7x_{35} + 15x_{39} + 4x_{46} + 3x_{47} + 6x_{48} + x_{57} + 2x_{58} + 9x_{59}$$

对于供应地$A_1$、$A_2$、$A_3$的供应量约束为：

$$x_{14} + x_{15} + x_{16} + x_{17} = 40$$

$$x_{24} + x_{25} = 60$$

$$x_{34} + x_{35} + x_{39} = 100$$

对于中转地$A_4$、$A_5$的约束有：

$$x_{46} + x_{47} + x_{48} - x_{14} - x_{24} - x_{34} = 0$$

$$x_{57} + x_{58} + x_{59} - x_{15} - x_{25} - x_{35} = 0$$

对于销售地$A_6$、$A_7$、$A_8$、$A_9$需求量的约束有：

$$x_{16} + x_{46} = 90$$

$$x_{17} + x_{47} + x_{57} = 40$$

$$x_{48} + x_{58} = 30$$

$$x_{59} + x_{39} = 40$$

由此可得该问题的数学模型：

$$\min z = 2x_{14} + 5x_{15} + 3x_{16} + 2x_{17} + 4x_{24} + 2x_{25} + 8x_{34} + 7x_{35} + 15x_{39} + 4x_{46} + 3x_{47} + 6x_{48} + x_{57} + 2x_{58} + 9x_{59}$$

$$\begin{cases} x_{14} + x_{15} + x_{16} + x_{17} = 40 \\ x_{24} + x_{25} = 60 \\ x_{34} + x_{35} + x_{39} = 100 \\ x_{46} + x_{47} + x_{48} - x_{14} - x_{24} - x_{34} = 0 \\ x_{57} + x_{58} + x_{59} - x_{15} - x_{25} - x_{35} = 0 \\ x_{16} + x_{46} = 90 \\ x_{17} + x_{47} + x_{57} = 40 \\ x_{48} + x_{58} = 30 \\ x_{59} + x_{39} = 40 \\ x_{ij} \geqslant 0 \end{cases}$$

将上述模型化为运输问题的具体做法是：每个中转地对于生产地来说它是销售地，其销量为所有运到该地的生产量之和；每个中转地对于销售地来说它又是生产地，其生产量等于其销售量。因此，该问题就变成了5个生产地、6个销售地的运输问题。该问题的产销平衡表如表3-28所示。

表3-30 **转运问题运输表**

| 生产地＼销售地 | $A_4$ | $A_5$ | $A_6$ | $A_7$ | $A_8$ | $A_9$ | 生产量（万吨） |
|---|---|---|---|---|---|---|---|
| $A_1$ | 2 | 5 | 3 | 2 | M | M | 40 |
| $A_2$ | 4 | 2 | M | M | M | M | 60 |
| $A_3$ | 8 | 7 | M | M | M | 15 | 100 |
| $A_4$ | 0 | M | 4 | 3 | 6 | M | 200 |
| $A_5$ | M | 0 | M | 1 | 2 | 9 | 200 |
| 需求量（万吨） | 200 | 200 | 90 | 40 | 30 | 40 | 600 / 600 |

用表上作业法求得最优调运方案如表3-29所示。

表3-31 **转运问题最优调运方案**

| 生产地＼销售地 | $A_4$ | $A_5$ | $A_6$ | $A_7$ | $A_8$ | $A_9$ | 生产量（万吨） |
|---|---|---|---|---|---|---|---|
| $A_1$ | | | 40 | | | | 40 |
| $A_2$ | | 60 | | | | | 60 |
| $A_3$ | 50 | 10 | | | | 40 | 100 |
| $A_4$ | 150 | | 50 | | | | 200 |
| $A_5$ | | 130 | | 40 | 30 | | 200 |
| 需求量（万吨） | 200 | 200 | 90 | 40 | 30 | 40 | 600 / 600 |

由表3-29可以看出，该问题的最优调运方案是：生产地$A_1$直接运往销售地$A_6$该产品40万吨，生产地$A_2$直接将该产品60万吨运往中转地$A_5$，生产地$A_3$运往中转地$A_4$该产品50万吨，运往中转地$A_5$该产品10万吨，直接运往销售地$A_9$该产品40万吨。最优调运费用为1 610。

## 3.4 WinQSB软件在运输问题中的应用

WinQSB软件在运输问题中的应用是通过调用软件中的Network Modeling实现的。例3-2中运输问题的WinQSB软件操作过程是：

（1）启动程序。依次点击“开始→程序→WinQSB→Network Modeling”，系统出现如图3-2所示的界面。

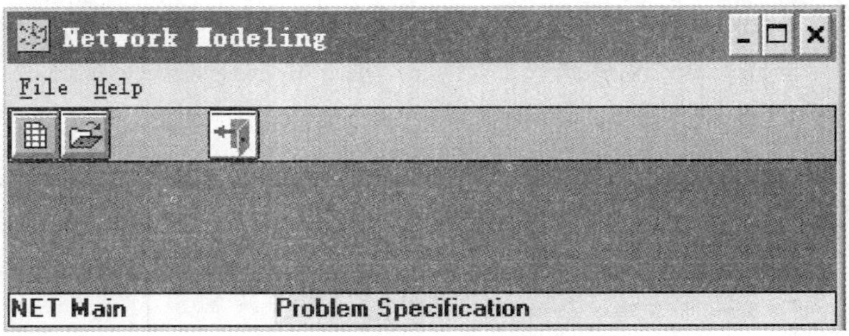


图3-2　网络模型主界面

（2）建立新的数据文件。点击“File→New Problem”，点选 Transportation Problem，系统出现如图3-3所示的界面。

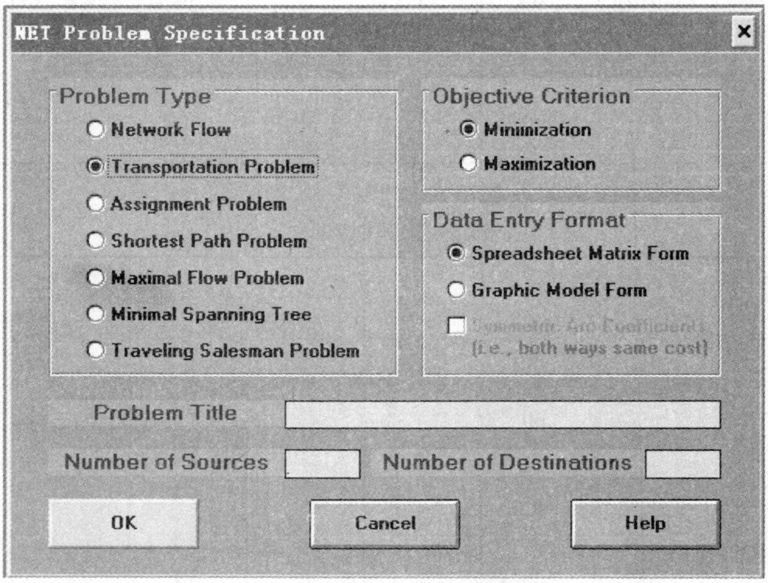


图3-3　网络问题约定

在该界面中，需要选择目标准则（Objective Criterion）是最小化（Minimization，默认项）或最大化（Maximization），数据输入格式（Data Entry Format）是电子表格格式（Spreadsheet Matrix Form，默认项）或图形格式（Graphic Model Form）、问题标题（Problem Title）、出发地数目（Number of Sources）和目的地数目（Number of Destinations）。

（3）输入数据。在图3-3中选择默认项，输入问题标题、出发地数目3和目的地数目4后，点击OK后，系统出现图3-4所示的界面。

| From \ To | Destination 1 | Destination 2 | Destination 3 | Destination 4 | Supply |
|---|---|---|---|---|---|
| Source 1 | | | | | 0 |
| Source 2 | | | | | 0 |
| Source 3 | | | | | 0 |
| Demand | 0 | 0 | 0 | 0 | |

图3-4　数据输入界面

在图3-4界面中，出发地名称和目的地名称的修改可以在该界面状态下，点击“Edit→Node Names”完成，并输入数据如图3-5所示。

| From \ To | B1 | B2 | B3 | B4 | Supply |
|---|---|---|---|---|---|
| A1 | 20 | 11 | 30 | 21 | 15 |
| A2 | 22 | 17 | 19 | 30 | 25 |
| A3 | 12 | 24 | 16 | 28 | 5 |
| Demand | 10 | 12 | 15 | 8 | |

图3-5　数据输入界面

注意：若原问题中的运输单价为0，则直接输入0；如运输单价为M，则该相应位置不输入任何数字和字符。

（4）求解问题。点击系统菜单Solve and Analyze，出现的下拉菜单有三个选项：只求出最优调运方案（Solve the Problem）、网络图求解并显示迭代过程（Solve and Display Steps—Network）、表格求解并显示迭代过程（Solve and Display Steps—Tableau）和选择求初始解法（Select Initial Solution Method）。选择Select Initial Solution Method，系统给出如图3-6所示的界面。

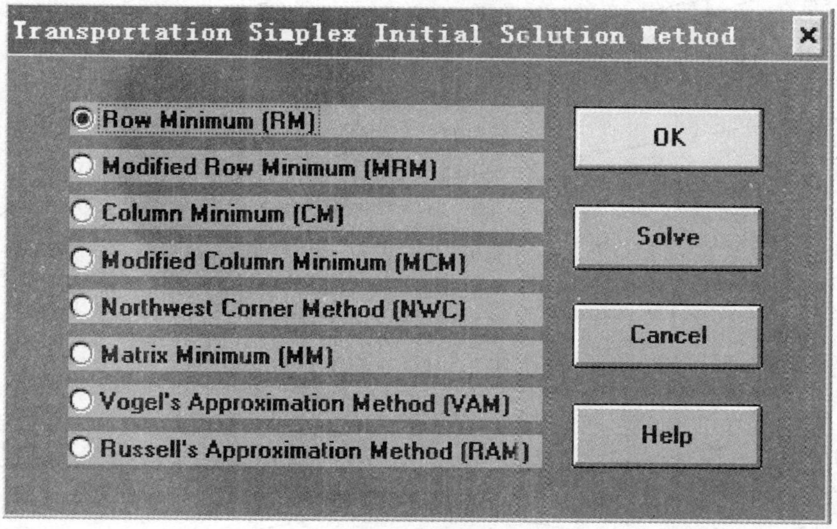


图3-6　选择求初始解法

图3-6中各项的含义：

- Row Minimum（RM）：逐行最小元素法（系统默认项）；
- Modified Row Minimum（MRM）：修正的逐行最小元素法；
- Column Minimum（CM）：逐列最小元素法；
- Modified Column Minimum（MCM）：修正的逐列最小元素法；
- Northwest Corner Method（NWM）：西北角法；
- Matrix Minimum（MM）矩阵最小元素法，即最小元素法；
- Vogel′s Approximation Method（VAM）：Vogel近似法；
- Russell′s Approximation Method（RAM）：Russell近似法。

①选择Matrix Minimum，然后选择Solve the Problem，系统直接给出求解结果，如图3-7所示。

| 08-07-2010 | From | To | Shipment | Unit Cost | Total Cost | Reduced Cost |
|---|---|---|---|---|---|---|
| 1 | A1 | B2 | 7 | 11 | 77 | 0 |
| 2 | A1 | B4 | 8 | 21 | 168 | 0 |
| 3 | A2 | B1 | 5 | 22 | 110 | 0 |
| 4 | A2 | B2 | 5 | 17 | 85 | 0 |
| 5 | A2 | B3 | 15 | 19 | 285 | 0 |
| 6 | A3 | B1 | 5 | 12 | 60 | 0 |
| | Total | Objective | Function | Value = | 785 | |

图3-7　只求出最优调运方案运行结果

②选择Solve and Display Steps—Network，系统给出的初始求解结果，如图3-8所示。

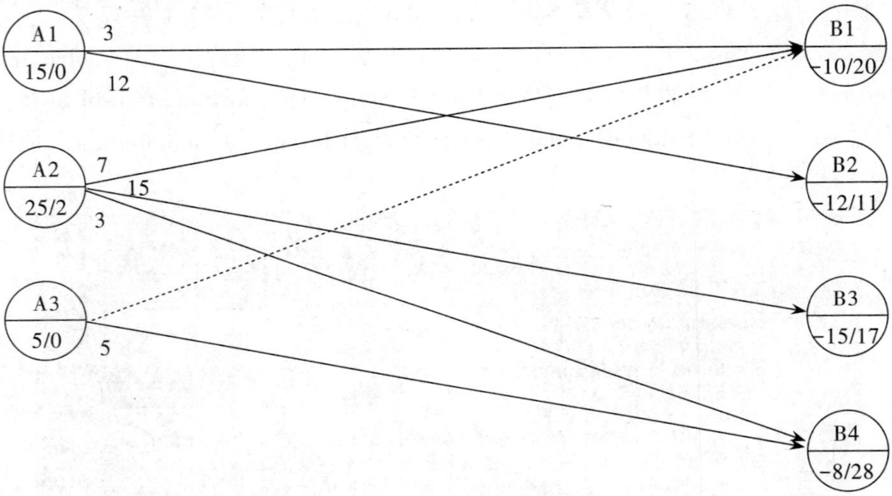


图3-8　网络图求解初始运行结果

点击图标，系统给出第一次迭代结果，如图3-9所示。

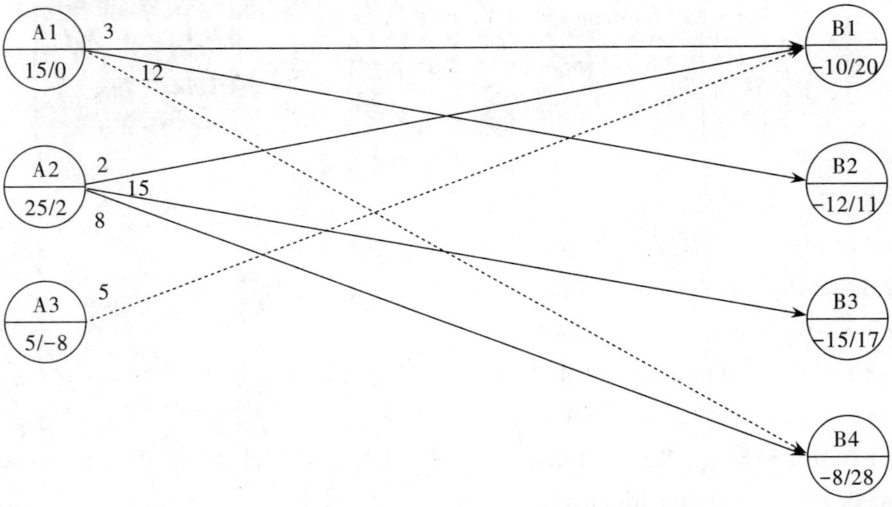


图3-9　网络图求解第一次迭代结果

再次点击图标，系统给出最终迭代结果，如图3-10所示。

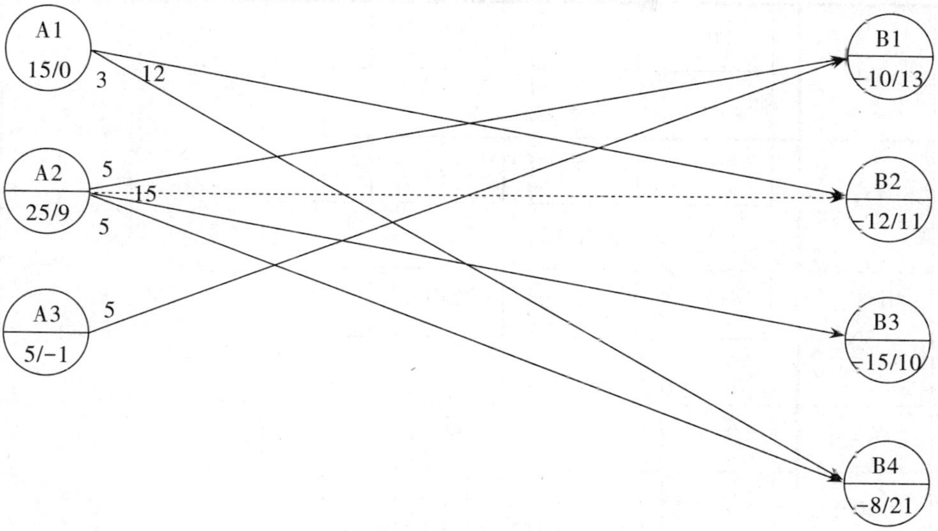


图3-10　网络图求解最终迭代结果

③选择 Solve and Display Steps—Tableau，系统给出的初始求解结果，如图3-11所示。

| From \ To | B1 | B2 | B3 | B4 | Supply | Dual P(i) |
|---|---|---|---|---|---|---|
| A1 | 20<br>3* | 11<br>12 | 30 | 21<br>$C_{ij}$=-7 ** | 15 | 0 |
| A2 | 22<br>2 | 17 | 19<br>15 | 30<br>8 | 25 | 2 |
| A3 | 12<br>5 | 24 | 16 | 28 | 5 | -8 |
| Demand | 10 | 12 | 15 | 8 | | |
| Dual P(j) | 20 | 11 | 17 | 28 | | |
| | Objective Value = 821 (Minimization) | | | | | |
| | ** Entering: A1 to B4　* Leaving: A1 to B1 | | | | | |

图3-11　表格求解初始运行结果

点击图标，系统给出第一次迭代结果，如图3-12所示。

| From \ To | B1 | B2 | B3 | B4 | Supply | Dual P(i) |
|---|---|---|---|---|---|---|
| A1 | 20 | 11 | 30 | 21 | 15 | 0 |
| | | 12 | | 3 | | |
| A2 | 22 | 17 | 19 | 30 | 25 | 9 |
| | 5 | $C_{ij}=-3$ ** | 15 | 5* | | |
| A3 | 12 | 24 | 16 | 28 | 5 | -1 |
| | 5 | | | | | |
| Demand | 10 | 12 | 15 | 8 | | |
| Dual P(j) | 13 | 11 | 10 | 21 | | |
| | Objective Value = 800 (Minimization) | | | | | |
| | ** Entering: A2 to B2   * Leaving: A2 to B4 | | | | | |

图 3-12　表格求解第一次迭代结果

再次点击图标，系统给出最终迭代结果，如图 3-13 所示。

| From \ To | B1 | B2 | B3 | B4 | Supply | Dual P(i) |
|---|---|---|---|---|---|---|
| A1 | 20 | 11 | 30 | 21 | 15 | 0 |
| | | 7 | | 8 | | |
| A2 | 22 | 17 | 19 | 30 | 25 | 6 |
| | 5 | 5 | 15 | | | |
| A3 | 12 | 24 | 16 | 28 | 5 | -4 |
| | 5 | | | | | |
| Demand | 10 | 12 | 15 | 8 | | |
| Dual P(j) | 16 | 11 | 13 | 21 | | |
| | Objective Value = 785 (Minimization) | | | | | |

图 3-13　表格求解最终迭代结果

## 本章小结

运输问题是一类具有特殊结构的线性规划问题。由于运输问题约束方程组的系数矩阵有着特殊的结构，因此存在着比单纯形法更简单的特殊解法。对于规模不太大的运输问题，可用表上作业法求解。这类问题的典型提法是，为了把某种产品从若干个产地调运到若干个销地，已知每个产地的供应量和每个销地的需求量，如何在许多可行的调运方案中，确定一个总运输费或总运输量最少的方案。

根据运输问题的数学模型可求出运输问题的解，之前已经指出运输问题是一种线性规划问题，可设想用迭代法进行求解，即先找出它的某一个基可行解，再进行解的最优性检验，若它不是最优解，就进行迭代调整，以得到一个新解，再进行检验和调整，直到得到最优解为止。

表上作业法是求解运输问题的一种简便而有效的方法，其求解工作在运输表上进行，它是一种迭代法，可以满足上述的要求，迭代步骤为：先按照某种规则找出一个初始调运方案；再对现行解做最优性判别；若这个解不是最优解，就在运输表上对它进行调整改进，得出一个新的解；再判别，再改进；直到得到运输问题的最优解为止。

本章最后主要介绍了如何运用WinQSB软件求解运输问题。

## 章末习题

1.有某物资的产销平衡表及运价表如表3-32所示，求总运费最省的调运方案。

表3-32 某物资产销平衡表及运价表

| 销售地 / 生产地 | $B_1$ | $B_2$ | $B_3$ | 生产量（吨） | $B_1$ | $B_2$ | $B_3$ |
|---|---|---|---|---|---|---|---|
| $A_1$ | | | | 4 | 10 | 2 | 5 |
| $A_2$ | | | | 7 | 9 | 3 | 6 |
| $A_3$ | | | | 2 | 2 | 1 | 2 |
| 需求量（吨） | 2 | 3 | 8 | 13 | | | |

2.已知运输问题的产销平衡表与运价表如表3-33所示，求该问题的最优调运方案。

表3-33 某运输问题产销平衡表与运价表

| 销售地 / 生产地 | $B_1$ | $B_2$ | $B_3$ | $B_4$ | 生产量（吨） | $B_1$ | $B_2$ | $B_3$ | $B_4$ |
|---|---|---|---|---|---|---|---|---|---|
| $A_1$ | | | | | 7 | 5 | 8 | 7 | 3 |
| $A_2$ | | | | | 8 | 4 | 9 | 10 | 7 |
| $A_3$ | | | | | 3 | 8 | 4 | 2 | 9 |
| 需求量（吨） | 6 | 6 | 3 | 3 | 18 | | | | |

3. 某运输问题的产销平衡表和运价表如表3–34所示，求最优调运方案。

表3–34　**某运输问题产销平衡表和运价表**

| 生产地＼销售地 | $B_1$ | $B_2$ | $B_3$ | $B_4$ | 生产量（吨） | $B_1$ | $B_2$ | $B_3$ | $B_4$ |
|---|---|---|---|---|---|---|---|---|---|
| $A_1$ | | | | | 3 | 2 | 5 | 9 | 8 |
| $A_2$ | | | | | 5 | 1 | 9 | 2 | 6 |
| $A_3$ | | | | | 7 | 7 | 5 | 4 | 3 |
| 需求量（吨） | 6 | 3 | 2 | 4 | 15 | | | | |

4. 有某种化肥的产销平衡表和运价表如表3–35所示，求最优调运方案。

表3–35　**某种化肥产销平衡表和运价表**

| 生产地＼销售地 | $B_1$ | $B_2$ | $B_3$ | $B_4$ | 生产量（吨） | $B_1$ | $B_2$ | $B_3$ | $B_4$ |
|---|---|---|---|---|---|---|---|---|---|
| $A_1$ | | | | | 10 | 9 | 6 | 18 | 9 |
| $A_2$ | | | | | 8 | 15 | 9 | 24 | 6 |
| $A_3$ | | | | | 5 | 12 | 3 | 6 | 27 |
| 需求量（吨） | 5 | 7 | 8 | 3 | 23 | | | | |

5. 已知$B_1$、$B_2$、$B_3$三个城市每年需要的煤炭由$A_1$、$A_2$两个煤炭企业供应，需求量、供应量、单位运价（元/吨）如表3–36所示。

表3–36　**煤炭需求产销平衡表和运价表**

| 企业＼城市 | $B_1$ | $B_2$ | $B_3$ | 生产量（万吨） | $B_1$ | $B_2$ | $B_3$ |
|---|---|---|---|---|---|---|---|
| $A_1$ | | | | 400 | 15 | 18 | 22 |
| $A_2$ | | | | 450 | 21 | 25 | 16 |
| 需求量（万吨） | 320 | 250 | 350 | | | | |

由于需求量大于生产量，经协商平衡，$B_1$城市必要时可以少供应0~30万吨，$B_2$城市需求量必须全部满足，$B_3$城市需求量不少于270万吨。试求将$A_1$、$A_2$两个煤炭企业的生产量全部分配出去，满足上述条件又使总的运输费用最低的调运方案。

6. 某产品的生产地、中转地、销售地的网络关系图及各地的产量、销量和单位产品运价如图3–13所示。试求总的运输费用最低的产品调运方案。

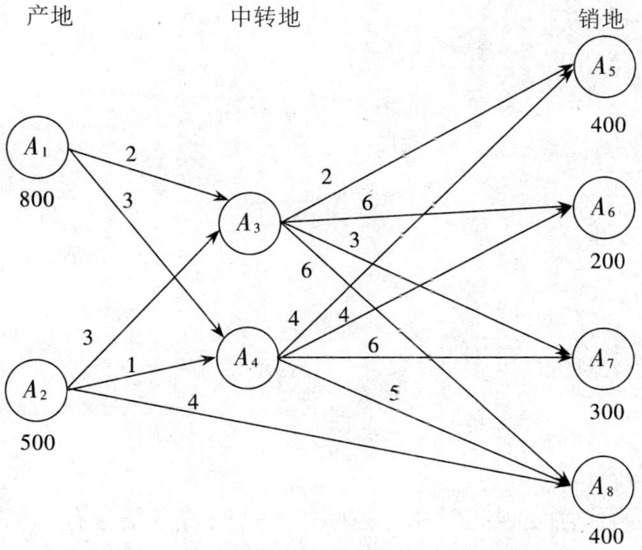
产地
中转地
销地
A1
800
A2
500
A3
A4
A5
400
A6
200
A7
300
A8
400
2
3
3
1
4
2
6
3
6
4
4
6
5

**图3-14　某产品转运图**

# 第4章/
# 目标规划

前面所讨论的线性规划问题和运输问题的共同特点是只有一个确定的目标函数，比如，求利润最大、成本最小、用料最省、时间最少、效率最高等。但实际上很多决策问题需要同时考虑多个不同目标的优化问题，而且问题中的各目标之间有时是彼此矛盾的，或是互不相容的，此时，经典的单目标规划方法难以处理如此复杂的问题。1961年美国运筹学家A.Charnes和W.W.Coope提出了目标规划的概念和数学模型，用以研究解决经济管理中的多目标决策问题。目标规划在处理多目标决策问题时，并不是直接寻求满足这些目标的最优解，而是通过引入“偏差变量”将目标转化为约束处理，以各目标的偏差量尽可能小地构造一个新的目标函数，继而求解以此目标函数为单目标的约束最小化问题。事实上，目标规划是在寻求最大限度地满足所有目标要求的解。因此，目标规划是处理多目标决策问题最有效的量化方法之一。

## 4.1 目标规划问题及其数学模型

在社会生产、经济管理、工程技术等诸多领域中，经常会遇到多目标的决策问题。例如，企业在生产经营中，总是希望花最小代价（成本），获得最大效益（利润），有时候还希望投入的人力最少，用最短的时间完成某项工作任务。再如政府在对公益项目进行投资过程中，一般是希望在有限的资金和劳动力条件下，尽可能地建设更多的项目，同时用最短的时间建成这批项目。诸如此类问题均是多目标决策问题。

### 4.1.1 目标规划问题的提出

【例4-1】某企业计划生产I、II两种型号的产品，生产单位产品的相关数据如表4-1所示。

解：设 $x_j$（$j$=1，2）分别表示I、II两种产品的生产数量，若仅考虑利润最大化时企业的生产安排，则该问题可以归结为如下的线性规划问题数学模型：

$$\min z = 6x_1 + 8x_2$$

$$\begin{cases} 5x_1 + 10x_2 \leqslant 60 \\ 4x_1 4x_2 \leqslant 40 \\ x_1, x_2 \geqslant 0 \end{cases}$$

表4-1　　　生产两种型号产品相关数据

| 资源＼产品消耗 | Ⅰ | Ⅱ | 拥有量 |
| --- | --- | --- | --- |
| 原材料 | 5 | 10 | 60 |
| 设备工时 | 4 | 4 | 40 |
| 利润 | 6 | 8 | |

显然，这是一个单目标的线性规划模型，直接求解得最优解 $x_1^* = 8$，$x_2^* = 2$，最优目标函数值为 $z^*=64$，即Ⅰ、Ⅱ两种产品的生产数量分别为8和2时，可以获得最大利润64。

上述生产方案的安排是根据以往数据预测得到的结果，但实际中的生产和销售情况未必都是这样。因而，需要充分考虑市场条件的变化和企业实际生产能力的限制条件等因素，来调整具体的生产方案。

假如企业的决策者根据企业的实际情况和市场需求，重新制定经营目标考虑以下情况：

（1）根据市场对该产品销售预测得知，产品Ⅱ销售疲软，故应考虑产品Ⅱ产量不应大于产品Ⅰ产量的一半。

（2）希望节约设备4台时。

（3）尽可能达到或超过原计划利润指标48。

上述三种情况，用数学表达式表述为：

$$\begin{cases} x_1 - 2x_2 \leqslant 0 \\ 4x_1 + 4x_2 \leqslant 36 \\ 6x_1 + 8x_2 \geqslant 48 \end{cases}$$

综合考虑上述情况，重新调整生产方案，就是一个多目标的决策问题。

### 4.1.2　目标规划的一般概念

1）偏差变量

目标值是预先给定的某个目标的期望值，而决策值则是当决策变量 $x_j$（$j=1, 2, \cdots, n$）选定以后，目标函数的实际取值。通常决策值和目标值之间会有一定的差异，这种差异称为偏差。偏差可能为正，也可能为负。

偏差变量是指表示偏差的变量。一般用 $d^+$ 表示正偏差变量，表示超过目标值的偏差变量，即 $d^+$=决策值-目标值；用 $d^-$ 表示负偏差变量，表示未达到目标值的偏差变量，即 $d^-$=目标值-决策值。并且规定 $d^+ \geqslant 0$、$d^- \geqslant 0$。

对于某一个决策目标，如果决策值超过目标值，则有 $d^+>0$，$d^-=0$；如果决策值未达到目标值，则有 $d^+=0$，$d^->0$；如果是恰好完成目标值，则有 $d^+=0$，$d^-=0$。于是，可以得到 $d^+ \times d^-=0$。

2）目标约束和绝对约束

引入偏差变量后，可以在原目标函数或约束条件的左端加上一个负偏差变量 $d^-$，同时减去一个正偏差变量 $d^+$，并令其等于目标值，形成一个函数方程。将形成的函数方程作为一个新的约束条件，加入到原问题中去，以构建目标规划问题的约束条件。

通常，含有偏差变量的约束条件称为目标约束。在目标实现过程中，目标可能实现，也可能实现不了，因此目标约束又称为软约束。

对于例4-1决策者考虑的三种情况，化为目标约束有：

（1）产品Ⅱ产量不应大于产品Ⅰ产量的一半，即：

$x_1 - 2x_2 + d_1^- - d_1^+ = 0$

（2）希望节约设备4台时，即：

$4x_1 + 4x_2 + d_2^- - d_2^+ = 36$

（3）尽可能达到或超过原计划利润指标48，即：

$6x_1 + 8x_2 + d_3^- - d_3^+ = 48$

绝对约束又称系统约束，是指必须严格满足的等式和不等式约束。线性规划问题的所有约束条件都是绝对约束，不满足这些约束条件的解称为非可行解，所以它们是硬约束。

在目标规划模型中，可以同时包含绝对约束和目标约束，而且从形式上讲，绝对约束与目标约束是可以相互转化的。如例4-1中的原材料约束则是一个绝对约束，但可以通过转换变为目标约束，形式为$5x_1 + 10x_2 + d_4^- - d_4^+ = 60$。

3）优先因子与权系数

目标规划中的多个目标之间的重要程度往往是不同的，即某个目标需要优先实现。为保证重要目标优先实现，一般规定：

第一位要实现的目标赋予优先因子$p_1$，第二位要实现的目标赋予优先因子$p_2$，……，第$k$位要实现的目标赋予优先因子$p_k$。要求$p_k >> p_{k+1}$，即第$k$个目标远远优先于第$k+1$个目标，或者说在考虑目标的实现时，只有$p_k$级目标实现后，才能考虑$p_{k+1}$目标实现问题；反之，$p_{k+1}$目标的实现，不能破坏已经实现的$p_k$级目标。

若要区别同一优先级下的两个目标的重要性差别，这时可以分别赋予它们不同的权系数$\omega$。重要性大的偏差变量前赋予大的权系数，重要性小的偏差变量前赋予小的权系数。如$p_2(\omega d_2^- + d_2^+)$表示$d_2^-$与$d_2^+$处在同一优先级下，但$d_2^-$的重要性比$d_2^+$大，前者的重要程度是后者的$\omega$倍。在实际应用过程中，权系数的数值由决策者根据实际情况确定。

4）目标函数

目标规划的目标函数（或称为准则函数、达成函数）是由各个目标约束的正负偏差变量及其相应的优先级、权系数构成的。当每一目标值确定后，决策者的要求是尽可能缩小偏离目标值。因此目标规划的目标函数总是最小化，记为：

$\min z = f(d^+, d^-)$

一般说来，根据可能提出的要求不同，目标函数的基本形式有以下三种：

（1）如果要求恰好达到目标值，即要求目标的正负偏差都尽可能地小，则目标函数为：

$\min z = f(d^+ + d^-)$

（2）如果要求超过目标值，即对目标的正偏差要求不限，而负偏差越小越好，则目标函数为：

$\min z = f(d^-)$

（3）如果要求不超过目标值，即对目标的负偏差要求不限，而正偏差越小越好，则目标函数为：

$\min z = f(d^+)$

5）满意解

目标规划问题的求解是分级进行的，首先求满足$p_1$级目标的解，然后在保证$p_1$级目标不被破坏的前提下，求满足$p_2$级目标的解，以次类推。总之，目标规划问题的求解是在不破坏上一级目标的前提下，实现下一级目标的最优化。因此，最后求出的解就不是通常意义下的最优解，我们称它为满意解。之所以称为满意解，是因为对于这种解来说，前面的目标是可以实现或部分实现的，后面的目标就不一定能保证实现或部分实现，有些可能不能实现。

### 4.1.3　目标规划的一般模型

以上介绍的基本概念是实际建立目标规划模型时必须考虑的几个要素，明确了这些概念以后，在实际应用中，目标规划的模型也就很容易地建立起来。

如例4-1中，因为企业决策者要考虑产品Ⅱ产量不应大于产品Ⅰ产量的一半，其目标优先级为$p_1$，则第一优先级的目标函数为：

$\min p_1 d_1^-$

第二个目标要求是希望节约设备4台时，其目标优先级为$p_2$，则其目标函数应为：

$\min p_2(d_2^- + d_2^+)$

第三个目标要求是企业希望达到并超过计划利润48，其目标优先级为$p_3$，则其相应的目标函数为：

$\min p_3 d_3^-$

综合上述分析，例4-1对应的目标规划数学模型为：

$$\min z = p_1 d_1^- + p_2(d_2^- + d_2^+) + p_3 d_3^-$$

$$\begin{cases} 5x_1 + 10x_2 \leqslant 60 \\ x_1 - 2x_2 + d_1^- - d_1^+ = 0 \\ 4x_1 + 4x_2 + d_2^- - d_2^+ = 36 \\ 6x_1 + 8x_2 + d_3^- - d_3^+ = 48 \\ x_1, x_2, d_i^-, d_i^+ \geqslant 0\ (i = 1,2,3) \end{cases}$$

一般来说，对于任何一个多目标决策问题中的多个目标总能有主次之分，即可根据各个目标的主次排出优先等级。不妨设问题有$n$个决策变量、$m$个绝对约束、$L(\geqslant 1)$个目标约束、$K\ (K \leqslant L)$个优先等级。相同等级的两个目标，可通过权系数来区别，如同一等级目标的偏差变量$d_k^-$、$d_k^+$，赋予权系数$\omega_k^-$、$\omega_k^+$。因此，可以给出多目标决策问题的一般目标规划模型：

$$\min z = \sum_{k=1}^{k} p_k \left[ \sum_{l=1}^{L} (\omega_l^- d_l^- + \omega_l^+ d_l^+) \right]$$

$$\begin{cases} \sum_{j=1}^{n} c_{lj} x_j + d_l^- - d_l^+ = g_l & (l = 1,2,\cdots,L) \\ \sum_{j=1}^{n} a_{ij} x_j \leqslant (=,\geqslant)\, b_i & (i = 1,2,\cdots,m) \\ x_j \geqslant 0 & (j = 1,2,\cdots,n) \\ d_l^-, d_l^+ \geqslant 0 & (l = 1,2,\cdots,L) \end{cases}$$

其中$c_{lj}(j=1,2,\cdots,n;l=1,2,\cdots,L)$为各目标约束的系数，$g_l(l=1,2,\cdots,L)$为第$l$个目标的目标值，$a_{ij}(j=1,2,\cdots,n;i=1,2,\cdots,m)$为绝对约束的系数，$b_i(i=1,2,\cdots,m)$为资源常量。

注意：

（1）在根据实际问题建立目标规划的数学模型时，对于目标的选择、优先等级和权系数的确定一般都与决策者的主观性有关，因此，实际操作中可以采用专家评定法或其他相关的科学方法来确定。

（2）由于目标约束是软约束，实际中不一定要求绝对满足，因此，所得问题的解不一定是最优解，而是满意解。

（3）按照以上原则先确定各目标的目标函数，再根据各目标的优先级赋予相应优先因子和权系数，最后构成目标函数的最小化问题。

## 4.2 目标规划的图解法

在求解线性问题时，曾经使用过图解法进行求解。虽然图解法不能应用于超过两个决策变量的问题，但图解法同样适用于求解两个决策变量的目标规划问题。

利用图解法求解目标规划的一般步骤为：

首先将所有的约束条件在平面坐标上表示出来，在目标约束所代表的边界线上，用箭头标出正负偏差增大的方向，如图4-1所示，然后按照优先等级次序，在不破坏所有较高优先等级目标的前提下，逐步求出各等级目标的解，最后确定满意解。

【例4-2】用图解法求解例4-1的目标规划问题。

根据该问题的约束条件，建立平面直角坐标系如图4-1所示。将所有约束条件描述出来后，由绝对约束$5x_1+10x_2\leqslant 60$及非负约束$x_1\geqslant 0$、$x_2\geqslant 0$共同构成可行域△OBE。在此基础上，再考虑各个目标的实现问题。

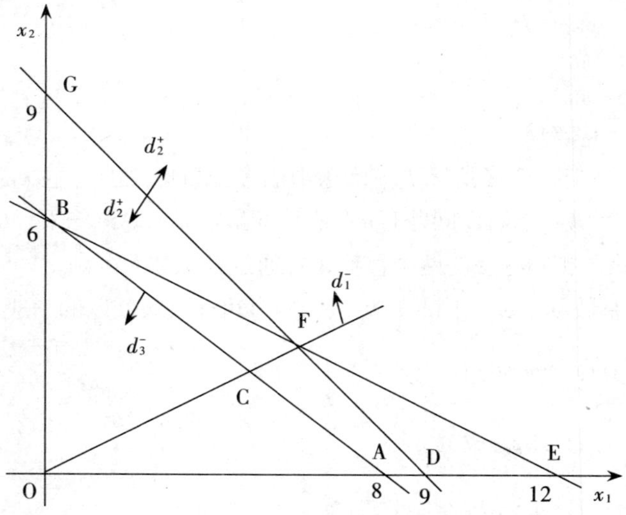


**图4-1　目标规划求解例图**

首先考虑优先因子$p_1$目标的实现，在目标函数中要实现$\min p_1 d_1^-$，从图中可见，只能在△OEF的边界和其中取值；其次考虑$p_2$优先因子的目标实现，在目标函数中要实现

$\min p_2(d_2^- + d_2^+)$，只能在线段DF上取值；最后考虑$p_3$优先因子目标的实现，在目标函数中要求实现$\min p_3 d_3^-$，从图中可见，在线段DF上第三个目标自然满足。容易求得两点的坐标分别为D（9，0）、F（6，3），则点D和F点之间线段上的所有点都是该目标规划问题的解。

## 4.3 目标规划的单纯形法

目标规划的数学模型结构与线性规划的数学模型结构没有本质区别。虽然在目标函数中存在表示优先等级的优先因子及正负偏差变量，但如果把优先因子看作具有不同数量等级的若干个很大的正数，同时把正负偏差变量看作线性规划模型中的松弛变量，就可以应用线性规划的单纯形法进行求解。当然，由于目标规划模型中的目标函数中带有表示不同优先等级的优先因子及权系数，因此目标规划的单纯形表在形式上与线性规划存在一定区别。另外，目标规划要求首先寻求高优先等级目标的实现，然后才能转到下一级。同时，较低等级目标的实现要以不破坏高等级目标实现为前提，因此在单纯形法的计算步骤上二者也略有不同。

1）目标规划的单纯形表

目标规划求解时，其单纯形表的一般结构如表4-2所示。

表4-2　**目标规划单纯形表**

| $C$ | | | $c_1$ | $c_2$ | … | $c_{n+2m}$ |
|---|---|---|---|---|---|---|
| $C_B$ | $X_B$ | $b$ | $x_1$ | $x_2$ | … | $x_{n+2m}$ |
| $C_{J_1}$ | $x_{J_1}$ | $b_{01}$ | $e_{11}$ | $e_{12}$ | … | $e_{1n+2m}$ |
| $C_{J_2}$ | $x_{J_2}$ | $b_{02}$ | $e_{21}$ | $e_{22}$ | … | $e_{2n+2m}$ |
| ⋮ | ⋮ | ⋮ | ⋮ | ⋮ | ⋮ | ⋮ |
| $C_{J_m}$ | $x_{J_m}$ | $b_{0m}$ | $e_{m1}$ | $e_{m2}$ | … | $e_{mn+2m}$ |
| $\sigma_{kj}$ | | $p_1$ | $\sigma_{11}$ | $\sigma_{12}$ | … | $\sigma_{1n+2m}$ |
| | | $p_2$ | $\sigma_{21}$ | $\sigma_{22}$ | … | $\sigma_{2n+2m}$ |
| | | ⋮ | ⋮ | ⋮ | ⋮ | ⋮ |
| | | $p_K$ | $\sigma_{K1}$ | $\sigma_{K2}$ | … | $\sigma_{Kn+2m}$ |

在表4-2中，所有的变量（决策变量和偏差变量）均用$x_j(j=1,2,\cdots,n+2m)$表示，它们在目标函数中的优先等级和权系数用$c_j$表示；$J_1,J_2,\cdots,J_m$代表基变量的下标；$b_{01},b_{02},\cdots,b_{0m}$为基变量的值；表内的元素以$e_{ij}(i=1,2,\cdots,m;j=1,2,\cdots,n+2m)$表示系统约束与目标约束的系数。

线性规划单纯形表只有一行检验数，而表4-2下半部有$K$行检验数。这是因为目标规划模型中有$K$个目标优先等级，不同等级的优先因子是不可比较的，且目标的实现完全遵循由高等级往低等级的次序变换。如表4-2中按照目标优先等级$p_1,p_2,\cdots,p_K$的次序，从上往下排列$K$行检验数。因此，检验数是一个$K\times(n+2m)$矩阵。其中$\sigma_{kj}(k=1,2,\cdots,K;j=1,2,\cdots,n+2m)$表示$p_K$优先等级目标位于第$j$个变量下的检验数。目标规划中的检验数与线性规划检验数的定义相同，即：

$$\sigma_{kj} = c_j - \sum_{i=1}^{m} c_{J_i} e_{ij} \qquad k = 1,2,\cdots,K$$

利用上式计算检验数后，按目标优先等级次序排列的优先因子的系数，即为第$j$个变量在各优先等级行中检验数。由于在检验数中含有不同等级的优先因子，又因为$p_1 >> p_2 >> \cdots >> p_K$，所以从每个检验数的整体来看，其正负首先取决于$p_1$系数的正负；若$p_1$的系数为0，则取决于$p_2$系数的正负，依次类推。

2）目标规划的单纯形法求解

目标规划的单纯形法与一般线性规划单纯形法的求解过程基本相同，但由于是多个目标，且多个目标须按优先等级的次序实现，因而其计算步骤略有区别。

求解目标规划的单纯形法的计算步骤：

（1）将目标规划问题的数学模型化为求最小化的标准型。

（2）建立目标规划模型的初始单纯形表。一般假定初始解在原点，即以约束条件中的所有负偏差变量和松弛变量为初始基变量。按目标优先等级从左至右分别计算出各列的检验数，填入单纯形表的下半部。

（3）检验是否为满意解。由于目标函数为最小化，所以满意解的判别准则如下：

①在检验数行，按目标的优先等级，自上而下检查各检验数是否有负数出现，若全部的检验数均为$\sigma_{kj} \geqslant 0\,(k = 1,2,\cdots,K; j = 1,2,\cdots,n+2m)$，则问题得到满意解，停止计算，转到第（7）步。

②若某一个检验数为负数，该检验数同列的上面（较高优先等级）的检验数为正数，说明这个目标虽然尚未达到，但已不能再改进，故得到满意解，转到第（7）步。

③若某一个检验数为负数，该检验数同列的上面（较高优先等级）没有正的检验数，说明尚未得到满意解，可继续改进，转到第（4）步。

（4）确定进基变量。在$p_K$行，从那些上面没有正检验数的负检验数中，选取绝对值最大值，记这一列为$s$列，则$x_s$就是进基变量。若$p_K$这一行中有几个相同的绝对值最大的负检验数，则依次比较它们各列下部的检验数，取其绝对值最大的负检验数所在列为$s$列。假如仍无法确定，则选最左边的变量（即变量下标小者）为进基变量。

（5）确定离基变量。确定离基变量的方法与线性规划相同，即依据最小比值$\theta$法则：

$$\min\left\{\frac{b_{0i}}{e_{is}} \mid e_{is} > 0\right\} = \frac{b_{0r}}{e_{rs}} \tag{4.1}$$

故确定$x_r$为离基变量，$e_{rs}$为主元素。

（6）进行基变换。以$e_{rs}$为主元素进行迭代变换，得到新的单纯形表，返回第（3）步。

（7）对求得的解进行分析。若计算结果满意，停止运算；若不满意，则需修改模型，即调整目标优先等级和权系数，或者改变目标值，重新进行第（2）步。

在上述计算过程中，从第（3）步到第（6）步是一个单纯形算法的迭代循环。增加第（7）步的目的是加强分析，以求得到切实可行的满意解。

【例4-3】用单纯形法求解例4-1的目标规划问题。

将例4-1数学模型进行标准化有：

$$\min z = p_1 d_1^- + p_2(d_2^- + d_2^+) + p_3 d_3^-$$

$$\begin{cases} 5x_1 + 10x_2 + x_3 = 60 \\ x_1 - 2x_2 + d_1^- - d_1^+ = 0 \\ 4x_1 + 4x_2 + d_2^- - d_2^+ = 36 \\ 6x_1 + 8x_2 + d_3^- - d_3^+ = 48 \\ x_1, x_2, d_i^-, d_i^+ \geqslant 0 (i = 1,2,3) \end{cases}$$

解　本例的求解过程为：

（1）本例中由于各目标约束中均存在负偏差变量，取$x_3$，$d_1^-$，$d_2^-$，$d_3^-$为初始基变量，计算检验数，并将有关数据填入单纯形表中，见表4-3。

表4-3　　**初始单纯形表**

| $c_j$ | | | 0 | 0 | 0 | $p_1$ | 0 | $p_2$ | $p_2$ | $p_3$ | 0 | $\theta$ |
|---|---|---|---|---|---|---|---|---|---|---|---|---|
| $C_B$ | $X_B$ | $b$ | $x_1$ | $x_2$ | $x_3$ | $d_1^-$ | $d_1^+$ | $d_2^-$ | $d_2^+$ | $d_3^-$ | $d_3^+$ | |
| 0 | $x_3$ | 60 | 5 | 10 | 1 | | | | | | | 12 |
| $p_1$ | $d_1^-$ | 0 | [1] | −2 | | 1 | −1 | | | | | 0 |
| $p_2$ | $d_2^-$ | 36 | 4 | 4 | | | | 1 | −1 | | | 9 |
| $p_3$ | $d_3^-$ | 48 | 6 | 8 | | | | | | 1 | −1 | 8 |
| $\sigma_{kj}$ | | $p_1$ | −1 | 2 | | | 1 | | | | | |
| | | $p_2$ | −4 | −4 | | | | | 2 | | | |
| | | $p_3$ | −6 | −8 | | | | | | | 1 | |

（2）检验是否为满意解。由于第一个优先等级对应的检验数行存在负检验数，故该目标没有得到满足，需要进行基变换。

（3）确定进基变量。在$p_1$这一行中，只有一个负检验数，其对应的变量为$x_1$，故选$x_1$为进基变量。

（4）确定离基变量。依据最小比值$\theta$法则有：

$$\min = \left\{\frac{60}{5}, \frac{0}{1}, \frac{36}{4}, \frac{48}{6}\right\} = \frac{0}{1} = 0$$

故选$d_1^-$为离基变量，主元素为1，在表中用“［ ］”标出。

（5）进行基变换，得到新的单纯形表如表4-4所示。

表4-4　　**第一次迭代计算表**

| $c_j$ | | | 0 | 0 | 0 | $p_1$ | 0 | $p_2$ | $p_2$ | $p_3$ | 0 | $\theta$ |
|---|---|---|---|---|---|---|---|---|---|---|---|---|
| $C_B$ | $X_B$ | $b$ | $x_1$ | $x_2$ | $x_3$ | $d_1^-$ | $d_1^+$ | $d_2^-$ | $d_2^+$ | $d_3^-$ | $d_3^+$ | |
| 0 | $x_3$ | 60 | | 20 | 1 | −5 | 5 | | | | | 3 |
| 0 | $x_1$ | 0 | 1 | −2 | | 1 | −1 | | | | | — |
| $p_2$ | $d_2^-$ | 36 | | 12 | | −4 | 4 | 1 | −1 | | | 3 |
| $p_3$ | $d_3^-$ | 48 | | [20] | | −6 | 6 | | | 1 | −1 | 12/5 |
| $\sigma_{kj}$ | | $p_1$ | | | | 1 | | | | | | |
| | | $p_2$ | | −12 | | 4 | −4 | | 2 | | | |
| | | $p_3$ | | −20 | | 6 | −6 | | | | 1 | |

由表4-4可以看出，第一个目标已经实现，需要考虑第二个目标的实现。在$p_2$检验数行存在两个负检验数，选取其中绝对值最大者，其对应的变量为$x_2$，故选$x_2$为进基变量；按照最小比值$\theta$法则，确定$d_3^-$为离基变量，进行第二次迭代计算，得表4-5。

表4-5　　　　第二次迭代计算表

| $c_j$ | | | 0 | 0 | 0 | $p_1$ | 0 | $p_2$ | $p_2$ | $p_3$ | 0 | $\theta$ |
|---|---|---|---|---|---|---|---|---|---|---|---|---|
| $C_B$ | $X_B$ | $b$ | $x_1$ | $x_2$ | $x_3$ | $d_1^-$ | $d_1^+$ | $d_2^-$ | $d_2^+$ | $d_3^-$ | $d_3^+$ | |
| 0 | $x_3$ | 12 | | | 1 | 1 | −1 | | | −1 | 1 | 12 |
| 0 | $x_1$ | 24/5 | 1 | | | 2/5 | −2/5 | | | 1/10 | −1/10 | — |
| $p_2$ | $d_2^-$ | 36/5 | | | | −2/5 | 2/5 | 1 | −1 | −3/5 | [3/5] | 12 |
| 0 | $x_2$ | 12/5 | | 1 | | −3/10 | 3/10 | | | 1/20 | −1/20 | — |
| $\sigma_{kj}$ | | $p_1$ | | | | 1 | | | | | | |
| | | $p_2$ | | | | 2/5 | −2/5 | | 2 | 3/5 | −3/5 | |
| | | $p_3$ | | | | | | | | 1 | | |

由表4-5可以看出，在$p_2$检验数行存在两个负检验数，选取其中绝对值最大者，其对应的变量为$d_3^+$，故选$d_3^+$为进基变量；确定$d_2^-$为离基变量，进行第三次迭代计算，得表4-6。

表4-6　　　　第三次迭代计算表

| $c_j$ | | | 0 | 0 | 0 | $p_1$ | 0 | $p_2$ | $p_2$ | $p_3$ | 0 | $\theta$ |
|---|---|---|---|---|---|---|---|---|---|---|---|---|
| $C_B$ | $X_B$ | $b$ | $x_1$ | $x_2$ | $x_3$ | $d_1^-$ | $d_1^+$ | $d_2^-$ | $d_2^+$ | $d_3^-$ | $d_3^+$ | |
| 0 | $x_3$ | 0 | | | 1 | 5/3 | −5/3 | −5/3 | 5/3 | | | — |
| 0 | $x_1$ | 6 | 1 | | | 1/3 | −1/3 | 1/6 | −1/6 | | | — |
| 0 | $d_3^+$ | 12 | | | | −2/3 | 2/3 | 5/3 | −5/3 | −1 | 1 | 18 |
| 0 | $x_2$ | 3 | | 1 | | −1/3 | [1/3] | 1/12 | −1/12 | | | 9 |
| $\sigma_{kj}$ | | $p_1$ | | | | 1 | | | | | | |
| | | $p_2$ | | | | | | 1 | 1 | | | |
| | | $p_3$ | | | | | | | | 1 | | |

由于表4-6中检验数行不存在负数，第三个目标也已得到实现。问题得到满意解：$x_1^*=6$，$x_2^*=3$，此时的解对应于图4-1中的F点。而表4-6中非基变量$d_1^+$的检验数等于零，问题存在另一个满意解点。以$d_1^+$为进基变量，$x_2$为离基变量，进行第四次迭代得表4-7。

表4-7　　　　最终单纯形表

| $c_j$ | | | 0 | 0 | 0 | $p_1$ | 0 | $p_2$ | $p_2$ | $p_3$ | 0 | $\theta$ |
|---|---|---|---|---|---|---|---|---|---|---|---|---|
| $C_B$ | $X_B$ | $b$ | $x_1$ | $x_2$ | $x_3$ | $d_1^-$ | $d_1^+$ | $d_2^-$ | $d_2^+$ | $d_3^-$ | $d_3^+$ | |
| 0 | $x_3$ | 15 | | 5 | 1 | | | −5/4 | 5/4 | | | |
| 0 | $x_1$ | 9 | 1 | 1 | | | | 1/4 | −1/4 | | | |
| 0 | $d_3^+$ | 6 | | −2 | | | | 3/2 | −3/2 | −1 | 1 | |
| 0 | $d_1^+$ | 9 | | 3 | | −1 | 1 | 1/4 | −1/4 | | | |
| $\sigma_{kj}$ | | $p_1$ | | | | 1 | | | | | | |
| | | $p_2$ | | | | | | 1 | 1 | | | |
| | | $p_3$ | | | | | | | | 1 | | |

由于表4-6中检验数行不存在负数，问题得到满意解：$x_1^*=9$，$x_2^*=0$，此时的解对应图4-1中的D点。

## 4.4 WinQSB软件在目标规划中的应用

WinQSB软件在目标规划问题求解中的应用，是通过调用软件的Goal Programming模块实现的。下面通过具体例子说明应用的操作过程。

【例4-4】利用WinQSB软件求解例4-1的目标规划问题

解　对例4-1目标规划问题利用WinQSB软件求解的操作过程为：

（1）启动程序。依次点取：开始→程序→WinQSB→Goal Programming，系统出现如图4-2所示的界面。

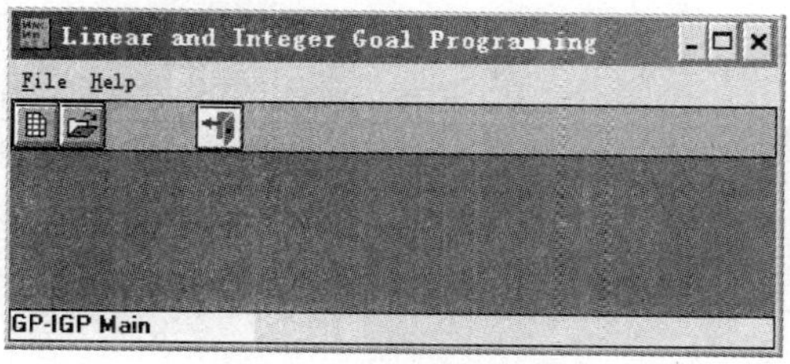


图4-2　目标规划主界面

（2）建立新的数据文件或打开已有的数据文件。在图4-2中点File出现下拉菜单New Problem（建立新问题）和Load Problem（调用已有问题）。点击File→New Problem，系统出现如图4-3所示的界面。

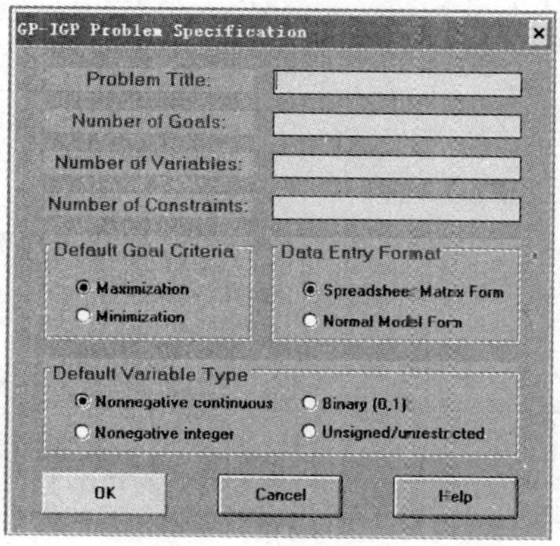


图4-3　GP-IGP问题约定

图4-3中各项含义：

· Problem Title：问题标题，该输入项可以省略；

· Number of Goals：目标数目，该输入项不能省略，本例输入3；

· Number of Variables：变量数目，该输入项不能省略，本例输入8；

· Number of Constraints：约束条件数目，该输入项不能省略，本例输入4；

· Default Goal Criterion：设定目标函数准则，有两种可供选择：Maximization（最大化，默认项）和Minimization（最小化），本例选择Minimization（最小化）；

· Data Entry Format：数据输入格式，有两种可供选择：Spreadsheet Matrix Form（电子表格格式，默认项）和Normal Model Form（标准模型格式）；

· Default Variable Type：设定变量类型，变量类型有四种：Nonnegative continuous（非负的连续变量，默认项）、Nonnegative integer（非负的整数变量）、Binary [0，1]（二进制变量）和Unsigned/unrestricted（无符号/无约束变量）；

（3）输入数据。选择Spreadsheet Matrix Form（电子表格格式），系统出现如图4-4所示的输入界面。

| Variable --> | X1 | X2 | X3 | X4 | X5 | X6 | X7 | X8 | Direction | R. H. S. |
|---|---|---|---|---|---|---|---|---|---|---|
| Min:G1 | | | | | | | | | | |
| Min:G2 | | | | | | | | | | |
| Min:G3 | | | | | | | | | | |
| C1 | | | | | | | | | >= | |
| C2 | | | | | | | | | >= | |
| C3 | | | | | | | | | >= | |
| C4 | | | | | | | | | >= | |
| LowerBound | 0 | 0 | 0 | 0 | 0 | 0 | 0 | 0 | | |
| UpperBound | M | M | M | M | M | M | M | M | | |
| VariableType | Continuous | Continuous | Continuous | Continuous | Continuous | Continuous | Continuous | Continuous | | |

图4-4　电子表格格式

（4）修改决策变量名，输入数据。选择系统菜单“Edit→Variable Names”，系统弹出对话框如图4-5所示。

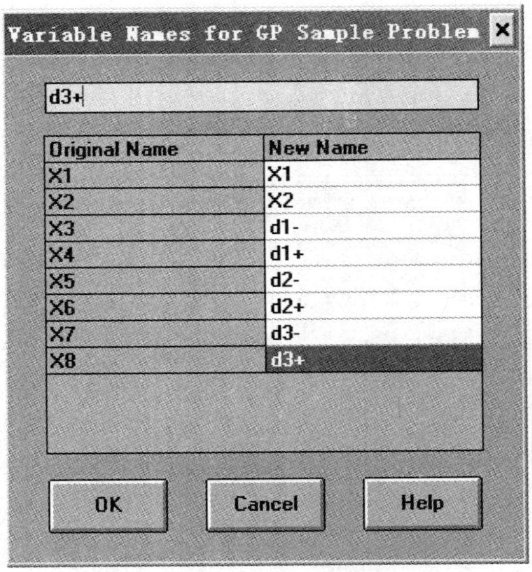


图4-5　变量修改对话框

将X3改为d1−以表示$d_1^-$，X4改为为d1+以表示$d_1^+$，依次将X5直至X8分别改为d2−、d2+、d3−、d3+，相应地分别表示$d_2^-$、$d_2^+$、$d_3^-$、$d_3^+$。输入数据，系统显示如图4-6所示的界面。

| Variable --> | X1 | X2 | d1- | d1+ | d2- | d2+ | d3- | d3+ | Direction | R. H. S. |
|---|---|---|---|---|---|---|---|---|---|---|
| Min:G1 | | | 1 | | | | | | | |
| Min:G2 | | | | | 1 | 1 | | | | |
| Min:G3 | | | | | | | 1 | | | |
| C1 | 5 | 10 | | | | | | | <= | 60 |
| C2 | 1 | -2 | 1 | -1 | | | | | = | 0 |
| C3 | 4 | 4 | | | 1 | -1 | | | = | 36 |
| C4 | 6 | 8 | | | | | 1 | -1 | = | 48 |
| LowerBound | 0 | 0 | 0 | 0 | 0 | 0 | 0 | 0 | | |
| UpperBound | M | M | M | M | M | M | M | M | | |
| VariableType | Continuous | Continuous | Continuous | Continuous | Continuous | Continuous | Continuous | Continuous | | |

图4-6 输入数据界面

（5）求解。点击菜单选择“Solve and Analyze→Solve the Problem”，系统显示如图4-7所示的运行结果。

| | 19:16:09 | | 2017-7-23 19:16:09 下午 | 2017-7-23 19:16:09 下午 | 2017-7-23 19:16:09 下午 | 2017-7-23 19:16:09 下午 | | |
|---|---|---|---|---|---|---|---|---|
| | Goal Level | Decision Variable | Solution Value | Unit Cost or Profit c(j) | Total Contribution | Reduced Cost | Allowable Min. c(j) | Allowable Max. c(j) |
| 1 | G1 | X1 | 6.00 | 0 | 0 | 0 | 0 | 0 |
| 2 | G1 | X2 | 3.00 | 0 | 0 | 0 | -4.00 | 0 |
| 3 | G1 | d1- | 0 | 1.00 | 0 | 1.00 | 0 | M |
| 4 | G1 | d1+ | 0 | 0 | 0 | 0 | 0 | M |
| 5 | G1 | d2- | 0 | 0 | 0 | 0 | 0 | 0 |
| 6 | G1 | d2+ | 0 | 0 | 0 | 0 | 0 | M |
| 7 | G1 | d3- | 0 | 0 | 0 | 0 | 0 | M |
| 8 | G1 | d3+ | 12.00 | 0 | 0 | 0 | 0 | 0 |
| 9 | G2 | X1 | 6.00 | 0 | 0 | 0 | 2.00 | 0 |
| 10 | G2 | X2 | 3.00 | 0 | 0 | 0 | -M | -4.00 |
| 11 | G2 | d1- | 0 | 0 | 0 | 1.00 | -M | M |
| 12 | G2 | d1+ | 0 | 0 | 0 | -1.00 | 1.00 | M |
| 13 | G2 | d2- | 0 | 1.00 | 0 | 0 | 1.00 | 0 |
| 14 | G2 | d2+ | 0 | 1.00 | 0 | 2.00 | -1.00 | M |
| 15 | G2 | d3- | 0 | 0 | 0 | 0 | 0 | M |
| 16 | G2 | d3+ | 12.00 | 0 | 0 | 0 | 1.00 | 0 |
| 17 | G3 | X1 | 6.00 | 0 | 0 | 0 | 0 | 0 |
| 18 | G3 | X2 | 3.00 | 0 | 0 | 0 | -M | 0 |
| 19 | G3 | d1- | 0 | 0 | 0 | 0 | -M | M |
| 20 | G3 | d1+ | 0 | 0 | 0 | 0 | 0 | M |
| 21 | G3 | d2- | 0 | 0 | 0 | 0 | 0 | 0 |
| 22 | G3 | d2+ | 0 | 0 | 0 | 0 | -M | M |
| 23 | G3 | d3- | 0 | 1.00 | 0 | 1.00 | 0 | M |
| 24 | G3 | d3+ | 12.00 | 0 | 0 | 0 | 0 | 0 |
| | G1 | Goal | Value | (Min.) = | 0 | | | |
| | G2 | Goal | Value | (Min.) = | 0 | | | |
| | G3 | Goal | Value | (Min.) = | 0 | | | |
| | | | | | | | | |
| | Constraint | Left Hand Side | Direction | Right Hand Side | Slack or Surplus | Allowable Min. RHS | Allowable Max. RHS | ShadowPrice Goal 1 |
| 1 | C1 | 60.00 | <= | 60.00 | 0 | 48.00 | 60.00 | 0 |

图4-7 求解结果

在图4-7状态下点击“Results→Solution Summary”，系统显示如图4-8所示的运行结果。

| 07-23-2017 19:19:34 | Decision Variable | Solution Value | Basis Status | Reduced Cost Goal 1 | Reduced Cost Goal 2 | Reduced Cost Goal 3 |
|---|---|---|---|---|---|---|
| 1 | X1 | 6.00 | basic | 0 | 0 | 0 |
| 2 | X2 | 3.00 | basic | 0 | 0 | 0 |
| 3 | d1- | 0 | at bound | 1.00 | 1.00 | 0 |
| 4 | d1+ | 0 | at bound | 0 | -1.00 | 0 |
| 5 | d2- | 0 | basic | 0 | 0 | 0 |
| 6 | d2+ | 0 | at bound | 0 | 2.00 | 0 |
| 7 | d3- | 0 | at bound | 0 | 0 | 1.00 |
| 8 | d3+ | 12.00 | basic | 0 | 0 | 0 |
| | Goal 1: | Minimize | G1 = | 0 | | |
| | Goal 2: | Minimize | G2 = | 0 | | |
| | Goal 3: | Minimize | G3 = | 0 | | |

图 4-8 求解结果摘要

## 本章小结

目标规划是多目标，其目标函数不是寻求最大值或最小值，而是寻求这些目标与预计成果的最小差距，差距越小，目标实现的可能性越大。目标规划的核心问题是确定目标，然后据以建立模型，求解目标与预计成果的最小差距。

本章先后介绍了目标规划问题及其数学模型、目标规划的图解法和目标规划的单纯形法。目标规划的数学模型结构与线性规划的数学模型结构没有本质的区别，所以可以用单纯形法求解，当然也可以用WinQSB软件求解运输问题。

## 章末习题

1.某彩色电视机组装工厂，生产A、B、C三种规格电视机。装配工作在同一生产线上完成，三种产品装配时的工时消耗分别为6小时、8小时、10小时。生产线每月正常工作200小时；三种规格电视机销售后，每台可获利分别为500元、650元、800元。每月销售量预计为12台、10台、6台。该厂经营目标如下：

第一优先级：利润指标定为$1.6\times10^4$元；

第二优先级：充分利用生产能力；

第三优先级：加班时间不能超过24小时；

第四优先级：产量以预计产量为准。

试建立该问题的目标规划数学模型。

2.某电视机厂装配A、B两种电视机，每装配一台电视机需占用装配线1小时，装配线每周计划开动40小时。预计市场每周A电视机的销量是40台，每台可获利120元；B电视机的销量是50台，每台可获利70元。该厂的目标为：

第一优先级：充分利用装配线每周计划开动40小时；

第二优先级：允许装配线加班，但加班时间尽量不超过8小时；

第三优先级：装配电视机的数量尽量满足市场需求，因A电视机利润高，取权系数为3。

试建立该问题的目标规划数学模型。

3.某医用器械厂生产甲、乙两种仪器，甲仪器每件可获利600元，乙每件可获利400元. 生产过程中每件甲、乙所需台时数分别为2和3个单位，需劳动工时数分别为4和2个单位. 设厂方在计划期内可提供机器台时数100个单位，劳动工时数120个单位，如果劳动力不足尚可组织工人加班，厂领导制定了下列目标：

第一优先级：计划期内利润达18 000元；

第二优先级：机器台时数充分利用；

第三优先级：尽量减少加班的工时数；

第四优先级：甲产品产量达22件，乙产品产量达18件.

试给出该多目标问题的数学模型.

4.用图解法求解下列目标规划问题：

（1）$\min z = p_1(d_1^- + d_1^+) + p_2(2d_2^+ + d_3^+)$

$$\begin{cases} x_1 - 10x_2 + d_1^- - d_1^+ = 50 \\ 3x_1 + 5x_2 + d_2^- - d_2^+ = 50 \\ 8x_1 + 6x_2 + d_3^- - d_3^+ = 100 \\ x_1, x_2, d_i^-, d_i^+ \geqslant 0 (i = 1,2,3) \end{cases}$$

（2）$\min z = p_1 d_1^+ + p_2 d_3^+ + p_3 d_2^+$

$$\begin{cases} -x_1 + 2x_2 + d_1^- - d_1^+ = 4 \\ x_1 - 2x_2 + d_2^- - d_2^+ = 4 \\ x_1 + 2x_2 + d_3^- - d_3^+ = 4 \\ x_1, x_2, d_i^-, d_i^+ \geqslant 0 (i = 1,2,3) \end{cases}$$

5.用单纯形法求解下列目标规划：

（1）$\min z = p_1(d_1^- + d_2^+) + p_2 d_3^-$

$$\begin{cases} x_1 + x_2 + d_1^- - d_1^+ = 1 \\ 2x_1 + 2x_2 + d_2^- - d_2^+ = 4 \\ 6x_1 - 4x_2 + d_3^- - d_3^+ = 50 \\ x_1, x_2, d_i^-, d_i^+ \geqslant 0 (i = 1,2,3) \end{cases}$$

（2）$\min z = p_1 d_1^- + p_2(d_2^- + d_2^+)$

$$\begin{cases} x_1 + x_2 \leqslant 100 \\ x_1 + x_2 + d_1^- - d_1^+ = 45 \\ 2x_1 + 3x_2 + d_2^- - d_2^+ = 60 \\ x_1, x_2, d_i^-, d_i^+ \geqslant 0 (i = 1,2) \end{cases}$$

6.用WinQSB软件求解下列目标规划问题：

$\min z = p_1 d_1^- + p_2 d_4^+ + 5p_3 d_3^- + p_4 d_1^+$

$$\begin{cases} x_1 + x_2 + d_1^- - d_1^+ = 80 \\ 2x_1 + d_2^- - d_2^+ = 80 \\ x_2 + d_3^- - d_3^+ = 45 \\ x_1 + x_2 + d_4^- - d_4^+ = 90 \\ x_1, x_2, d_i^-, d_i^+ \geqslant 0 (i = 1,2,3,4) \end{cases}$$

# 第5章/
# 整数规划

前几章讨论的线性规划问题中，决策变量都是连续型的，有些问题的最优解可能是分数或小数。但某些具体问题中的变量表示人数、车辆数、设备数等，要求变量取整数才有意义，小数解不符合要求。对于这类要求部分变量或全部变量取整数的规划问题，我们称为整数规划问题（Integer Programming，IP）。若去掉变量取整数的要求，由其他约束条件和目标函数构成的问题是一个线性规划问题，则称该整数规划问题为整数线性规划（Integer Linear Programming—ILP）。本章中所讨论的整数规划都是指整数线性规划。

## 5.1 整数规划问题及其数学模型

### 5.1.1 问题的提出

【例5-1】下料问题。某家具厂需要制作200套家具，每套家具需要长150厘米的木材3根、长60厘米的木材6根及长40厘米的木材14根。该家具厂现有长200厘米的木料若干，应如何下料，使耗费的木料最少？

解　本题中没有说明200厘米长的木材如何裁成150厘米、60厘米、40厘米三种规格，故需要先找出下料方式。将200厘米长的木材原料切割为150厘米、60厘米、40厘米三种规格共有五种方式，如表5-1所示。

表5-1　**木料下料方式表**

| 下料方式 | 150厘米 | 60厘米 | 40厘米 | 废料（厘米） |
|---|---|---|---|---|
| 1 | 1 | 0 | 1 | 10 |
| 2 | 0 | 3 | 0 | 20 |
| 3 | 0 | 2 | 2 | 0 |
| 4 | 0 | 1 | 3 | 20 |
| 5 | 0 | 0 | 5 | 0 |

设 $x_j$（$j$=1，2，…，5）分别表示采用第1、2、…5种下料方式所切割的木材原料数目。则耗费的木料数量可表示为下列形式：

$z = x_1 + x_2 + x_3 + x_4 + x_5$

问题的目标是希望在一定条件下废料最少，也就是使上述函数能取得最小值。

因家具厂需要制造200套家具，每套需要三种规格的木材3根、6根、14根。则制造200套家具对三种规格的需要量分别为600根、1 200根和2 800根。故：

$x_1 \geqslant 600$

$3x_2 + 2x_3 + x_4 \geqslant 1\,200$

$x_1 + 2x_3 + 3x_4 + 5x_5 \geqslant 2\,800$

本例中$x_1$、$x_2$、$x_3$、$x_4$、$x_5$只能取非负整数值。

于是，问题的数学模型为：

$z = x_1 + x_2 + x_3 + x_4 + x_5$

$$\begin{cases} x_1 \geqslant 600 \\ 3x_2 + 2x_3 + x_4 \geqslant 1\,200 \\ x_1 + 2x_3 + 3x_4 + 5x_5 \geqslant 2\,800 \\ x_j \geqslant 0, \text{取整数}, j = 1,2,3,4,5 \end{cases}$$

【例5-2】投资问题。设有$n$个投资项目可供选择，项目$j$所需投资额为$c_j$万元，预期收益为$c_j$（$j$=1，2，…，n）万元。现有资金总额$b$，应当怎样选择投资项目，才能使总预期收益最大？

解：设：

$$x_j = \begin{cases} 1 & \text{对项目}j\text{投资} \\ 0 & \text{对项目}j\text{不投资} \end{cases} \quad (j = 1,2,\cdots,n)$$

问题可表示为：

$$\max\ z = \sum_{j=1}^{n} c_j x_j$$

$$\begin{cases} \sum_{j=1}^{n} a_j x_j \leqslant \text{b} \\ x_j = 0,1 \qquad (j = 1,2,\cdots,n) \end{cases}$$

### 5.1.2　整数规划模型的一般形式及解的特点

整数线性规划数学模型的一般形式为：

$$\max\ (\min)\ z = \sum_{j=1}^{n} c_j x_j$$

$$\begin{cases} \sum_{j=1}^{n} a_{ij} x_j \leqslant (\ =, \geqslant\ )\ b_i \quad (i = 1,2,\cdots,m) \\ x_j \geqslant 0 \quad (i = 1,2,\cdots,n) \\ x_1, x_2, \cdots, x_n \text{部分或全部取整数} \end{cases}$$

一般来说，整数线性规划有以下几种类型：

（1）纯整数线性规划（Pure Integer Linear Programming）：全部决策变量都必须取整数值的整数线性规划，也称为全整数规划。

（2）混合整数线性规划（Mixed Integer Linear Frogramming）：决策变量中一部分必须取整数值，而另一部分可以不取整数值的整数线性规划。

（3）0-1整数线性规划（Zero-one Integer Linear Programming）：决策变量只能取0或1两个值的整数线性规划。

在整数线性规划中，如果不考虑对决策变量取整数值的要求，由其他约束条件和目标函数构成一个线性规划问题，称线性规划问题为该整数规划问题的松弛问题。整数规划及其松弛问题的解之间既存在密切的联系，又有本质的区别。

一方面，松弛问题的可行集是一个凸集，但整数规划问题的可行集不是凸集，即任意两个可行解的凸组合不一定仍为可行解。但另一方面，整数规划问题的可行集为其松弛问题可行集的一个子集，故前者的最优目标函数值不会优于后者的最优目标函数值。

根据上述分析，若松弛问题的最优解恰好满足变量的整数要求，则该最优解也必然为整数规划的最优解。若松弛问题的最优解不满足整数要求，我们需要寻求其他方法。比较容易想到的一种方法是“凑整法”，即对松弛问题的最优解进行简单的四舍五入处理得到满足整数约束的解。但凑整法有两个缺点：第一，当问题中有n个决策变量要求取整数时，要考虑2n个可能的解（如n=60时，要考虑120个解），对这些可能的解逐个进行验证，其计算量是相当大的。第二，由凑整法得到的解也未必是整数规划的最优解（如例5-3）。因此，凑整法并不是求解整数规划的有效方法。本章第二、三节将介绍两种求解整数规划问题的基本方法：割平面法和分支定界法。

【例5-3】 $\max z = 3x_1 + 2x_2$

$$\begin{cases} 2x_1 + 3x_2 \leqslant 14 \\ 2x_1 + x_2 \leqslant 9 \\ x_1、x_2 \geqslant 0 \text{且均取整数} \end{cases}$$

用单纯形法求解该问题的松弛问题，得到的最优解为$X^* =$（13/4，5/2），用凑整法可得四个解：（4，3），（4，2），（3，3）和（3，2），经验证这四个解中只有（3，2）是问题的可行解，其对应的目标函数值为13。但该问题的最优解应为$X^* =$（4，1），其最优目标函数值为$z^*=14$。

## 5.2 割平面法

### 5.2.1 割平面法的基本思想

割平面法是用解线性规划的方法去求解整数规划问题的一种常用方法，它是由美国学者R.E.Gomory于1958年提出来的，故又称为Gomory约束。其基本思想是：在整数规划的松弛问题中逐步加入新的约束条件，使可行域缩小，直到整数规划的最优解成为可行域的一个顶点。因为新增加的线性约束条件对应欧氏空间中的一个超平面，故称为割平面法。

考虑松弛问题为标准型线性规划问题的纯整数规划问题（ILP）：

$$\max z = \sum_{j=1}^{n} c_j x_j$$

$$\begin{cases} \sum_{j=1}^{n} a_{ij} x_j = b_i (i = 1,2,\cdots,m) \\ x_j \geqslant 0 \text{且均为整数} (j = 1,2,\cdots,n) \end{cases}$$

假设约束条件中 $a_{ij}(i = 1,2,\cdots,m; j = 1,2,\cdots,n)$ 和 $b_i(i = 1,2,\cdots,m)$ 均为整数（若不为整数，可令等式两边同乘一个倍数化为整数）。

下面通过一个例子来说明割平面法的基本思想。

【例5-4】 $\max z = 2x_1 + x_2$

$$\begin{cases} x_1 + x_2 \leqslant 6 \\ x_1 - 4x_2 \leqslant 2 \\ x_1, x_2 \geqslant 0, \text{均取整数} \end{cases}$$

该问题的松弛问题如图5-1（a）所示。

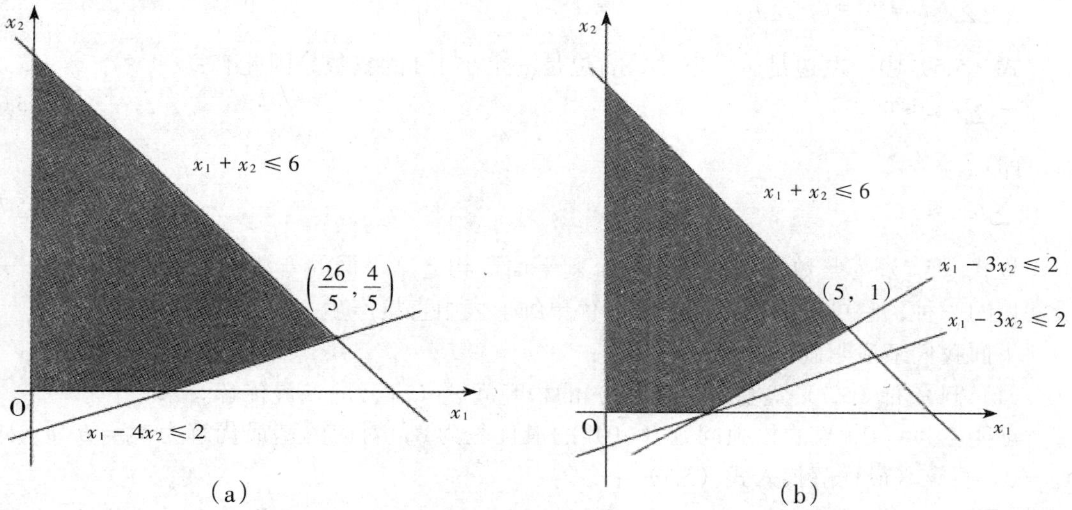


**图5-1 松弛问题图解**

从图5-1（a）中可以看出，松弛问题的最优解为 $X^* = (26/5, 4/5)^T$，它不是一个整数解。因此设法给原线性规划问题增加一个约束条件，从而把包括 $X^*$ 在内的一部分不含整数点的可行域从原可行域中分割出去。再求增加了这个约束条件后的新的线性规划问题的最优解。若新的最优解为整数解，则它就是整数规划问题的最优解；否则再次增加约束条件而重复上述过程。

从图5-1（b）中可以看出，当我们增加了约束条件“$x_1 - 3x_2 \leqslant 2$”后，得到新的最优解 $X^* = (5, 1)^T$，它便是整数规划问题最优解。因此，割平面法的关键就在于如何寻找这类新的约束条件。

### 5.2.2 Gomory约束

假设用单纯形法求得的线性规划问题最优解不是整数解，其中必然有某个或某几个基变量不为整数。记B为松弛问题的最优基，则问题的基最优解为 $X_B = B^{-1}b = b'$，$X_N = 0$。不妨设第r个分量 $b'_r$ 不为整数，根据最优单纯形表可得：

$$x_{Br} + \sum_{j \in N} a'_{rj} x_j = b'_r \tag{5.1}$$

整数规划中因要求决策变量取整数值，式（5.1）为非整数，则 $a'_{rj}$ 和 $b'_r$ 可能为非整数。为建立Gomory约束，需要将 $a'_{rj}$ 和 $b'_r$ 分别分解为整数部分和非负真分数两部分。为此，设：

$$a'_{rj} = N_{rj} + f_{rj} \tag{5.2}$$

式中 $N_{rj}$ 表示不大于 $a'_{rj}$ 的整数；$f_{rj}$ 表示 $a'_{rj}$ 的非负真分数，且 $0 \leqslant f_{rj} < 1$。

$$b'_r = N_r + f_r \tag{5.3}$$

同理，式中$N_r$表示不大于$b'_r$的整数；$f_r$表示$b'_r$的非负真分数，且$0 \leqslant f_r < 1$。

将式（5.2）、（5.3）代入式（5.1）中，得：

$$x_{Br} + \sum_{j \in N} N_{rj} x_j + \sum_{j \in N} f_{rj} x_j = N_r + f_r \tag{5.4}$$

移项，得：

$$x_{Br} + \sum_{j \in N} N_{rj} x_j - N_r = f_r - \sum_{j \in N} f_{rj} x_j \tag{5.5}$$

式（5.5）中，左边是一个整数，右边是一个小于1的整数，因此有：

$$f_r - \sum_{j \in N} f_{rj} x_j \leqslant 0 \tag{5.6}$$

即：

$$-\sum_{j \in N} f_{rj} x_j \leqslant -f_r \tag{5.7}$$

称式（5.7）为整数规划问题的一个割平面。构造割平面的方法有很多，式（5.7）是最常用的一种，它可以从松弛问题的最优单纯形表中直接产生。

下面我们来证明割平面的两个性质：

（1）割平面（5.7）式割去了（ILP）的松弛问题（LP）的基最优解。

证明：设（ILP）的松弛问题（LP）的最优基为B，对应的基最优解为$X_B = B^{-1}b = b'$，$X_N = 0$。将该基最优解代入式（5.7）中，得：

$-\sum_{j \in N} f_{rj} x_j = 0$，而$-f_r < 0$，故：

$$-\sum_{j \in N} f_{rj} x_j > -f_r$$

这样松弛问题的最优解不满足式（5.7），必然被式（5.7）割掉。

（2）割平面（5.7）式未割去原问题（ILP）的任一（整数）可行解。

证明：由于（5.7）式是由式（5.1）加上$x_{Br}$为整数的条件推导而得的，因而原问题（ILP）的任一整数解必然满足式（5.7）。

### 5.2.3 割平面法的算法步骤

步骤1：将约束条件系数及右端项化为整数，用单纯形法求解整数规划问题（ILP）的松弛问题（LP）。设得到最优基B，相应的基最优解为$X^*$。

步骤2：判别$X^*$的所有分量是否全为整数.如是，则$X^*$即为（ILP）的最优解，算法终止；若否，则取$X^*$中分数最大的分量$x^*_{Br}$，引入割平面（5.7）。

步骤3：将式（5.7）引入松弛变量后加入原最终单纯形表，用对偶单纯形法继续求解。转步骤2。

【例5-5】用割平面法求解例5-4。

首先，将整数约束去掉，将松弛问题化为标准型，并用单纯形法求解，结果见表5-2。

表5-2 **松弛问题最终单纯形表**

| $c_j$ | | | 1 | 1 | 0 | 0 |
|---|---|---|---|---|---|---|
| $C_B$ | $X_B$ | $b$ | $x_1$ | $x_2$ | $x_3$ | $x_4$ |
| 1 | $x_2$ | 4/5 | 0 | 1 | 1/5 | −1/5 |
| 1 | $x_1$ | 26/5 | 1 | 0 | 4/5 | 1/5 |
| $\sigma_j$ | | | 0 | 0 | −9/5 | −1/5 |

由于基变量$x_1$=26/3，$x_2$=4/5，均为非整数，故该最优解不是整数规划的可行解。若以分数部分最大的变量$x_2$所在的行为源行，得到相应的割平面为：

$$-\frac{1}{5}x_3-\frac{4}{5}x_4\leqslant-\frac{4}{5} \tag{5.8}$$

对式（5.8）左端加入松弛变量，得到：

$$-\frac{1}{5}x_3-\frac{4}{5}x_4+x_5=-\frac{4}{5} \tag{5.9}$$

将式（5.9）加入表5-3中，用对偶单纯形法继续求解。

表5-3　**对偶单纯形法计算表**

| | $c_j$ | | 1 | 1 | 0 | 0 | 0 |
|---|---|---|---|---|---|---|---|
| $C_B$ | $X_B$ | $b$ | $x_1$ | $x_2$ | $x_3$ | $x_4$ | $x_5$ |
| 1 | $x_2$ | 4/5 | 0 | 1 | 1/5 | −1/5 | 0 |
| 1 | $x_1$ | 26/5 | 1 | 0 | 4/5 | 1/5 | 0 |
| 0 | $x_5$ | −2/3 | 0 | 0 | −1/5 | [−4/5] | 1 |
| | $\sigma_j$ | | 0 | 0 | −9/5 | −1/5 | 0 |
| 1 | $x_2$ | 1 | 0 | 1 | 1/4 | 0 | −1/4 |
| 1 | $x_1$ | 5 | 1 | 0 | 3/4 | 0 | 1/4 |
| 0 | $x_4$ | 1 | 0 | 0 | 1/4 | 1 | −5/4 |
| | $\sigma_j$ | | 0 | 0 | −7/4 | 0 | −1/4 |

由表5-3的最后表格可知，增加约束条件后的线性规划问题最优解为$X^*$ =（5，1，0，1，0）$^{\mathrm{T}}$，因此，原整数规划问题的最优解为$X^*$ =（5，1）$^{\mathrm{T}}$，其最优值$z^*$=11。

如果将式（5.8）中的变量$x_3$、$x_4$用原问题的决策变量$x_1$、$x_2$来表示，就得到：

$$-\frac{1}{5}(6-x_1-x_2)-\frac{4}{5}(2-x_1+4x_2)\leqslant-\frac{4}{5}$$

整理后得到：

$$x_1-3x_2\leqslant 2$$

通过图5-1（b）可以看到，割平面的“切割”作用是显而易见的。

## 5.3　分支定界法

### 5.3.1　分支定界法的基本思想

当（ILP）的松弛问题的可行域有界时，（ILP）的可行解数目必定是有限的，所以可以逐个计算这些可行解的目标函数值，比较其大小后确定出最优解，这就是枚举法。但是当问题规模较大时，枚举法就变得不切实际了。分支定界法实际是一种隐枚举法或部分枚举法，它是在枚举法基础上的改进，在枚举过程中逐批把一部分可行解排斥在考察范围之外，从而大大减少了计算量。分支定界法的关键是分支和定界。

若松弛问题的最优解不符合整数要求，假设变量$x_r=b'_r$不符合整数要求，$N_r$为不超过$b'_r$的最大整数，则在松弛问题中分别加入两个约束条件：$x_r\leqslant N_r$和$x_r\geqslant N_r-1$，以形成两个子问题。两个子问题的可行域的并集包含了原问题（ILP）的全部可行解，而包括原最优解在内的松弛问题的部分非整数解被剔除了。分别求解两个子问题，根据需要，各子问题可以再产生自己的子问题。这个过程就是分支。

在分支过程中，若某个子问题的最优解为整数解，其目标函数值就是整数规划问题的一个“界限”，可以此作为判断其他分支优劣的一个依据。若有其他子问题的最优解为整数解，则将其目标函数值与原来的界限相比较，取较优的一个作为新的界限。这个过程就是定界。若某一子问题最优解（无论是否为整数解）的目标函数值小于或等于该界限，则可以将该子问题剔除而不予考虑了，这一过程称为剪支。

分支定界法不仅可用于求解纯整数规划问题，还可用于求解混合整数规划问题。

### 5.3.2 分支定界法的一般步骤

下面通过一个例子来说明在求解（ILP）时如何应用分支定界法。

【例5-6】用分支定界法求解下列整数规划问题：

$$\max z = 3x_1 + 4x_2$$

$$\begin{cases} 2x_1 + 5x_2 \leqslant 16 \\ 6x_1 + 5x_2 \leqslant 30 \\ x_1, x_2 \geqslant 0, \text{且取整数} \end{cases}$$

解　首先求解松弛问题（LP），得最优解为 $x_1 = 7/2, x_2 = 9/5$，如图5-2所示。

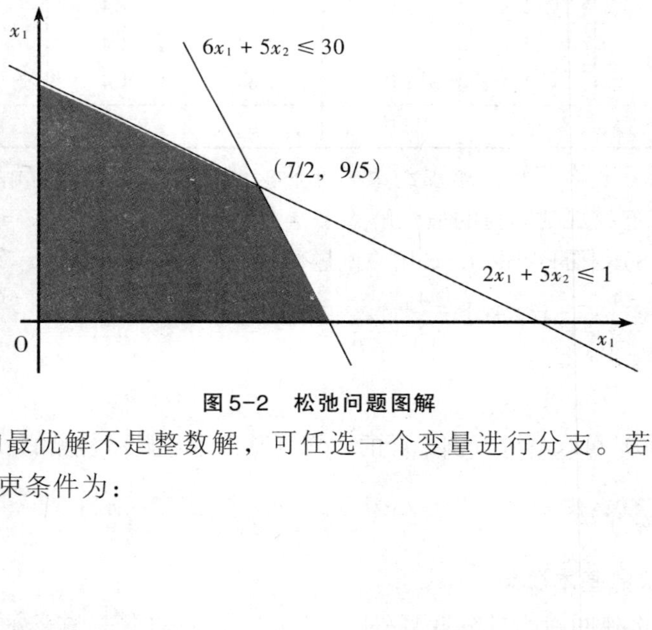


**图5-2　松弛问题图解**

由于（LP）的最优解不是整数解，可任选一个变量进行分支。若选 $x_1 = 7/2$ 进行分支，则分支出的约束条件为：

$$x_1 \leqslant 3 \tag{5.10}$$

和：

$$x_1 \geqslant 4 \tag{5.11}$$

分别将上述两个约束条件加入（LP）中，因此原问题的松弛问题（LP）被划分为两个子问题：

（LP1） $\max z = 3x_1 + 4x_2$

$$\begin{cases} 2x_1 + 5x_2 \leqslant 16 \\ 6x_1 + 5x_2 \leqslant 30 \\ \qquad x_1 \leqslant 3 \\ x_1、x_2 \geqslant 0 \end{cases}$$

（LP2） $\max z = 3x_1 + 4x_2$

$$\begin{cases} 2x_1 + 5x_2 \leqslant 16 \\ 6x_1 + 5x_2 \leqslant 30 \\ \qquad x_1 \geqslant 4 \\ x_1、x_2 \geqslant 0 \end{cases}$$

先求解（LP1），最优解为 $x_1 = 3, x_2 = 2$（如图5-3（a）所示），函数值 $z = 17$，是整数

解，因此取z=17作原整数规划问题最优值的一个下界。

再求解（LP2），最优解为$x_1$=4，$x_2$=6/5（如图5-3（b）所示），不是整数解，相应的目标函数值$z$ = 84/5。将它与最优值下界进行比较，$z$ = 84/5 < 17，若继续分支，增加约束条件后可行域只会越来越小，最优值不会高于84/5，也不会优于17。把这样的子问题称为失去希望的问题，对失去失望的问题不需要进一步考察。因此，原问题的最优解就是$X^*$ =（3，2）$^T$，其最优值$z^*$=17。

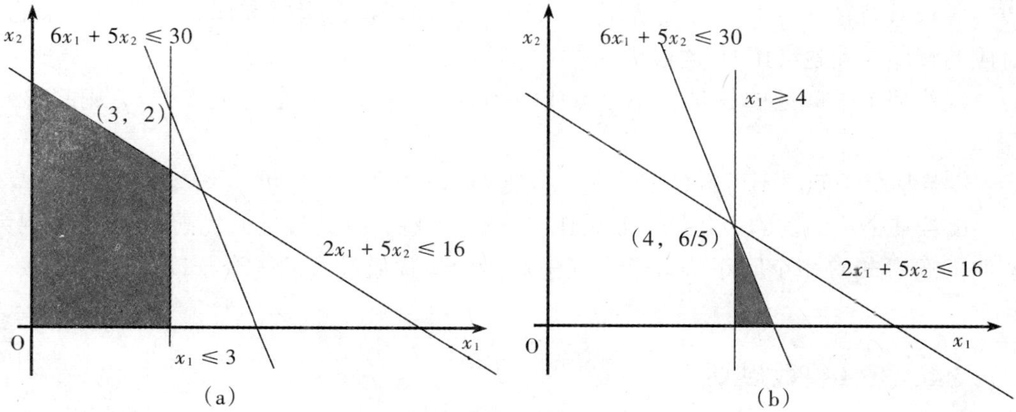


**图5-3　子问题图解**

若有多个子问题的最优解是整数解，需要将它们的最优值进行比较，取较大的一个（目标函数为max $z$）作为$z$的下界；若某个子问题的最优解不是整数解，但最优值小于保留下来的下界$\underline{z}$，称其为失去希望的问题，也不需要进一步考虑；若某个子问题的最优解不是整数解，但其最优值大于保留下来的下界$\underline{z}$，称其为待考察的问题，需要对它作进一步分支。

上述求解过程可用图5-4来说明。

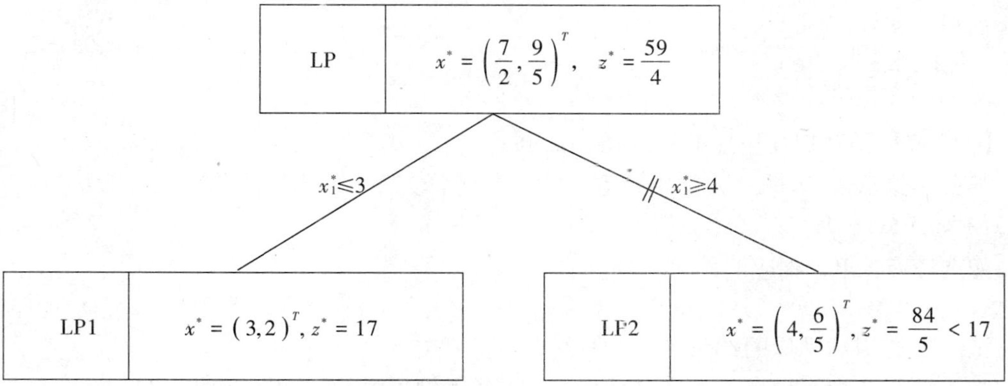


**图5-4　分支定界法求解过程图**

分支定界法求解整数规划问题的一般步骤可归结如下：

步骤1：取（ILP）的目标函数值的初始下界$\underline{z} = -\infty$。用单纯形法求解整数规划问题（ILP）的松弛问题（LP）。

步骤2：若问题（LP）不可行，则（ILP）也不可行，算法终止；若问题（LP）的最优解$X^*$为（ILP）的可行解，则它就是（ILP）的最优解，算法终止。若问题（LP）的最优解存在，但不满足（ILP）的整数要求，转步骤3。

步骤3：任选$X^*$中不满足整数要求的一个变量$x_r = b'_r$进行分支，即对问题（LP）分别增加约束条件$x_r \leqslant N_r$和$x_r \geqslant N_r + 1$，形成两个子问题，并求解。

步骤4：考察所有子问题，有以下四种情况：

a.若某个子问题的最优解也是问题（ILP）的可行解，则将它的目标函数值与$\underline{z}$作比较，并取较优的一个作为新的界限$\underline{z}$。如所有子问题都已考察完毕，则保留下来的$\underline{z}$及其对应的解即为问题（ILP）的最优解。

b.若某个子问题的最优解不是（ILP）的可行解，且其最优值不如$\underline{z}$，则将这一分支删掉。

c.若某个子问题不可行，则将这一分支删掉。

d.若某个子问题的最优解不是（ILP）的可行解，且其最优值优于$\underline{z}$，则该问题为待考察的问题。如有多个问题待考察，优先对其中最优值最大的一个子问题进行考察，转步骤3。

## 5.4 0-1整数规划

### 5.4.1 0-1变量的应用

5.1节中我们讨论过0-1变量，即只能取0或1的变量，它是逻辑变量，通常用来表示在是与否之间二选一的问题，如某个方案$A$是否被选中，可用下面的0-1变量来表示：

$$x = \begin{cases} 1 & \text{当采取方案}A\text{时} \\ 0 & \text{当不采取方案}A \end{cases}$$

当一个问题中包括多个方案，而每个方案都有被选中和不被选中两种可能时，可用一组0-1变量来描述。如有$n$个方案$A_1$，$A_2$，…，$A_n$，每个方案都有被选中和不被选中两种可能，则可令：

$$x_j = \begin{cases} 1 & \text{当采取方案}A_j\text{时} \\ 0 & \text{当不采取方案}A_j\text{时} \end{cases} \quad j=1, 2, \cdots, n$$

【例5-7】含有相互排斥的约束条件的问题

某公司拟从$A$、$B$两个方案中选取一个，如选择方案$A$，相应的约束条件为：

$$x_1 + 3x_2 + 5x_3 \leqslant 260 \tag{5.12a}$$

如选择方案B，相应的约束条件为：

$$2x_1 + 3x_2 + 4x_3 \leqslant 300 \tag{5.12b}$$

试问这类相互排斥的约束条件如何体现在模型中？

为了将两个相互排斥的约束条件统一在一个问题中，可以引入0-1变量：

$$y_1 = \begin{cases} 0 & \text{当条件(5.12a)成立时} \\ 1 & \text{当条件(5.12a)不必考虑时} \end{cases}$$

和：

$$y_2 = \begin{cases} 0 & \text{当条件(5.12b)成立时} \\ 1 & \text{当条件(5.12b)不必考虑时} \end{cases}$$

于是，两个相互排斥的约束条件可用下列线性约束条件统一起来：

$$\begin{cases} x_1+3x_2+5x_3\leqslant 260+My_1 & (5.12c)\\ 2x_1+3x_2+4x_3\leqslant 300+My_2 & (5.12d)\\ y_1+y_2=1 & (5.12e)\end{cases}$$

其中$M$是一个充分大的数。由式（5.12e）可知，$y_1$、$y_2$中只能有一个是1，而另一个必定为0。若$y_1=1$，而$y_2=0$，由式（5.12c）可得，$x_1+3x_2+5x_3\leqslant 260+M$，由式（5.12d）可得$2x_1+3x_2+4x_3\leqslant 300$，即（5.12a）不构成约束，（5.12b）成立，这时公司选择的是方案B；若$y_1=0$，而$y_2=1$时，由式（5.12c）得$x_1+3x_2+5x_3\leqslant 260$，由式（5.12d）得$2x_1+3x_2+4x_3\leqslant 300+M$，即（5.12a）式成立，条件（5.12b）不构成约束，这时公司选择方案A。

一般地，若要从$p$个约束条件：

$$\sum_{j=1}^{n}a_{ij}x_j\leqslant b_i\quad(i=1,2,\cdots,p)$$

中恰好选择$q$个约束条件，则可以引入$p$个0-1变量，得：

$$y_i=\begin{cases}0 & 若选择第i个条件时\\ 1 & 若不选择第i个条件时\end{cases}\qquad(i=1,2,\cdots,p)$$

那么，约束条件组：

$$\begin{cases}\sum_{j=1}^{n}a_{ij}x_j\leqslant b_i+My_i & (i=1,2,\cdots,p)\\ \sum_{i=1}^{p}y_i=p-q\end{cases}$$

就可以达到这个目的。因为上述约束条件组保证了在$p$个0-1变量中有$p-q$个为1，$q$个为0。凡取0值的$y_i$对应的约束条件即为原约束条件；而取1值的$y_i$对应的约束条件自然满足，因而可以去掉。

【例5-8】工厂选址问题。工厂$A_1$和$A_2$生产某种物资，由于该物资供不应求，需要再建一家工厂，相应的建厂方案有$A_3$和$A_4$两个。这种物资的需求地有$B_1$、$B_2$、$B_3$、$B_4$四个。各工厂年生产能力、各地年需求量、各厂至各需求地的单位物资运费$c_{ij}$（$i,j$=1，2，3，4）见表5-4。

表5-4　　**建设方案相关数据表**

| $B_j$ / $c_{ij}$（万元/千吨） / $A_i$ | $B_1$ | $B_2$ | $B_3$ | $B_4$ | 生产能力（千吨/年） |
|---|---|---|---|---|---|
| $A_1$ | 2 | 9 | 3 | 4 | 400 |
| $A_2$ | 8 | 3 | 5 | 7 | 600 |
| $A_3$ | 7 | 6 | 1 | 2 | 200 |
| $A_4$ | 4 | 5 | 2 | 5 | 200 |
| 需求量（千吨/年） | 350 | 400 | 300 | 150 | |

工厂 $A_3$ 或 $A_4$ 开工后，每年的生产费用估计分别为1 200万元或1 500万元。现要决定应该建设工厂 $A_3$ 还是 $A_4$，才能使今后每年的总费用（即全部物资运费和新工厂生产费用之和）最少。

解：这是一个物资运输问题，其特点是事先不能确定应该建 $A_3$ 和 $A_4$ 中的哪一个，因而不知道新厂投产后的实际生产费用。为此，引入0-1变量，得：

$$y=\begin{cases}1 & \text{若建工厂}A_3\\0 & \text{若建工厂}A_4\end{cases}$$

另设 $x_{ij}$ 为由 $A_i$ 运往 $B_j$ 的物资数量（单位：千吨，$i,j=1,2,3,4$）。问题的数学模型为：

$$\min\ z=\sum_{i=1}^{4}\sum_{j=1}^{4}c_{ij}x_{ij}+[1200y+1500(1-y)]$$

$$\begin{cases}x_{11}+x_{21}+x_{31}+x_{41}=350\\x_{12}+x_{22}+x_{32}+x_{42}=400\\x_{13}+x_{23}+x_{33}+x_{43}=300\\x_{14}+x_{24}+x_{34}+x_{44}=150\\x_{11}+x_{12}+x_{13}+x_{14}=400\\x_{21}+x_{22}+x_{23}+x_{24}=600\\x_{31}+x_{32}+x_{33}+x_{34}=200y\\x_{41}+x_{42}+x_{43}+x_{44}=200(1-y)\\x_{ij}\geqslant 0\ (i,j=1,2,3,4)\\y=0\text{或}1\end{cases}$$

上述数学模型中，目标函数由两部分组成：第一部分为总运费；第二部分为新建工厂的生产费用，约束条件为供需平衡条件。若y=1，则建工厂 $A_3$，此时，新建工厂的生产费用为1 200万元，$A_3$ 对应的发货量限制为 $x_{31}+x_{32}+x_{33}+x_{34}=200$，而第八个约束条件则变为 $x_{41}+x_{42}+x_{43}+x_{44}=0$，故必有 $x_{41}=x_{42}=x_{43}=x_{44}=0$。反之，若y=0，表示建工厂 $A_4$，则新建工厂的生产费用为1 500万元，$A_4$ 对应的发货量限制为 $x_{41}+x_{42}+x_{43}+x_{44}=200$，而第七个约束条件则变为 $x_{31}+x_{32}+x_{33}+x_{34}=0$，故必有 $x_{31}=x_{32}=x_{33}=x_{34}=0$。

【例5-9】工件排序问题。用4台机床加工两件产品。各产品的机床加工顺序，以及产品i在机床j上的加工工时 $a_{ij}$ 见表5-5。

表5-5　**产品机床加工顺序表**

| | |
|---|---|
| 产品1 | $a_{11}\longrightarrow a_{13}\longrightarrow a_{14}$<br>机床1　　机床3　　机床4 |
| 产品2 | $a_{21}\longrightarrow a_{22}\longrightarrow a_{24}$<br>机床1　　机床2　　机床4 |

由于某种原因，产品2的加工总时间不得超过d。现要求确定各件产品在机床上的加工方案，使在最短的时间内加工完全部产品。

解：设 $x_{ij}$ 表示产品 $i$ 在机床 $j$ 上开始加工的时间（$i$=1，2；$j$=1，2，3，4）。下面将逐步列出问题的整数规划模型。

（1）同一件产品在不同机床上的加工顺序约束。

对于同一件产品，在下一台机床上开始加工的时间不得早于在上一台机床上结束加工的时间，故应有：

产品1：$x_{11}+a_{11}\leqslant x_{13}$，及$x_{13}+a_{13}\leqslant x_{14}$

产品2：$x_{21}+a_{21}\leqslant x_{22}$，及$x_{22}+a_{22}\leqslant x_{24}$

（2）每一台机床对不同产品的加工顺序约束。

一台机床在工作中，如已开始的加工还没有结束，则不能开始另一件产品的加工。对于机床1，有两种加工顺序：先加工产品1后加工产品2，或先加工产品2后加工产品1。对于机床4，情况也类似。为了容纳两种相互排斥的约束条件，对于机床1和机床4，分别引入0-1变量：

$$y_j=\begin{cases}0 & \text{先加工某件产品}\\ 1 & \text{先加工另一件产品}\end{cases}\quad (j=1,\ 4)$$

那么，每台机床上加工产品的顺序可用下列四组约束条件来保证：

机床1：$x_{11}+a_{11}\leqslant x_{21}+My_1$，及$x_{21}+a_{21}\leqslant x_{11}+M(1-y_1)$

机床4：$x_{14}+a_{14}\leqslant x_{24}+My_4$，及$x_{24}+a_{24}\leqslant x_{14}+M(1-y_4)$

其中M是一个足够大的数。

（3）产品2的加工总时间约束。

产品2的开始加工的时间是$x_{21}$，结束加工的时间是$x_{24}+a_{24}$，故应有：

$$x_{24}+a_{24}-x_{21}\leqslant d$$

（4）目标函数的建立。

设全部产品加工完毕的结束时间为$W$。则有：

$$W=\max(x_{14}+a_{14},x_{24}+a_{24})$$

因此，目标函数Z的线性表达式为：

$$\min\ z=W$$

$$\begin{cases}W\geqslant x_{14}+a_{14}\\ W\geqslant x_{24}+a_{24}\end{cases}$$

综上所述，例5-10的整数规划模型为：

$$\min\ z=W$$

$$\begin{cases}x_{11}+a_{11}\leqslant x_{13}\\ x_{13}+a_{13}\leqslant x_{14}\\ x_{21}+a_{21}\leqslant x_{22}\\ x_{22}+a_{22}\leqslant x_{24}\\ x_{11}+a_{11}\leqslant x_{21}+My_1\\ x_{21}+a_{21}\leqslant x_{11}+M(1-y_1)\\ x_{14}+a_{14}\leqslant x_{24}+My_4\\ x_{24}+a_{24}\leqslant x_{14}+M(1-y_4)\\ x_{24}+a_{24}-x_{21}\leqslant d\\ W\geqslant x_{14}+a_{14}\\ W\geqslant x_{24}+a_{24}\\ x_{11},x_{13},x_{14},x_{21},x_{22},x_{24},W\geqslant 0\\ y_j=0\text{或}1\ (j=1,2,3,4)\end{cases}$$

### 5.4.2　0-1型整数规划的解法

0-1型整数规划是一类特殊的整数规划，因为变量只有0或1两个可能的取值，故最多有$2^n$个可行解，理论上可以用枚举法进行求解。但当n较大时，采用完全枚举法求解几乎是不可能的。

隐枚举法是求解0-1整数规划问题的一种比较简便的方法。其实质也是一种分支定界法。但与求解一般整数规划问题的分支定界法不同的是，采用隐枚举法求解0-1规划问题时，保持变量的0-1约束条件而放宽问题的主要约束。在$2^n$个可能的变量组合中，只有一部分是可行解。只要发现某个变量组合不满足其中一个约束条件，就不必再检验是否满足其他约束。如所有约束条件都满足，就是0-1规划的一个可行解，可根据相应的目标函数值产生一个过滤条件，对于目标函数值劣于该可行解的变量组合不必再去检验其可行性。在以后的求解过程中，如发现某个可行解比原来保留的可行解更优，则用它替换原来的过滤条件。

【例5-10】求解0-1整数规划。

$$\max\ z = 3x_1 - x_2 + 5x_3$$

$$\begin{cases} x_1 + 2x_2 - x_3 \leqslant 2 & (5.13a) \\ x_1 + 4x_2 + x_3 \leqslant 4 & (5.13b) \\ x_1 + x_2 \leqslant 3 & (5.13c) \\ 4x_2 + x_3 \leqslant 6 & (5.13d) \\ x_1, x_2, x_3 = 0\text{或}1 \end{cases}$$

解：先通过试探找出问题的一个可行解。本题中，容易看出，(0，0，0）是问题的一个可行解，相应的目标函数值为0，产生一个过滤条件$z \geqslant 0$。

考察下一个解（0，0，1），相应的目标函数值$z=5>0$，进一步验证（0，0，1）满足四个约束条件，将过滤条件改为$z \geqslant 5$。

接下来考察其他可能的解（0，1，0）、(0，1，1)（1，0，0）都不满足$z \geqslant 5$，不必进一步考察，减少了运算量。而（1，0，1）对应的目标函数值$z=8>5$，进一步考察，也满足另外四个约束条件，因此过滤条件变为$z \geqslant 8$。接下来的其他解相应的目标函数值都不满足过滤条件。因此最后保留下来的就是$z=8$，最优解为（1，0，1）。这一求解过程可以用表5-6表示。

表5-6　**隐枚举法求解0-1整数规划问题过程表**

| $(x_1, x_2, x_3)$ | $z$值 | 约束条件 | | | | 过滤条件 |
|---|---|---|---|---|---|---|
| | | a | b | c | d | |
| (0，0，0) | 0 | √ | √ | √ | √ | $z \geqslant 0$ |
| (0，0，1) | 5 | √ | √ | √ | √ | $z \geqslant 5$ |
| (0，1，0) | −1 | | | | | |
| (0，1，1) | 4 | | | | | |
| (1，0，0) | 3 | | | | | |
| (1，0，1) | 8 | √ | √ | √ | √ | $z \geqslant 8$ |
| (1，1，0) | 2 | | | | | |
| (1，1，1) | 7 | | | | | |

所以，最优解 $(x_1, x_2, x_3)^T = (1, 0, 1)^T$，$\max z = 8$。

为了使最优解尽可能早出现，可先将目标函数中各变量的顺序按其系数大小重新排列，这样可进一步减少计算量。例5-11给出了用隐枚举法求解0-1整数规划问题的一般步骤。

【例5-11】求解0-1整数规划。

$$\min z = 5x_1 + 7x_2 + 3x_3 - 2x_4$$

$$\begin{cases} x_1 + 3x_2 - 5x_3 - x_4 \leqslant 3 \\ 2x_1 - 6x_2 + x_3 + 2x_4 \leqslant -1 \\ x_j = 0,1\,(j = 1,2,3,4) \end{cases}$$

步骤1：将问题转化为如下标准型：

$$\min z = \sum_{j=1}^{n} c_j x_j$$

$$\begin{cases} \sum_{j=1}^{n} a_{ij} x_j \geqslant b_i\,(i = 1,2,\cdots,m) \\ x_j = 0\text{或}1\,(j = 1,2,\cdots,n) \end{cases}$$

其中$c_j \geqslant 0$，且$c_1 \leqslant c_2 \leqslant \cdots \leqslant c_n$。

（1）如目标函数为max $z$，令$z' = -z$，可化为$\min z'$。如某个变量$x_n$的系数为负，令$x'_n = 1 - x_n$，令系数变正。

（2）如约束条件为≤，两边同乘（-1）；如约束条件为等式，可令变量$x_n = b_i - \sum_{j=1}^{n-1} a_{ij} x_j$，代入目标函数和其他约束条件中，将$x_n$消掉。

（3）按目标函数中系数由小到大的顺序重新排列变量，并将约束条件中的排列顺序做相应改变。

调整后的0-1规划问题变为：

$$\min z' = 2x'_4 + 3x_3 + 5x_1 + 7x_2 - 2$$

$$\begin{cases} -x'_4 + 5x_3 - x_1 - 3x_2 \geqslant -4 & (5.14\text{a}) \\ 2x'_4 - x_3 - 2x_1 + 6x_2 \geqslant 3 & (5.14\text{b}) \\ x_1, x_2, x_3, x'_4 = 0 \quad \text{或}1 \end{cases}$$

步骤2：令所有变量取0，求出目标函数值，并代入约束条件中检查是否可行，如果可行即为问题的最优解；否则转下一步。

令$x'_4 = x_3 = x_1 = x_2 = 0$，得$z'=-2$，但不满足两个约束条件。

步骤3：分支和定界。依次令各变量取0和1，检查是否可行，如不可行继续对边界值较小的子问题分支，直到找出一个可行解为止，这时得到$z'$值的一个上界。转步骤4。

例5-11中，依次令$x'_4$、$x_3$、$x_1$、$x_2$分别取1，得到四个解，相应的函数值分别为$z'=0$、$z'=1$、$z'=3$、$z'=5$。前三个解都不能同时满足约束条件（5.14a）和（5.14b）。而（$x'_4$，$x_3$，$x_1$，$x_2$）=（0，0，0，1）同时满足约束条件（5.14a）和（5.14b），故取$z'=5$作为最优解目标函数值的一个上界。

步骤4：考察所有子问题，有以下四种情况：

（1）若某个子问题的函数值对应原问题的可行解，则将它的函数值与保留的$z'$值作比较，并取较优的一个作为新的$z'$值。如所有子问题都已考察完毕，则保留下来的$z'$值及其对应的解即为0-1整数规划问题的最优解。

(2) 若某个子问题的函数值大于保留下来的$z'$值，不管其是否可行，则将这一分支剪掉。

(3) 若某个子问题不可行，则将这一分支剪掉。

(4) 若某个子问题可行且函数值优于$z'$值，但该函数值对应的解不是可行解，则该问题待考察，转步骤3。如有多个问题待考察，优先对其中最优值最小的一个子问题进行分支和定界。

例5-11中，三个子问题的函数值$z'=0$、$z'=1$、$z'=3$都小于保留下来的上界$z'=5$。优先对$z'=0$的子问题（即$x'_4=1$）继续分支，依次令$x_3$、$x_1$、$x_2$分别取1，得到三个解，相应的函数值分别为$z'=3$、$z'=5$、$z'=7$。其中$z'=7>5$，无论对应的解是否可行，都不可能是最优解，因此可将这一分支剪掉。另外两个解分别代入（5.14a）和（5.14b），（5.14b）都不成立，因此都不可行。对$z'=3$、$z'=5$这两个问题有待进一步考察。

对$z'=1$的子问题（即$x'_4=0$、$x_3=1$）继续分支，依次令$x_1$、$x_2$分别取1，得到两个解，相应的函数值分别为$z'=6$、$z'=8$，两个函数值都大于保留下来的下界$z'=5$，因此无论是否可行都不会是最优解，可删掉这两个分支。上述分析过程如图5-5所示。

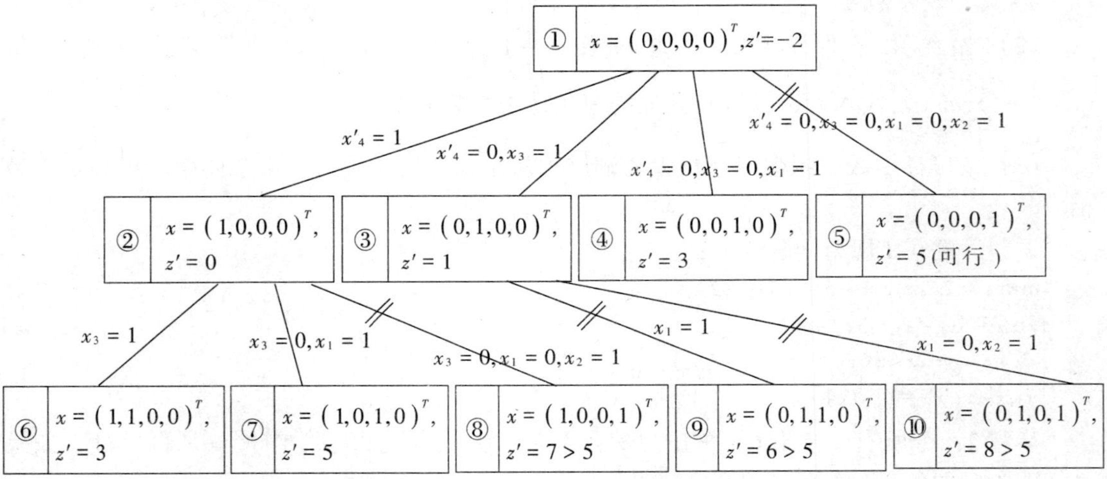


**图5-5　隐枚举法求解例5-11问题过程图**

考察上例所有子问题④、⑥~⑩。

子问题④属于情况（4），它的子问题有两个，其中$x'_4=0$，$x_3=0$，$x_1=1$，$x_2=0$已经验证过不可行，再验证$x'_4=0$，$x_3=0$，$x_1=1$，$x_2=1$，相应的目标函数值$z'=10>5$，故不可能是最优解，无需验证其可行性。

子问题⑧前面已经说过，不需进一步考察。

子问题⑥也属于情况（4），需要进一步分支。令$x_1$、$x_2$分别取1，求得相应的函数值分别为$z'=8$、$z'=10$，两个$z'$值都大于保留的上界5，即使可行也不会是最优解，直接删掉这一分支。

再来考察子问题⑦（即$x'_4=1$、$x_3=0$、$x_1=1$）。已验证$x_2$取0时不可行，再令$x_2=1$，函数值$z'=12>5$，故该子问题无需再考察，删掉这一分支。

上述过程如图5-6所示。

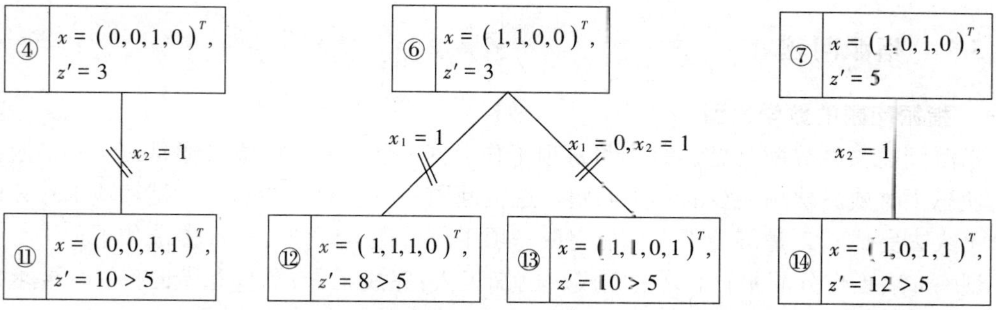


**图5-6　隐枚举法求解例5-11问题过程图（续图）**

上述求解过程也可用表格来表示，如表5-7所示。

表5-7　**隐枚举法求解例5-11问题过程表**

| 序号 | $(x'_4, x_3, x_1, x_2)$ | z值 | 约束条件 | | 备注 |
|---|---|---|---|---|---|
| | | | 5.14a | 5.14b | |
| ① | (0, 0, 0, 0) | −2 | √ | × | |
| ② | (1, 0, 0, 0) | 0 | √ | × | |
| ③ | (0, 1, 0, 0) | 1 | √ | × | |
| ④ | (0, 0, 1, 0) | 3 | √ | × | |
| ⑤ | (0, 0, 0, 1) | 5 | √ | √ | 可行，$z'\leqslant 5$ |
| ⑥ | (1, 1, 0, 0) | 3 | √ | × | |
| ⑦ | (1, 0, 1, 0) | 5 | √ | × | |
| ⑧ | (1, 0, 0, 1) | 7 | | | $z'>5$，剪支 |
| ⑨ | (0, 1, 1, 0) | 6 | | | $z'>5$，剪支 |
| ⑩ | (0, 1, 0, 1) | 8 | | | $z'>5$，剪支 |
| ⑪ | (0, 0, 1, 1) | 10 | | | $z'>5$，剪支 |
| ⑫ | (1, 1, 1, 0) | 8 | | | $z'>5$，剪支 |
| ⑬ | (1, 1, 0, 1) | 10 | | | $z'>5$，剪支 |
| ⑭ | (1, 0, 1, 1) | 12 | | | $z'>5$，剪支 |

所以，最优解 $(x'_4, x_3, x_1, x_2)^T=(0, 0, 0, 1)^T$，$\min z'=5$，即原问题的最优解为 $(x_1, x_2, x_3, x_4)^T=(0, 1, 0, 1)^T$，$\min z=5$。

实际做题过程中，可以结合目标函数和约束条件做出一些判断，使求解过程进一步简化。例如上题中，根据约束条件（5.14b），有 $6x_2 \geqslant 3-2x'_4+x_3+2x_1 \geqslant 3-2x'_4 \geqslant 1$，故 $x_2$ 必取1。接下来验证 $x'_4=x_1=x_3=0$ 时两个约束条件（5.14a）和（5.14b）都成立，便可得最优解了。

## 5.5 指派问题

### 5.5.1 指派问题的数学模型

指派问题又称分配问题，是指将$m$项工作分配$n$个工人去完成（通常$m=n$），应如何分工使总工时或总费用最少的一类问题。这类问题一般有两个要求：一是每项工作只能由一个工人去完成；二是每个工人只能完成一项工作。这类问题的标准提法如下：

现有$n$项工作分配$n$个工人去完成，已知工人$j$完成工作$i$需要花费时间$c_{ij}$。要求每项工作只能由一个工人去完成，每个工人只能完成一项工作。应如何分工，使总工时最少？

建立该问题的数学模型，需引入$n^2$个0−1变量。设：

$$x_{ij}=\begin{cases}1 & \text{当将工作}i\text{分配给工人}j\text{时}\\ 0 & \text{当不将工作}i\text{分配给工人}j\text{时}\end{cases}\qquad (i,j=1,2,\cdots,n)$$

则该问题的数学模型可写为：

$$\min z=\sum_{i=1}^{n}\sum_{j=1}^{n}c_{ij}x_{ij}$$

$$\begin{cases}\sum\limits_{j=1}^{n}x_{ij}=1 \quad (i=1,2,\cdots,n) & (5.15\text{a})\\ \sum\limits_{i=1}^{n}x_{ij}=1 \quad (j=1,2,\cdots,n) & (5.15\text{b})\\ x_{ij}=0\text{或}1 \quad (i,j=1,2,\cdots,n) & (5.15\text{c})\end{cases}$$

其中式（5.15a）表示每项工作只能由一个工人去完成，（5.15b）表示每个工人只能完成一项工作。

记$C=(c_{ij})_{n\times n}$，称$C$为指派问题的系数矩阵，用解矩阵$X_{ij}=(x_{ij})_{n\times n}$表示问题的可行解。作为指派问题的可行解，矩阵$X$的每列都有且只有一个零元素，每行都有且只有一个零元素，因此指派问题共有$n!$个可行解。当$n$相同时，不同的指派问题约束条件是完全相同的，区别仅仅在于系数矩阵$C$不同。因此可用一个矩阵$C$来表示一个指派问题。

【例5−12】某车间要生产四种产品，该工厂有四个工人都可以生产这四种产品。但由于每个工人的技术水平不同，生产每种产品所需要的时间也不同。四个工人生产四种产品的时间如表5−8所示。问应当怎样分配任务，才能使四种产品总的生产时间最短？试建立该问题的数学模型。

表5−8 **四种产品生产耗用时间表**

| 工人＼产品 | 1 | 2 | 3 | 4 |
|---|---|---|---|---|
| 1 | 3 | 8 | 4 | 12 |
| 2 | 5 | 3 | 7 | 5 |
| 3 | 3 | 4 | 2 | 6 |
| 4 | 4 | 7 | 5 | 6 |

解：这是一个标准型的指派问题。引入0−1变量，得：

$$x_{ij}=\begin{cases}1 & \text{当指派工人}i\text{生产产品}j\text{时}\\0 & \text{当不指派工人}i\text{生产产品}j\text{时}\end{cases}\quad (i,\ j=1,\ 2,\ 3,\ 4)$$

问题的数学模型可归结为：

$$\min z=3x_{11}+8x_{12}+4x_{13}+12x_{14}+5x_{21}+3x_{22}+7x_{23}+5x_{24}+3x_{31}+4x_{32}+2x_{33}+6x_{34}+4x_{41}+7x_{42}+5x_{43}+6x_{44}$$

$$\begin{cases}\sum\limits_{j=1}^{n}x_{ij}=1 & (j=1,2,3,4)\\ \sum\limits_{i=1}^{n}x_{ij}=1 & (i=1,2,3,4)\\ x_{ij}=0\text{或}1 & (i,j=1,2,3,4)\end{cases}$$

### 5.5.2　匈牙利算法

通过标准型的指派问题的数学模型可知，指派问题是一类特殊的0-1整数规划问题，因此可用隐枚举法来求解。同时它又是一类特殊的运输问题，因此也可以用表上作业法来求解。但是这些算法都没有充分利用指派问题的特殊性质。1955年，库恩（W.Kuhn）利用匈牙利数学家康尼格（D.Konig）提出的关于矩阵中独立零元素的定理，提出了求解指派问题的一种新算法，充分利用指派问题的特点，有效减少了计算量。这种算法称为匈牙利算法。

匈牙利算法的关键是利用了指派问题最优解的如下性质：若从系数矩阵的某行（或某列）中减去一个常数k，得到的新系数矩阵代表的指派问题与原问题有相同的最优解。

基于指派问题最优解的性质，对于标准型的指派问题，匈牙利算法的基本思路是：先把系数矩阵的各行分别减去本行的最小元素，再把各列减去本列的最小元素，如能得到位于不同行和不同列的n个零元素，则按零元素位置做出的分配方案就是指派问题的最优解。

匈牙利算法的一般步骤表述如下：

步骤1：变换系数矩阵。先把系数矩阵各行分别减去本行的最小元素，再把各列分别减去本列的最小元素，使系数矩阵中各行各列都至少有一个零元素，且不出现负数。

步骤2：确定独立零元素。若某行（某列）只有一个零元素，将该零元素加一个三角符号（△），同时将该零元素所在列（行）的其他零元素划去。如此反复进行，直到系数矩阵中所有零元素都被标注△或被划去。在此过程中，若遇到在所有的行和列中，零元素都不止一个（即存在零元素构成的闭回路）时，可任选一个零元素加△，同时划去同行和同列的其他零元素。最后，当所有的零元素都或被标△或被划去时，标△的零元素即为独立零元素。

若独立零元素有$n$个，则令独立零元素位置对应的变量取1，其他变量取0，这样得到的矩阵$X$即为最优分配方案。

若独立零元素不足$n$个，转步骤3。

步骤3：做能覆盖所有零元素的最少直线组合。

（1）对没有标△的行打“√”；

（2）对打“√”行中被划掉的零元素所在列打“√”；

（3）对打“√”列中标△的零元素所在行打“√”；

（4）重复（2）和（3），直到再也不能找到可以打“√”的行或列为止。

（5）对未打“√”的行画一直线，对打“√”的列画一直线，这样就得到覆盖所有零元素的最少直线组合。转步骤4。

步骤4：继续变换系数矩阵。取未被直线覆盖的元素中的最小值，令打“√”行中各元素减去该最小值，同时令打“√”列中各元素加上该最小值以消除负数。转步骤2。

下面根据匈牙利算法的上述步骤来求解例5-13。

【例5-13】根据例5-12可知指派问题的系数矩阵为：

$$C=\begin{bmatrix}3&8&4&12\\5&3&7&5\\3&4&2&6\\4&7&5&6\end{bmatrix}$$

解：首先，将各行分别减去本行的最小元素，然后对各列也如此，即：

$$C\rightarrow\begin{bmatrix}0&5&1&9\\2&0&4&2\\1&2&0&4\\0&3&1&2\end{bmatrix}\rightarrow\begin{bmatrix}0&5&1&7\\2&0&4&0\\1&2&0&2\\0&3&1&0\end{bmatrix}=C'$$

其次，确立独立零元素。

$$C'=\begin{bmatrix}0^{\triangle}&5&1&7\\2&0^{\triangle}&4&\varnothing\\1&2&0^{\triangle}&2\\\varnothing&3&1&0^{\triangle}\end{bmatrix}$$

得到最优解：

$$X^{*}\rightarrow\begin{bmatrix}1&0&0&0\\0&1&0&0\\0&0&1&0\\0&0&0&1\end{bmatrix}$$

最优解表明：工人1生产产品1，工人2生产产品2，工人3生产产品3，工人4生产产品4，得到最优值为$z=3+3+2+6=14$。

【例5-14】已知指派问题的系数矩阵如下，用匈牙利算法求解。

$$C=\begin{bmatrix}7&15&16&13\\15&9&18&12\\16&14&16&10\\9&15&18&14\end{bmatrix}$$

解：首先，变换成本矩阵。

$$C\rightarrow\begin{bmatrix}0&8&9&6\\6&0&9&3\\6&4&6&0\\0&6&9&5\end{bmatrix}\rightarrow\begin{bmatrix}0&8&3&6\\6&0&3&3\\6&4&0&0\\0&6&3&5\end{bmatrix}=C'$$

其次，确立独立零元素。

$$C'=\begin{bmatrix}0^{\triangle}&8&3&6\\6&0^{\triangle}&3&3\\6&4&0^{\triangle}&\varnothing\\\varnothing&6&3&5\end{bmatrix}$$

因独立零元素只有3个，故不能得到最优分配方案。需要继续进行下面的步骤。

最后，做能覆盖所有零元素的最少直线组合。

$$C'=\begin{bmatrix}0 & 8 & 3 & 6\\ 6 & 0 & 3 & 3\\ 6 & 4 & 0 & 0\\ 0 & 6 & 3 & 5\end{bmatrix}\begin{matrix}\surd\\ \\ \\ \surd\end{matrix}$$
$\surd$

第四步，变换矩阵。未被直线覆盖的元素中的最小值为3，将第一、四行各元素减3，再将第一列各元素加3，得到：

$$C'=\begin{bmatrix}0 & 8 & 3 & 6\\ 6 & 0 & 3 & 3\\ 6 & 4 & 0 & 0\\ 0 & 6 & 3 & 5\end{bmatrix}\rightarrow\begin{bmatrix}-3 & 5 & 0 & 3\\ 6 & 0 & 3 & 3\\ 6 & 4 & 0 & 0\\ -3 & 3 & 0 & 2\end{bmatrix}\rightarrow\begin{bmatrix}0 & 5 & 0 & 3\\ 9 & 0 & 3 & 3\\ 9 & 4 & 0 & 0\\ 0 & 3 & 0 & 2\end{bmatrix}$$

在新的系数矩阵中确定独立零元素。

$$C'=\begin{bmatrix}0 & 5 & 0 & 3\\ 9 & 0 & 3 & 3\\ 9 & 4 & 0 & 0\\ 0 & 3 & 0 & 2\end{bmatrix}$$

由于独立零元素有4个，因此得到最优分配方案：

$$X^*\rightarrow\begin{bmatrix}0 & 0 & 1 & 0\\ 0 & 1 & 0 & 0\\ 0 & 0 & 0 & 1\\ 1 & 0 & 0 & 0\end{bmatrix}$$

最优值 $\min z=16+9+10+9=44$。

### 5.5.3　非标准形式的指派问题

在实际应用中，常会遇到各种非标准形式的指派问题。通常的处理方法是先将它们转化为标准形式，然后用匈牙利算法求解。

1）最大化指派问题

设最大化指派问题的系数矩阵为 $C=(c_{ij})_{n\times n}$，其中最大元素为 $m$，可通过下列变换将问题化为标准型式。令矩阵 $B=(b_{ij})n\times n=(m-c_{ij})_{n\times n}$，则以 $B$ 为系数矩阵的最小化指派问题和以 $C$ 为系数矩阵的原最大化指派问题有相同的最优解。

2）人数和工作数不等的指派问题

若人少事多，且规定每项工作必须由一人完成，一人至少完成一项工作。则可增加虚拟的工人，这些虚拟的人做各项工作的时间可取完成相应工作的时间中的最小值，理解为由效率最高的工人来完成该项工作。

若人少事多，且规定一人只能完成一项工作，即有的工作不必做。则可增加虚拟的工人，相应的时间取0，理解为实际上该工人实际上不必做任何事。

若人多事少，且规定一人至多完成一项工作，一项工作必须由一人完成，则可增加虚拟的工作，相应的时间取0，理解为该工作实际不需要做。

3）特定工人可做几件事的指派问题

若规定只有特定的某个人可做几件事，其他人只能做一件事，则可将该人化作相同的几个人，这些人的工作时间都相同。

4）某事一定不能由某人做的指派问题

若规定某人不能做某事，则可将相应的工作时间取足够大的数M。

【例5-15】某公司有五项工作，派三个工人去做，工人 $i$ 完成工作 $j$ 所需要时间如表5-

9所示。规定每人可以做一项或两项工作。

表5-9　　某公司五项工作耗用时间表

| 工人＼工作 | 1 | 2 | 3 | 4 | 5 |
|---|---|---|---|---|---|
| 1 | 4 | 8 | 7 | 15 | 12 |
| 2 | 7 | 9 | 17 | 14 | 10 |
| 3 | 6 | 9 | 12 | 8 | 7 |

解：由于每个工人最多可完成两项工作，因此，把每个工人化为相同的两个人，系数矩阵变为：

$$\begin{bmatrix} 4 & 8 & 7 & 15 & 12 \\ 7 & 9 & 17 & 14 & 10 \\ 6 & 9 & 12 & 8 & 7 \\ 4 & 8 & 7 & 15 & 12 \\ 7 & 9 & 17 & 14 & 10 \\ 6 & 9 & 12 & 8 & 7 \end{bmatrix}$$

由于工人数比工作数多1，因此增加一项虚拟的工作，任何人做该项工作所产生的时间均为0，将问题化为标准形式的指派问题。相应的系数矩阵变为：

$$\begin{bmatrix} 4 & 8 & 7 & 15 & 12 & 0 \\ 7 & 9 & 17 & 14 & 10 & 0 \\ 6 & 9 & 12 & 8 & 7 & 0 \\ 4 & 8 & 7 & 15 & 12 & 0 \\ 7 & 9 & 17 & 14 & 10 & 0 \\ 6 & 9 & 12 & 8 & 7 & 0 \end{bmatrix}$$

用匈牙利算法求解上述矩阵代表的最小化指派问题，可得最优方案为由工人1做工作1和工作3，工人2做工作2，工人3做工作4和工作5，这样产生的总工时最少，为35。

## 5.6 WinQSB软件在整数规划中的应用

### 5.6.1 求解一般的整数规划问题

WinQSB软件在一般的整数规划中的应用是通过调用软件中的线性规划与整数线性规划（Linear Programming and Integer Linear Programming）实现的，使用该软件之前，无须将原问题标准化。其操作过程与线性规划问题基本一致，区别在于变量的定义在整数规划求解中为整数变量。下面通过例子说明其操作过程。

【例5-16】利用WinQSB软件求解例5-4的整数规划问题。

$$\max \quad z = 2x_1 + x_2$$

$$\begin{cases} x_1 + \ x_2 \leqslant 6 \\ x_1 - 4x_2 \leqslant 2 \\ x_1, x_2 \geqslant 0, \text{均取整数} \end{cases}$$

解：具体操作过程如下：

（1）启动线性规划与整数线性规划程序。依次点击：开始→程序→WinQSB→Linear and Integer Programming，系统出现如图5-7所示的界面。

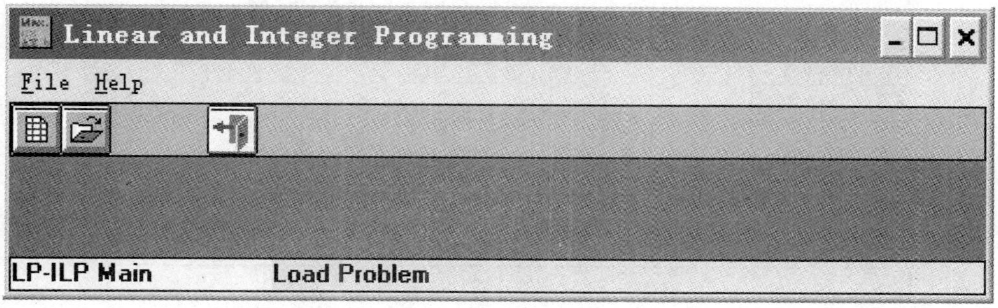


图5-7　线性规划与整数线性规划主界面

（2）建立新的数据文件或打开已有的数据文件。在图5-7中点File出现下拉菜单New Problem（建立新问题）和Load Problem（调用已有问题）。点击File→New Problem，系统出现如图5-8所示的界面。

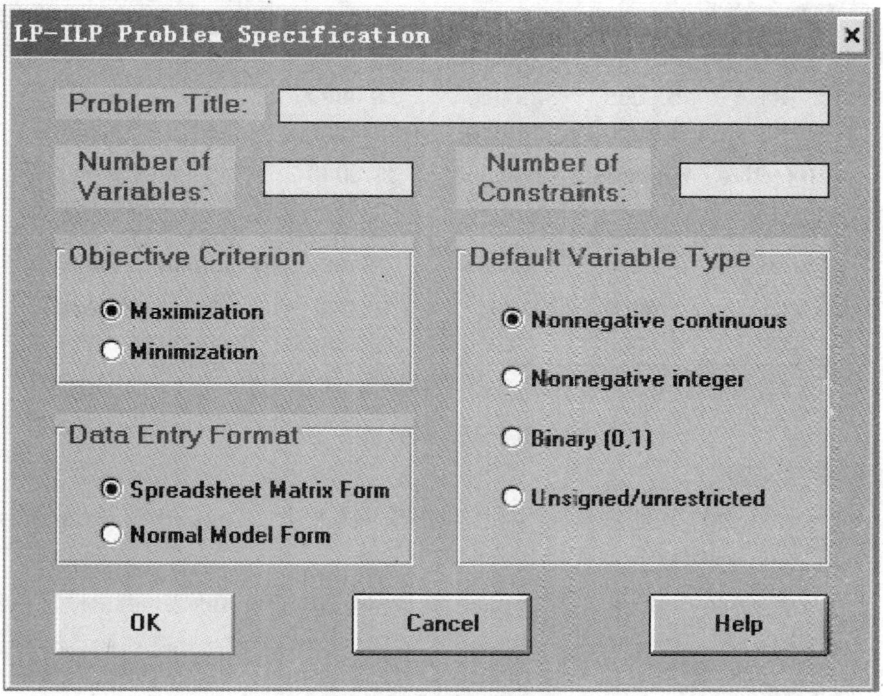


图5-8　LP-ILP问题描述

在图5-8的界面中，输入变量的数目（Number of Variables）、约束条件数目（Number of Constraints），将变量类型设定为非负的整数变量（Nonnegative integer），其他选择默认项，单击OK。

（3）输入数据。输入数据，系统出现如图5-9所示的界面。

| Variable --> | X1 | X2 | Direction | R. H. S. |
|---|---|---|---|---|
| Maximize | 2 | 1 | | |
| C1 | 1 | 1 | <= | 6 |
| C2 | 1 | -4 | <= | 2 |
| LowerBound | 0 | 0 | | |
| UpperBound | M | M | | |
| VariableType | Integer | Integer | | |

图 5-9　数据输入界面

（4）问题求解。在 Solve and Analyze 的下拉菜单项中选择 Solve the Problem（求解不显示迭代过程），系统给出如图 5-10 所示的求解结果。

| | 09:06:02 | | Sunday | May | 14 | 2017 |
|---|---|---|---|---|---|---|
| | Decision Variable | Solution Value | Unit Cost or Profit c(j) | Total Contribution | Reduced Cost | Basis Status |
| 1 | X1 | 5.0000 | 2.0000 | 10.0000 | 0 | basic |
| 2 | X2 | 1.0000 | 1.0000 | 1.0000 | 0 | basic |
| | Objective | Function | (Max.) = | 11.0000 | | |
| | | | | | | |
| | Constraint | Left Hand Side | Direction | Right Hand Side | Slack or Surplus | Shadow Price |
| 1 | C1 | 6.0000 | <= | 6.0000 | 0 | 1.0000 |
| 2 | C2 | 1.0000 | <= | 2.0000 | 1.0000 | 0 |

图 5-10　求解结果

### 5.6.2　求解指派问题

WinQSB 软件在指派问题中的应用是通过调用软件中的 Network Modeling 实现的。例 5-12 指派问题的 WinQSB 软件操作过程是：

（1）启动程序。依次点击“开始→程序→WinQSB→Network Modeling”，系统出现如图 5-11 所示的界面。

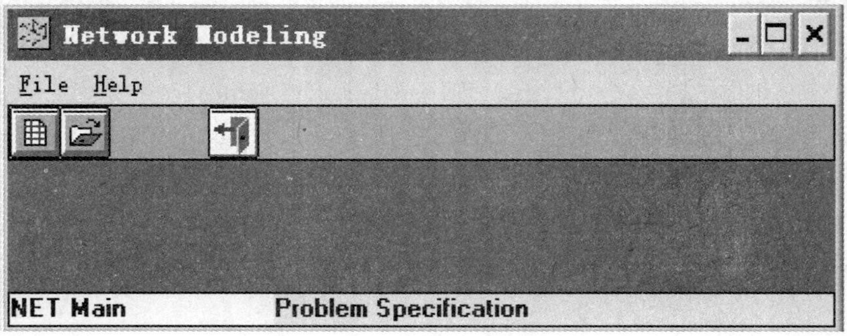


图 5-11　网络模型主界面

（2）建立新的数据文件。点击“File→New Problem”，点选 Assignment Problem，系统

出现如图5-12所示的界面。

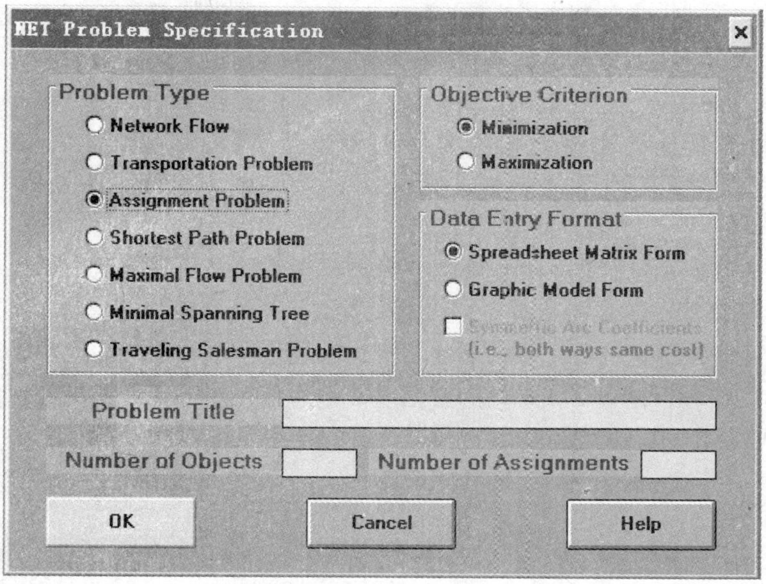


图5-12　系统约定界面

（3）输入数据。在图5-12界面中，输入人数（目标数）4、任务数4，其他采用默认项，单击OK后，输入数据，系统显示图5-13所示的界面。

| From \ To | 产品1 | 产品2 | 产品3 | 产品4 |
|---|---|---|---|---|
| 工人1 | 3 | 8 | 4 | 12 |
| 工人2 | 5 | 3 | 7 | 5 |
| 工人3 | 3 | 4 | 2 | 6 |
| 工人4 | 4 | 7 | 5 | 6 |

图5-13　数据输入界面

（4）求解。点击系统菜单Solve and Analyze的下拉菜单选项：Solve the Problem（只求出最优指派方案），系统显示如图5-14所示的求解结果。

| 05-14-2017 | From | To | Assignment | Unit Cost | Total Cost | Reduced Cost |
|---|---|---|---|---|---|---|
| 1 | 工人1 | 产品1 | 1 | 3 | 3 | 0 |
| 2 | 工人2 | 产品2 | 1 | 3 | 3 | 0 |
| 3 | 工人3 | 产品3 | 1 | 2 | 2 | 0 |
| 4 | 工人4 | 产品4 | 1 | 6 | 6 | 0 |
| | Total | Objective | Function | Value = | 14 | |

图5-14　求解结果界面

## 本章小结

本章先后介绍了整数规划问题及其数学模型、割平面法、分支定界法、0-1整数规划、指派问题和WinQSB软件应用。

解整数规划最典型的做法是逐步生成一个相关的问题，称它是原问题的衍生问题。对每个衍生问题又伴随一个比它更易于求解的松弛问题（衍生问题称为松弛问题的源问题）。通过松弛问题的解来确定它的源问题的归宿，即源问题应被舍弃，还是再生成一个或多个它本身的衍生问题来替代它。随即，再选择一个尚未被舍弃的或替代的原问题的衍生问题，重复以上步骤直至不再剩有未解决的衍生问题为止。目前比较成功又流行的求解方法是分支定界法和割平面法，它们都是在上述框架下形成的。

0–1规划在整数规划中占有重要地位，一方面因为许多实际问题，例如指派问题、选地问题、送货问题都可归结为此类规划，另一方面任何有界变量的整数规划都与0–1规划等价，用0–1规划方法还可以把多种非线性规划问题表示成整数规划问题，所以不少人致力于这个方向的研究。求解0–1规划的常用方法是分支定界法，对各种特殊问题还有一些特殊方法，例如求解指派问题用匈牙利算法就比较方便。

## 章末习题

1.某化工厂生产宽度为60个单位长的标准玻璃纸。现需将这种玻璃纸剪裁为三种规格，宽度分别为45个、20个和15个单位长。市场对这三种规格的需求分别是30卷、60卷和80卷。问应以怎样的方法裁剪，可使耗费的标准玻璃纸最少而又能满足市场需要？（要求：建立该问题的数学模型）

2.某公司生产三种产品，现要更新一台机器，可购买机器A或B，有关参数如表5–10所示。

表5–10　**单位产品的资源消耗量、机器费用及各种资源限量表**

| 产品 | 单位产品所需机器（小时） | | 单位产品所需工时 | 单位产品所需原料 |
|---|---|---|---|---|
| | A | B | | |
| $X_1$ | 3 | 2 | 2 | 4 |
| $X_2$ | 1 | 3 | 1 | 6 |
| $X_3$ | 5 | 6 | 4 | 2 |
| 每月机器费用 | 500元 | 450元 | — | — |
| 每月可用数量 | 2 000小时 | 1 500小时 | 2 000工时 | 1 200单位 |

无论购买哪一台机器，单位产品售价减全部生产费用（不包括机器费用在内）后所获得的毛利$c_1$，$c_2$，$c_3$不变。试决定购买哪一台机器以及各种产品产量（不一定取整数）以取得最大利润的混合整数规划模型。

3.某工厂制造三种尺寸的金属容器A、B、C，制造一只容器所需材料、劳动日、机器工作时间及制造每种容器的固定费用，出售每只容器的利润（单位售价减单位变动费用），可利用的资源数量如表5–11所示。

表5-11　单位容器的资源消耗量、制造容器的固定费用、容器的单位利润及各种资源限量表

| 资源 | A | B | C | 资源数量 |
|---|---|---|---|---|
| 金属板 | 2 | 4 | 8 | 500 |
| 劳动力 | 2 | 3 | 4 | 300 |
| 机器 | 1 | 2 | 3 | 1 000 |
| 固定费用 | 100 | 150 | 200 | — |
| 单位利润 | 4 | 5 | 6 | — |

问生产各种容器多少只，可使总利润最高？建立数学模型。

4.我校篮球队要从八名队员中选择平均身高最高的出场阵容参加高校篮球联赛。队员的号码、身高及擅长位置如表5-12所示。

表5-12　八名篮球队员的身高及擅长位置

| 队员号码 | 1 | 2 | 3 | 4 | 5 | 6 | 7 | 8 |
|---|---|---|---|---|---|---|---|---|
| 身高（m） | 1.92 | 1.90 | 1.88 | 1.86 | 1.85 | 1.83 | 1.80 | 1.78 |
| 位置 | 中锋 | 中锋 | 前锋 | 前锋 | 前锋 | 后卫 | 后卫 | 后卫 |

要求：（1）中锋只能有一名上场；

（2）至少有一名后卫；

（3）如1号和4号都上场，则6号不能出场；

（4）2号和6号必须保留一名不出场。

5.用割平面法求解下列整数规划问题：

（1）$\max z = x_1 + x_2$

$$\begin{cases} 3x_1 + 2x_2 \leqslant 10 \\ 2x_2 \leqslant 5 \\ x_1 \geqslant 0, x_2 \geqslant 0, \text{取整数} \end{cases}$$

（2）$\max z = 4x_1 + 5x_2$

$$\begin{cases} 3x_1 + 2x_2 \leqslant 10 \\ x_1 + 4x_2 \leqslant 11 \\ x_1 \geqslant 0, x_2 \geqslant 0, \text{取整数} \end{cases}$$

6.用分支定界法求解下列整数规划问题：

（1）$\max z = x_1 + x_2$

$$\begin{cases} 2x_1 + 5x_2 \leqslant 16 \\ 6x_1 + 5x_2 \leqslant 30 \\ x_1 \geqslant 0, x_2 \geqslant 0, \text{取整数} \end{cases}$$

（2）$\max z = 2x_1 + 3x_2$

$$\begin{cases} 5x_1 + 7x_2 \leqslant 35 \\ 4x_1 + 9x_2 \leqslant 36 \\ x_1 \geqslant 0, x_2 \geqslant 0, \text{取整数} \end{cases}$$

7.已知成本矩阵，用匈牙利算法求解分配问题：

（1）$\begin{bmatrix} 7 & 9 & 10 & 12 \\ 13 & 12 & 16 & 17 \\ 15 & 16 & 14 & 15 \\ 11 & 12 & 15 & 16 \end{bmatrix}$　　（2）$\begin{bmatrix} 3 & 8 & 2 & 10 & 3 \\ 8 & 7 & 2 & 9 & 7 \\ 6 & 4 & 2 & 7 & 5 \\ 8 & 4 & 2 & 3 & 5 \\ 9 & 10 & 6 & 9 & 10 \end{bmatrix}$

8.分配甲、乙、丙、丁四个人去完成五项任务。每人完成各项任务所需时间如表5-13所示。由于任务数多于人数，故规定其中一人可完成两项任务，其余三人每人完成一项任务。试确定总完成时间最少的指派方案。

表5-13　　四人分别完成五项任务所需时间

| 人 \ 任务 | A | B | C | D | E |
|---|---|---|---|---|---|
| 甲 | 25 | 29 | 31 | 42 | 37 |
| 乙 | 39 | 38 | 26 | 20 | 33 |
| 丙 | 34 | 27 | 28 | 40 | 32 |
| 丁 | 24 | 42 | 36 | 23 | 45 |

9.用隐枚举法求解下列0-1规划问题：

$$\max\ z = 8x_1 + 2x_2 - 4x_3 - 7x_4 - 5x_5$$

$$\begin{cases} 3x_1 + 3x_2 + x_3 + 2x_4 + 3x_5 \leqslant 4 \\ 5x_1 + 3x_2 - 2x_3 - x_4 + x_5 \leqslant 4 \\ x_j = 0 \text{或} 1, j = 1, 2, \cdots, 5 \end{cases}$$

# 第6章/
# 动态规划

动态规划是美国著名数学家贝尔曼（R. Bellman）于20世纪50年代初提出的一种方法，用于求解多阶段决策问题。这种方法把多阶段决策问题转化为一系列相互联系的单阶段问题，然后逐一解决。动态规划方法是一种十分有效的分析工具，在企业管理、工程技术、工农业生产及军事等部门都有广泛的应用。例如在企业管理方面，动态规划可以用来求解资源分配问题、生产计划与库存问题、投资问题、排序问题、设备更新问题等。

本章中将先介绍几个多阶段决策问题，阐明动态规划的基本概念和基本方程；然后进一步说明动态规划在资源分配问题、生产与存储问题、背包问题等几个实际问题中的应用；最后介绍WinQSB软件在动态规划问题求解中的应用。

## 6.1 多阶段决策过程及其问题举例

在研究经济管理、工程技术等领域内的问题时，经常涉及时间这一因素，这就要求研究系统动态过程的最优化。系统在某个时点的状态，往往要以某种形式受到过去某些决策的影响，而系统的当前状态和决策又会影响今后的发展。因此在寻求动态系统最优化时，不能仅仅从眼前的局部利益出发，而是要从系统所经历的整个期间的总效应出发，有预见性地进行动态决策，找到不同时点的最优决策以及整个过程的最优策略。

将时间作为变量的决策问题称为动态决策问题。在动态决策中，系统所处的状态和时点都是进行决策的重要因素。多阶段决策问题是一类特殊形式的动态决策问题。

所谓多阶段决策问题是指这样一类活动过程：由于它的特殊性，可将整个过程按照时间划分为若干个互相联系的阶段，在每个阶段都需要做决策，当各个阶段的决策确定后，就组成了一个决策序列，因而也就确定了整个过程的一条活动路线，如图6-1所示。

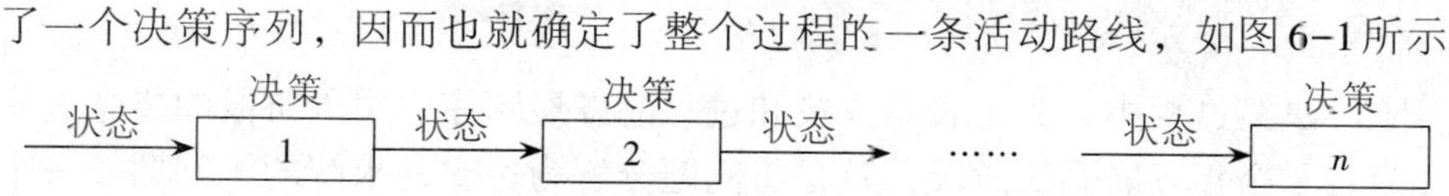


图6-1　多阶段决策过程

各个阶段的决策构成一个决策序列，称为策略。显然，由于各个阶段选取的决策不同，对应整个过程就有不同的策略。当对过程采取某一策略时，可以得到一个确定的效果，采取不同的策略，就会得到不同的效果。这个过程称为多阶段决策过程。多阶段决策问题，就是要在所有可采取的策略中选取一个最优的策略，从而使整个过程在预定目标下达到最好的活动效果。

动态规划是一种研究多阶段决策问题的理论和方法。

在多阶段决策问题中，各个阶段采取的决策，一般来说是与时间有关的，决策依赖于当前的状态，又随即引起状态的转移，一个决策序列就是在变化状态中产生出来的，这正是“动态”规划的由来。但是，一些与时间没有关系的静态规划（如线性规划）问题，也可以人为地引入“时间”因素，再作为多阶段决策过程用动态规划方法来处理。

下面我们通过几个例子来看一下什么是多阶段决策问题。

【例6-1】生产与存储问题。某工厂每月需供应市场一定数量的产品，并将所余产品存入仓库。一般某月适当增加产量可降低生产成本，但超产部分存入仓库会增加库存费用。要求确定一个逐月生产计划，在满足需求的条件下，使一年的生产与存储费用之和最小。我们可以把每个月作为一个阶段，全年分为12个阶段逐次决策。

【例6-2】设备更新问题。企业在使用设备时都要考虑设备的更新问题，因为设备越陈旧所需的维修费用越多，但购买新设备则要一次性支出较大的费用。现某企业要决定一台设备未来8年的更新计划，已预测了第$j$年购买设备的价格为$K_i$，设$G_j$为设备经过$j$年后的残值，$C_j$为设备连续使用$j-1$年后在第$j$年的维修费（$j=1, 2, \cdots, n$），问应在哪年更新设备可使总费用最小。

【例6-3】投资决策问题。某公司现有资金Q万元，在今后5年内考虑给A、B、C、D四个项目投资，这些项目投资的回收期限、回报率均不相同，问该公司应如何确定这些项目每年的投资额，使到第5年年末拥有资金的本利总额最大。

## 6.2 动态规划的基本概念及基本方程

### 6.2.1 动态规划的基本概念

使用动态规划方法解决多阶段决策问题，首先要将实际问题写成动态规划模型，此时要用到的概念有：阶段、状态、决策和策略、状态转移方程、指标函数。

下面以最短路问题为例来说明这些概念。

【例6-4】最短路问题。今有如图6-2所示的交通网络，顶点连接线段上的数字表示两地距离，求$s$至$t$距离最短的线路。

本例中就给定的网络本身来讲是并不包含时间因素的静态决策问题。但是可以按照网络中的顶点划分阶段，作为多阶段决策问题来研究。

1）阶段

在多阶段决策过程中，为了表示决策和过程的发展顺序，引入阶段的概念。将过程恰当地划分为若干个相互联系的阶段，就是将问题分解为更容易求解的子问题。一个阶段就

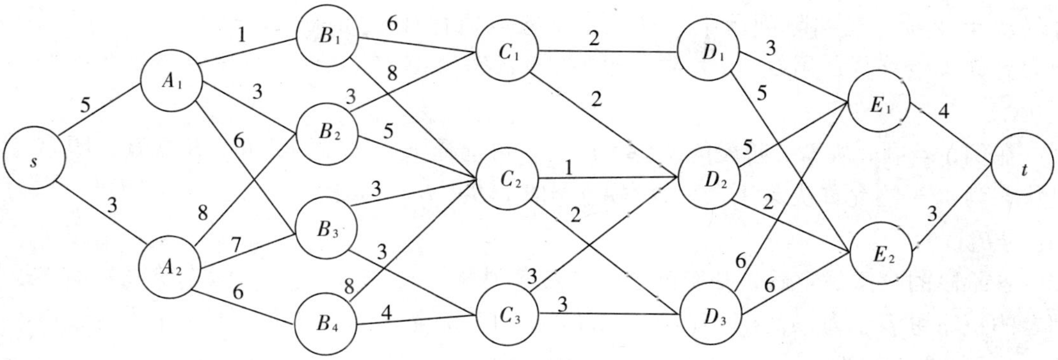


图6-2　交通网络图

是需要做出一个决策的子问题部分。通常阶段是按照决策进行的时间或空间上的先后顺序划分的，描述阶段的变量称为阶段变量，常用$k$表示。阶段数等于多阶段决策过程中从开始到结束所需要做出决策的次数。

例6-4中，从s到t可以分成六个阶段：$s \sim A$（$A$有两种选择，$A_1$或$A_2$），$A \sim B$（$B_1$或$B_2$或$B_3$或$B_4$），$B \sim C$（$C_1$或$C_2$或$C_3$），$C \sim D$（$D_1$或$D_2$或$D_3$），$D \sim E$（$E_1$或$E_2$），$E \sim t$，因此$k$=1，2，3，4，5，6。

2）状态

各阶段开始时所处的客观条件叫作状态，它反映了所研究问题过程的状况，又称不可控因素。描述各阶段状态的变量称为状态变量，常用$s_k$表示第$k$阶段的状态变量。状态变量$s_k$的集合称为可能状态集，第$k$阶段的可能状态集用$S_k$表示。在动态规划中，每个阶段有初始（输入）状态和终止（输出）状态，前一阶段的终止状态是后一阶段的初始状态。例如，第$k$阶段的初始状态表示为$s_k$，终止状态表示为$s_{k+1}$。

在例6-4中，第一阶段有一个状态$s$，记为$s_1=\{s\}$；第二阶段的状态有$A_1$、$A_2$两个状态，则$s_2=\{A_1, A_2\}$；第三阶段的状态有$B_1$、$B_2$、$B_3$、$B_4$四个，则$s_3=\{B_1, B_2, B_3, B_4\}$；第四阶段的状态有$C_1$、$C_2$、$C_3$三个，记为$s_4=\{C_1, C_2, C_3\}$；第五阶段的状态也有三个，$D_1$、$D_2$和$D_3$，则记为$s_5=\{D_1, D_2, D_3\}$；第六阶段的状态有$E_1$和$E_2$两个，则$s_6=\{E_1, E_2\}$。

在动态规划中，状态是一个非常重要的概念，因为多阶段决策过程的发展是通过状态的一系列变换转移来实现的。一般来说，系统在某个阶段的状态转移，既与本阶段的状态和决策有关，还可能与系统过去经历的状态和决策有关，因此问题的求解比较复杂。但在适合用动态规划来求解的多阶段决策问题中，各阶段的状态应当具有"无后效性"，即过程的历史只能通过当前的状态去影响它未来的发展。换言之，某阶段状态给定后，自本阶段以后的发展过程完全由本阶段所处的状态及其以后的决策决定，与过程以前的状态和决策无关。

例如，在例6-4中，若第三阶段的状态已知为$B_1$，则以后的问题就只考虑如何从$B_1$到$C_1$和$C_2$，至于第一、二阶段的状态和决策，即从$s$如何到$B_1$，与以后的决策无关。

3）决策和策略

当各阶段的状态确定以后，就可以做出不同的选择，从而确定下一阶段的状态，这种选择称为决策。表示决策的变量称为决策变量，用$u_k$（$s_k$）表示第$k$阶段状态为$s_k$

时的决策变量。在实际问题中，决策变量的取值往往限制在一定范围内，我们称该范围为允许决策集合，用$D_k$（$s_k$）表示第$k$阶段状态为$s_k$时的允许决策集合，显然$u_k$（$s_k$）∈$D_k$（$s_k$）。

在例6-4中，从第二阶段的状态$A_1$出发，可选择下一阶段到达$B_1$、$B_2$或$B_3$，即第二阶段状态为$A_1$时的允许决策集合为$D_2$（$A_1$）=$\{B_1, B_2, B_3\}$。如我们决定选$B_2$，则可表示为$u_2$（$A_1$）=$B_2$。

各阶段的决策确定后，整个问题的决策序列就构成一个策略。含$n$个阶段的动态规划问题的策略可表示为$\{u_1(s_1), u_2(s_2), \cdots, u_n(s_n)\}$。自第$k$阶段开始到最后第$n$阶段的决策序列称为$k$子策略，记为$\{u_k(s_k), u_{k+1}(s_{k+1}), \cdots, u_n(s_n)\}$。

例如在例6-4中，$\{s, A_1, B_2, C_1, D_2, E_1, t\}$是一个策略，$\{B_2, C_1, D_2, E_1, t\}$是一个3子策略。

对每个多阶段决策问题，可供选择的策略都有一定范围，称为允许策略集合。在允许策略集合中，能使整个过程达到最优效果的策略称为最优策略。显然，初始状态不同，决策和策略也就不同，所以策略是初始状态的函数。

4）状态转移方程

动态规划中本阶段的状态往往是上一阶段状态和上一阶段的决策结果。如果给定了第$k$阶段的状态$s_k$，本阶段决策为$u_k$（$s_k$），则第$k$+1阶段的状态$s_{k+1}$也就完全确定，它们的关系可表示为：

$$s_{k+1} = T_k(s_k, u_k)$$

由于它表示了由$k$阶段到$k+1$阶段的状态转移规律，所以称为状态转移方程。

例6-4中，状态转移方程为：

$$s_{k+1} = u_k(s_k)$$

5）指标函数

用于衡量所选定策略优劣的数量指标称为指标函数。它分为阶段指标函数和过程指标函数两种。阶段指标函数是指第$k$阶段，从状态$s_k$出发，采取决策$u_k$（$s_k$）时的效益，用$v_k$（$s_k$，$u_k$）表示。过程指标函数是指从第$k$阶段的状态$s_k$（$k$=1，2，…，$n$）出发，采取某种策略到第$n$阶段的终止状态时的效益，它与所选取的策略有关，因此常记作：

$$V_{k,n}(s_k, u_k, s_{k+1}, \cdots, s_n, u_n) \qquad (k = 1, 2, \cdots, n)$$

动态规划的指标函数应是各阶段的指标函数$v_k$累积而成的，即应具有可分离性，并满足递推关系。换句话说，$V_{k,n}$可以表示为$s_k$，$u_k$，$V_{k+1,n}$的函数。

常用的指标函数的形式有各阶段指标函数的和的形式和积的形式两种。

（1）和的形式。

$$V_{k,n}(s_k, u_k, s_{k+1}, \cdots, u_n) = \sum_{j=k}^{n} v_j(s_j, u_j) = v_k(s_k, u_k) + V_{k+1,n}(s_{k+1}, u_{k+1}, \cdots, u_n)$$

（2）积的形式。

$$V_{k,n}(s_k, u_k, s_{k+1}, \cdots, u_n) = \prod_{j=k}^{n} v_j(s_j, u_j) = v_k(s_k, u_k) \cdot V_{k+1,n}(s_{k+1}, u_{k+1}, \cdots, u_n)$$

指标函数的最优值称为最优值函数，是指对某一确定状态选取最优策略后得到的指标函数值。对应于从状态$s_k$出发的最优子策略的最优值函数，记为$f_k$（$s_k$），则有：

$$f_k(s_k)=opt\ V_{k,n}(s_k,u_k,s_{k+1},\cdots,u_n)$$

其中opt表示最优化，可根据具体问题取max（求最大）或min（求最小）。

例6-4中，指标函数$V_{k,n}$表示在第$k$阶段由点（状态）$s_k$到终点t的路程，为各阶段路长之和，相应的最优值函数为

$$f_k(s_k)=\min V_{k,n}(s_k,u_k,s_{k+1},\cdots,u_n)=\min\{v_k(s_k,u_k)+\cdots+v_n(s_n,u_n)\}$$

### 6.2.2　动态规划的数学模型

动态规划的数学模型可以描述如下：

$$opt\ V_{1,n}(s_1,u_1,s_2,u_2,\cdots,s_n,u_n)$$

$$\begin{cases} s_{k+1}=T_k(s_k,u_k) \\ s_k\in S_k \\ u_k(s_k)\in D_k(s_k) \\ k=1,2,\cdots,n \end{cases}$$

求解动态规划问题，也就是在约束条件下求出：

（1）最优策略$\{u^*_1,u^*_2,\cdots,u^*\}$；

（2）最优路线，即执行最优策略的状态序列$\{s^*_1,s^*_2,\cdots,s_n^*\}$，其中：

$s^*_{k+1}=T_k(s^*_k,u^*_k)$，$k$=1，2，⋯，$n$

（3）最优指标函数值，即$f_1(s_1)$的值。

需要指出的是，上面给出的动态规划模型并不是一个可供实际应用的标准模型。由于实际问题不同，建立的动态规划模型也可能相差很大。建立实际问题的动态规划模型一般可遵循以下步骤：

第一，按时间或空间顺序将多阶段决策问题划分为适当的阶段；

第二，恰当选择状态变量$s_k$，使它既能确切地描述过程的演变，又满足过程的无后效性；

第三，确定决策变量$u_k$及每阶段的容许决策集$D_k$（$s_k$）。状态变量和决策变量可以是连续的，也可以是离散的；

第四，正确写出状态转移方程$s_{k+1}=T_k$（$s_k$，$u_k$）；

第五，正确写出指标函数$V_{k,n}$，它应具有可分离性，并满足递推关系。

### 6.2.3　动态规划的基本方程

在n阶段决策过程中，当指标函数满足$V_{k,n}=\sum_{j=k}^{n}v_j(s_j,u_j)$时，若在阶段$k$的状态$s_k$执行了任意选定的决策$u_k$后的状态是$s_{k+1}=T_k(s_k,u_k)$，此时，根据最优化原则，对阶段$k$+1后的子过程采取最优策略，由于无后效性，则对阶段k后的子过程实行选定的$k$子策略的指标函数值为：

$$v_k(s_k,u_k)+f_{k+1}(s_{k+1})$$

根据最优值函数的定义有：

$$f_k(s_k)=\underset{u_k\in D_k(s_k)}{opt}\{v_k(s_k,u_k)+f_{k+1}(s_{k+1})\}$$

同样，当指标函数满足 $V_{k,n}=\prod_{j=k}^{n}v_j(s_j,u_j)$时，有：

$$f_k(s_k)=\underset{u_k\in D_k(s_k)}{opt}\{v_k(s_k,u_k)\cdot f_{k+1}(s_{k+1})\}$$

显然，这里对$k$=1，2，…，$n$均成立，这种递推关系式称为动态规划基本方程，或称为贝尔曼方程。可见，动态规划基本方程的形式取决于指标函数的表达形式。

动态规划基本方程是最优化原理的体现，同时也体现了构成最优策略的最优决策的性质，即不论作为前面阶段结果的当前阶段的状态$s_k$是什么，当前阶段的最优决策必须是使该阶段的指标函数与其后子过程的最优值函数之和（或积）最优的决策。

动态规划的求解有两种基本方法：逆序解法和顺序解法。无论是哪种方法，首先都要规定一个行进方向，然后确定寻优方向。若寻优方向与实际行进方向相反，即从最后一阶段开始计算，逐段前推，求得全过程的最优解，则称为逆序解法。反之，若寻优方向与实际行进方向相同，计算时从第一阶段开始向后递推，计算后一阶段要用到前一阶段的结果，最后一阶段的结果就是全过程的最优结果，则称为顺序解法。换句话说，逆序解法是由$k=n$递推至$k$=1。当$k=n$时，在基本方程中会出现$f_{k+1}(s_{k+1})$，其取值要根据问题的条件来决定，一般当指标函数值是各阶段指标函数值之和时，$f_{k+1}(s_{k+1})$取为0；当指标函数值是各阶段指标函数值之积时，$f_{k+1}(s_{k+1})$取为1。顺序解法与之相反，是由$k$=1递推至$k=n$，此时会出现$f_0(s_0)$，也可根据指标函数的形式取0或1。

下面我们用例6-4来说明顺序解法。

将求$s$至$t$的最短路问题视为一个六阶段决策问题，设：

$s_k$——第$k$阶段的初始状态。

$s_{k+1}$——第$k$阶段的终止状态。

$u_k$——第$k$阶段选择的路线。则状态转移方程为：$s_k=u_k$（$s_{k+1}$）

$v_k(s_{k+1},u_k)$——第$k$阶段选择路线$u_k$时增加的距离，即从初始状态$s_k$到$s_{k+1}$的距离。

$$v_k(s_{k+1},u_k)=d(s_k,s_{k+1})$$

$f_k(s_{k+1})$——从起点$s$到第$k$阶段终止状态$s_{k+1}$的距离。

于是，可得下面的动态规划基本方程：

$$f_k(s_{k+1})=\min_{u_k\in D_k(s_k)}\{d(s_k,s_{k+1})+f_{k-1}(s_k)\}\quad k=1，2，3，4$$

$k$=0时，$f_0$（$s_1$）=$f_0$（s）=0，这是边界条件。

$k$=1时，$s_2=\{A_1，A_2\}$

$f_1$（$A_1$）=5，$f_1$（$A_2$）=3

$k$=2时，$s_3=\{B_1，B_2，B_3，B_4\}$

$f_2$（$B_1$）$=\min\{d(A_1,B_1)+f_1(A_1)\}=\min\{1+5\}=6$

从$s$到$B_1$只有一条路线，这条路线就是最短路线。因此$s$到$B_1$的最短路线为：$s\to A_1\to B_1$。

$$f_2(B_2)=\min\begin{Bmatrix}d(A_1,B_2)+f_1(A_1)\\d(A_2,B_2)+f_1(A_2)\end{Bmatrix}=\min\begin{Bmatrix}3+5\\8+3\end{Bmatrix}=8$$

即从$s$到$B_2$的最短路线为：$s\to A_1\to B_2$。

$f_2(B_3)=\min\begin{Bmatrix} d(A_1,B_3)+f_1(A_1) \\ d(A_2,B_3)+f_1(A_2) \end{Bmatrix}=\min\begin{Bmatrix} 6+5 \\ 8+3 \end{Bmatrix}=11$

即从$s$到$B_3$的最短路线有两条：$s\to A_1\to B_3$或$s\to A_2\to B_3$。

$f_2(B_4)=\min\{d(A_2,B_4)+f_1(A_2)\}=\min\{6+3\}=9$

从$s$到$B_4$只有一条路线，这条最短路线为：$s\to A_2\to B_4$。

$k$=3时，$s_4=\{C_1,\ C_2,\ C_3\}$

$f_3(C_1)=\min\begin{Bmatrix} d(B_1,C_1)+f_2(B_1) \\ d(B_2,C_1)+f_2(B_2) \end{Bmatrix}=\min\begin{Bmatrix} 6+6 \\ 3+8 \end{Bmatrix}=11$

即从$s$到$C_1$的最短路线为：$s\to A_1\to B_2\to C_1$。

$f_3(C_2)=\min\begin{Bmatrix} d(B_1,C_2)+f_2(B_1) \\ d(B_2,C_2)+f_2(B_2) \\ d(B_3,C_2)+f_2(B_3) \\ d(B_4,C_2)+f_2(B_4) \end{Bmatrix}=\min\begin{Bmatrix} 8+6 \\ 5+8 \\ 3+11 \\ 8+9 \end{Bmatrix}=13$

即从$s$到$C_2$的最短路线为：$s\to A_1\to B_2\to C_2$。

$f_3(C_3)=\min\begin{Bmatrix} d(B_3,C_1)+f_2(B_3) \\ d(B_4,C_1)+f_2(B_4) \end{Bmatrix}=\min\begin{Bmatrix} 3+11 \\ 4+9 \end{Bmatrix}=13$

即从$s$到$C_3$的最短路线为：$s\to A_2\to B_4\to C_3$。

$k$=4时，$s_5=\{D_1,\ D_2,\ D_3\}$

$f_4(D_1)=\min\{d(C_1,D_1)+f_2(C_1)\}=\min\{2+11\}=13$

即从$s$到$D_1$的最短路线为：$s\to A_1\to B_2\to C_1\to D_1$。

$f_4(D_2)=\min\begin{Bmatrix} d(C_1,D_2)+f_3(C_1) \\ d(C_2,D_2)+f_3(C_2) \\ d(C_3,D_2)+f_3(C_3) \end{Bmatrix}=\min\begin{Bmatrix} 2+11 \\ 1+13 \\ 3+13 \end{Bmatrix}=13$

即从$s$到$D_2$的最短路线为：$s\to A_1\to B_2\to C_1\to D_2$。

$f_4(D_3)=\min\begin{Bmatrix} d(C_2,D_3)+f_3(C_2) \\ d(C_3,D_3)+f_3(C_3) \end{Bmatrix}=\min\begin{Bmatrix} 2+13 \\ 3+13 \end{Bmatrix}=15$

即从$s$到$D_3$的最短路线为：$s\to A_1\to B_2\to C_2\to D_3$ 。

$k$=5时，$s_6=\{E_1,\ E_2\}$

$f_5(E_1)=\min\begin{Bmatrix} d(D_1,E_1)+f_4(D_1) \\ d(D_2,E_1)+f_4(D_2) \\ d(D_3,E_1)+f_4(D_3) \end{Bmatrix}=\min\begin{Bmatrix} 3+13 \\ 5+13 \\ 6+15 \end{Bmatrix}=16$

即从$s$到$E_1$的最短路线为：$s\to A_1\to B_2\to C_1\to D_1\to E_1$。

$f_5(E_2)=\min\begin{Bmatrix} d(D_1,E_2)+f_4(D_1) \\ d(D_2,E_2)+f_4(D_2) \\ d(D_3,E_2)+f_4(D_3) \end{Bmatrix}=\min\begin{Bmatrix} 5+11 \\ 2+13 \\ 6+13 \end{Bmatrix}=15$

即从$s$到$E_2$的最短路线为：$s\to A_1\to B_2\to C_1\to D_2\to E_2$。

$k$=6时，$s_7=\{t\}$

$f_6(t)=\min\begin{Bmatrix} d(E_1,t)+f_5(E_1) \\ d(E_2,t)+f_5(E_2) \end{Bmatrix}=\min\begin{Bmatrix} 4+16 \\ 3+15 \end{Bmatrix}=18$

即从$s$到$t$的最短路线为：$s\to A_1\to B_2\to C_1\to D_2\to E_2\to t$。

因此，从$s$到$t$的最短路线为$s\to A_1\to B_2\to C_1\to D_2\to E_2\to t$。

## 6.3 资源分配问题

资源分配问题就是将一定数量的一种或几种资源恰当地分配给若干使用者，以获取最大效益。这里的资源可以是资金、设备、原材料、劳动力等。资源分配问题是动态规划的典型应用之一。本节和后面几节中我们都采用逆序解法来求解动态规划问题。

### 6.3.1 一维资源分配问题

假设某部门掌握总数$a$的某种资源，现有$n$个项目提出对这种资源的需求。若把数量为$x_k$的资源分配给第$k$个项目，则其相应的收益为$g_k(x_k)$。问应如何分配这种资源，才能获得最大收益？

这个问题可写成如下的规划模型：

$$\max z = \sum_{k=1}^{n} g_k(x_k)$$

$$\begin{cases} \sum_{k=1}^{n} x_k = a \\ x_k \geqslant 0,(k = 1,2,\cdots,n) \end{cases}$$

若$g_k(x_k)$均为线性函数，则上述模型是一个线性规划问题。

我们也可以把它看作一个多阶段决策问题，从而应用动态规划方法求解。确定一个项目的资源分配数量视为一个阶段，于是共有$n$个阶段。令：

$s_k$——分配给第$k$个项目到第$n$个项目的资源数量之和。

$x_k$——分配给第$k$个项目的资源数量。

$v_k(s_k,x_k)$——从$s_k$中取出$x_k$数量的资源分配给第$k$个项目可获得的收益。即：

$$v_k(s_k,x_k)=g_k(x_k)$$

$f_k(s_k)$——将数量为$s_k$的资源分配给第$k$个项目到第$n$个项目可获得的最大收益。

于是，可得到下面的状态转移方程和动态规划基本方程：

$$s_{k+1} = s_k - x_k \qquad (k = 1,2,\cdots,n)$$

$$\begin{cases} f_k(s_k)= \max\limits_{x_k \in D_k(s_k)} \left\{ v_k(s_k,u_k)+f_{k+1}(s_{k+1}) \right\} \qquad (k = n,\cdots,1) \\ f_{n+1}(s_{n+1})=0 \end{cases}$$

动态规划模型建立后，对基本方程分段求解，不像线性规划那样有固定的解法，而是必须根据具体问题的特点，结合数学技巧灵活求解。一般而言，当$s_k$为离散型变量时，可采用分段穷举算法，用穷举法求最优指标函数值时，最重要的是正确确定各阶段状态变量取值范围和允许决策集的范围。如在例6-4中我们采取的就是分段穷举算法。当$s_k$为连续型变量时，一般很难获得$f_k(s_k)$的解析表达式，这时可根据方程的具体情况灵活选取求解方法，如经典解析方法、线性规划方法、非线性规划方法或其他数值计算方法。如在例6-5中我们采用的是代数解析方法。

【例6-5】某公司拟将五台相同的设备分配给下属的甲、乙、丙三个工厂，各工厂获得这种设备后可为公司盈利情况如表6-1所示。问：五台设备应如何分配给各工厂，才能使公司盈利最多？

表6-1 五台设备盈利情况表

| 设备数＼盈利＼工厂 | 甲 | 乙 | 丙 |
|---|---|---|---|
| 0 | 0 | 0 | 0 |
| 1 | 3 | 5 | 4 |
| 2 | 7 | 10 | 6 |
| 3 | 9 | 11 | 10 |
| 4 | 12 | 12 | 12 |
| 5 | 13 | 13 | 12 |

解：这是一个与时间无明显关系的静态最优化问题．为了应用动态规划方法求解，可以人为地赋予它“阶段”的概念。设公司按甲、乙、丙三个工厂的顺序分配设备，将问题划分为3个阶段。每个阶段只决定一个工厂分配到的设备数量，这样问题就转化为一个三阶段决策问题。现在的关键问题是如何正确选择状态变量及决策变量。

设$s_k$表示分配给第$k$个工厂到第$n$个工厂的设备数，$x_k$表示分配给第$k$个工厂的设备数，则状态转移方程为

$$s_{k+1}=s_k-x_k$$

指标函数$v_k(s_k,x_k)$表示当第$k$个工厂到第$n$个工厂可供分配的设备数为$s_k$时，将其中的$x_k$台分配给第$k$个工厂可获得的盈利。

最优值函数$f_k(s_k)$表示分配给第$k$个工厂到第$n$个工厂的设备数为$s_k$可获得的最大盈利。

则动态规划基本方程为

$$\begin{cases}f_k(s_k)=\max\left\{v_k(s_k,x_k)+f_{k+1}(s_{k+1})\right\},k=3,2,1\\f_4(s_4)=0\end{cases}$$

$f_1$（5）就是所求得的最大收益。下面我们用逆序解法进行求解。

$k$=3时，$s_3=\{0,1,2,3,4,5\}$

$$f_3(s_3)=\max_{0\leq x_3\leq s_3}\left\{v_3(s_3,x_3)\right\}$$

显然，当$x_3=s_3$时，$f_3(s_3)$取得极大值，即$f_3(s_3)=\max\limits_{0\leq x_3\leq s_3}\left\{v_3(s_3,x_3)\right\}=v_3(s_3,x_3)$。

当$s_3$分别取0，1，2，3，4，5时，$f_3(s_3)$分别为0，4，6，10，12，12，用表6-2表示。

表中$x_3^*$表示使$f_3(s_3)$取得最大值时的最优决策。

$k$=2时，$s_2=\{0,1,2,3,4,5\}$，$s_3=s_2-x_2$

$f_2(s_2)=\max\limits_{0\leq x_2\leq s_2}\left\{v_2(s_2,x_2)+f_3(s_2-x_2)\right\}$，计算结果如表6-3所示。

表6-2　**设备分配给丙工厂盈利情况表**

| $s_3$ \ $x_3$ | $v_3(s_3,x_3)$ | | | | | | $f_3(s_3)$ | $x_3^*$ |
|---|---|---|---|---|---|---|---|---|
| | 0 | 1 | 2 | 3 | 4 | 5 | | |
| 0 | 0 | | | | | | 0 | 0 |
| 1 | | 4 | | | | | 4 | 1 |
| 2 | | | 6 | | | | 6 | 2 |
| 3 | | | | 10 | | | 10 | 3 |
| 4 | | | | | 12 | | 12 | 4 |
| 5 | | | | | | 12 | 12 | 5 |

表6-3　**设备分配给乙和丙工厂盈利情况表**

| $s_2$ \ $x_2$ | $v_2(s_2,x_2)+f_3(s_2-x_2)$ | | | | | | $f_2(s_2)$ | $x_2^*$ |
|---|---|---|---|---|---|---|---|---|
| | 0 | 1 | 2 | 3 | 4 | 5 | | |
| 0 | 0+0 | | | | | | 0 | 0 |
| 1 | 0+4 | 5+0 | | | | | 5 | 0 |
| 2 | 0+6 | 5+4 | 10+0 | | | | 10 | 2 |
| 3 | 0+10 | 5+6 | 10+4 | 11+0 | | | 14 | 2 |
| 4 | 0+12 | 5+10 | 10+6 | 11+4 | 12+0 | | 16 | 2 |
| 5 | 0+12 | 5+12 | 10+10 | 11+6 | 12+4 | 13+0 | 20 | 2 |

$k$=1时，$s_1=5$，$s_2=s_1-x_1$

$f_1(s_1)=\max\limits_{0\leqslant x_1\leqslant s_1}\{v_1(s_1,x_1)+f_2(s_1-x_1)\}$，计算结果如表6-4所示。

表6-4　**设备分配给三个工厂盈利情况表**

| $s_1$ \ $x_1$ | $v_1(s_1,x_1)+f_2(s_1-x_1)$ | | | | | | $f_1(s_1)$ | $x_1^*$ |
|---|---|---|---|---|---|---|---|---|
| | 0 | 1 | 2 | 3 | 4 | 5 | | |
| 5 | 0+20 | 3+16 | 7+14 | 9+10 | 12+5 | 13+0 | 21 | 2 |

根据表格顺序反向推算，可知设备的最优分配方案为：$x_1^*=2, x_2^*=2, x_3^*=1$，即应分配给甲厂2台设备，分配给乙厂2台设备，分配给丙厂1台设备，公司可盈利21万元。

### 6.3.2　二维资源分配问题

在资源分配问题中，若考虑的资源有两种时，便是二维资源分配问题。一般的二维资源分配问题可叙述如下：某部门具有总数分别为$a$和$b$的两种资源，现有$n$个项目提出对这两种资源的需求。若把数量为$x_k$的资源A和数量为$y_k$的资源B分配给项目$k$，可获得收益$v_k(x_k,y_k)$。问应如何分配这两种资源，使总收益最大？

用动态规划方法求解二维资源分配问题，其阶段的划分方法与一维分配问题相同，但状态变量和决策变量都要用二维向量来表示，令：

$(s_k,t_k)$——$s_k$和$t_k$分别为分配给第$k$至第$n$个项目的资源A和资源B的总量。

$(x_k,y_k)$——$x_k$和$y_k$分别为分配给第$k$个项目的资源A和资源B的数量。

$v_k(s_k,t_k,x_k,y_k)$——从$s_k$中取出数量为$x_k$的资源A，从$t_k$中取出数量为$y_k$的资源B分配给项目$k$可获得的收益。即：

$v_k(s_k,t_k,x_k,y_k)=v_k(x_k,y_k)$

$f_k(s_k,t_k)$——将数量为$s_k$的资源A和数量为$t_k$的资源B分配给第$k$至第$n$个项目可获得的最大收益。

于是可得下面的状态转移方程和基本方程：

$$\begin{pmatrix} s_{k+1} \\ t_{k+1} \end{pmatrix} = \begin{pmatrix} s_k \\ t_k \end{pmatrix} - \begin{pmatrix} x_k \\ y_k \end{pmatrix},\ k=1,\ 2,\ \cdots,\ n。$$

$$\begin{cases} f_k(s_k,t_k) = \max\limits_{(x_k,y_k)\in D_k(s_k,t_k)} \{v_k(s_k,t_k,x_k,y_k)+f_{k+1}(s_{k+1},t_{k+1})\} \quad (k=n,\cdots,1) \\ f_{n+1}(s_{n+1},t_{k+1})=0 \end{cases}$$

【例6-6】用动态规划方法求解下面的二维资源分配问题。

$$\max z = v_1(x_1,y_1)+v_2(x_2,y_2)+v_3(x_3,y_3)$$

$$\begin{cases} x_1+x_2+x_3=3 \\ y_1+y_2+y_3=3 \\ x_k,y_k \geqslant 0,\text{取整数}\ (k=1,2,3) \end{cases}$$

其中$v_1(x_1,y_1)$,$v_2(x_2,y_2)$和$v_3(x_3,y_3)$分别由表6-5、表6-6和表6-7给出。

表6-5　　**$v_1(x_1,y_1)$的值**

| $v_1(x_1,y_1)$ | | $y_1$ | | | |
|---|---|---|---|---|---|
| | | 0 | 1 | 2 | 3 |
| $x_1$ | 0 | 0 | 1 | 3 | 6 |
| | 1 | 4 | 5 | 6 | 7 |
| | 2 | 5 | 6 | 7 | 8 |
| | 3 | 6 | 7 | 8 | 9 |

表6-6　　**$v_2(x_2,y_2)$的值**

| $v_2(x_2,y_2)$ | | $y_2$ | | | |
|---|---|---|---|---|---|
| | | 0 | 1 | 2 | 3 |
| $x_2$ | 0 | 0 | 2 | 4 | 6 |
| | 1 | 1 | 4 | 6 | 7 |
| | 2 | 4 | 6 | 8 | 9 |
| | 3 | 6 | 8 | 10 | 11 |

表6-7　　$v_3(x_3, y_3)$的值

| $v_3(x_3, y_3)$ | | $y_3$ | | | |
|---|---|---|---|---|---|
| | | 0 | 1 | 2 | 3 |
| $x_3$ | 0 | 0 | 3 | 5 | 8 |
| | 1 | 2 | 5 | 7 | 9 |
| | 2 | 4 | 7 | 9 | 11 |
| | 3 | 6 | 9 | 11 | 13 |

解：当$k$=3时，$f_3(s_3, t_3)=v_3(x_3, y_3)$。

当$k$=2时，由$f_2(s_2, t_2)=\max\limits_{(x_2, y_2)\in D_2(s_2, t_2)}\{v_2(x_2, y_2)+f_3(s_3, t_3)\}$可得本阶段的求解结果，如表6-8、表6-9所示。

表6-8　　$f_2(s_2, t_2)$的计算结果

| $f_2(s_2, t_2)$ | | $t_2$ | | | |
|---|---|---|---|---|---|
| | | 0 | 1 | 2 | 3 |
| $s_2$ | 0 | 0 | 3 | 5 | 8 |
| | 1 | 2 | 5 | 7 | 9 |
| | 2 | 4 | 7 | 9 | 12 |
| | 3 | 6 | 9 | 11 | 14 |

表6-9　　$(x_2^*, y_2^*)$的取值

| $(x_2^*, y_2^*)$ | | $t_2$ | | | |
|---|---|---|---|---|---|
| | | 0 | 1 | 2 | 3 |
| $s_2$ | 0 | (0, 0) | (0, 0) | (0, 0) | (0, 0) |
| | 1 | (0, 0) | (0, 0) | (0, 0) | (0, 0) |
| | 2 | (0, 0) | (0, 0) | (0, 0) | (2, 0) |
| | 3 | (0, 0) | (0, 0) | (0, 0) | (3, 0) |

其中$(x_2^*, y_2^*)$是使函数

$$f_2(s_2, t_2)=\max\limits_{(x_2, y_2)\in D_2(s_2, t_2)}\{v_2(x_2, y_2)+f_3(s_2-x_2, t_2-y_2)\}$$

的右端达到极大值的$(x_2, y_2)$，它可能不是唯一的，表6-9中只取其中的一个。

例如，当$(s_2, t_2)$=（2，1）时，$D_2$（2，1）={（0，0），（0，1），（1，0），（1，1），（2，0），（2，1）}。

相应结果如表6-10所示。

表6-10　　　$(s_2,t_2)$=（2，1）时$f_2(s_2,t_2)$的计算过程及$(x_2^*,y_2^*)$的取值

| $(s_2,t_2)$=（2，1） | $(x_2,y_2)$ | | | | | | $f_2(s_2,t_2)$ |
| --- | --- | --- | --- | --- | --- | --- | --- |
| | （0，0） | （0，1） | （1，0） | （1，1） | （2，0） | （2，1） | |
| $v_2(x_2,y_2)$ | $0^*$ | 2 | 1 | 4 | $4^*$ | 6 | 7 |
| $f_3(s_2-x_2,t_2-y_2)$ | $7^*$ | 4 | 5 | 2 | $3^*$ | 0 | |

此时的决策向量为$(x_2^*,y_2^*)$=（0，0）或$(x_2^*,y_2^*)$=（2，0）。

当$k$=1时，我们感兴趣的是当（$s_1$，$t_1$）=（3，3）时$f_2$（3，3）的计算结果。计算过程如表6-11所示。

表6-11　　　$(s_1,t_1)$=（3，3）时$f_2$（3，3）的计算过程及$(x_1^*,y_1^*)$的取值

| $v_1(x_1,y_1)$ \ $f_2(3-x_1,3-y_1)$ | | $y_1$ | | | |
| --- | --- | --- | --- | --- | --- |
| | | 0 | 1 | 2 | 3 |
| $x_1$ | 0 | 0\14 | 1\11 | 3\9 | 6\6 |
| | 1 | $4^*$\$12^*$ | 5\9 | 6\7 | 7\4 |
| | 2 | 5\9 | 6\7 | 7\5 | 8\2 |
| | 3 | 6\8 | 7\5 | 8\3 | 9\0 |

因此，$f_1$（3，3）=16，相应的$(x_1^*,y_1^*)$=（1，0）。

再由状态转移方程得$(s_2,t_2)$=（2，3），由表6-9得$(x_2^*,y_2^*)$=（2，0）。

最后由状态转移方程得$(s_3,t_3)$=（0，3），$(x_3^*,y_3^*)$=（0，3）。

因此问题的一个最优解为：

$x_1^*=1$，$x_2^*=2$，$x_3^*=0$，$y_1^*=0$，$y_2^*=0$，$y_3^*=3$，最优值为16。

## 6.4 生产与存储问题

【例6-7】某工厂制订某种产品今后四个月的生产计划，预计今后四个月的市场需求如表6-12所示，假设工厂每月固定费用为3千元（若不生产固定费用为0），每单位产品变动成本为1千元，每月最大生产能力为6单位。每单位产品每月的库存费用为0.5千元，该厂最大库存容量为3单位。

表6-12　　　**今后四个月的产品市场需求表**

| $i$（月） | 1 | 2 | 3 | 4 |
| --- | --- | --- | --- | --- |
| $g_i$（需求量） | 3 | 4 | 2 | 4 |

假设计划开始和计划期末库存量都是零。试制订4个月的生产计划，在满足用户需求条件下总费用最小。假设第$i$+1个月的库存量是第$i$个月可销售量与该月用户需求量之差；而第i个月的可销售量是本月初库存量与产量之和。

解：设工厂生产$j$单位产品的生产费用为$C(j)$，每月库存$j$单位产品的费用为$E(j)$。

根据题意，得：

$$C(j)=\begin{cases}0 & (j=0)\\ 3+j & (j=1,2,3,4,5,6)\end{cases}$$

$E(j)=0.5j$（千元）

用动态规划方法求解该问题，将每个月视为一个阶段，因此$k$=1，2，3，4。设：

状态变量$s_k$：第$k$个月月初的库存量。

决策变量$u_k$：第$k$个月的产量。

状态转移方程：$s_{k+1}=s_k+u_k-g_k$

指标函数：$v_k(s_k,u_k)$——第$k$个月的生产和存储费用，即：

$$v_k(s_k,u_k)=C(u_k)+E(s_k)=\begin{cases}0.5s_k & (u_k=0)\\ 3+u_k+0.5s_k & (u_k>0)\end{cases}$$

最优值函数$f_k$（$s_k$）：当第$k$个月月初的库存量为$s_k$时，采取最佳策略生产，从本月到计划结束（第4月末）的最低生产与存储费用，则动态规划基本方程为：

$$\begin{cases}f_k(s_k)=\min\limits_{0\leqslant u_k\in D_k(s_k)}\{v_k(s_k,u_k)+f_{k+1}(s_{k+1})\} & (k=4,3,2,1)\\ f_5(s_5)=0\end{cases}$$

当$k$=4时，因为$s_5$=0，故本月产量应为$u_4=g_4-s_4=4-s_4$，又因为最大库存量为3，故$s_4$只能取0，1，2，3。

$f_4(s_4)=\min\{C(u_4)+E(s_4)\}$，可以列出$f_4(s_4)$与$u_4$（$s_4$），如表6-13所示。

表6-13　　**$f_4$（$s_4$）与$u_4$（$s_4$）的计算结果**

| $s_4$ | 0 | 1 | 2 | 3 |
|---|---|---|---|---|
| $f_4$（$s_4$） | 7 | 6.5 | 6 | 5.5 |
| $u_4$（$s_4$） | 4 | 3 | 2 | 1 |

当$k$=3时，先分析状态变量$s_3$的取值范围，它取决于库存能力、产量和需求量。因为最大库存量为3，故$s_3$只能在0，1，2，3中取。再分析决策变量$u_3$的允许决策集合，它受最大生产能力、最大库存量、需求量和计划期末库存量为0这几个方面的限制，应满足：

$$\begin{cases}0\leqslant u_3\leqslant 6\\ s_4=s_3+u_3-g_3\leqslant 3,\text{即}u_3\leqslant 3+g_3-s_3=5-s_3\\ s_3+u_3\geqslant g_3,\text{即}u_3\geqslant g_3-s_3=2-s_3\end{cases}$$

$$s_5=s_4+u4-g4=s_3+u3-g3+u_4-g_4=0,\text{即}u3=g3+g_4-s3-u_4=6-s3-u4\leqslant 6-s3$$

故有：

max（0，2-$s_3$）≤$u_3$≤min（6，5-$s_3$，6-$s_3$）=5-$s_3$且取整数。

我们对$s_3$=0，1，2，3分别求出$f_3$（$s_3$）的值。例如，当$s_3$=0时：

$$f_3(0)=\min_{2\leqslant u_3\leqslant 5}\{(3+u_3)+0.5\times 0+f_4(0+u_3-2)\}$$

$$=\begin{Bmatrix}u_3=2;5+7\\ u_3=3;6+6.5\\ u_3=4;7+6\\ u_3=5;8+5.5\end{Bmatrix}=12 \qquad u_3^*(0)=2$$

也就是说，如果第三个月月初库存量为0，则第三、四两个月的最低费用为12千元，第三个月的最优产量为2单位。以此类推，可以列出$f_3$（$s_3$）与$u_3$（$s_3$）的对应关系值，如表6-14所示。

表6-14　　$f_3$（$s_3$）与$u_3$（$s_3$）的计算过程及结果

| $s_3$ | 0 | | | | 1 | | | | 2 | | | | 3 | | |
|---|---|---|---|---|---|---|---|---|---|---|---|---|---|---|---|
| $u_3$（$s_3$） | 2 | 3 | 4 | 5 | 1 | 2 | 3 | 4 | 0 | 1 | 2 | 3 | 0 | 1 | 2 |
| $C+E+f_4$ | 12 | 12.5 | 13 | 13.5 | 11.5 | 12 | 12.5 | 13 | 8 | 11.5 | 12 | 12.5 | 8 | 11.5 | 12 |
| $f_3$（$s_3$） | 12 | | | | 11.5 | | | | 8 | | | | 8 | | |
| $u^*_3$（$s_3$） | 2 | | | | 1 | | | | 0 | | | | 0 | | |

当$k$=2时，类似地，有$s_2$只能取0，1，2，3。再分析决策变量$u_2$的允许决策集合，它同样受最大生产能力、最大库存量、需求量和计划期末库存量为0这几个方面的限制，应满足：

$$\max(0,\ g_2-s_2)\leqslant u_2\leqslant \min(6, g_2+3-s_2, g_2+g_3+g_4-s_2)$$

即：

$$\max(0,\ 4-s_2)\leqslant u_2\leqslant \min(6,\ 7-s_2,\ 10-s_2)=\min(6,\ 7-s_2)$$ 且取整数

根据基本方程：

$$f_2(s_2)=\min\{C(u_2)+0.5s_2+f_3(s_2+u_2-3)\}$$

我们对$s_2$=0，1，2，3分别求出$f_2$（$s_2$）的值。计算过程如表6-15所示。

表6-15　　$f_2$（$s_2$）与$u_2$（$s_2$）的计算过程及结果

| $s_2$ | 0 | | | 1 | | | | 2 | | | | 3 | | | |
|---|---|---|---|---|---|---|---|---|---|---|---|---|---|---|---|
| $u_2$（$s_2$） | 4 | 5 | 6 | 3 | 4 | 5 | 6 | 2 | 3 | 4 | 5 | 1 | 2 | 3 | 4 |
| $C+E+f_3$ | 19 | 19.5 | 17 | 18.5 | 19 | 16.5 | 17.5 | 18 | 18.5 | 16 | 17 | 17.5 | 18 | 15.5 | 16.5 |
| $f_2$（$s_2$） | 17 | | | 16.5 | | | | 16 | | | | 15.5 | | | |
| $u_2^*$（$s_2$） | 6 | | | 5 | | | | 4 | | | | 3 | | | |

当$k$=1时，由于$s_1$=0，故$u_1$的允许决策集合为：

$$g_1\leqslant u_1\leqslant \min(6, g_1+3, g_1+g_2+g_3+g_4)$$

即：

$$3\leqslant u_1\leqslant 5$$

根据基本方程：

$$f_1(s_1)=\min\{C(u_1)+0.5s_1+f_2(s_1+u_1-2)\}=\min\{3+u_1+f_2(u_1-2)\}$$

可以列出$f_1$（$s_1$）与$u_1$（$s_1$），如表6-16所示。

表6-16　　$f_1(s_1)$ 与 $u_1(s_1)$ 的计算过程及结果

| $s_1$ | 0 | | |
|---|---|---|---|
| $u_1(s_1)$ | 3 | 4 | 5 |
| $C+f_2$ | 23 | 23.5 | 24 |
| $f_1(s_1)$ | 23 | | |
| $u_1^*(s_1)$ | 3 | | |

由表6-16可知，四个月的最低费用为$f_1$（0）=23千元，第一个月的最优产量为3单位。再由计算过程表6-15、表6-14、表6-13可推得最优生产与存储计划为：

第一个月生产3单位，第二个月库存为0，生产6单位，第三个月库存为2，不生产，第四个月库存为0，生产4单位。

总结上述解题过程，可得此类生产与存储问题的基本方程为：

$$\begin{cases} f_k(s_k)=\min\limits_{u_k}\{C(u_k)+E(s_k)+f_{k+1}(s_k+u_k-g_k)\} \quad (k=n,n-1,\cdots,1) \\ f_{n+1}(s_{n+1})=0 \end{cases}$$

若设最大库存量为$q$，每月最大生产能力为$p$，则状态集合为：

$$0\leqslant s_k\leqslant\min\left[q,\sum_{j=k}^{n}g_j,\sum_{j=1}^{k-1}(p-g_j)\right]$$

允许决策集合为：

$$\max[0,g_k-s_k]\leqslant u_k\leqslant\min\left(p,\sum_{j=k}^{n}g_j-s_k,g_k+q-s_k\right)$$

例6-7中，我们假设当月生产的产品当月即可销售，即假设生产是瞬时完成的，但在实际生活中，生产往往需要一定的时间。例6-8中我们讨论这类生产与存储问题。

【例6-8】某工厂生产并销售某种产品，有一个仓库专门存放该产品，仓库最大容量为1 000单位。预计未来四个月该产品的需求将有极大的增长，存放的所有产品都能够销售出去。已知第$k$个月的单位生产成本为$c_k$，销售单价为$p_k$，如表6-17所示。第一个月初该产品的库存为500单位。由于产品生产周期较长，当月开始生产的产品只能在下个月初入库，因此工厂只能销售仓库现有的货。若不计库存费用，试确定未来四个月的生产与销售计划，使预期获利最大。

表6-17　　各月单位生产成本及销售单价

| 月份（$k$） | 1 | 2 | 3 | 4 |
|---|---|---|---|---|
| 单位生产成本（$c_k$） | 10 | 9 | 11 | 15 |
| 销售单价（$p_k$） | 12 | 8 | 13 | 17 |

解：将每个月视为一个阶段，因此$k$=1，2，3，4。设：

状态变量$s_k$：第$k$个月月初仓库的库存量。

决策变量$x_k$：第$k$个月的销售量。

$y_k$：第$k$个月开始生产的产量。

状态转移方程：$s_{k+1}=s_k-x_k+y_k$

指标函数：$v_k(s_k,x_k,y_k)$——第$k$个月的利润。即：

$v_k(sk,xk,yk)=p_kx_k-c_ky_k$

最优值函数$f_k$（$s_k$）：当第$k$个月月初的库存量为$s_k$时，从本月到计划结束（第4月末）的最大利润。则动态规划基本方程为：

$$\begin{cases} f_k(s_k)=\max\limits_{0\leqslant x_k\leqslant s_k,0\leqslant y_k\leqslant 1000-(s_k-x_k)}\{p_kx_k-c_ky_k+f_{k+1}(s_{k+1})\} & (k=4,3,2,1) \\ f_5(s_5)=0 \end{cases}$$

当$k$=4时：

$$f_4(s_4)=\max_{0\leqslant x_4\leqslant s_4,0\leqslant y_4\leqslant 1000-(s_4-x_4)}\{p_4x_4-c_4y_4\}=\max_{0\leqslant x_4\leqslant s_4,0\leqslant y_4\leqslant 1000-(s_4-x_4)}\{17x_4-15y_4\}$$

显然，当$x_4^*=s_4,y_4^*=0$时，$f_4(s_4)$取得最大值$f_4$（$s_4$）=$17s_4$。

当$k$=3时：

$$\begin{aligned} f_3(s_3)&=\max_{0\leqslant x_3\leqslant s_3,0\leqslant y_3\leqslant 1000-(s_3-x_3)}\{13x_3-11y_4+f_4(s_4)\} \\ &=\max_{0\leqslant x_3\leqslant s_3,0\leqslant y_3\leqslant 1000-(s_3-x_3)}\{13x_3-11y_3+17(s_3-x_3+y_3)\} \\ &=\max_{0\leqslant x_3\leqslant s_3,0\leqslant y_3\leqslant 1000-(s_3-x_3)}\{17s_3-4x_3+6y_3\} \end{aligned}$$

这个阶段需要求解一个线性规划问题：

$$\max\quad z=-4x_3+6y_3+17s_3$$

$$\begin{cases} x_3\leqslant s_3 \\ y_3-x_3\leqslant 1000-s_3 \\ x_3,y_3\geqslant 0 \end{cases}$$

当$x_3^*=s_3$，$y_3^*=1\,000-s_3+x_3=1\,000$时，$f_3$（$s_3$）取得最大值$f_3$（$s_3$）=$6\,000+13s_3$。

当$k$=2时，有：

$$\begin{aligned} f_2(s_2)&=\max_{0\leqslant x_2\leqslant s_2,0\leqslant y_2\leqslant 1000-(s_2-x_2)}\{8x_2-9y_2+f_3(s_3)\} \\ &=\max_{0\leqslant x_2\leqslant s_2,0\leqslant y_2\leqslant 1000-(s_2-x_2)}\{8x_2-9y_2+6\,000+13(s_2-x_2+y_2)\} \\ &=\max_{0\leqslant x_2\leqslant s_2,0\leqslant y_2\leqslant 1000-(s_2-x_2)}\{6\,000+13s_2-5x_2+4y_2\} \end{aligned}$$

此阶段也需要求解一个线性规划问题：

$$\max\quad z=6\,000+13s_2-5x_2+4y_2$$

$$\begin{cases} x_2\leqslant s_2 \\ y_2-x_2\leqslant 1000-s_2 \\ x_2,y_2\geqslant 0 \end{cases}$$

得$x_2^*=0$，$y_2^*=1\,000-s_2$。

故当$x_2^*=0$，$y_2^*=1\,000-s_2$时，$f_2$（$s_2$）取得最大值$f_2$（$s_2$）=$10\,000+9s_2$。

当$k$=1时，由于$s_1=500$，根据基本方程

$$\begin{aligned} f_1(500)&=\max_{0\leqslant x_1\leqslant 500,0\leqslant y_1\leqslant 500+x_1}\{12x_1-10y_1+f_2(s_2)\} \\ &=\max_{0\leqslant x_1\leqslant 500,0\leqslant y_1\leqslant 500+x_1}\{12x_1-10y_1+10\,000+9(s_1-x_1+y_1)\} \\ &=\max_{0\leqslant x_1\leqslant 500,0\leqslant y_1\leqslant 500+x_1}\{14\,500+3x_1-y_1\} \end{aligned}$$

解线性规划问题：

$$\max \quad z = 14\,500 + 3x_1 - y_1$$

$$\begin{cases} x_1 \leqslant 500 \\ y_1 - x_1 \leqslant 500 \\ x_1, y_1 \geqslant 0 \end{cases}$$

得：$x_1^*=500$，$y_1^*=0$，$f_1$（500）=16 000。

由上述过程逆推可得最优生产与销售计划为：

第一个月月初库存500单位，销售500单位，不生产，第二个月月初库存为0，销售量为0，生产1 000单位，第三个月月初库存为1 000单位，销售1 000单位，生产1 000，第四个月月初库存为1 000单位，销售1 000单位，不生产。

## 6.5 背包问题

背包问题的一般提法是：一位旅行者携带背包去登山，已知背包最大承重量为$a$千克，现有$n$种物品可供他选择装入背包，第$i$种物品的单件重量为$a_i$千克，其价值（重要性系数）是携带数量$x_i$的函数$c_i(x_i)$（$i$=1，2，…，$n$），问旅行者应如何选择携带各种物品的数量，使总价值最大？

设$x_i$为第$i$种物品的携带数量，则背包问题可归结为如下形式的整数规划模型：

$$\max z=\sum_{i=1}^{n} c_i(x_i)$$

$$\begin{cases} \sum_{i=1}^{n} a_i x_i \leqslant \mathrm{a} \\ x_i \geqslant 0, \text{且为整数}, i = 1,2,\cdots,n \end{cases}$$

下面用动态规划的逆序解法求解背包问题。

阶段$k$：将问题划分为$n$个阶段，每阶段装入一种物品，$k$=1，2，…，$n$。

状态变量$s_k$：第$k$阶段开始时背包中可装入的第$k$种到第$n$种物品的重量。

决策变量$x_k$：第$k$种物品的携带数量。

状态转移方程：$s_{k+1}=s_k - a_k x_k$

指标函数：$v_k$（$s_k$，$x_k$）——装入的第$k$种物品的总价值。即：

$$v_k(s_k,x_k) = c_k(x_k)$$

最优值函数$f_k$（$s_k$）：当背包中可装入的第$k$种到第$n$种物品的重量为$s_k$时，采用最优策略所装入的第$k$种到第$n$种物品的最大总价值。则动态规划基本方程为：

$$\begin{cases} f_k(s_k) = \max\limits_{0 \leqslant x_k \leqslant [s_k/a_k], \text{整数}} \{c_k(x_k) + f_{k+1}(s_{k+1})\} \quad (k = n, n-1, \cdots, 1) \\ f_{n+1}(s_{n+1}) = 0 \end{cases}$$

用动态规划的逆序解法逐步计算出$f_n(s_n), f_{n-1}(s_{n-1}), \cdots, f_1(a)$及相应的决策函数$x_n(s_n), x_{n-1}(s_{n-1}), \cdots, x_1(a)$，最后得到的即为所求的最大价值，相应的最优策略也可由逆向追踪法计算得出。

【例6-9】有一辆最大载重量为16吨的卡车，用以装载四种货物，每种货物的单位重量及相应的单位价值如表6-18所示。如何装载可使总价值最大？

表6-18　　　　四种货物的单位重量及单位价值

| 货物编号 | 1 | 2 | 3 | 4 |
|---|---|---|---|---|
| 单位重量（吨） | 3 | 4 | 5 | 6 |
| 单位价值（$c_i$） | 4 | 5 | 6 | 7 |

解：设第$i$种物品的携带数量为$x_i$。则问题可归结为如下模型：

$$\max z = 4x_1 + 5x_2 + 6x_3 + 7x_4$$

$$\begin{cases} 3x_1 + 4x_2 + 5x_3 + 6x_4 \leqslant 16 \\ x_1, x_2, x_3, x_4 \geqslant 0, \text{且为整数} \end{cases}$$

按上述方法建立动态规划模型，由于决策变量为离散值，故可用列表法求解。

将问题划分为四个阶段，每阶段决定一种货物的装载量。

当$k$=4时：

状态变量$s_4$的可能取值范围为0到16的整数，允许决策集为满足$0 \leqslant 6x_4 \leqslant s_4$的整数。

基本方程$f_4(s_4)=\max\limits_{0 \leqslant 6x_4 \leqslant s_4,\text{整数}}\{7x_4\}$，计算过程及结果见表6-19。

表6-19　　　　$f_4$（$s_4$）与$x_4$（$s_4$）的计算过程及结果

| $s_4$ | 0，1，2，3，4，5 | 6，7，8，9，10，11 | | 12，13，14，15，16 | | |
|---|---|---|---|---|---|---|
| $x_4(s_4)$ | 0 | 0 | 1 | 0 | 1 | 2 |
| $f_4(s_4)$ | 0 | 0 | 7 | 0 | 7 | 14 |
| $x_4^*(s_4)$ | 0 | 1 | | 2 | | |

当$k$=3时：

状态变量$s_3$的可能取值范围为0到16的整数，允许决策集为满足$0 \leqslant 5x_3 \leqslant s_3$的整数。

基本方程$f_3(s_3)=\max\limits_{0 \leqslant 5x_3 \leqslant s_3,\text{整数}}\{6x_3 + f_4(s_3 - 5x_3)\}$，计算过程及结果见表6-20。

表6-20　　　　$f_3$（$s_3$）与$x_3$（$s_3$）的计算过程及结果

| $s_3$ | 0，1，2，3，4 | 5 | | 6，7，8，9 | | 10 | | | 11 | | | 12，13，14 | | | 15 | | | | 16 | | | |
|---|---|---|---|---|---|---|---|---|---|---|---|---|---|---|---|---|---|---|---|---|---|---|
| $x_3$ | 0 | 0 | 1 | 0 | 1 | 0 | 1 | 2 | 0 | 1 | 2 | 0 | 1 | 2 | 0 | 1 | 2 | 3 | 0 | 1 | 2 | 3 |
| $c_3+f_4$ | 0 | 0 | 6 | 7 | 6 | 7 | 6 | 12 | 7 | 13 | 12 | 14 | 13 | 12 | 14 | 13 | 12 | 18 | 14 | 13 | 19 | 18 |
| $f_3(s_3)$ | 0 | 6 | | 7 | | 12 | | | 13 | | | 14 | | | 18 | | | | 19 | | | |
| $x_3^*(s_3)$ | 0 | 1 | | 0 | | 2 | | | 1 | | | 0 | | | 3 | | | | 2 | | | |

当$k$=2时：

状态变量$s_2$的可能取值范围为0到16的整数，允许决策集为满足$0 \leqslant 4x_2 \leqslant s_2$的整数。

基本方程$f_2$（$s_2$）$=\max\limits_{0 \leqslant 4x_2 \leqslant s_2,\text{整数}}\{5x_2 + f_3(s_2 - 4x_2)\}$，计算过程及结果见表6-21。

表6-21　　$f_2(s_2)$ 与 $x_2(s_2)$ 的计算过程及结果

| $s_2$ | 0，1，2，3 | 4 | | 5 | | 6，7 | | 8 | | | 9 | | | 10 | | | 11 | | |
|---|---|---|---|---|---|---|---|---|---|---|---|---|---|---|---|---|---|---|---|
| $x_2$ | 0 | 0 | 1 | 0 | 1 | 0 | 1 | 0 | 1 | 2 | 0 | 1 | 2 | 0 | 1 | 2 | 0 | 1 | 2 |
| $c_2+f_3$ | 0 | 0 | 5 | 6 | 5 | 7 | 5 | 7 | 5 | 12 | 7 | 11 | 12 | 12 | 12 | 10 | 13 | 12 | 10 |
| $f_2(s_2)$ | 0 | 5 | | 6 | | 7 | | 12 | | | 12 | | | 12 | | | 13 | | |
| $x_2^*(s_2)$ | 0 | 1 | | 0 | | 0 | | 2 | | | 2 | | | 0，1 | | | 0 | | |

| $s_2$ | 12 | | | | 13 | | | | 14 | | | | 15 | | | | 16 | | | | |
|---|---|---|---|---|---|---|---|---|---|---|---|---|---|---|---|---|---|---|---|---|---|
| $x_2$ | 0 | 1 | 2 | 3 | 0 | 1 | 2 | 3 | 0 | 1 | 2 | 3 | 0 | 1 | 2 | 3 | 0 | 1 | 2 | 3 | 4 |
| $c_2+f_3$ | 14 | 12 | 10 | 15 | 14 | 12 | 16 | 15 | 14 | 17 | 17 | 15 | 18 | 18 | 17 | 15 | 19 | 19 | 17 | 15 | 20 |
| $f_2(s_2)$ | 15 | | | | 16 | | | | 17 | | | | 18 | | | | 20 | | | | |
| $x_2^*(s_2)$ | 3 | | | | 2 | | | | 17 | | | | 0，1 | | | | 4 | | | | |

当$k=1$时：

状态变量$s_1=16$，允许决策集为满足$0 \leqslant 3x_1 \leqslant 16$的整数，即$x_1=0$，1，2，3，4，5。

基本方程$f_1$（16）$= \max\limits_{0 \leqslant x_1 \leqslant 3,\text{整数}} \left\{4x_1 + f_2(16 - 3x_1)\right\}$，计算过程及结果见表6-22。

表6-22　　$f_1(s_1)$ 与 $x_1(s_1)$ 的计算过程及结果

| $x_1$ | 0 | 1 | 2 | 3 | 4 | 5 |
|---|---|---|---|---|---|---|
| $c_1+f_2$ | 0 + 20 | 4 + 16 | 8+12 | 12+7 | 16 + 5 | 20+0 |
| $f_1(s_1)$ | 21 | | | | | |
| $x_1^*(s_1)$ | 4 | | | | | |

因此，$f_1$（16）=21，$x_1^*=4$。再用逆向追踪法求得最优策略为：

$s_1=16$，$x_1^*=4$，$s_2=4$，$x_2^*=1$，$s_3=0$，$x_3^*=0$，$s_4=0$，$x_4^*=0$。

即最优策略是装载第一种货物4件，第二种货物1件，不装第三、四种货物，可装入的四种物品的最大价值为21。

如约束条件不止一个，就是多维背包问题，其解法与一维背包问题类似，只是状态变量是多维的，读者可参照6.3节的多维资源分配问题求解。

## 6.6　其他动态规划问题

除了前面介绍的资源分配问题、生产与存储问题、背包问题之外，动态规划在经济管理领域还有许多应用，本节通过几个典型例子来说明其他方面的应用。

### 6.6.1　设备更新问题

企业生产经营活动中，经常会遇到一台设备应该使用多少年更新最合算的问题。一般来说，一台设备在比较新时，年运转量大，经济收入高，故障少，维修费用少，但随着使用年限的增加，年运转量减少因而收入减少，故障变多从而维修费用增加。更新设备可提高年净收入，但是当年要支出一笔数额较大的购买费。

设备更新问题的一般提法是：在已知一台设备的收益函数$r(t)$，维修费用函数$u(t)$及更新费用函数$c(t)$的条件下，要求在$n$年内的每年年初做出决策，是继续使用旧设备还是更新设备，使$n$年总收益最大。

设$r_k(t)$：在第$k$年设备已使用过$t$年（或称役龄为$t$年），再使用1年时的收益。

$u_k(t)$：在第$k$年设备役龄为$t$年，再使用一年的维修费用。

$c_k(t)$：在第$k$年卖掉一台役龄为$t$年的设备，买进一台新设备的更新净费用。

$\alpha$为折扣因子（$0\leq\alpha\leq1$），表示一年以后的单位收入价值相当于现年的$\alpha$单位。

这类问题可用动态规划方法求解。方法如下：

阶段$k$：将问题划分为$n$个阶段，每年为一个阶段，$k=1, 2, \cdots, n$。

状态变量$s_k$：第$k$年年初，设备已使用过的年数，即役龄。

决策变量$x_k$：第$k$年年初更新设备还是继续使用旧设备，分别用$R$或$K$表示。

状态转移方程：

$$s_{k+1}=\begin{cases}s_k+1 & \text{当}x_k=K\\ 1 & \text{当}x_k=R\end{cases}$$

阶段指标函数：

$$v_k(s_k,x_k)=\begin{Bmatrix}K:r_k(s_k)-u_k(s_k)\\ R:r_k(0)-u_k(0)-c_k(s_k)\end{Bmatrix}$$

最优值函数$f_k(s_k)$：第$k$年年初设备役龄为$s_k$年时，采用最优策略到第$n$年年末的最大收益。则动态规划基本方程为：

$$\begin{cases}f_k(s_k)=\max\limits_{x_k=R\text{或}K}\{v_k(s_k,x_k)+\alpha f_{k+1}(s_{k+1})\} & (k=n,n-1,\cdots,1)\\ f_{n+1}(s_{n+1})=0\end{cases}$$

实际上：

$$f_k(s_k)=\max\begin{Bmatrix}K:r_k(s_k)-u_k(s_k)+\alpha f_{k+1}(s_k+1)\\ R:r_k(0)-u_k(0)-c_k(s_k)+\alpha\ \ f_{k+1}(1)\end{Bmatrix}$$

【例6-10】某台新设备的年效益及年均维修费、更新费用如表6-23所示。试确定今后五年内的更新策略，使总收益最大。（设$\alpha=1$）

表6-23　**设备使用期内积年的效益、维修费及更新费用**

| 项目 \ 役龄$t$ | 0 | 1 | 2 | 3 | 4 | 5 |
|---|---|---|---|---|---|---|
| 效益$r_k(t)$ | 5 | 4.5 | 4 | 3.75 | 3 | 2.5 |
| 维修费$u_k(t)$ | 0.5 | 1 | 1.5 | 2 | 2.5 | 3 |
| 更新费$c_k(t)$ | 0.5 | 1.5 | 2.2 | 2.5 | 3 | 3.5 |

解：建立如前所述的动态规划模型，其中$n=5$。

当$k=5$时，状态变量$s_5$可取1，2，3，4。

由基本方程$f_5(s_5)=\max\begin{Bmatrix}K:r_5(s_5)-u_5(s_5)\\R:r_5(0)-u_5(0)-c_5(s_5)\end{Bmatrix}$可得：

$$f_5(1)=\max\begin{Bmatrix}K:r_5(1)-u_5(1)\\R:r_5(0)-u_5(0)-c_5(1)\end{Bmatrix}$$

$$=\max\begin{Bmatrix}K:4.5-1\\R:5-0.5-1.5\end{Bmatrix}=3.5\quad x_5(1)=K$$

$$f_5(2)=\max\begin{Bmatrix}K:r_5(2)-u_5(2)\\R:r_5(0)-u_5(0)-c_5(2)\end{Bmatrix}=\max\begin{Bmatrix}K:4-1.5\\R:5-0.5-2.2\end{Bmatrix}=2.5\quad x_5(2)=K$$

$$f_5(3)=\max\begin{Bmatrix}K:r_5(3)-u_5(3)\\R:r_5(0)-u_5(0)-c_5(3)\end{Bmatrix}=\max\begin{Bmatrix}K:3.75-2\\R:5-0.5-2.5\end{Bmatrix}=2\quad x_5(3)=R$$

$$f_5(4)=\max\begin{Bmatrix}K:r_5(4)-u_5(4)\\R:r_5(0)-u_5(0)-c_5(4)\end{Bmatrix}=\max\begin{Bmatrix}K:3-2.5\\R:5-0.5-3\end{Bmatrix}=1.5\quad x_5(4)=R$$

当$k=4$时，状态变量$s_4$可取1，2，3。

由基本方程$f_4(s_4)=\max\begin{Bmatrix}K:r_4(s_4)-u_4(s_4)+f_5(s_4+1)\\R:r_4(0)-u_4(0)-c_4(s_4)+f_5(1)\end{Bmatrix}$可得：

$$f_4(1)=\max\begin{Bmatrix}K:r_4(1)-u_4(1)+f_5(2)\\R:r_4(0)-u_4(0)-c_4(1)+f_5(1)\end{Bmatrix}$$

$$=\max\begin{Bmatrix}K:4.5-1+2.5\\R:5-0.5-1.5+3.5\end{Bmatrix}=6.5\quad x_4(1)=R$$

$$f_4(2)=\max\begin{Bmatrix}K:r_4(2)-u_4(2)+f_5(3)\\R:r_4(0)-u_4(0)-c_4(2)+f_5(1)\end{Bmatrix}$$

$$=\max\begin{Bmatrix}K:4-1.5+2\\R:5-0.5-2.2+3.5\end{Bmatrix}=5.8\quad x_4(2)=R$$

$$f_4(3)=\max\begin{Bmatrix}K:r_4(3)-u_4(3)+f_5(4)\\R:r_4(0)-u_4(0)-c_4(3)+f_5(1)\end{Bmatrix}$$

$$=\max\begin{Bmatrix}K:3.75-2+1.5\\R:5-0.5-2.5+3.5\end{Bmatrix}=5.5\quad x_4(3)=R$$

当$k=3$时，状态变量$s_3$可取1，2。

由基本方程$f_3(s_3)=\max\begin{Bmatrix}K:r_3(s_3)-u_3(s_3)+f_4(s_3+1)\\R:r_3(0)-u_3(0)-c_3(s_3)+f_4(1)\end{Bmatrix}$可得：

$$f_3(1)=\max\begin{Bmatrix}K:r_3(1)-u_3(1)+f_4(2)\\R:r_3(0)-u_3(0)-c_3(1)+f_4(1)\end{Bmatrix}$$

$$=\max\begin{Bmatrix}K:4.5-1+5.8\\R:5-0.5-1.5+6.5\end{Bmatrix}=9.5\quad x_3(1)=R$$

$$f_3(2)=\max\begin{Bmatrix}K:r_3(2)-u_3(2)+f_4(3)\\R:r_3(0)-u_3(0)-c_3(2)+f_4(1)\end{Bmatrix}$$

$$=\max\begin{Bmatrix}K:4-1.5+5.5\\R:5-0.5-2.2+6.5\end{Bmatrix}=8.8\quad x_3(2)=R$$

当$k=2$时，状态变量$s_2$只能取1。

由基本方程$f_2(s_2)=\max\begin{Bmatrix}K:r_2(s_2)-u_2(s_2)+f_3(s_2+1)\\R:r_2(0)-u_2(0)-c_2(s_2)+f_3(1)\end{Bmatrix}$可得：

$$f_2(1)=\max\begin{Bmatrix}K:4.5-1+8.8\\R:5-0.5-1.5+9.5\end{Bmatrix}=12.5\quad x_2(1)=R$$

当$k=1$时，状态变量$s_1$只能取0。

由基本方程$f_1(s_1)=\max\begin{Bmatrix} K:r_1(s_1)-u_1(s_1)+f_2(s_1+1) \\ R:r_1(0)-u_1(0)-c_1(s_1)+f_2(1) \end{Bmatrix}$可得：

$$f_1(0)=\max\begin{Bmatrix} K:5-0.5+12.5 \\ R:5-0.5-0.5+12.5 \end{Bmatrix}=17 \qquad x_1(0)=K$$

上述计算过程逆推回去，可知：

$s_1=0$，$x_1^*(0)=K$；

$s_2=1$，$x_2^*(1)=R$；

$s_3=1$，$x_3^*(1)=R$；

$s_4=1$，$x_4^*(1)=R$；

$s_5=1$，$x_5^*(1)=K$。

因此最优设备更新策略为：($K$，$R$，$R$，$R$，$K$)，即第一年年初购买的新设备在第二、第三、第四年年初各更新一次，用到第五年年末，其总收益为17万元。

### 6.6.2　可靠性问题

某种机器的工作系统由$n$个零部件串联组成，只要有一个零部件失灵，整个系统就不能正常工作。每个零部件都有几种规格可选用，但不同规格零部件的可靠性、所需费用不同，可靠性越高的零部件所需费用也越高。因此，在考虑费用限制条件下，如何选用各种零部件的规格，使整个系统的工作可靠性最大？

设零部件$i$可选用的规格有$N_i$个，选用规格$j$时的可靠性为$R_{ij}$，所需费用为$c_{ij}$，费用限额为$E$。

这个问题也可用动态规划方法求解。方法如下：

阶段$k$：将问题划分为$n$个阶段，每个阶段决定一个零部件的规格，$k=1，2，\cdots，n$

状态变量$s_k$：第$k$到第$n$个零部件的费用限额。

决策变量$x_k$：第$k$个零部件的规格，取值为1，2，3，…，$N_k$。

状态转移方程：$s_{k+1}=s_k-c_{kx_k}$

阶段指标函数：$v_k(s_k, x_k)=R_{kx_k}$

最优值函数$f_k(s_k)$：第$k$到第$n$个零部件的费用限额为$s_k$时，在相应部分可获得的最大可靠性。则动态规划基本方程为：

$$\begin{cases} f_k(s_k)=\max\limits_{x_k\in D_k(s_k)}\{v_k(s_k,x_k)\cdot f_{k+1}(s_{k+1})\} & (k=n,n-1,\cdots,1) \\ f_{n+1}(s_{n+1})=1 \end{cases}$$

【例6-11】某仪表由3种元件串联而成，每种元件的故障都会造成整台仪表的故障。每种元件都有3种规格可供选择，元件$i$选用规格$j$时的可靠性为$R_{ij}$，所需费用为$c_{ij}$，费用限额为10。如何确定各种元件的规格，使仪表的可靠性最高？其中：

$$[R_{ij}]=\begin{bmatrix} 0.5 & 0.7 & 0.9 \\ 0.7 & 0.8 & 0.9 \\ 0.6 & 0.8 & 0.9 \end{bmatrix},\ [c_{ij}]=\begin{bmatrix} 2 & 4 & 5 \\ 3 & 5 & 6 \\ 1 & 2 & 3 \end{bmatrix}$$

解：按上述方法建立动态规划模型，用逆序解法求解。

因为每一种元件都必不可少，而配备元件$i$的最小费用为$\min\{c_{ij}\}$（j=1，2，3），最大费用为$\max\{c_{ij}\}$（j=1，2，3），故$s_k$必须满足：

$$\sum_{i=k}^{n}\min\left\{c_{ij}\mid j=1,2,3\right\}\leqslant s_k\leqslant 10-\sum_{i=1}^{k-1}\min\left\{c_{ij}\mid j=1,2,3\right\}$$

因此有：

$6\leqslant s_1\leqslant 10$，$4\leqslant s_2\leqslant 8$，$1\leqslant s_3\leqslant 5$。

从状态转移方程中，我们还可求得下列关系式：$\sum_{i=k+1}^{n}\min\left\{c_{ij}\mid j=1,2,3\right\}\leqslant s_{k+1}\leqslant 10-\sum_{i=1}^{k}\min\left\{c_{ij}\mid j=1,2,3\right\}$，故$x_k$的取值应满足：

$$D_k(s_k)=\left\{x_k\mid \sum_{i=k+1}^{n}\min\left\{c_{ij}\mid j=1,2,3\right\}\leqslant s_k-c_{kx_k}\leqslant 10-\sum_{i=1}^{k}\min\left\{c_{ij}\mid j=1,2,3\right\}\right\}$$

上述不等式的右端即$c_{kx_k}\geqslant\sum_{i=1}^{k}\min\left\{c_{ij}\mid j=1,2,3\right\}+s_k-10$，不必考虑。故只考虑左端的约束。

当$k=3$时，状态变量$s_3$可取1，2，3，4，5。由上式可得：

$$D_3(s_3)=\left\{x_3\mid 0\leqslant s_3-c_{3x_3}\right\}=\left\{x_3\mid c_{3x_3}\leqslant s_3\right\}$$

允许决策集、最优值函数及$x_3^*$如表6-24所示。

表6-24　　$f_3(s_3)$与$x_3(s_3)$的计算过程及结果

| $s_3$ | 1 | 2 | | 3，4或5 | | |
|---|---|---|---|---|---|---|
| $x_3(s_3)$ | 1 | 1 | 2 | 1 | 2 | 3 |
| $R_{3x_3}$ | 0.6 | 0.6 | 0.8 | 0.6 | 0.8 | 0.9 |
| $f_3(s_3)$ | 0.6 | 0.8 | | 0.9 | | |
| $x_3^*(s_3)$ | 1 | 2 | | 3 | | |

当$k=2$时，状态变量$s_2$可取4，5，6，7，8。故有：

$$D_2(s_2)=\left\{x_2\mid \min\left\{c_{3j}\mid j=1,2,3\right\}\leqslant s_2-c_{2x_2}\right\}=\left\{x_2\mid 1\leqslant s_2-c_{2x_2}\right\}=\left\{x_2\mid c_{2x_2}\leqslant s_2-1\right\}$$

允许决策集、最优值函数及$x_2^*$由表6-25给出。

表6-25　　$f_2(s_2)$与$x_2(s_2)$的计算过程及结果

| $s_2$ | 4 | 5 | 6 | | 7 | | | 8 | | |
|---|---|---|---|---|---|---|---|---|---|---|
| $x_2(s_2)$ | 1 | 1 | 1 | 2 | 1 | 2 | 3 | 1 | 2 | 3 |
| $R_{2x_2}$ | 0.7 | 0.7 | 0.7 | 0.8 | 0.7 | 0.8 | 0.9 | 0.7 | 0.8 | 0.9 |
| $s_3=s_2-c_{2x_2}$ | 1 | 2 | 3 | 1 | 4 | 2 | 1 | 5 | 3 | 2 |
| $f_3(s_3)$ | 0.6 | 0.8 | 0.9 | 0.6 | 0.9 | 0.8 | 0.6 | 0.9 | 0.9 | 0.8 |
| $R_{2x_2}\cdot f_3(s_3)$ | 0.42 | 0.56 | 0.63 | 0.48 | 0.63 | 0.64 | 0.54 | 0.63 | 0.72 | 0.72 |
| $f_2(s_2)$ | 0.42 | 0.56 | 0.63 | | 0.64 | | | 0.72 | | |
| $x_2^*(s_2)$ | 1 | 1 | 1 | | 2 | | | 2或3 | | |

当$k$=1时，状态变量$s_1$可取6，7，8，9，10，为了使可靠性最大，$s_1$应取10。故有：

$$D_1(s_1)=\left\{x_1\ \middle|\min\left\{c_{2j}\middle|j=1,2,3\right\}+\min\left\{c_{3j}\middle|j=1,2,3\right\}\right\}\leqslant s_1-c_{x_1}$$

$$=\left\{x_1\ \middle|4\leqslant s_1-c_{1x_1}\right\}=\left\{x_1\ \middle|c_{1x_1}\leqslant s_1-4\right\}$$

允许决策集、最优值函数及$x_2^*$如表6-26所示。

表6-26　　$f_1$（$s_1$）与$x_1$（$s_1$）的计算过程及结果

| $s_1$ | 10 | | |
|---|---|---|---|
| $x_1$（$s_1$） | 1 | 2 | 3 |
| $R_{1x_1}$ | 0.5 | 0.7 | 0.9 |
| $s_2=s_1-c_{1x_1}$ | 8 | 6 | 5 |
| $f_2$（$s_2$） | 0.72 | 0.63 | 0.56 |
| $R_{1x_1}\cdot f_2$（$s_2$） | 0.36 | 0.441 | 0.504 |
| $f_1$（$s_1$） | 0.504 | | |
| $x_1^*$（$s_1$） | 3 | | |

由上述计算过程可知，再由逆向追踪法可得：

$s_1$= 10，$x_1^*$=3，$s_2$ =5，$x_2^*$=1，$s_3$ =2，$x_3^*$=2。

相应的可靠性为$f_1$（10）=0.504。

## 6.7　WinQSB软件在动态规划中的应用

WinQSB软件在动态规划中的应用是通过调用软件中的Dynamic Programming实现的，启动程序进入动态规划界面，点击File→New Problem，系统出现如图6-3所示的界面。

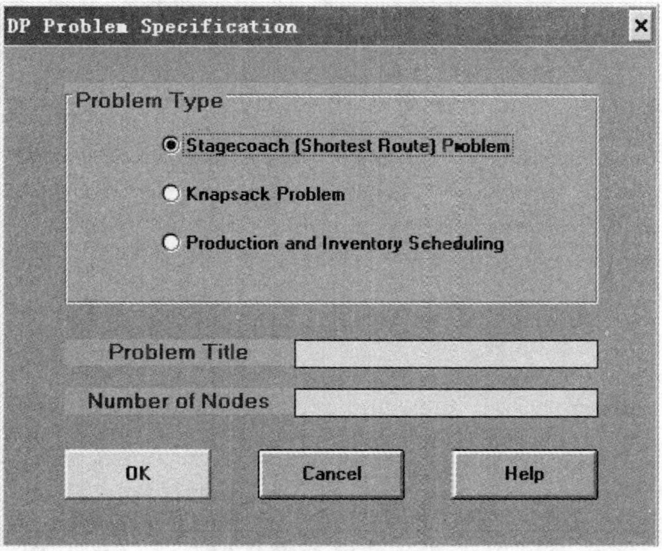


图6-3　动态规划问题约定界面

在图6-3中，有三个问题类型：最短路问题（Stagecoach Problem）、生产与存储问题（Production and Inventory Scheduling）、背包问题（Knapsack Problem）。下面通过例子说明三个问题的操作过程。

### 6.7.1 最短路问题

【例6-12】以例6-4说明WinQSB软件在最短路问题中的应用。

该问题从s点出发到达t点总共有16个节点，在图6-3中选择最短路问题（Stagecoach Problem），并在Number of Nodes（节点数）中输入16，点击OK，系统进入如图6-4所示的数据输入界面。

| From \ | Node1 | Node2 | Node3 | Node4 | Node5 | Node6 | Node7 | Node8 | Node9 | Node10 | Node11 | Node12 | Node13 | Node14 | Node15 | Node16 |
|---|---|---|---|---|---|---|---|---|---|---|---|---|---|---|---|---|
| Node1 | | | | | | | | | | | | | | | | |
| Node2 | | | | | | | | | | | | | | | | |
| Node3 | | | | | | | | | | | | | | | | |
| Node4 | | | | | | | | | | | | | | | | |
| Node5 | | | | | | | | | | | | | | | | |
| Node6 | | | | | | | | | | | | | | | | |
| Node7 | | | | | | | | | | | | | | | | |
| Node8 | | | | | | | | | | | | | | | | |
| Node9 | | | | | | | | | | | | | | | | |
| Node10 | | | | | | | | | | | | | | | | |
| Node11 | | | | | | | | | | | | | | | | |
| Node12 | | | | | | | | | | | | | | | | |
| Node13 | | | | | | | | | | | | | | | | |
| Node14 | | | | | | | | | | | | | | | | |
| Node15 | | | | | | | | | | | | | | | | |
| Node16 | | | | | | | | | | | | | | | | |

图6-4 数据输入界面

（1）修改节点名称。在图6-4的界面中，点击Edit→Node Names，完成节点名称的修改。

（2）输入数据。修改节点完成后，输入数据，系统显示如图6-5所示的界面。

| From | s | A1 | A2 | B1 | B2 | B3 | B4 | C1 | C2 | C3 | D1 | D2 | D3 | E1 | E2 | t |
|---|---|---|---|---|---|---|---|---|---|---|---|---|---|---|---|---|
| s | | 5 | 3 | | | | | | | | | | | | | |
| A1 | | | | 1 | 3 | 6 | | | | | | | | | | |
| A2 | | | | | 8 | 7 | 6 | | | | | | | | | |
| B1 | | | | | | | | 6 | 8 | | | | | | | |
| B2 | | | | | | | | 3 | 5 | | | | | | | |
| B3 | | | | | | | | | 3 | 3 | | | | | | |
| B4 | | | | | | | | | 8 | 4 | | | | | | |
| C1 | | | | | | | | | | | 2 | 2 | | | | |
| C2 | | | | | | | | | | | | 1 | 2 | | | |
| C3 | | | | | | | | | | | | 3 | 3 | | | |
| D1 | | | | | | | | | | | | | | 3 | 5 | |
| D2 | | | | | | | | | | | | | | 5 | 2 | |
| D3 | | | | | | | | | | | | | | 6 | 6 | |
| E1 | | | | | | | | | | | | | | | | 4 |
| E2 | | | | | | | | | | | | | | | | 3 |
| t | | | | | | | | | | | | | | | | |

图6-5 数据界面

（3）求解。点击系统菜单Solve and Analyze的下拉菜单选项：Solve the Problem（只求出最优距离），选择线路s→t，点击Solve，系统显示如图6-6所示的求解结果。

| 06-18-2017 Stage | From Input State | To Output State | Distance | Cumulative Distance | Distance to t |
|---|---|---|---|---|---|
| 1 | s | A1 | 5 | 5 | 18 |
| 2 | A1 | B2 | 3 | 8 | 13 |
| 3 | B2 | C1 | 3 | 11 | 10 |
| 4 | C1 | D2 | 2 | 13 | 7 |
| 5 | D2 | E2 | 2 | 15 | 5 |
| 6 | E2 | t | 3 | 18 | 3 |
| | From s | To t | Min. Distance | = 18 | CPU = 0 |

图6-6　求解结果

### 6.7.2　生产与存储问题

【例6-13】以例6-7说明WinQSB软件在生产与存储问题中的应用。

在图6-3中选择生产与存储问题（Production and Inventory Scheduling），并在Number of Periods（周期数）中输入4，点击OK，系统进入如图6-7所示的数据输入界面。

| Period (Stage) | Period Identification | Demand | Production Capacity | Storage Capacity | Production Setup Cost | Variable Cost Function (P,H,B: Variables) (e.g., 5P+2H+10B, 3(P-5)^2+100H) |
|---|---|---|---|---|---|---|
| 1 | Period1 | 0 | M | M | 0 | |
| 2 | Period2 | 0 | M | M | 0 | |
| 3 | Period3 | 0 | M | M | 0 | |
| 4 | Period4 | 0 | M | M | 0 | |

图6-7　数据输入界面

图6-7中Demand为需求量，Production Capacity为生产能力，Storage Capacity为存储容量限制，Production Setup Cost为生产时的固定成本，Variable Cost Function为变动成本函数（P为产量，H为存储量，B为缺货量）。

（1）输入数据。输入数据，系统显示如图6-8所示的界面。

| Period (Stage) | Period Identification | Demand | Production Capacity | Storage Capacity | Production Setup Cost | Variable Cost Function (P,H,B: Variables) (e.g., 5P+2H+10B, 3(P-5)^2+100H) |
|---|---|---|---|---|---|---|
| 1 | Period1 | 3 | 6 | 3 | 3 | P+0.5H |
| 2 | Period2 | 4 | 6 | 3 | 3 | P+0.5H |
| 3 | Period3 | 2 | 6 | 3 | 3 | P+0.5H |
| 4 | Period4 | 4 | 6 | 3 | 3 | P+0.5H |
| Initial | Inventory = | 0 | | | | |

图6-8　数据界面

（2）求解。点击系统菜单Solve and Analyze的下拉菜单选项：Solve the Problem（只求出最优生产与存储计划），系统显示如图6-9所示的求解结果。

| 06-18-2017 Stage | Period Description | Net Demand | Starting Inventory | Production Quantity | Ending Inventory | Setup Cost | Variable Cost Function (P,H,B) | Variable Cost | Total Cost |
|---|---|---|---|---|---|---|---|---|---|
| 1 | Period1 | 3 | 0 | 3 | 0 | ¥ 3.00 | P+0.5H | ¥ 3.00 | ¥ 6.00 |
| 2 | Period2 | 4 | 0 | 6 | 2 | ¥ 3.00 | P+0.5H | ¥ 7.00 | ¥ 10.00 |
| 3 | Period3 | 2 | 2 | 0 | 0 | 0 | P+0.5H | 0 | 0 |
| 4 | Period4 | 4 | 0 | 4 | 0 | ¥ 3.00 | P+0.5H | ¥ 4.00 | ¥ 7.00 |
| Total | | 13 | 2 | 13 | 2 | ¥ 9.00 | | ¥ 14.00 | ¥ 23.00 |

图6-9　求解结果

### 6.7.3　背包问题

【例6-14】以例6-9说明WinQSB软件在背包问题中的应用。

在图6-3中选择背包问题（Knapsack Problem），并在Number of Items（物品数）中输入4，点击OK，系统进入如图6-10所示的数据输入界面。

| Item (Stage) | Item Identification | Units Available | Unit Capacity Required | Return Function (X: Item ID) (e.g., 50X, 3X+100, 2.15X^2+5) |
|---|---|---|---|---|
| 1 | Item1 | M | 0 | |
| 2 | Item2 | M | 0 | |
| 3 | Item3 | M | 0 | |
| 4 | Item4 | M | 0 | |
| Knapsack | Capacity = | 0 | | |

图6-10　数据输入界面

（1）输入数据。输入数据，系统显示如图6-11所示的界面。

| Item (Stage) | Item Identification | Units Available | Unit Capacity Required | Return Function (X: Item ID) (e.g., 50X, 3X+100, 2.15X^2+5) |
|---|---|---|---|---|
| 1 | a | M | 3 | 4a |
| 2 | b | M | 4 | 5b |
| 3 | c | M | 5 | 6c |
| 4 | d | M | 6 | 7d |
| Knapsack | Capacity = | 16 | | |

图6-11　数据界面

（2）求解。点击系统菜单Solve and Analyze的下拉菜单选项：Solve the Problem（只求出最优方案），系统显示如图6-12所示的求解结果。

| 05-14-2017 Stage | Item Name | Decision Quantity (X) | Return Function | Total Item Return Value | Capacity Left |
|---|---|---|---|---|---|
| 1 | a | 4 | 4a | 16 | 4 |
| 2 | b | 1 | 5b | 5 | 0 |
| 3 | c | 0 | 6c | 0 | 0 |
| 4 | d | 0 | 7d | 0 | 0 |
| | Total | Return | Value = | 21 | CPU = 0.02 |

图6-12　求解结果

## 本章小结

动态规划是求解多阶段决策问题最优化问题的一种途径、一种方法，而不是一种特殊算法。不像搜索或数值计算那样，具有一个标准的数学表达式和明确清晰的解题方法。它往往是针对一种最优化问题。由于问题的性质不同，确定最优解的条件也互不相同，因而动态规划的设计方法对不同的问题，有各具特色的解题方法，而不存在一种可以解决各类最优化问题的万能的动态规划算法。因此在学习时，除了要对基本概念和方法正确理解外，必须具体问题具体分析处理，以丰富的想象力去建立模型，用创造性的技巧去求解。我们也可以通过对若干有代表性的问题的动态规划算法进行分析、讨论，逐渐学会并掌握这一设计方法。

动态规划算法通常用于求解具有某种最优性质的问题。在这类问题中，可能会有许多可行解。每一个解都对应于一个值，我们希望找到具有最优值的解。动态规划算法与分治法类似，其基本思想也是将待求解问题分解成若干个子问题，先求解子问题，然后从这些子问题的解得到原问题的解。与分治法不同的是，适合于用动态规划求解的问题，经分解得到子问题往往不是互相独立的。若用分治法来解这类问题，则分解得到的子问题数目太多，有些子问题被重复计算了很多次。如果我们能够保存已解决的子问题的答案，而在需要时再找出已求得的答案，这样就可以避免大量的重复计算，节省时间。我们可以用一个表来记录所有已解的子问题的答案。不管该子问题以后是否被用到，只要它被计算过，就将其结果填入表中。这就是动态规划法的基本思路。具体的动态规划算法多种多样，但它们具有相同的填表格式。

## 章末习题

1.用动态规划方法求图6-13中$s$至$t$的最长路线。

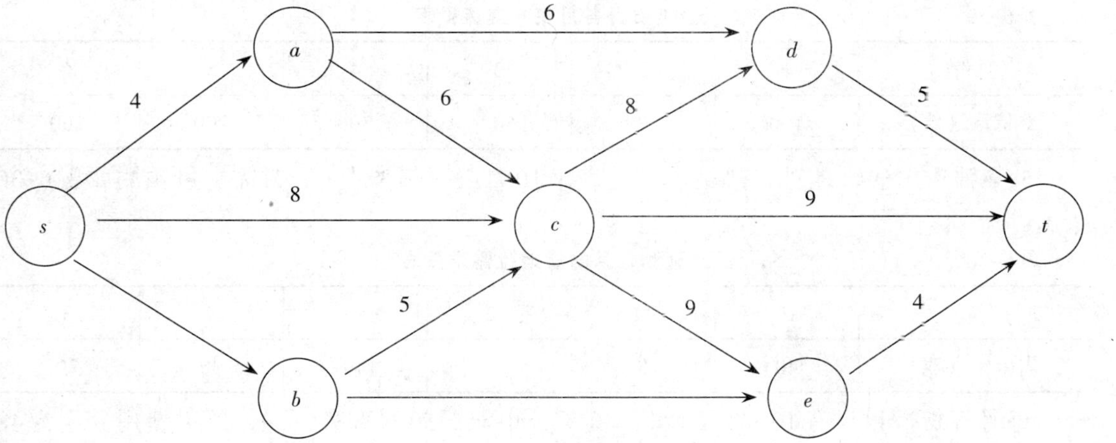


图6-13　交通网络图

2.现有资金100万元，拟在A、B、C、D四个企业间进行分配，已知各企业得到资金后的盈利情况如表6-27所示，用动态规划方法求总盈利最大的资金分配方案。

表6-27　　**四个企业得到资金后的盈利表**

| 企业＼资金 | 20 | 40 | 60 | 80 | 100 |
|---|---|---|---|---|---|
| A | 10 | 31 | 42 | 62 | 76 |
| B | 12 | 26 | 36 | 54 | 78 |
| C | 11 | 36 | 45 | 60 | 77 |
| D | 16 | 37 | 46 | 63 | 80 |

3.有两种资源各3单位，计划分配给三个部门。若把第一种资源$x_i$单位，第二种资源$y_i$单位分配给部门$i$，所得利润为$r_i$（$x_i$，$y_i$），如表6-28所示。试用动态规划方法确定最优分配方案，使总利润最大。

表6-28　　**三个部门得到资源（$x_i$，$y_i$）后的利润表**

| $y_i$＼$x_i$ | $r_1$（$x_1$，$y_1$） | | | | $r_2$（$x_2$，$y_2$） | | | | $r_3$（$x_3$，$y_3$） | | | |
|---|---|---|---|---|---|---|---|---|---|---|---|---|
| | 0 | 1 | 2 | 3 | 0 | 1 | 2 | 3 | 0 | 1 | 2 | 3 |
| 0 | 0 | 1 | 3 | 6 | 0 | 2 | 4 | 6 | 0 | 3 | 5 | 8 |
| 1 | 4 | 5 | 6 | 7 | 1 | 4 | 6 | 7 | 2 | 5 | 7 | 9 |
| 2 | 5 | 6 | 7 | 8 | 4 | 6 | 8 | 9 | 4 | 7 | 9 | 11 |
| 3 | 6 | 7 | 8 | 9 | 6 | 8 | 10 | 11 | 6 | 9 | 11 | 13 |

4.某工厂1-6月各月底的交货量如表6-29所示。该厂的生产能力为每月400件，仓库的存储能力为每月300件。已知每件货物的生产费用为100元，进行生产的月份工厂需要支出经常费用4 000元，仓库保管费为件货物每月10元。假定开始时及6月底交货后无存货。试问每月各生产多少件物品，才能既满足交货任务（不允许缺货）又使总费用最少？

表6-29　　**1-6月各月底的交货量表**

| 月份 | 1 | 2 | 3 | 4 | 5 | 6 |
|---|---|---|---|---|---|---|
| 交货量（件） | 100 | 200 | 500 | 300 | 200 | 100 |

5.某鞋店出售雪地靴，热销季节是每年10月至次年3月，各月需求量预测如表6-30所示。

表6-30　　**预测各月的雪地靴需求量表**

| 月份 | 10 | 11 | 12 | 1 | 2 | 3 |
|---|---|---|---|---|---|---|
| 需求量（双） | 40 | 20 | 30 | 40 | 30 | 20 |

每月订货数目只有10双、20双、30双、40双、50双五种可能，所需费用分别为48元、86元、118元、140元、160元。每月末的存货不应超过40双，存储费用按月末存靴量计算，每月每双为0.2元。因为雪地靴季节性强，且每年款式都有变化，因此希望热销

前后存货均为0。求满足需求量又使热销季节总费用最小的订货方案。

6.某卡车最大载重量为10吨，可用于装载三种货物，每种货物不超过3件，各种货物的单位重量及单位价值如表6-31所示。问如何安排运输，才能使所运货物总价值最大？

表6-31　三种货物的单位重量及单位价值表

| 货物代号 | 重量（吨） | 价值（元） |
|---|---|---|
| 1 | 2 | 100 |
| 2 | 3 | 140 |
| 3 | 4 | 180 |

7.有一辆卡车，可用于运输四种货物，各种货物每单位的重量、体积及价值如表6-32所示。

表6-32　单位货物的重量、体积及价值表

| 货物代号 | 重量（吨） | 体积（立方米） | 价值（千元） |
|---|---|---|---|
| 1 | 2 | 2 | 3 |
| 2 | 3 | 2 | 4 |
| 3 | 4 | 2 | 5 |
| 4 | 5 | 3 | 6 |

若该卡车的最大载重量为15吨，最大允许装载容积为10立方米，在许可的条件下，每种货物的件数不限。问应如何搭配这4种货物，才能使装载货物的总价值最大？

8.现有某种机器可以在高低两种不同负荷下进行生产。已知在高负荷下进行生产时，投入$U_A$台机器的年收益是$g(U_A)=u_A^2$（元），机器的完好率为$a$=0.7；相应地，在低负荷下投入$U_B$台机器的年收益是$g(U_B)=2u_B^2$（元），机器的完好率为$b$=0.4。假如开始生产时机器总数为1 000台，要求制订一个5年计划，问如何确定每年按两种负荷投入生产的机器数量，使得5年内生产的总收益最大？

9.某设备最长役龄为10年。每年的设备使用收益$w(t)$、使用费用$v(t)$、更新费用$u(t)$仅与设备役龄有关，与年份无关，具体关系如表6-33所示。设$\alpha$=1。

（1）试确定初始役龄为7（$t$=7）的设备的10年最佳更新策略；

（2）试确定$t$=6的设备的9年最优更新策略。

表6-33　设备积年的使用收益、使用费用及更新费用表

| $t$ | 0 | 1 | 2 | 3 | 4 | 5 | 6 | 7 | 8 | 9 | 10 |
|---|---|---|---|---|---|---|---|---|---|---|---|
| $w(t)$ | 24 | 24 | 24 | 23 | 23 | 23 | 22 | 21 | 21 | 21 | 20 |
| $v(t)$ | 13 | 14 | 15 | 15 | 17 | 17 | 17 | 18 | 19 | 19 | 19 |
| $u(t)$ | 8 | 8 | 8 | 9 | 9 | 9 | 9 | 10 | 10 | 10 | 11 |

10.为保证某台设备的正常运转，需备有3种不同的零件$E_1$、$E_2$、$E_3$。若增加备用零件

的数量，可提高设备正常运转的可靠性，但增加了费用。已知备用零件数与设备可靠性和费用的关系如表6-34所示。费用限额为8 000元。应如何安排各种零件的备件数量，使设备的可靠性最高？

表6-34　　备用零件数与设备可靠性和费用的关系表

| 备件数 | 增加的可靠性 | | | 费用（千元） | | |
|---|---|---|---|---|---|---|
| | $E_1$ | $E_2$ | $E_3$ | $E_1$ | $E_2$ | $E_3$ |
| $z=1$ | 0.3 | 0.2 | 0.1 | 1 | 3 | 2 |
| $z=2$ | 0.4 | 0.5 | 0.2 | 2 | 5 | 3 |
| $z=3$ | 0.5 | 0.9 | 0.7 | 3 | 6 | 4 |

# 第7章/ 网络计划

从事任何一项生产或进行任何一项工程，都必须尽可能充分地利用时间、空间和资源（人力、物力、财力），因而都必须编制一个组织、调度、控制生产或工程进度的计划。传统的工程进度计划图表为水平线条进度表，即横道图，是将工程中的各项工作按起讫时间和顺序，画在一张具有时间坐标的表格上，并用粗线表示工作的起始至结束时间。这种方法最早是由美国工程师甘特（Gantt）在20世纪初提出的，因此也叫甘特图，如图7-1所示。这种方法形象、直观，一经推出就被广泛应用。随着生产规模的扩大和工艺过程的复杂化，各个生产环节之间、各项工作之间的关系日益复杂，甘特图越来越难以反映这种内在关系，也不易直接看出影响整个工程完成的主导工作，因而要求有一种新的、更好的编制计划的方法和表达形式。

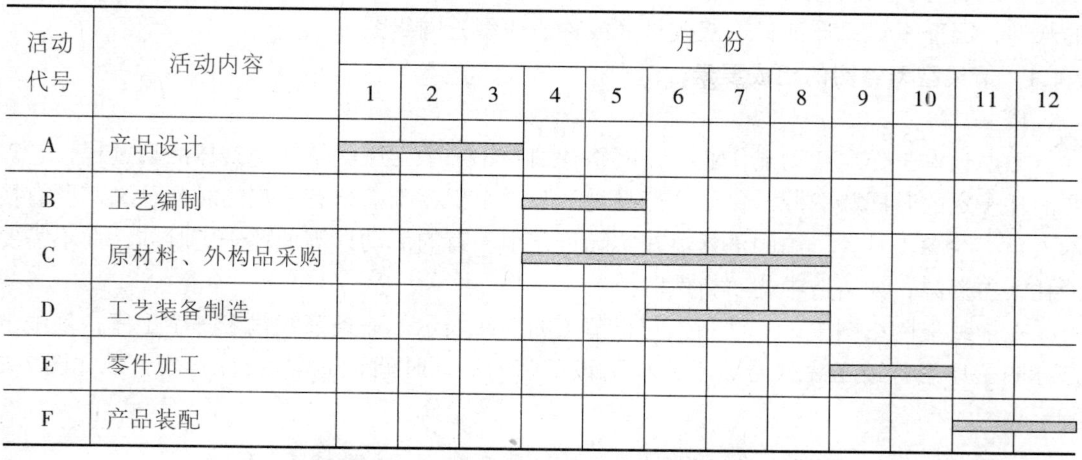


图7-1　各项活动进度安排的甘特图表示

网络计划图表是在20世纪50年代末期发展起来的一种工程项目进度计划的新形式和新技术。这类方法是通过网络图的形式，来表现产品（工程）的生产过程，分析审查和协调时间、资源，以拟定计划和选择最优计划方案，并据此组织和控制生产（工程）进度和费用（成本），使其达到预定目标。这类方法包括关键线路法（Critical Path Method，CPM）、计划评审技术（Program Evaluation and Review Technique，PERT）、图示评审技术（Graphic Evaluation and Review Technique，GERT）、风险评审技术（Venturesome

Evaluation and Review Technique，VERT）。由于这些方法均以网络图的形式表示，故统称它们为网络计划技术。在我国，华罗庚教授于1965年倡导推广这类方法，并将其称为统筹法。

网络计划可以应用在各种不同的项目计划上，特别适用于生产技术复杂，工作项目繁多，且联系紧密的一些跨部门的工作计划。例如新产品的研制开发，工厂、大楼、高速公路等大型工程项目的建设，大型复杂设备的维修以及新系统的设计与安装等计划。

编制网络计划包括绘制网络图、计算时间参数及网络优化等。

## 7.1 网络图

网络图是表示一项工程或一项生产任务中各个工作环节或各道工序的先后关系和所需时间的网状图，它由若干个节点和箭线组成。网络图分为双代号和单代号两种形式。双代号网络图又称箭线型网络图，用箭线表示工序（或称为活动、作业）。每一条箭线的箭头和箭尾各有一个圆圈，圆圈内编有号码，用前后两个圆圈中的号码表示这项工序，如图7—2（a）所示。单代号网络图又称为节点型网络图，它用节点表示工序，用箭线表示工序之间的关系，一个工序用一个节点表示。单代号网络图的表示方法如图7—2（b）所示。

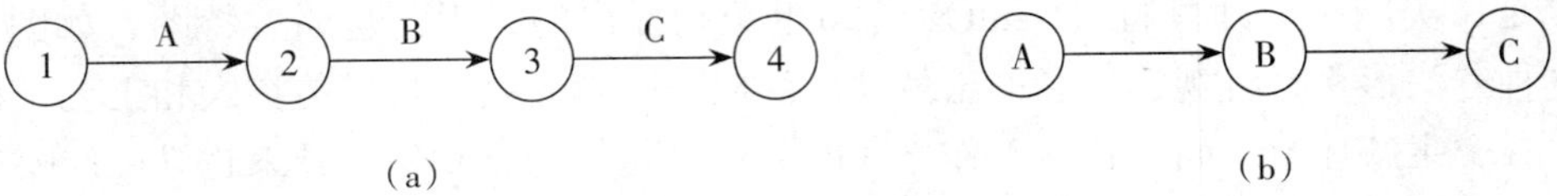


图7-2　网络图表示方式

相比而言，双代号网络图比单代号网络图使用更方便，深受管理人员和工程技术人员的欢迎，因而本章只详细讨论双代号（或称箭线型）网络图。

### 7.1.1　箭线型网络图的组成要素

1）工序

工序也称工作、活动或作业。在网络计划中，一个工序就是一个具体活动过程，它需要消耗一定的时间和资源。例如“产品设计”这个工序既需要有一定的时间，又需要有技术人员、绘图工具等资源的消耗。在实际工作中，有的活动只需消耗一定时间，而不需要消耗人力资源，如铸造中的“自然时效”。

在箭线型网络图中，工序用带起止节点的箭线表示。一条箭线代表一个工序，箭线上方标明工序名称或工序代号，下方标明该工序的活动时间，通常用$t(i,j)$表示，如图7-3所示。

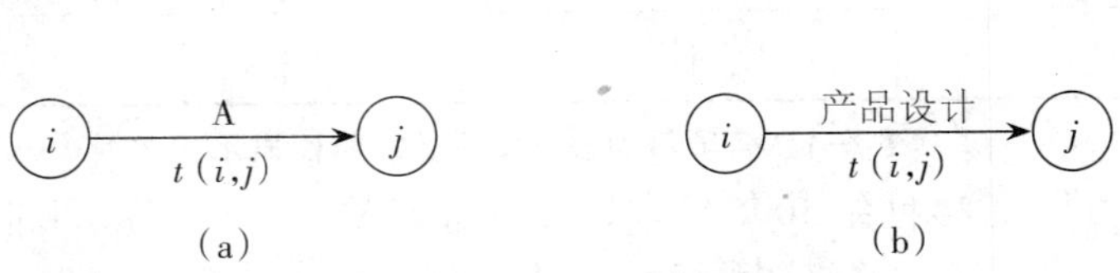


图7-3　工序的表示方法

2）虚工序

既不需要消耗时间也不需要消耗资源的活动称为虚工序，一般用虚箭线表示。虚工序是为了准确而清楚地表达各项工序之间的关系而引入的，它在实际工作中并不存在，但在箭线型网络图中却有着重要作用。

3）节点

节点又称事项、事件或结点。它表示一项工序开始或结束的瞬间。在网络图中，节点用圆圈及圆圈内的数字表示。

一个节点如果没有引入箭线，只有箭尾与其相连，则只表示某些工序的开始时间，而不表示任何工序的结束瞬间，该节点称为起始节点，或称网络图的“源”。一个节点如果没有引出的箭线，而只有引入的箭线，即只与箭头相连，则只表示某些工序的结束瞬间，而不表示任何工序的开始瞬间，这样的节点称为终点节点，或称网络图的“汇”。

一个网络图应该有且只能有一个起始节点和一个终点节点，介于起始节点与终点节点之间的节点都是中间节点。中间节点连接着前面工序箭线的箭头和后续工序箭线的箭尾。因此，中间节点的时间状态既表示前面工序的结束时刻，又表示后续工序的开始时刻。

箭线型网络图中节点的重要特性在于它的瞬时性，它只表示工序开始或结束的瞬间，本身不占用时间。

4）线路

线路又称为路线。观察图7-4可以发现，从网络图的起始节点出发，顺箭线方向经过一系列节点和箭线，到达网络图的终点节点有若干条通道，每一条通道都称为一条线路。例如，A→B→D→G（或用①→②→③→⑥→⑦表示）就是一条线路。

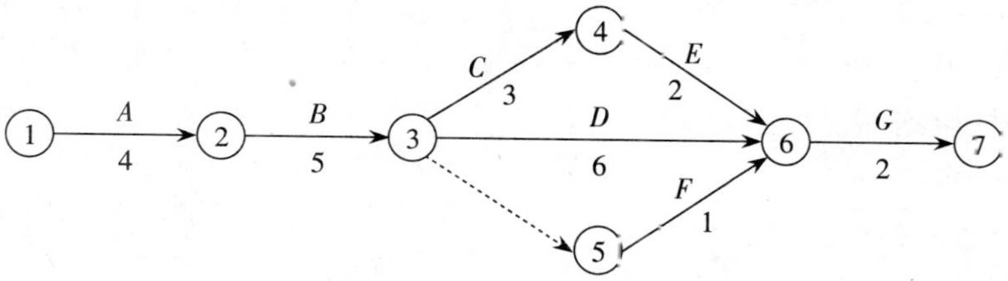


**图7-4　线路例图**

### 7.1.2　网络图的绘制规则

把表示各工序的箭线按照先后顺序及逻辑关系，由左至右排列画成图。再给节点统一编号，节点1表示整个计划的开始（总开始事项），图中最大的数码$n$表示计划结束事项（总完工事项），节点由小到大编号，对任一工序（$i$，$j$）来讲$i<j$。

在绘制网络图时，需要注意以下绘图规则：

（1）网络图只能有一个起始节点和一个终点节点。

图7-5中有两个起始节点①、⑦和三个终点节点④、⑥、⑨，不符合绘图规则。

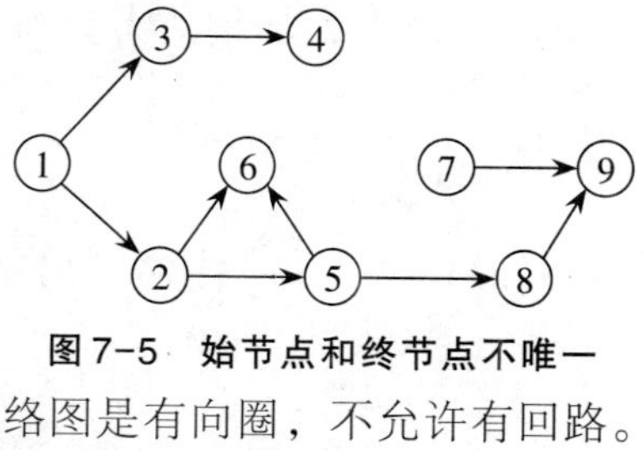


**图7-5　始节点和终节点不唯一**

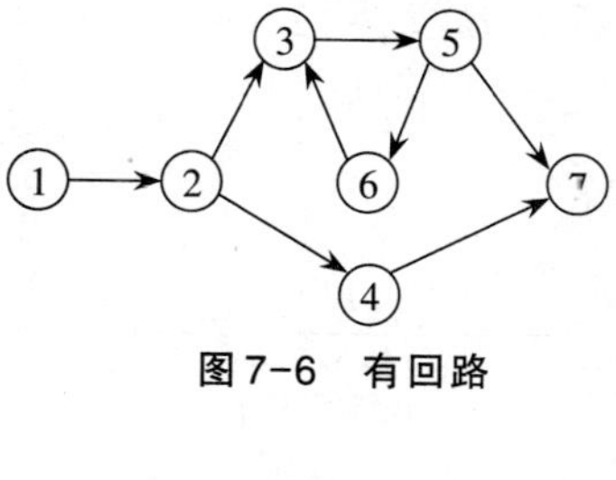


**图7-6　有回路**

（2）网络图是有向圈，不允许有回路。

在图7-6中，③→⑤→⑥→③是一个回路，不符合绘图规则。

（3）相邻两个节点$i,j$之间只能有一条箭线连接。

在图7-7中，相邻两个节点①、②之间有两条箭线连接，即同时存在两道工序，不符合绘图规则。

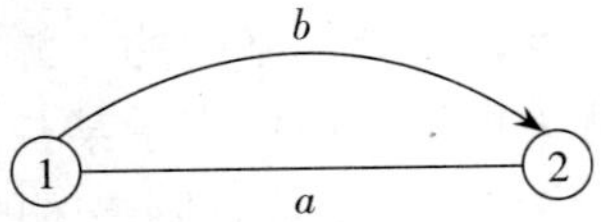


**图7-7　相邻两节点间工序不唯一**

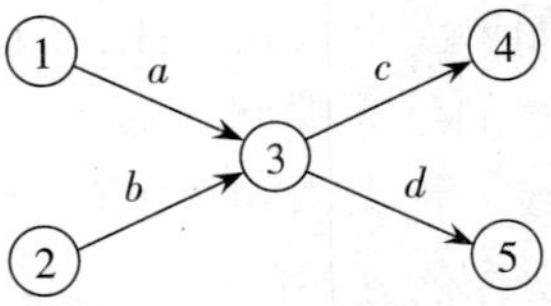


**图7-8　工序逻辑错误**

（4）必须正确表达紧前工序和紧后工序之间的逻辑关系。

紧前工序是指紧排在本工序之前的工序。只有在紧前工序完成后，才能开始本工序。紧后工序是指紧排在本工序之后的工序。只有在本工序完成后，才能开始紧后工序。

如4道工序$a$、$b$、$c$、$d$的关系为：$c$必须在$a$、$b$均完成之后才能开工，而$d$只需要在$b$完工后即可开工，如果将这种关系绘制成图7-8所示图形，则不能正确表达紧前工序和紧后工序之间的逻辑关系。

（5）正确运用虚工序。

对于不符合网络图绘制规则的图7-5、7-7、7-8可以通过添加虚工序的方法，改为符合绘图规则的网络图。

在图7-5中，①、⑦均为起始节点，在两者之间添加一道虚工序；④、⑥、⑨均为终点节点，在④、⑨，⑥、⑨之间分别添加一道虚工序。则图7-5变为只有一个起始节点和一个终点节点的网络图，如图7-9所示。

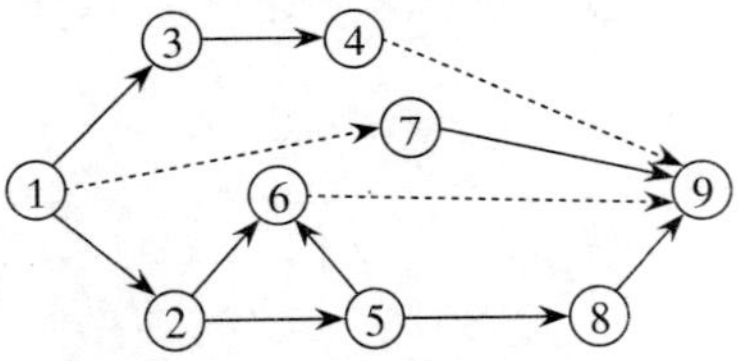


**图7-9　修正图7-5**

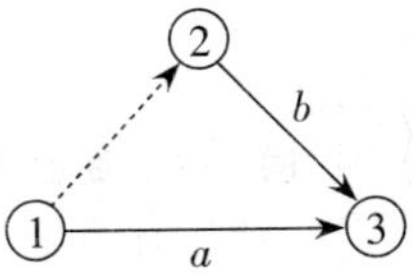


**图7-10　修正图7-7**

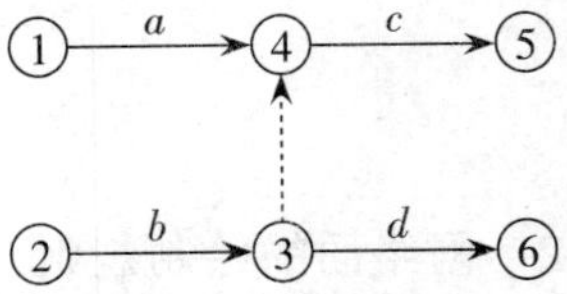


**图7-11　修正图7-8**

在图7-7中添加一道虚工序，则变为如图7-10所示的网络图。

在图7-8中，工序c的紧前工序是a、b，d的紧前工序是b，即工序a是c的紧前工序，b是c、d的紧前工序。通过添加虚工序，图7-8则为符合绘图规则的网络图，如图7-11所示。

另外，虚工序还可以用于正确表示平行工序与交叉工序。一道工序分为几道工序同时进行，称为平行，如图7-12（a）市场调研（2，3）需12天，如增加人力为三组同时进行，可画为7-12（b）。

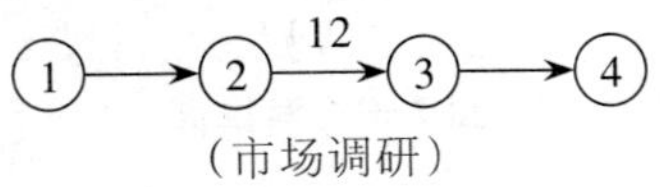


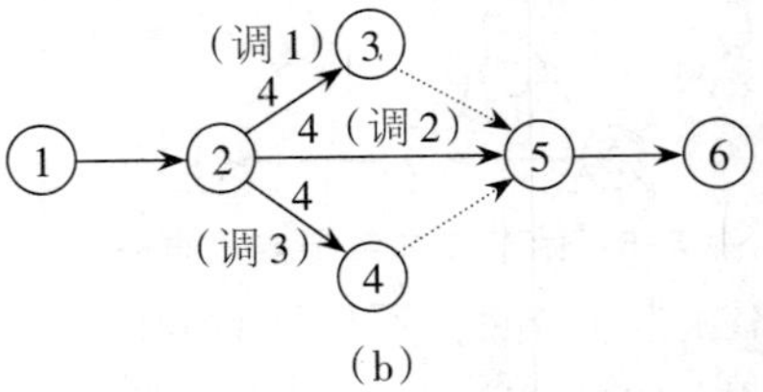


**图7-12　平行工序**

两件或两件以上的工序交叉进行时，称为交叉工序。如工序$A$与工序$B$分别为挖沟和埋管子，那么它们的关系可以是挖一段埋一段，不必等沟全挖好后再埋。这就可以用交叉工序来表示，如把这两件工序各分为三段，$A = a_1 + a_2 + a_3$，$B = b_1 + b_2 + b_3$，用图7-13表示。

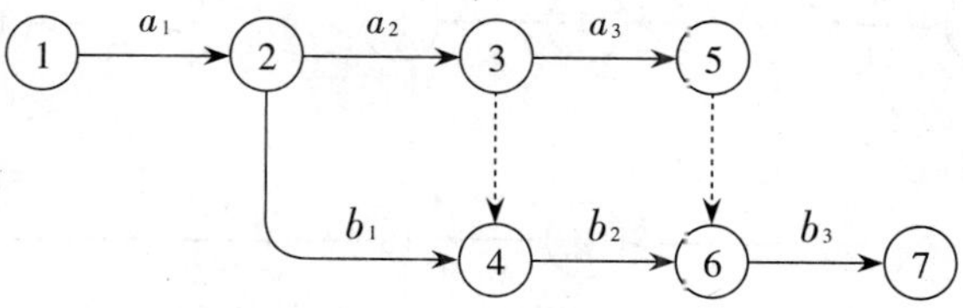


图7-13　交叉工序

### 7.1.3　网络图的绘制

绘制网络图一般分为三个步骤：

1）任务分解

任务分解是需要将一项任务分解成若干个工序，并分析清楚这些工序之间在工艺上和组织上的联系及制约关系，确定紧前工序和紧后工序，估计完成工序所需要的时间、人力、费用等资源，编制工序项目明细表。某新建工厂建设项目工序列表如表7-1所示。

表7-1　　新建工厂建设项目工序表

| 序号 | 工序名称 | 工序内容 | 紧前工序 | 工时（周） |
|---|---|---|---|---|
| 1 | A | 地基施工 | / | 9 |
| 2 | B | 承重墙施工 | A | 11 |
| 3 | C | 封顶 | B | 4 |
| 4 | D | 安装外部管道 | B | 4 |
| 5 | E | 安装内部管道 | D | 5 |
| 6 | F | 外墙施工 | C | 6 |
| 7 | G | 外部上漆 | D，F | 6 |
| 8 | H | 电路铺设 | B | 5 |
| 9 | I | 树墙板 | E，H | 8 |
| 10 | J | 铺地板 | I | 3 |
| 11 | K | 内部上漆 | I | 7 |
| 12 | L | 安装设备 | G，J，K | 8 |

2）绘制网络图

按照表7-1中所示的各工序之间的逻辑关系和绘图规则绘制网络图，并在箭线上标出工序名称和消耗的工时，如图7-14所示。

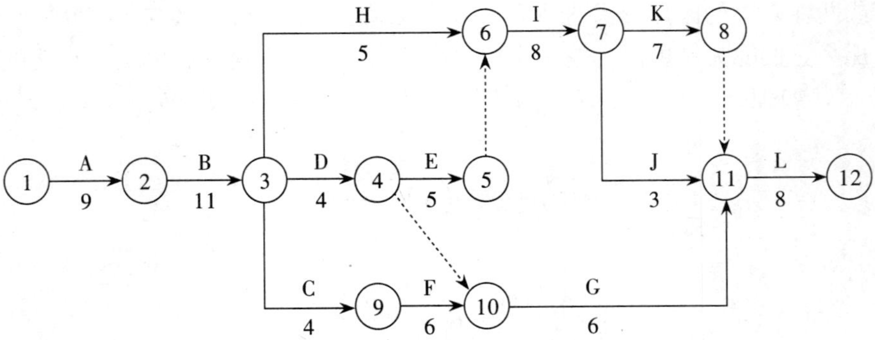


**图7-14　新建工厂建设项目的网络图**

3）节点编号

节点编号要满足前述的要求，即从起始节点到终点节点按从小到大编号。如工序 $(i,j)$，$i$为工序的箭尾编号，$j$为工序的箭头编号，规定$i<j$。编号不一定连续，留些间隔便于修改和添加工序。

## 7.2 网络图的时间参数计算

一个完整的网络图不仅要能够反映出任务（或工程）中所有工序之间的相互关系，而且要表明任务（或工程）的时间进度，还要标出任务（或工程）中的关键工序和关键线路，这样才能使相关的管理人员集中精力抓重点，合理调配资源，确保任务（或工程）进度。为此必须计算网络图的时间参数。计算网络图有关的时间参数，主要目的是找出关键线路，为网络计划的优化、调整和执行提供明确的时间概念。

图7-15是一个简单的网络图，从始点1到终点7共有4条线路。

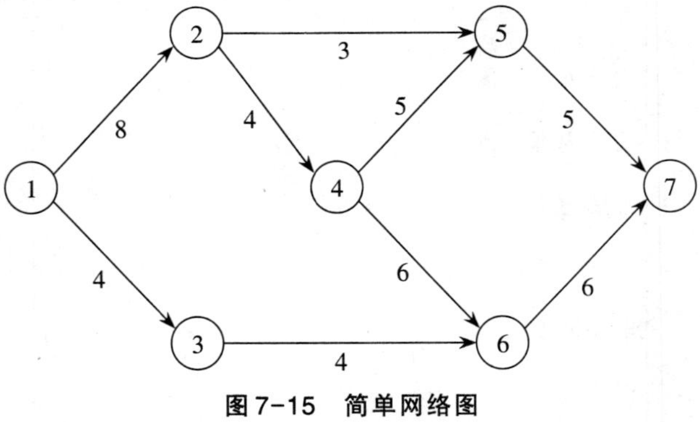


**图7-15　简单网络图**

这4条线路及相应的总工期分别为：

| | |
|---|---|
| ①→②→⑤→⑦ | 8+3+5=16（天） |
| ①→②→④→⑤→⑦ | 8+4+5+5=22（天） |
| ①→②→④→⑥→⑦ | 8+4+6+6=24（天） |
| ①→③→⑥→⑦ | 4+4+6=14（天） |

可以看出线路①→②→④→⑥→⑦所需时间最长，它表明整个任务的总完工期为24天。很明显，这条线路上若有一个工序迟延1天，整道工序的工期就要推迟1天；若某一工序能提前1天，整个任务就提前1天完成。而不在这条线路上的工序对总工期则没有这

种直接影响的关系。

### 7.2.1 网络时间参数的计算

网络图的时间参数是指节点的时间参数和工序的时间参数。进行时间参数的计算不仅可以得到关键线路，确定和控制整个任务在正常进度下的最早完工期，而且在掌握非关键工序基础上可进行人、财、物等资源的合理安排，进行网络计划的优化。

1）节点时间参数计算

（1）节点最早时间 $TE$。节点最早时间 $TE_j$ 是指以节点 $j$ 为开工节点的工序的最早开工时间，通常按箭头节点计算最早时间。节点最早时间的计算从起始节点开始，自左向右逐个节点向前，箭头节点的最早时间等于箭尾节点最早时间加上作业时间。用公式表示为：

$$TE_{(j)} = \max_{i<j<k}\left\{TE_{(i)} + t(i,j)\right\} \tag{7.1}$$

式中，$TE_{(i)}$ 为节点 $i$ 或箭尾节点的最早开工时间，$TE_{(j)}$ 为节点 $j$ 或箭头节点的最早开工时间，$t(i,j)$ 为工序 $(i,j)$ 所需的时间。对于最初节点的最早时间，记为：

$$TE_{(1)} = 0$$

（2）节点最迟时间 $TL$。节点最迟时间是以 $i$ 为完工节点工序的最迟必须结束时间，通常按箭尾节点计算最迟时间，计算公式为：

$$TL_{(i)} = \min_{\theta<i<j}\left\{TL_{(j)} - t(i,j)\right\} \tag{7.2}$$

式中，$TL_{(j)}$ 为节点 $j$ 或箭头节点的最迟必须结束时间，$TL_{(i)}$ 为节点 $i$ 或箭尾节点的最迟必须结束时间。对于最终节点 $n$，它的最迟时间等于它的最早时间，记为：

$$TL_{(n)} = TE_{(n)}$$

2）工序时间参数计算

（1）工序最早开工时间 $ES$。工序最早开工时间等于该工序对应的箭尾事件的最早可能发生时间，也是紧前工序最早可能完工时间的最大值。用公式表示为：

$$ES_{(i,j)} = \max_{\theta<i<j}\left\{ES_{(\theta,i)} + t(\theta,i)\right\} \tag{7.3}$$

式中，$\theta$ 是工序 $(i,j)$ 的紧前工序的箭尾节点，$t(\theta,i)$ 是紧前工序 $(\theta,i)$ 的时间。公式表明任何工序可以开工的前提条件是其所有紧前工序都必须全部完工，但紧前工序完工后其紧后工序不一定立即开工。立即开工时间就是最早开工时间，因此 $ES_{(i,j)}$ 也称为最早可能开始时间。

（2）工序最早完工时间 $EF$。工序最早完工时间等于该工序的最早开始时间与工序所需时间之和，用公式表示为：

$$EF_{(i,j)} = ES_{(i,j)} + t(i,j) \tag{7.4}$$

（3）工序最迟开工时间 $LS$。工序最迟开工时间是指为了不影响紧后工序按期开工，本工序最迟必须开工的时间。用公式表示为：

$$LS_{(i,j)} = \min_{i<j<k}\left\{LS_{(j,k)} - t(i,j)\right\} \tag{7.5}$$

式中，$k$ 是工序 $(i,j)$ 的紧后工序的完工节点。$\min\limits_{i<j<k} LS_{(j,k)}$ 是工序 $(i,j)$ 所有紧后工序最迟开工时间的最小值，也是工序 $(i,j)$ 最迟完工时间。

（4）工序最迟完工时间$LF$。工序最迟完工时间是指为保证工程按期完工的最迟必须完成的时间。工序最迟完工时间就等于该工序的箭头事件的最迟必须发生时间，用公式表示即为：

$$\begin{aligned} LF_{(i,j)} &= LS_{(i,j)} + t(i,j) \\ &= \min_{i<j<k}\left\{LS_{(j,k)}\right\} \end{aligned} \tag{7.6}$$

（5）工序总时差$ST_{(i,j)}$。工序总时差或松弛时间是指在不影响整个项目完工时间的条件下，工序开工时间可以推迟的时间。它表明该工序在整个项目中的机动时间。

工序$(i,j)$总时差的计算公式为：

$$\begin{aligned} ST_{(i,j)} &= LS_{(i,j)} - ES_{(i,j)} \\ &= LF_{(i,j)} - EF_{(i,j)} \end{aligned} \tag{7.7}$$

（6）工序单时差$FT$。工序单时差或自由时间是在不影响紧后工序最早开工时间的条件下，工序$(i,j)$的开工时间可以推迟的时间。其计算公式为：

$$FT_{(i,j)} = ES_{(j,k)} - EF_{(i,j)} \tag{7.8}$$

（7）关键工序和关键线路。在网络图上，总时差等于零的工序称为关键工序。关键工序的最早开工时间和最迟开工时间相同，没有推迟时间，只能按时完成。为区别方便，网络图上关键工序通常用粗箭线表示。

网络图中由关键工序组成的从起始节点到终点节点的线路称为关键线路。关键线路上的工序为关键工序，短于关键线路的线路都称为非关键线路。需要指出的是，关键线路可以有一条也可以有多条。

### 7.2.2 网络时间参数计算举例

利用手工计算网络时间参数，最常用的方法是图上计算法和表上计算法。图上计算法的优点是直观，容易掌握；但对于较复杂的网络图，会造成图上参数太多，不易辨认，也容易出错。一般地，图上计算法适用于30个节点左右的网络图，表上计算法适用于50个节点左右的网络图。

为方便辨认，最早时间用符号“□”表示，最迟时间用符号“△”表示。

例【7-1】以图7-14为例说明网络图时间参数的计算，要求：

（1）用图上计算法计算各工序的最早开工时间和最迟开工时间；

（2）用表上计算法计算各工序的6个参数；

（3）确定任务的关键工序和关键线路。

解：（1）如图7-16所示，按照节点编号利用式（7.3）和式（7.5）依次计算各工序的最早开工时间和最迟开工时间，并标注于网络图上。

图7-16中各工序的最早开工时间计算如下：

A工序：$ES_{(1,2)} = 0$

B工序：$ES_{(2,3)} = ES_{(1,2)} + t(1,2) = 0 + 9 = 9$

C工序：$ES_{(3,9)} = ES_{(2,3)} + t(2,3) = 9 + 11 = 20$

D工序：$ES_{(3,4)} = ES_{(2,3)} + t(2,3) = 9 + 11 = 20$

E工序：$ES_{(4,5)} = ES_{(3,4)} + t(3,4) = 20 + 4 = 24$

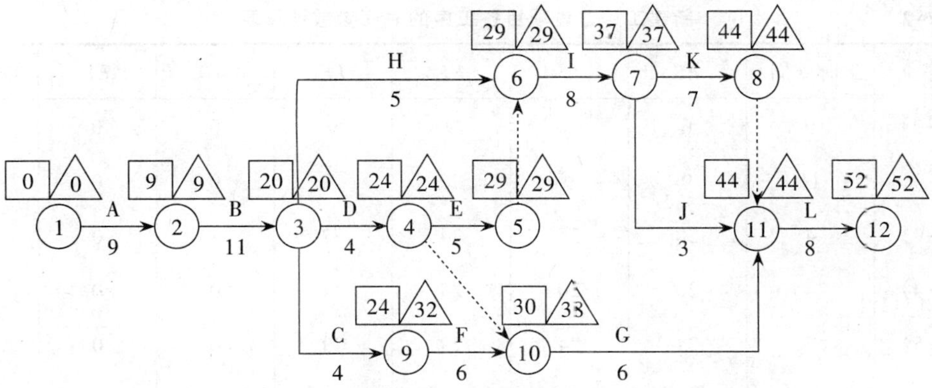


**图7-16　新建工厂建设项目网络时间参数计算**

F工序：$ES_{(9,10)}=ES_{(3,9)}+t(3,9)=20+4=24$

G工序：$ES_{(10,11)}=\max\left\{\left(ES_{(9,10)}+t(9,10)\right),\left(ES_{(3,4)}+t(3,4)\right)\right\}=\max\{24+6,20+4\}=30$

H工序：$ES_{(3,6)}=ES_{(2,3)}+t(2,3)=9+11=20$

I工序：$ES_{(6,7)}=\max\left\{\left(ES_{(3,6)}+t(3,6)\right),\left(ES_{(4,5)}+t(4,5)\right)\right\}=\max\{20+5,24+5\}=29$

J工序：$ES_{(7,11)}=ES_{(6,7)}+t(6,7)=29+8=37$

K工序：$ES_{(7,8)}=ES_{(6,7)}+t(6,7)=29+8=37$

L工序：$ES_{(11,12)}=\max\left\{\left(ES_{(7,8)}+t(7,8)\right),\left(ES_{(7,11)}+t(7,11)\right),\left(ES_{(10,11)}+t(10,11)\right)\right\}$

$=\max\{37+7,37+3,30+6\}=44$

$TE_{(12)}=TL_{(12)}=52$

图7-16中各工序的最迟开工时间计算如下：

L工序：$LS_{(11,12)}=TE_{(12)}-t(11,12)=52-8=44$

K工序：$LS_{(7,8)}=LS_{(11,12)}-t(7,8)=37$

J工序：$LS_{(7,11)}=LS_{(11,12)}-t(7,11)=44-3=41$

I工序：$LS_{(6,7)}=\min\left\{\left(LS_{(7,8)}-t(6,7)\right),\left(LS_{(7,11)}-t(6,7)\right)\right\}=\min\{37-8,41-8\}=29$

H工序：$LS_{(3,6)}=LS_{(6,7)}-t(3,6)=29-5=24$

G工序：$LS_{(10,11)}=LS_{(11,12)}-t(10,11)=44-6=38$

F工序：$LS_{(9,10)}=LS_{(10,11)}-t(9,10)=38-6=32$

E工序：$LS_{(4,5)}=LS_{(6,7)}-t(4,5)=29-5=24$

D工序：$LS_{(3,4)}=\min\left\{\left(LS_{(4,5)}-t(3,4)\right),\left(LS_{(10,11)}-t(3,4)\right)\right\}=\min\{24-4,38-4\}=20$

C工序：$LS_{(3,9)}=LS_{(9,10)}-t(3,9)=32-4=28$

B工序：$LS_{(2,3)}=\min\left\{\left(LS_{(3,6)}-t(2,3)\right),\left(LS_{(3,4)}-t(2,3)\right),\left(LS_{(3,9)}-t(2,3)\right)\right\}$

$=\min\{24-11,20-11,28-11\}=9$

A工序：$LS_{(1,2)}=LS_{(2,3)}-t(1,2)=9-9=0$

（2）利用式（7.3）、（7.4）、（7.5）、（7.6）、（7.7）、（7.8），采用表上计算法计算各工序的6个参数，如表7-2所示。

表7-2　　　　新建工厂建设项目各工序的时间参数计算表

| 工序 | 工时（周） | *ES* | *LS* | *EF* | *LF* | *ST* | *FT* | 关键工序 |
|---|---|---|---|---|---|---|---|---|
| A（1-2） | 9 | 0 | 0 | 9 | 9 | 0 | 0 | 是 |
| B（2-3） | 11 | 9 | 9 | 20 | 20 | 0 | 0 | 是 |
| C（3-9） | 4 | 20 | 28 | 24 | 32 | 8 | 0 | 否 |
| D（3-4） | 4 | 20 | 20 | 24 | 24 | 0 | 0 | 是 |
| E（4-5） | 5 | 24 | 24 | 29 | 29 | 0 | 0 | 是 |
| F（9-10） | 6 | 24 | 32 | 30 | 38 | 8 | 0 | 否 |
| G（10-11） | 6 | 30 | 38 | 36 | 44 | 8 | 8 | 否 |
| H（3-6） | 5 | 20 | 24 | 25 | 29 | 4 | 4 | 否 |
| I（6-7） | 8 | 29 | 29 | 37 | 37 | 0 | 0 | 是 |
| J（7-11） | 3 | 37 | 41 | 40 | 44 | 4 | 4 | 否 |
| K（7-8） | 7 | 37 | 37 | 44 | 44 | 0 | 0 | 是 |
| L（11-12） | 8 | 44 | 44 | 52 | 52 | 0 | 0 | 是 |

（3）确定任务的关键工序和关键线路。由图7-16和表7-2可知，A、B、D、E、I、K、L是关键工序，由它们组成的线路就是关键线路。该问题的关键线路还可写为①→②→③→④→⑤→⑥→⑦→⑧→⑪→⑫，总工期为52周，如图7-17所示。

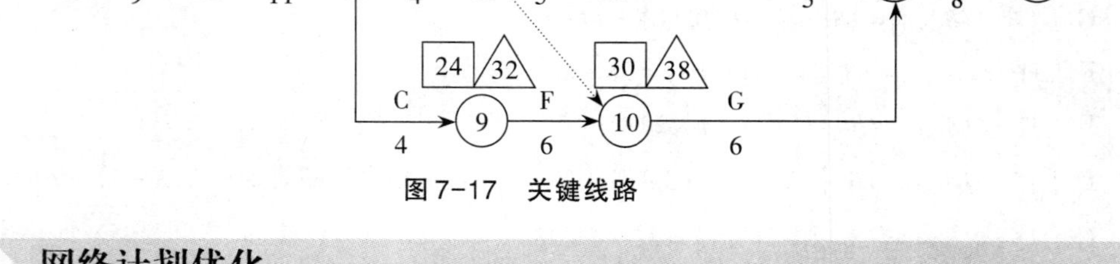


图7-17　关键线路

## 7.3 网络计划优化

通过绘制网络图、计算网络图时间参数和确定关键线路，可以得到一个初始任务安排的计划方案，但通常还要对这个初始的计划方案进行调整和完善，以使计划方案达到最优。

所谓网络计划的优化，就是在满足既定条件下，按一定的衡量指标寻求最优的网络计划过程。理想的衡量指标应综合工程周期、资源、费用等因素，但目前尚没有一个这样的能反映所有因素的综合模型。对于具体问题，只能确定优先规则，按某一衡量指标优化。

### 7.3.1 资源优化

对于一项任务而言，其可使用的资源总是有限的。因而初始计划方案编制完成后，需要进一步考虑现有资源的问题，即根据任务的实际情况和具体要求，对任务进行资源的合理配置，使任务进度与资源利用得到合理安排。

资源优化的具体方法为：首先，优先安排关键工序所需要的资源；其次，利用非关键工序的时差，错开各工序的开工时间，拉开资源需要量的高峰；最后，统筹考虑任务进度要求和现有资源的限制，经过多次综合调整，得到优化的计划方案。

【例7-2】某工程项目完成各工序所需要的时间及工人如表7-3所示。

表7-3　**某工程项目各工序所需资源**

| 工序 | 紧前工序 | 持续时间/天 | 需要工人/人 |
|---|---|---|---|
| A | — | 4 | 9 |
| B | — | 2 | 6 |
| C | B | 2 | 7 |
| D | — | 3 | 3 |
| E | C | 3 | 5 |
| F | D | 3 | 4 |
| G | E，F | 4 | 1 |

假定某工程队有工人10人，工程中所有工序都可以由该部分工人来完成。如果总工期不变，如何平衡人力资源？

解：（1）画出工程项目的网络图，如图7-18所示：

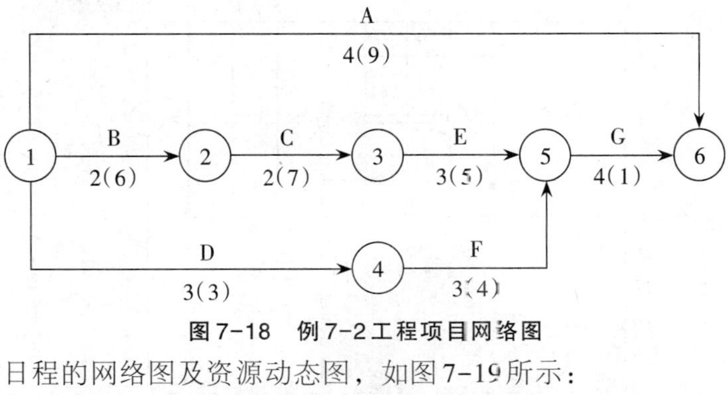


**图7-18　例7-2工程项目网络图**

（2）画出带日程的网络图及资源动态图，如图7-19所示：

由图7-19可见，若按每道工序的最早开工时间安排，人力需求很不均匀，最多者为20人/日，最少为1人/日，这种安排即使在人力资源充足条件下也是很不经济的。

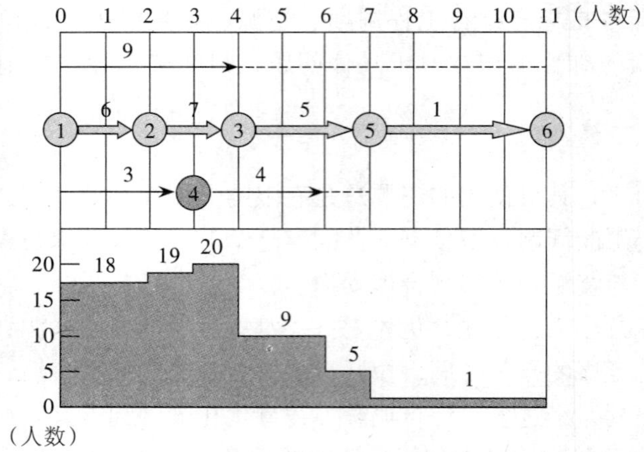


图7-19　带日程网络图

（3）优化。网络图的优化，需要按资源的日需求量所划分的时间段逐步从始点向终点进行调整。

第一次优化：调整［0，2］时间段，将需要9人的工序推后2天，如图7-20所示。

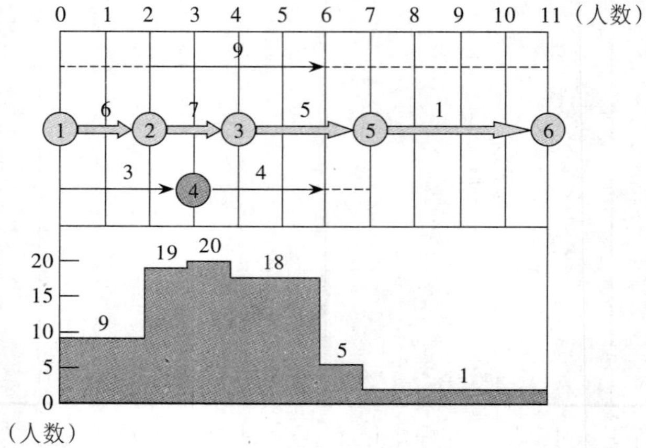


图7-20　第一次优化结果

第二次优化：调整［2，3］时间段，将需要9人的工序再推后1天，如图7-21所示。

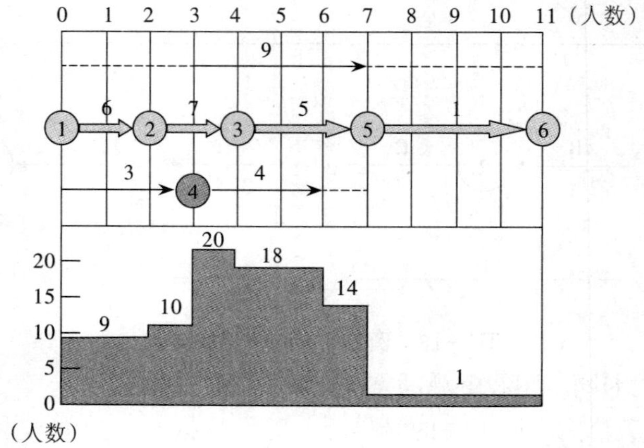


图7-21　第二次优化结果

第三次优化：调整［3，11］时间段，将需要9人的工序推到最后，将需要4人的工序推后1天，如图7-22所示。

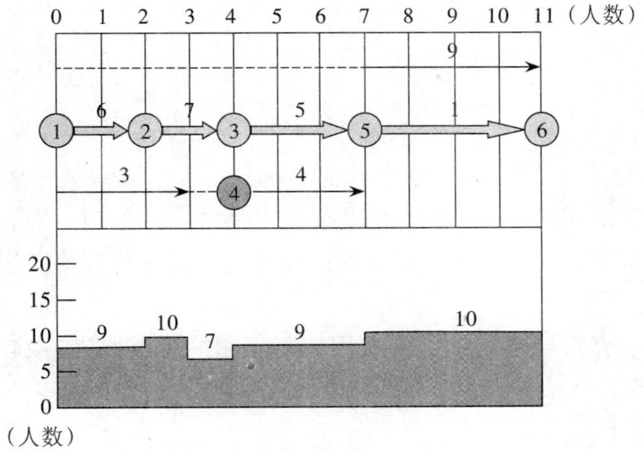


图7-22　第三次优化结果

### 7.3.2　时间—费用优化

时间—费用优化就是在使工期尽可能短的同时，也使费用尽可能少。能够实现时间—费用优化的原因是，工程总费用可以分为直接费用和间接费用两部分，这两部分费用随工期变化而变化的趋势是相反的。

1）直接费用$C_D$

直接费用$C_D$是指能够直接计入成本计算对象的费用，如直接工人工资、原材料费用等。直接费用随工期的缩短而增加。

工序如果按正常工作班次进行，其延续时间称为正常时间，记为$t_z$；所需费用称为正常费用，记为$c_z$。若增加直接费用投入，就可以缩短这道工序所需的时间，但工序所需时间不可能无限缩短。如加班加点，一天也只有24小时，生产设备有限，投入更多的人力也不会增加产出。称赶工时间条件下工序所需最少时间为极限时间，记为$t_g$；相应所需费用为极限费用，记为$c_g$。直接费用与工序时间之间的关系如图7-23所示。

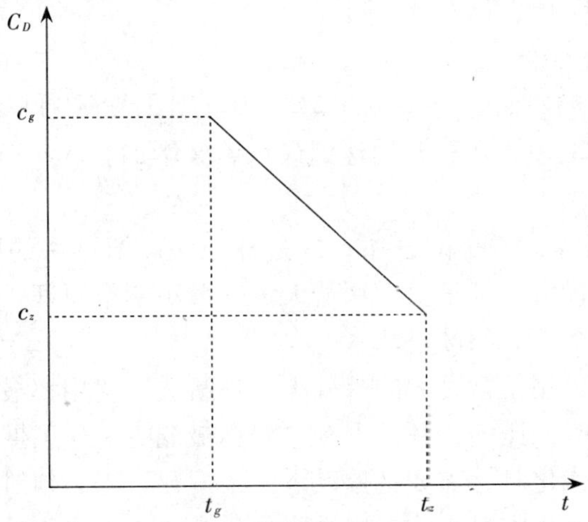


图7-23　工序直接费用与时间的关系

为简化处理，可将工序时间—费用关系视为一种线性关系。在线性假定条件下，活动每缩短一个单位时间所引起直接费用增加称为直接费用变化率，记为$e$，用公式表示为：

$$e=\frac{c_g-c_z}{t_z-t_g}$$

2）间接费用$C_I$

间接费用$C_I$是与整个工程有关的、不能或不宜直接分摊给某一活动的费用，包括工程管理费用、拖延工期罚款、提前完工的奖金、占用资金应付利息等。间接费用与工期成正比关系，即工期越长，间接费用越高，反之则越低。通常将间接费用与工期的关系作为线性关系处理。

工程总费用$C_T$、直接费用$C_D$、间接费用$C_I$与工期的关系如图7-24所示。

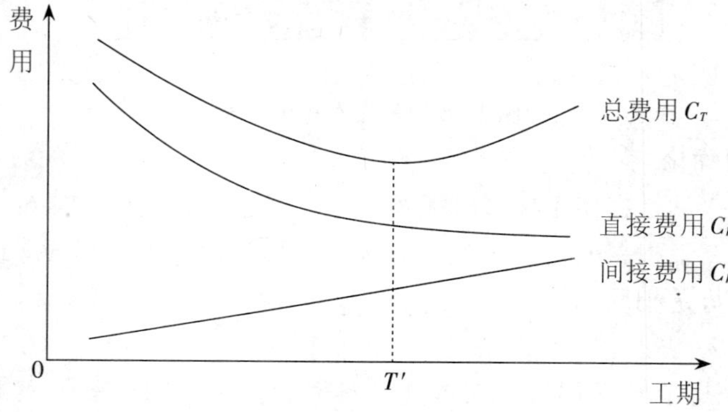


**图7-24　费用与工期的关系**

由图7-24可以看出，总费用先随工期缩短而降低，然后又随工期进一步缩短而上升。总费用的这一变化特点告诉人们，其间必有一最低点，该点所对应的工程周期就是最佳工期，如图7-24中$T'$点所示。时间—费用优化的过程，就是寻求总费用最低的过程。

设工期从$T$压缩至$T'$，相应的总费用变化为：

$$\begin{aligned}C_T(T')&=C_D(T')+C_I(T')\\&=[C_D(T)+\Delta C_D]+[C_I(T)+\Delta C_I]\end{aligned}$$

$$C_T(T')-C_T(T)=\Delta C_D+\Delta C_I \tag{7.9}$$

（7.9）式为总费用的增量。若$\Delta C_D+\Delta C_I<0$，则工期还可以进一步缩短；若$\Delta C_D+\Delta C_I>0$，则工期进一步缩短，在总费用达到最低后又增加。

3）费用优化

费用优化方法有两种：一是渐近法；二是标记法。渐近法的原理简单易懂，计算量小，但不一定能得到最优解。标记法采用最大流—最小割集原理，一般能得到最优解，但计算量大，求解困难。下面介绍渐近法。

渐近法是在各工序采用正常时间的基础上，不断选取费用率最小的关键工序或关键工序的组合，进行有效的时间压缩，从而得到总费用最低的最佳工期。

在进行时间—费用优化时，需要把握以下三条规则：①必须对关键线路上的工序进行优化；②选择直接费用变化率最小的工序进行优化：③在可优化的时间范围内进行优化。

下面通过一个例子说明时间—费用优化的方法。

【例7-3】某工程项目网络图如图7-25所示。各道工序的正常时间、正常费用、赶工时间、赶工费用如表7-4所示。设该项目单位时间的间接费用为1 000元。试找出最佳工期。

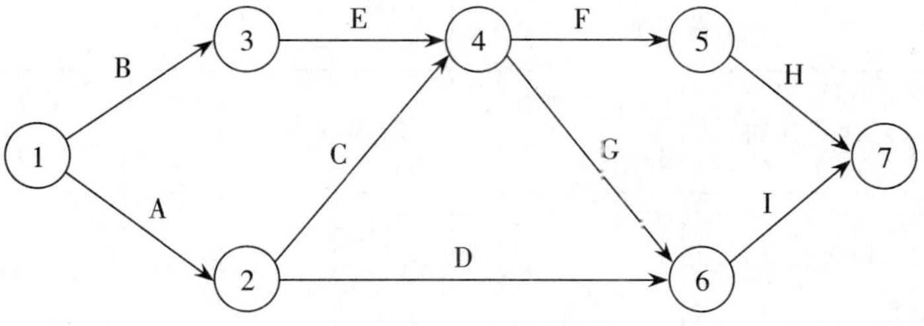


图7-25　例7-3项目网络图

表7-4　正常时间与赶工时间情况下的直接费用

| 作业代号 | 节点 | 正常时间 | | 赶工时间 | |
|---|---|---|---|---|---|
| | | 时间（周） | 直接费用（千元） | 时间（周） | 直接费用（千元） |
| A | 1-2 | 6 | 4 | 3 | 5 |
| B | 1-3 | 5 | 3 | 1 | 5 |
| C | 2-4 | 7 | 4 | 5 | 10 |
| D | 2-6 | 5 | 3 | 2 | 6 |
| E | 3-4 | 6 | 4 | 2 | 7 |
| F | 4-5 | 6 | 3 | 4 | 6 |
| G | 4-6 | 9 | 6 | 5 | 11 |
| H | 5-7 | 2 | 2 | 1 | 4 |
| I | 6-7 | 4 | 2 | 1 | 5 |

解：该问题属于时间—费用优化，最佳工期求解如下：

（1）计算正常情况下工程周期和总费用，确定关键线路。结果如图7-26所示。

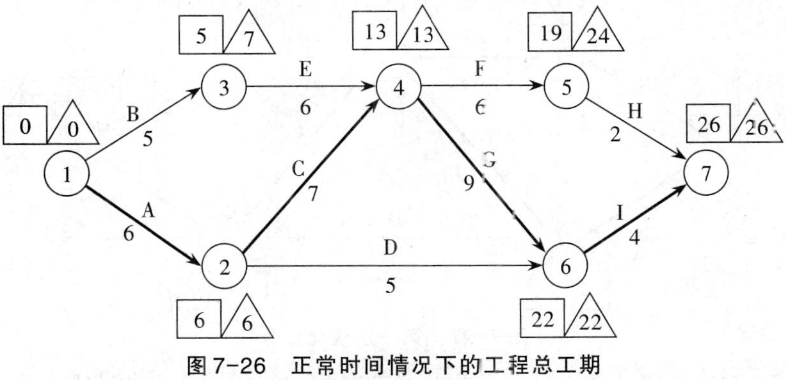


图7-26　正常时间情况下的工程总工期

由图7-26可以看出，关键路线是①→②→④→⑥→⑦，总工期为26周，而总费用为：

$C_T = C_D + C_I$

$=31+1\times26=57$（千元）

（2）利用正常和赶工情况下的各种数据，计算直接费用变化率，并填入表7-5。

表7-5　　**直接费用变化率计算表**

| 作业代号 | 节点 | 正常时间 | | 赶工时间 | | 直接费用变化率 |
|---|---|---|---|---|---|---|
| | | 时间（周） | 直接费用（千元） | 时间（周） | 直接费用（千元） | |
| A | 1–2 | 6 | 4 | 3 | 5 | 0.33 |
| B | 1–3 | 5 | 3 | 1 | 5 | 0.50 |
| C | 2–4 | 7 | 4 | 5 | 10 | 3.00 |
| D | 2–6 | 5 | 3 | 2 | 6 | 1.00 |
| E | 3–4 | 6 | 4 | 2 | 7 | 0.75 |
| F | 4–5 | 6 | 3 | 4 | 6 | 1.50 |
| G | 4–6 | 9 | 6 | 5 | 11 | 1.25 |
| H | 5–7 | 2 | 2 | 1 | 4 | 2.00 |
| I | 6–7 | 4 | 2 | 1 | 5 | 1.00 |

（3）优化。第一次优化：在图7-26中，关键工序有A、C、G、I。其中工序A的直接费用率最小，因此优先考虑压缩工序A的工序时间。如将A的工序时间从6周压缩到4周。网络图经第一次压缩后，总工期变为24周，结果如图7-27所示。

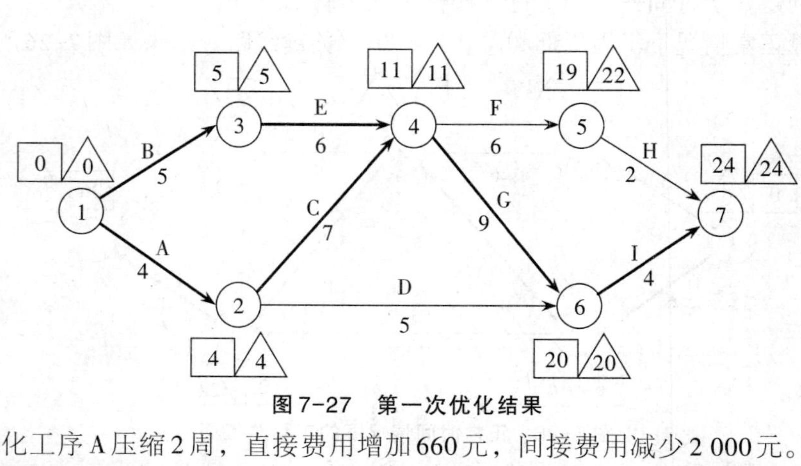


**图7-27　第一次优化结果**

本次优化工序A压缩2周，直接费用增加660元，间接费用减少2 000元。

第二次优化：根据直接费用率，选取关键线路上直接费用率最小的工序A、B进行组合优化。工序A、B均可以压缩1周，结果如图7-28所示。

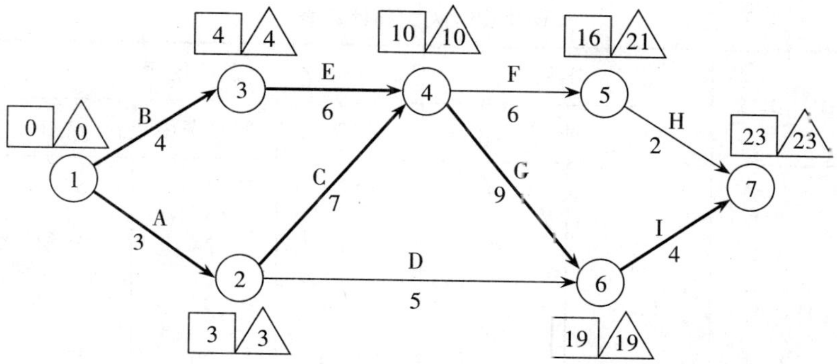


图7-28　第二次优化结果

本次优化工序A、B各压缩1周，直接费用增加830元，间接费用减少1 000元。

第三次优化：根据直接费用率，选取关键线路上直接费用率最小的工序I进行优化。工序I可以压缩3周，结果如图7-29所示。

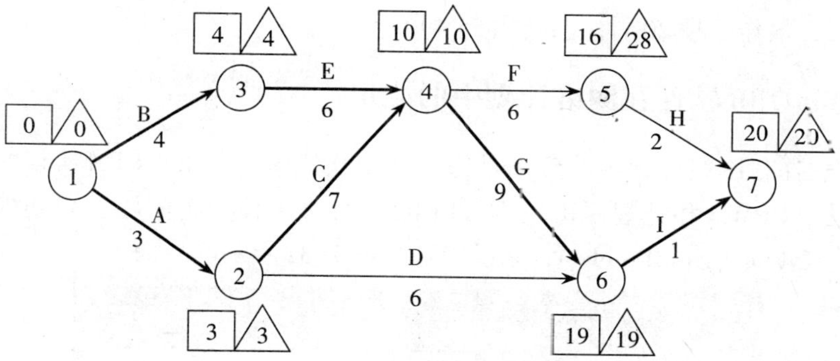


图7-29　第三次优化结果

本次优化工序I压缩3周，直接费用增加3 000元，间接费用减少3 000元。

第四次优化：根据直接费用率，选取关键线路上直接费用率最小的工序G进行优化。工序G能够压缩2周，结果如图7-30所示。

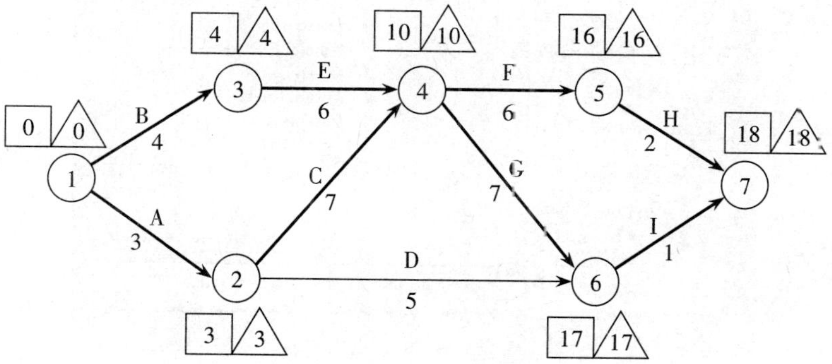


图7-30　第四次优化结果

本次优化工序G压缩2周，直接费用增加2 500元，间接费用减少2 000元。

全部优化过程费用变化如表7-6所示。

从优化过程可以看出，每压缩一次工序时间，都要重新计算出新的关键线路和关键工序，以便找出下一次的压缩对象。每道工序活动时间压缩的极限是赶工时间，即压缩后的

表7-6　　网络图优化过程计算表

| 计算过程 | 工序名称 | 周数 | | 总费用 | | | 总工期（周） |
|---|---|---|---|---|---|---|---|
| | | 可压缩 | 实际压缩 | 直接费用 | 间接费用 | 合计 | |
| 0 | | - | - | 31 | 26 | 57 | 26 |
| 1 | A | 3 | 2 | 31.66 | 24 | 55.66 | 24 |
| 2 | A，B | 1，4 | 1 | 32.49 | 23 | 55.49 | 23 |
| 3 | I | 3 | 3 | 35.49 | 20 | 55.49 | 20 |
| 4 | G | 4 | 2 | 37.94 | 18 | 55.99 | 18 |

工序时间不能小于赶工时间。随着工序时间的压缩，关键工序和关键线路越来越多，优化工序也越来越复杂。

从而得到：最佳工期20周，总费用55 490元。

## 7.4 WinQSB软件在网络计划中的应用

WinQSB软件在网络计划中的应用是通过调用软件中的PERT_CPM实现的，该模块采用关键线路法（CPM）和计划评审技术（PERT）解决工程计划问题。启动程序进入网络计划界面，点击File→New Problem，系统出现如图7-31所示的界面。

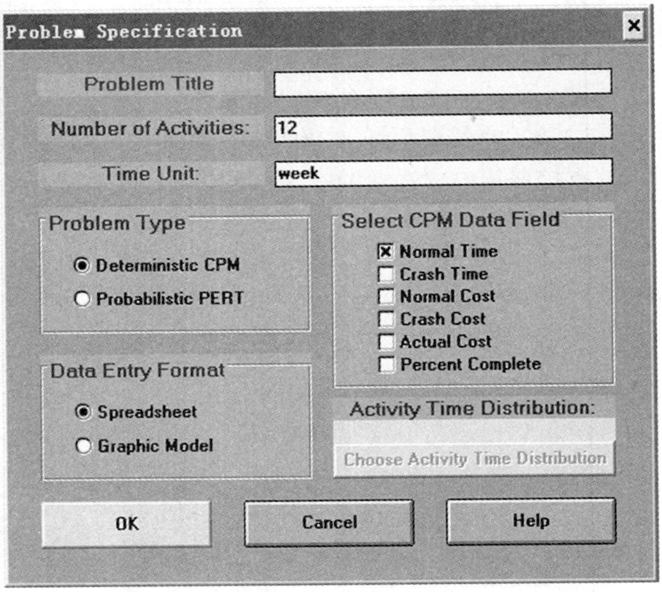


图7-31　网络计划界面

### 7.4.1 WinQSB在正常时间条件下的应用

以例7-1为例说明WinQSB在网络计划正常时间条件下的应用。

（1）输入数据。输入工序数（Number of Activities）、时间单位（Time Unit），其他选项采用默认状态，点击OK，系统显示如图7-32所示的界面。

| Activity Number | Activity Name | Immediate Predecessor (list number/name, separated by ',') | Normal Time |
|---|---|---|---|
| 1 | A | | 9 |
| 2 | B | A | 11 |
| 3 | C | B | 4 |
| 4 | D | B | 4 |
| 5 | E | D | 5 |
| 6 | F | C | 6 |
| 7 | G | D,F | 6 |
| 8 | H | B | 5 |
| 9 | I | E,H | 8 |
| 10 | J | I | 3 |
| 11 | K | I | 7 |
| 12 | L | G,J,K | 8 |

图7-32　数据输入界面

（2）求解。点击系统菜单Solve and Analyze的下拉菜单选项：Solve Critical Path（求关键线路），系统显示如图7-33所示的求解结果。

| 06-04-2017 12:43:18 | Activity Name | On Critical Path | Activity Time | Earliest Start | Earliest Finish | Latest Start | Latest Finish | Slack (LS-ES) |
|---|---|---|---|---|---|---|---|---|
| 1 | A | Yes | 9 | 0 | 9 | 0 | 9 | 0 |
| 2 | B | Yes | 11 | 9 | 20 | 9 | 20 | 0 |
| 3 | C | no | 4 | 20 | 24 | 28 | 32 | 8 |
| 4 | D | Yes | 4 | 20 | 24 | 20 | 24 | 0 |
| 5 | E | Yes | 5 | 24 | 29 | 24 | 29 | 0 |
| 6 | F | no | 6 | 24 | 30 | 32 | 38 | 8 |
| 7 | G | no | 6 | 30 | 36 | 38 | 44 | 8 |
| 8 | H | no | 5 | 20 | 25 | 24 | 29 | 4 |
| 9 | I | Yes | 8 | 29 | 37 | 29 | 37 | 0 |
| 10 | J | no | 3 | 37 | 40 | 41 | 44 | 4 |
| 11 | K | Yes | 7 | 37 | 44 | 37 | 44 | 0 |
| 12 | L | Yes | 8 | 44 | 52 | 44 | 52 | 0 |
| | Project | Completion | Time | = | 52 | weeks | | |
| | Number of | Critical | Path(s) | = | 1 | | | |

图7-33　关键线路及时间参数

在该界面下，点击Results→Graphic Activity Analysis，系统显示如图7-34所示的网络图求解结果。

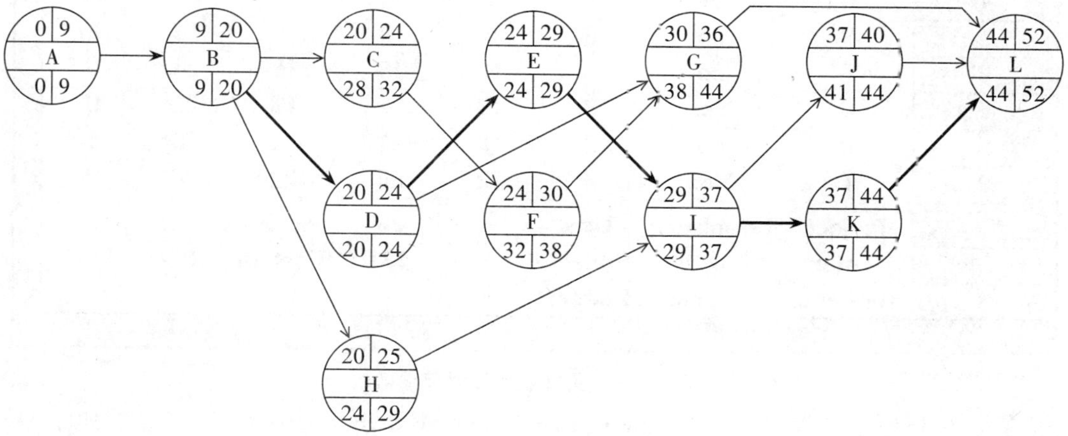


图7-34　系统绘制的网络图

图中圆圈中的数字，左上角为最早开始时间，右上角为最早完成时间，左下角为最迟开始时间，右下角为最迟完成时间。

点击Results→Gantt Chat，可以显示甘特图。

### 7.4.2 WinQSB在赶工条件下的应用

以例7-3为例说明WinQSB在网络计划赶工条件下的应用。

（1）输入数据。输入工序数（Number of Activities）、时间单位（Time Unit），在选择关键线路数据区（Select CPM Data Field）中选择正常时间（Normal Time）、应急时间（Crash Time）、正常成本（Normal Cost）、应急成本（Crash Cost），其他选项采用默认状态，点击OK，输入数据后，系统显示如图7-35所示的界面。

| Activity Number | Activity Name | Immediate Predecessor (list number/name, separated by ',') | Normal Time | Crash Time | Normal Cost | Crash Cost |
|---|---|---|---|---|---|---|
| 1 | A | | 6 | 3 | 4 | 5 |
| 2 | B | | 5 | 1 | 3 | 5 |
| 3 | C | A | 7 | 5 | 4 | 10 |
| 4 | D | A | 5 | 2 | 3 | 6 |
| 5 | E | B | 6 | 2 | 4 | 7 |
| 6 | F | C,E | 6 | 4 | 3 | 6 |
| 7 | G | C,E | 9 | 5 | 6 | 11 |
| 8 | H | F | 2 | 1 | 2 | 4 |
| 9 | I | D,G | 4 | 1 | 2 | 5 |

图7-35 数据输入界面

（2）求解。点击系统菜单Solve and Analyze的下拉菜单选项：Solve Critical Path Using Normal Time（使用正常时间求关键线路），系统显示如图7-36所示的求解结果。

| 08-21-2010 13:31:29 | Activity Name | On Critical Path | Activity Time | Earliest Start | Earliest Finish | Latest Start | Latest Finish | Slack (LS-ES) |
|---|---|---|---|---|---|---|---|---|
| 1 | A | Yes | 6 | 0 | 6 | 0 | 6 | 0 |
| 2 | B | no | 5 | 0 | 5 | 2 | 7 | 2 |
| 3 | C | Yes | 7 | 6 | 13 | 6 | 13 | 0 |
| 4 | D | no | 5 | 6 | 11 | 17 | 22 | 11 |
| 5 | E | no | 6 | 5 | 11 | 7 | 13 | 2 |
| 6 | F | no | 6 | 13 | 19 | 18 | 24 | 5 |
| 7 | G | Yes | 9 | 13 | 22 | 13 | 22 | 0 |
| 8 | H | no | 2 | 19 | 21 | 24 | 26 | 5 |
| 9 | I | Yes | 4 | 22 | 26 | 22 | 26 | 0 |
| | Project | Completion | Time | = | 26 | weeks | | |
| | Total | Cost of | Project | = | $31 | (Cost on | CP = | $16) |
| | Number of | Critical | Path(s) | = | 1 | | | |

图7-36 关键线路及时间参数

在图7-36所示的界面下，点击Results→Graphic Activity Analysis，系统显示如图7-37所示的网络图求解结果。

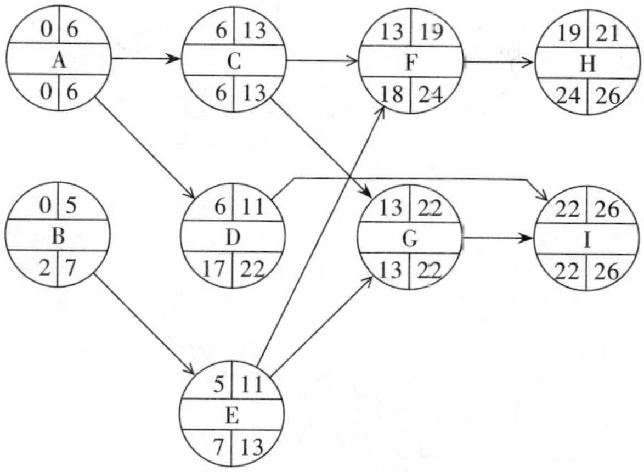


图 7-37　系统绘制的网络图

在图 7-36 的界面下，点击 Results→PERT/Cost-Table，系统显示如表 7-7 所示的成本表。

表 7-7　　　　　　　　　　　　　　成本表

| 08-21-2010 | Project Time in week | Cost Schedule Based on ES | Cost Schedule Based on LS | Total Cost Based on ES | Total Cost Based on LS |
|---|---|---|---|---|---|
| 1 | 1 | ¥1.27 | ¥0.67 | ¥1.27 | ¥0.67 |
| 2 | 2 | ¥1.27 | ¥0.67 | ¥2.53 | ¥1.33 |
| 3 | 3 | ¥1.27 | ¥1.27 | ¥3.80 | ¥2.60 |
| 4 | 4 | ¥1.27 | ¥1.27 | ¥5.07 | ¥3.87 |
| 5 | 5 | ¥1.27 | ¥1.27 | ¥6.33 | ¥5.13 |
| 6 | 6 | ¥1.33 | ¥1.27 | ¥7.67 | ¥6.40 |
| 7 | 7 | ¥1.84 | ¥1.17 | ¥9.50 | ¥7.57 |
| 8 | 8 | ¥1.84 | ¥1.24 | ¥11.34 | ¥8.81 |
| 9 | 9 | ¥1.84 | ¥1.24 | ¥13.18 | ¥10.05 |
| 10 | 10 | ¥1.84 | ¥1.24 | ¥15.02 | ¥11.29 |
| 11 | 11 | ¥1.84 | ¥1.24 | ¥16.86 | ¥12.52 |
| 12 | 12 | ¥0.57 | ¥1.24 | ¥17.43 | ¥13.76 |
| 13 | 13 | ¥0.57 | ¥1.24 | $18 | $15 |
| 14 | 14 | ¥1.17 | ¥0.67 | ¥19.17 | ¥15.67 |
| 15 | 15 | ¥1.17 | ¥0.67 | ¥20.33 | ¥16.33 |
| 16 | 16 | ¥1.17 | ¥0.67 | ¥21.50 | $17 |
| 17 | 17 | ¥1.17 | ¥0.67 | ¥22.67 | ¥17.67 |
| 18 | 18 | ¥1.17 | ¥1.27 | ¥23.83 | ¥18.93 |
| 19 | 19 | ¥1.17 | ¥1.77 | ¥25.00 | ¥20.70 |
| 20 | 20 | ¥1.67 | ¥1.77 | ¥26.67 | ¥22.47 |
| 21 | 21 | ¥1.67 | ¥1.77 | ¥28.33 | ¥24.23 |
| 22 | 22 | ¥0.67 | ¥1.77 | ¥29.00 | ¥26.00 |
| 23 | 23 | ¥0.50 | $1 | ¥29.50 | ¥27.00 |
| 24 | 24 | ¥0.50 | $1 | ¥30.00 | ¥28.00 |
| 25 | 25 | ¥0.50 | ¥1.50 | ¥30.50 | ¥29.50 |
| 26 | 26 | ¥0.50 | ¥1.50 | ¥31.00 | ¥31.00 |

在图7-36的界面下，点击Results→PERT/Cost-Graphic，系统显示如图7-38所示的成本图。

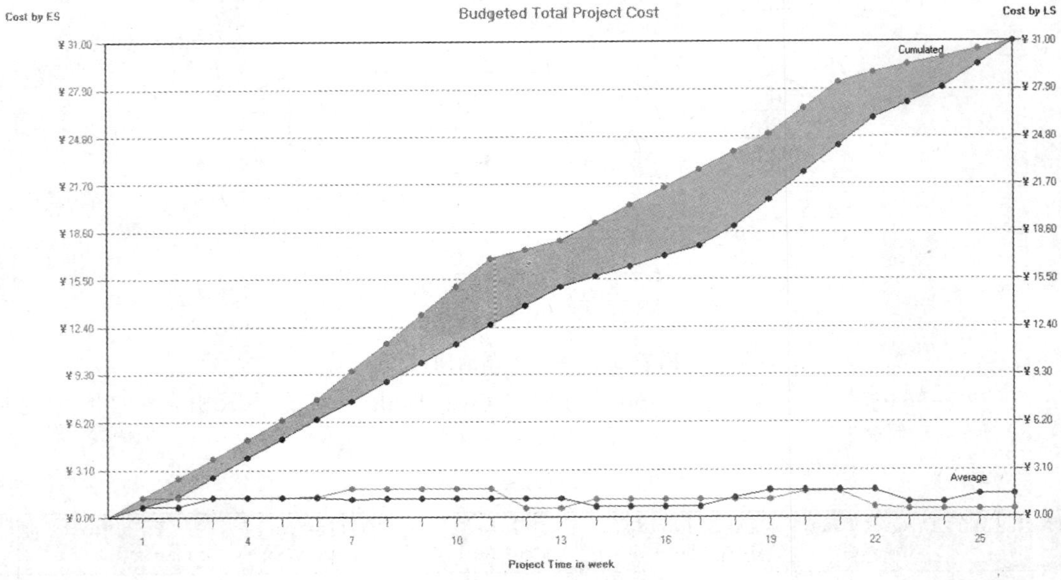


图7-38 成本曲线图

## 本章小结

网络计划技术包括以下基本内容：网络图、时间参数、关键路线和网络优化。网络计划技术的应用主要遵循以下几个步骤：确定目标，分解工程项目、列出作业明细表，绘制网络图、进行结点编号、计算网络时间、确定关键路线、进行网络计划方案的优化和贯彻执行网络计划。

本章介绍了网络图的组成要素、绘制规则及其绘制，网络图的时间参数计算，网络计划优化，最后讲述了 WinQSB软件在网络计划中的应用。

## 章末习题

1.指出图7-39中所示网络图的错误，若能够改正，试予以改正。

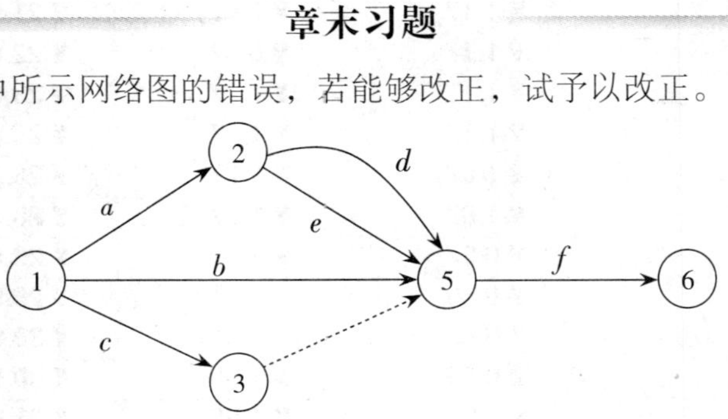


(a)

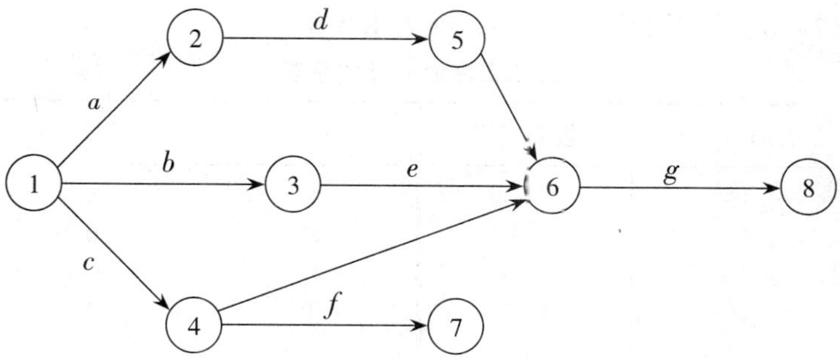


(b)

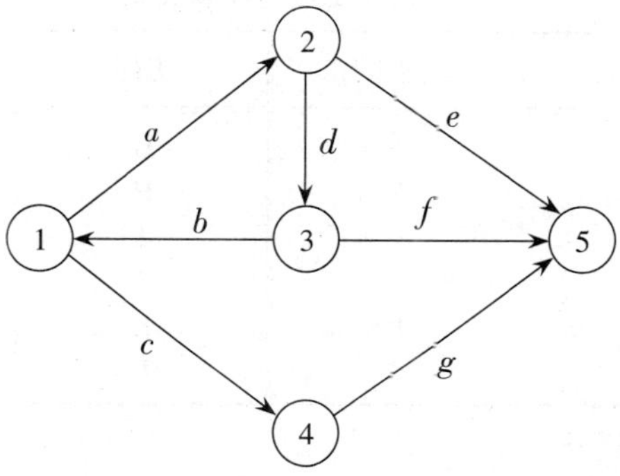


(c)

图7-39 习题7.1网络图

2.根据表7-8，表7-9所示的工序明细表，绘制网络图。

表7-8 **A任务工序表**

| 工序 | 紧前工序 |
|---|---|
| a | – |
| b | – |
| c | – |
| d | a |
| e | c |
| f | d |
| g | d，b |
| h | f，g，e |

表7-9 **B任务工序表**

| 工序 | 紧前工序 |
|---|---|
| a | – |
| b | – |
| c | a |
| d | a |
| e | a，b |
| f | c |
| g | c |
| h | d，e，f |

3.已知图7-40所示的网络图，计算各事项的最早与最迟时间。

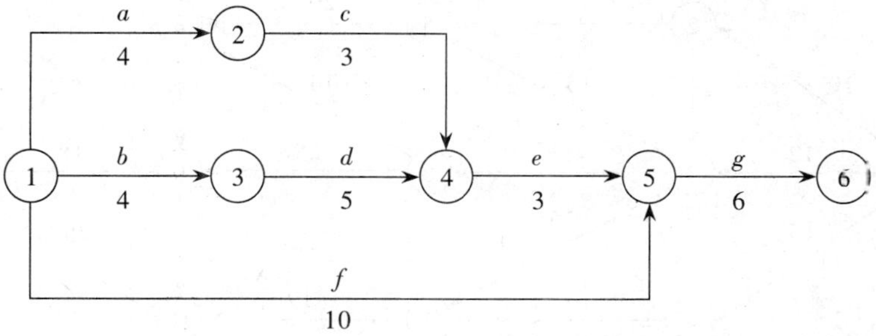


图7-40 习题7.3网络图

4.试画出表7-10、表7-11的网络图，并为事项编号。

表7-10　　九个工序时间及关系表

| 工序 | 工时（天） | 紧前工序 | 工序 | 工时（天） | 紧前工序 |
|---|---|---|---|---|---|
| A | 15 | - | F | 5 | D，E |
| B | 10 | - | G | 20 | C，F |
| C | 10 | A，B | H | 10 | D，E |
| D | 10 | A，B | I | 15 | G，H |
| E | 5 | B | | | |

表7-11　　十二个工序时间及关系表

| 工序 | 工时（天） | 紧前工序 | 工序 | 工时（天） | 紧前工序 |
|---|---|---|---|---|---|
| A | 3 | - | G | 6 | D，B |
| B | 2 | - | H | 2 | E |
| C | 5 | - | I | 4 | G，H |
| D | 4 | A | J | 5 | E，F |
| E | 7 | B | K | 2 | E，F |
| F | 8 | C | L | 6 | I，J |

5.已知表7-12所列资料：

表7-12　　十二个工序时间及关系表

| 工序 | 紧前工序 | 工序时间（周） | 工序 | 紧前工序 | 工序时间（周） | 工序 | 紧前工序 | 工序时间（周） |
|---|---|---|---|---|---|---|---|---|
| A | — | 3 | E | B | 4 | I | H，L | 2 |
| B | — | 4 | F | H | 5 | J | F，I，E | 6 |
| C | A | 4 | G | C，B | 2 | K | B，C | 7 |
| D | L | 3 | H | G，M | 2 | L | B | 6 |

要求：

（1）绘制网络图；

（2）计算各工序的最早开工、最早完工、最迟开工、最迟完工时间及总时差，并指出关键工序。

（3）若要求工程完工时间缩短2天，缩短哪些工序时间为宜。

6.设有如图7-41的网络图：

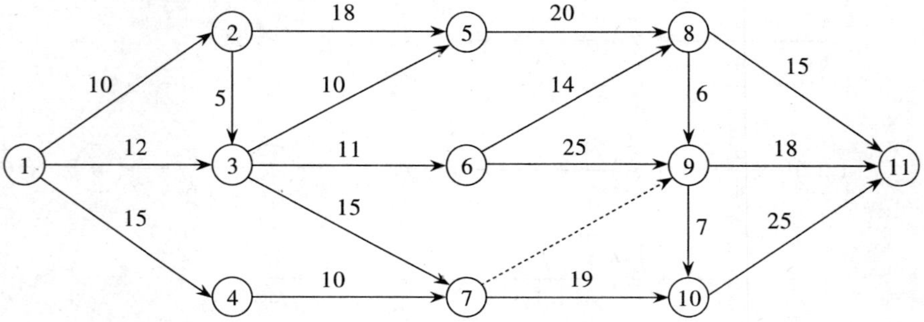


图7-41　习题7.6网络图

要求：计算时间参数，并求出关键路线。

7.已知如图7-42所示的网络图：

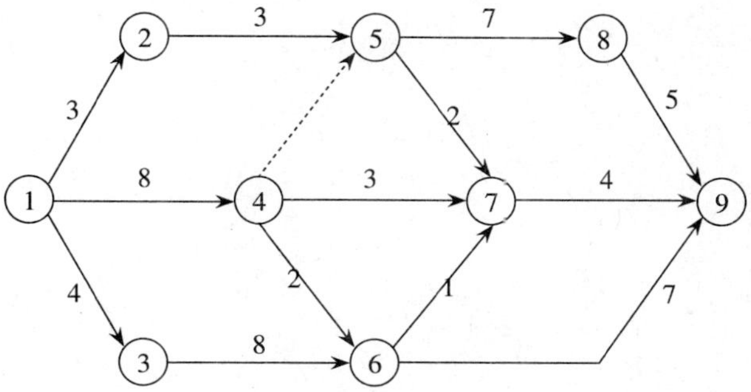


图7-42　习题7.7网络图

要求：

（1）计算各事项的最早时间和最迟时间，各工序的最早开始、最早结束、最迟开工及最迟完工时间；

（2）计算各工序的总时差和自由时差，找出关键线路。

8.已知网络图有关数据如表7-13所示：

表7-13　工序正常时间与特急时间下的工时及费用

| 工序代号 | 正常时间 | | 特急时间 | |
|---|---|---|---|---|
| | 工时（天） | 费用（元） | 工时（天） | 费用（元） |
| ①→② | 6 | 100 | 4 | 120 |
| ②→③ | 9 | 200 | 5 | 280 |
| ②→④ | 3 | 80 | 2 | 110 |
| ③→④ | 0 | 0 | 0 | 0 |
| ③→⑤ | 7 | 150 | 5 | 180 |
| ④→⑥ | 8 | 250 | 3 | 375 |
| ④→⑦ | 2 | 120 | 1 | 170 |
| ⑤→⑧ | 1 | 100 | 1 | 100 |
| ⑥→⑧ | 4 | 180 | 3 | 200 |
| ⑦→⑧ | 5 | 130 | 2 | 220 |

假设间接费用为15元／天，要求：

（1）绘制网络图；

（2）计算各工序的最早开工、最早完工、最迟开工、最迟完工时间及总时差，并指出关键工序；

（3）进行时间—费用优化。

# 第8章/ 对策论

竞争性活动是人类生活中常见的现象，例如体育比赛、商业竞争、军事对抗、棋牌游戏等，研究这类具有竞争性质现象的数学理论和方法就是对策论。在这类活动中，竞争各方都有多个行动方案可以选择，各方的利益不仅仅取决于自己选择的行动方案，而且还受到其他人行动方案的影响。为了寻求个人利益最大化，必须考虑对手可能采取的各种行动方案，从而选择对自己最有利的方案。

对策论（Game Theory），亦称博弈论，研究的是决策主体的行为发生直接相互作用时的决策及这种决策的均衡问题。一般认为，对策论的研究始于1944年冯·诺伊曼和摩根斯坦恩合作的《博弈论与经济行为》一书的出版。虽然仅有半个多世纪的研究历史，但由于在日常生活、商业竞争、国际关系等各个领域都有广泛应用，对策论日益引起人们的关注。著名经济学家保罗·萨缪尔森说："要想在现代社会做一个有文化的人，你必须对博弈论有一个大致的了解。"

## 8.1 引言

对策思想古已有之，一个广为人知的典型例子就是田忌赛马。战国时期，齐威王有一天提出与大司马田忌赛马。双方约定各选三匹马参赛，比赛分三轮进行，每轮各出一匹马，以千金为注。虽然同序的马（上、中、下）都是齐王的好于田忌的，但田忌的上、中马却可取胜齐王的中、下马。于是田忌的谋士孙膑让田忌以他的下马对齐王上马，以上马对齐王的中马，以中马对齐王的下马。于是田忌一负二胜，赢得了千金。由此看来，采取什么样的出马顺序对比赛的胜负是至关重要的。

### 8.1.1 对策行为的基本要素

对策行为具有三个基本要素，即局中人、策略和赢得函数。分析对策行为首先必须清楚这三个基本要素。

1）局中人（Player）

在一局对策中，有权决定自己行动方案的参加者称为局中人，通常用$P$表示局中人的集合。田忌赛马的局中人集合可表示为：$P$={齐王，田忌}，一般一个对策行为中至少应有两个局中人。

局中人这一概念具有广义性，可以是一个人，也可以是一群人，甚至是一种自然事物。比如，在研究不确定气候条件的生产决策时，大自然成为对策行为的一方。但应当注意的是，我们把一局对策中利害关系一致的参加者看作一个局中人。比如在桥牌游戏中，虽然有四个人参加，但由于东与西、南与北是联盟关系，有着完全一致的目的，东与西只能看成为一个局中人，南与北也只能看成为一个局中人，所以系统中的局中人有两个。另外需要强调的一点是，在对策行为中总是假设每个局中人都是"理智的"决策者，不存在利用他人失误来扩大自身利益的可能性。

在一局对策中，若局中人只有两个，称为二人对策。当局中人的个数超过两个时，称为多人对策。

2）策略（Strategy）

在一局对策中，可供局中人选择的完整的行动方案称为策略。所谓完整的行动方案是指一局对策中自始至终的全局规划，而不是其中某一步或某几步的安排。在田忌赛马这一引例中，如果用（上、中、下）表示上、中、下马参赛的顺序，那么（上、中、下）便是一个完整的行动方案，即为一个策略。显然局中人齐王和田忌各自都有（上、中、下）、（上、下、中）、（中、上、下）、（中、下、上）、（下、上、中）、（下、中、上）六个策略。

某个局中人$i$的所有可选策略构成该局中人的策略集，通常用$S_i$表示。如果参加一局对策的所有局中人的可选策略都是有限个，我们称该对策为有限对策；否则称为无限对策。

3）赢得函数（Payoff）

在一局对策中，每个局中人都从自己的策略集合中选定一个策略，所有局中人选中的策略组合在一起，称作一个局势。如果用$s_i$表示第$i$个局中人所采取的策略，则$n$个局中人所采取的策略组合$S=(s_1,s_2,\cdots,s_n)$就是一个局势。

在一局对策中，局中人使用每一策略都会有所得失，这种得失可能是胜利或失败、收入或支出以及名次的先后。每个局中人在一局对策中的得失，通常不仅与其自身采取的策略有关，而且还与其他局中人所采取的策略有关。也就是说，每个局中人的得失是局势的函数，这一函数称为局中人的赢得函数。通常用$H_i(S)$表示第$i$个局中人的赢得函数，显然，$H_i(S)$是局势$S$的函数。

在一局对策中，若每一局势下所有局中人的赢得之和都等于零，称该对策为零和对策；否则，称为非零和对策。显然，田忌赛马就是一个零和对策。在该例中，当齐王和田忌各自采取不同策略时，齐王的赢得函数值如表8-1所示。

表8-1　**齐王的赢得函数值**

| 齐王 \ 田忌 | 上、中、下 | 上、下、中 | 中、上、下 | 中、下、上 | 下、上、中 | 下、中、上 |
|---|---|---|---|---|---|---|
| 上、中、下 | 3 | 1 | 1 | 1 | −1 | 1 |
| 上、下、中 | 1 | 3 | 1 | 1 | 1 | −1 |
| 中、上、下 | 1 | −1 | 3 | 1 | 1 | 1 |
| 中、下、上 | −1 | 1 | 1 | 3 | 1 | 1 |
| 下、上、中 | 1 | 1 | 1 | −1 | 3 | 1 |
| 下、中、上 | 1 | 1 | −1 | 1 | 1 | 3 |

### 8.1.2 对策的分类

对策种类很多，局中人个数、对策方式、行动顺序、理性层次、信息结构、策略个数等都可以作为对策分类的依据。根据参与方的数量可以分为两人对策、多人对策，多人中还有结盟对策与不结盟对策；根据对策中所选策略的数量可分为有限对策和无限对策；根据得失函数的情况可分为零和对策、常和对策与变和对策；根据对策过程可分为静态对策、动态对策和重复对策；根据信息结构可分为完全信息对策和不完全信息对策，以及完全信息动态对策和不完全信息动态对策；还可以根据对策双方的理性行为和逻辑差别分为完全理性对策和有限理性对策，非合作对策和合作对策。主要的对策模型分类如图8-1所示。

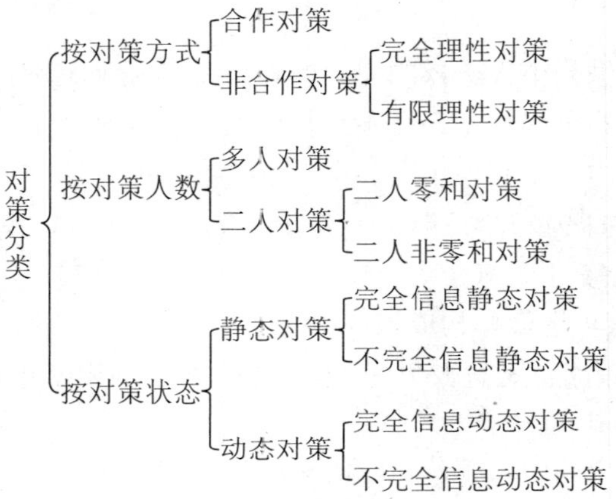


**图8-1 对策分类**

## 8.2 矩阵对策的基本理论

矩阵对策就是二人有限零和对策，是指只有两个局中人参加对策，每个局中人都只有有限个策略可供选择，在任一局势下，两个局中人的赢得之和总是等于零，即对策双方的利益是激烈对抗的，一人的赢是建立在另一人的输基础之上的。田忌赛马就是一个矩阵对策的例子，齐王和田忌各有6个策略，一局对策结束后，齐王的赢得必为田忌的损失，反之亦然。

### 8.2.1 矩阵对策的数学模型

一般用甲、乙表示两个局中人，假设局中人甲有 $m$ 个策略，表示为 $S_1=(\alpha_1,\alpha_2,\cdots,\alpha_m)$；局中人乙有 $n$ 个策略，表示为 $S_2=(\beta_1,\beta_2,\cdots,\beta_n)$。当甲选定策略 $\alpha_i$、乙选定策略 $\beta_j$ 后，就形成了撑满一个局势 $(\alpha_i,\beta_j)$，可见这样的局势有 $m\times n$ 个。对任一局势 $(\alpha_i,\beta_j)$，甲的赢得值为 $a_{ij}$，即甲的赢得矩阵 $A_{m\times n}=\{a_{ij}\}$。则将该矩阵对策记作 $G=\{S_1,S_2;A\}$。

因为矩阵对策是零和的，所以乙的赢得矩阵为 $-A^T_{n\times m}$。

建立二人零和对策模型，就是要根据对实际问题的叙述，确定甲和乙的策略集合以及相应的赢得矩阵。下面通过例子说明二人零和对策模型的建立。

【例8-1】甲、乙两人玩猜硬币游戏，甲将一枚硬币盖住，然后由乙来猜硬币哪一面朝上。若猜对，则甲给乙一元钱；若猜错，乙给甲一元钱。试建立甲的赢得矩阵。

解：根据题意有表8-2所示。

表8-2　　**甲的赢得函数值**

| 甲＼乙 | 正面 | 反面 |
|---|---|---|
| 正面 | -1 | 1 |
| 反面 | 1 | -1 |

即局中人甲的赢得矩阵为：

$$A=\begin{bmatrix}-1 & 1\\ 1 & -1\end{bmatrix}$$

矩阵对策模型给定后，各局中人面临的问题便是如何选取自己最为有利的策略，以谋取最大的赢得或最小的损失。

### 8.2.2　矩阵对策的纯策略

【例8-2】设矩阵对策$G=\{S_1,S_2;A\}$，其中$S_1=\{\alpha_1,\alpha_2,\alpha_3,\alpha_4\}$，$S_2=\{\beta_1,\beta_2,\beta_3\}$，

$$A=\begin{bmatrix}-5 & 1 & 3\\ 6 & 3 & 4\\ 9 & -5 & -8\\ 3 & 0 & -2\end{bmatrix}。$$

由于假设两个局中人都是理智的，所以每个局中人都必须考虑到对方会设法使自己的赢得最少，谁都不能存在侥幸心理。“理智行为”就是从最坏处着想，去争取尽可能好的结果。

当局中人甲选取策略$\alpha_1$时，他的最小赢得是-5，这是选取此策略的最坏结果。一般地，局中人甲选取策略$\alpha_i$时，他的最小赢得是$\min\limits_j\{a_{ij}\}$（$i=1,2,\cdots,m$）。对本例而言，甲选取策略$\alpha_1$、$\alpha_2$、$\alpha_3$、$\alpha_4$时，其最小赢得分别是-5、3、-8、-2。在最坏的情况下，最好的结果是3；因此，局中人甲应选取策略$\alpha_2$。这样，不管局中人乙选取什么策略，局中人甲的赢得均不小于3。

同理，对于局中人乙来说，选取策略$\beta_j$时的最坏结果是赢得矩阵$A$中第$j$列各元素的最大者，即$\max\limits_i\{a_{ij}\}$（$j=1,2,\cdots,n$）。对本例而言，乙选取策略$\beta_1$、$\beta_2$、$\beta_3$时，其最大损失分别是9、3、4。在最坏的情况下，最好的结果是损失3；因此，局中人乙应选取策略$\beta_2$。这样，不管局中人甲选取什么策略，局中人乙的损失均不超过3。

对本例而言，赢得矩阵$A$的各行最小元素的最大值与各列最大元素的最小值相等，即：

$$\max_i\{-5,3,-8,-2\}=\min_j\{9,3,4\}=3$$

所以该矩阵对策的解（最佳局势）为$\{\alpha_2,\beta_2\}$，结果是甲赢得3、乙损失3。

上例之解是对策均衡的产物，任何一方如果擅自改变自己的策略都将为此付出代价。对于一般矩阵对策，有如下定义：

定义1：设$G=\{S_1,S_2;A\}$为矩阵对策，其中双方的策略集和赢得矩阵分别为$S_1=\{\alpha_1,\alpha_2,\cdots,\alpha_m\}$、$S_2=\{\beta_1,\beta_2,\cdots,\beta_n\}$、$A=\{a_{ij}\}_{m\times n}$。若有等式

$$\max_i [\min_j (a_{ij})] = \min_j [\max_i (a_{ij}) \alpha_{i^*j^*}] \tag{8.1}$$

成立，则称$\alpha_{i^*j^*}$为对策$G$的值，局势（$\alpha_{i^*},\beta_{j^*}$）为对策$G$的解或平衡局势。$\alpha_{i^*}$和$\beta_{j^*}$分别称为局中人甲、乙的最优策略。

之所以把策略$\alpha_{i^*}$和$\beta_{j^*}$称为最优策略，是由于当一方采取上述策略时，若另一方存在侥幸心理而不采取相应的策略，他就会为自己的侥幸付出代价。事实上，当$\alpha_{i^*j^*}>0$时，局中人甲有立于不败之地的策略，所以他是不愿意冒险的，他必定要选取他的最优策略。这就迫使局中人乙不能存在侥幸心理，相应地也选取最优策略。同理，当$\alpha_{i^*j^*}<0$时，也会得出局中人双方都将采取最优策略的结论。

由于$\alpha_{i^*j^*}$既是其所在行的最小元素，同时又是其所在列的最大元素，即：

$$\alpha_{ij^*} \leqslant \alpha_{i^*j^*} \leqslant \alpha_{i^*j} \tag{8.2}$$

所以将这一事实推广到一般矩阵对策，可得定理1。

定理1：矩阵对策$G=\{S_1,S_2;A\}$在纯策略意义上有解的充分必要条件是存在局势（$\alpha_{i^*},\beta_{j^*}$），使得对于一切$i=1,2,\cdots,m$和$j=1,2,\cdots,n$均有式（8.2）成立。

证明：充分性。

由于对于一切$i=1,2,\cdots,m$和$j=1,2,\cdots,n$均有式（8.2）成立，故：

$$\max_i (a_{ij^*}) \leqslant a_{i^*j^*} \leqslant \min_j (a_{i^*j})$$

又因：$\min_j [\max_i (a_{ij})] \leqslant \max_i (a_{ij^*})$

$$\min_j (a_{i^*j}) \leqslant \max_i [\min_j (a_{ij})]$$

所以：

$$\min_j [\max_i (a_{ij})] \leqslant a_{i^*j^*} \leqslant \max_i [\min_j (a_{ij})] \tag{8.3}$$

此外，由于对于一切$i=1,2,\cdots,m$和$j=1,2,\cdots,n$均有：

$$\min_j (a_{ij}) \leqslant a_{ij} \leqslant \max_i (a_{ij})$$

所以：

$$\max_i [\min_j (a_{ij})] \leqslant \min_j [\max_i (a_{ij})] \tag{8.4}$$

由式（8.3）和式（8.4）有：

$$\max_i [\min_j (a_{ij})] = \min_j [\max_i (a_{ij})] = a_{i^*j^*}$$

必要性：

设存在$i^*$和$j^*$使得：$\min_j (a_{i^*j}) = \max_i [\min_j (a_{ij})]$

$$\max_i (a_{ij^*}) = \min_j [\max_i (a_{ij})]$$

则由：$\max_i [\min_j (a_{ij})] = \min_j [\max_i (a_{ij})]$

有：$\max_i (a_{ij^*}) = \min_j (a_{i^*j}) \leqslant a_{i^*j^*} \leqslant \max_i (a_{ij^*}) = \min_j (a_{i^*j})$

所以，对于一切$i=1,2,\cdots,m$和$j=1,2,\cdots,n$均有：

$$a_{ij^*} \leqslant \max_i (a_{ij^*}) \leqslant a_{i^*j^*} \leqslant \min_j (a_{i^*j}) \leqslant a_{i^*j}$$

为了便于对更广泛的对策情形进行分析，现引入关于二元函数鞍点的概念。

定义2：设$f(x,y)$为定义在$x\in A$及$y\in B$上的实函数，若存在$x^*\in A$、$y^*\in B$，使得一

切$x \in A$和$y \in B$满足：

$$f(x,y^*) \leqslant f(x^*,y^*) \leqslant f(x^*,y) \tag{8.5}$$

则称$(x^*,y^*)$为函数$f(x,y)$的一个鞍点。

【例8-3】矩阵对策$G=\{S_1,S_2;A\}$，其中赢得矩阵

$$A=\begin{bmatrix} 7 & 5 & 6 & 5 \\ 2 & -3 & 9 & -4 \\ 6 & 5 & 7 & 5 \\ 0 & 2 & -1 & 2 \end{bmatrix}$$

直接在矩阵上计算，每一行的最小值列向量为（5，-4，5，-1）$^T$，每一列的最大值行向量为（7，5，9，5）。于是：

$$\max_i[\min_j(a_{ij})]=\min_j[\max_i(a_{ij})]=a_{i^*j^*}=5$$

其中$i^*=1,3$；$j^*=2,4$。故（$\alpha_1,\beta_2$）、（$\alpha_1,\beta_4$）、（$\alpha_3,\beta_2$）、（$\alpha_3,\beta_4$）四个局势均为对策的解，且$a_{i^*j^*}=5$。

由此例可知，矩阵对策的解可以是不唯一的。当矩阵对策具有不唯一解时，各解之间的关系具有这样的性质：

（1）无差异性。即若$(\alpha_{i_1},\beta_{j_1})$和$(\alpha_{i_2},\beta_{j_2})$是矩阵对策的两个解，则$(\alpha_{i_1j_1},\beta_{i_2j_2})$；

（2）可交换性。即若$(\alpha_{i_1},\beta_{j_1})$和$(\alpha_{i_2},\beta_{j_2})$是矩阵对策的两个解，则$(\alpha_{i_1},\beta_{j_2})$和$(\alpha_{i_2},\beta_{j_1})$也是矩阵对策的解。

### 8.2.3 矩阵对策的混合策略

由前面的讨论可知，对于矩阵对策$G=\{S_1,S_2;A\}$来说，局中人甲有把握的最少赢得是：

$$v_1=\max_i[\min_j(a_{ij})]$$

局中人乙有把握的最多损失是：

$$v_2=\min_j[\max_i(a_{ij})]$$

当$v_1=v_2$时，矩阵对策$G=\{S_1,S_2;A\}$存在纯策略意义上的解。然而，$v_1=v_2$并非对一切对策问题皆成立，实际问题出现更多的情形是$v_1<v_2$，即局中人甲的赢得不会多于局中人乙的损失。此时矩阵对策不存在纯策略意义上的解。

【例8-4】矩阵对策$G=\{S_1,S_2;A\}$，其中赢得矩阵

$$A=\begin{bmatrix} -2 & 6 & 5 \\ 2 & 3 & 4 \\ 9 & 2 & -4 \\ 7 & 1 & -3 \end{bmatrix}$$

$$v_1=\max_i[\min_j(a_{ij})]=2，i^*=2$$

$$v_2=\min_j[\max_i(a_{ij})]=5，j^*=3$$

由于$v_2=5>v_1=2$，于是当双方根据从最不利的情形中选择最有利结果的原则选择策略时，应分别选择策略$\alpha_2$和$\beta_3$，此时局中人甲的赢得为4（即乙的损失为4），甲的赢得比预期的2多，乙的损失比预期的5少。出现此情形的原因就在于，一方面，局中人甲选择了策略$\alpha_2$，使其对手减少了本该付出的损失；另一方面，局中人乙选择了策略$\beta_3$，使其对

手增加了本该得到的收益。故对于策略$\beta_3$来讲，$\alpha_2$并不是局中人甲的最优策略。局中人甲会考虑选取策略$\alpha_1$，以使局中人乙付出本该付出的损失；若甲选取策略$\alpha_1$，乙又会随之将自己的策略从$\beta_3$改变为$\beta_1$；而甲又会将策略$\alpha_1$改变为$\alpha_3$，来对付乙的$\beta_1$；为了对付甲，乙又会将自己的策略调整为$\beta_3$。另一方面，若起初甲选择的策略为$\alpha_2$，乙也会考虑将自己的策略从$\beta_3$改变为$\beta_1$，以使自己的损失减少为2；而这也将引起甲的策略发生调整。如此这般，对于两个局中人来说，根本不存在一个双方均可以接受的平衡局势；或者说当$\nu_1 < \nu_2$时，矩阵对策G不存在纯策略意义上的解。

在这种情形下，局中人自然而然会想到，既然不存在纯策略意义上的最优策略，那么是否可以利用最大期望赢得，规划一个选取不同策略的概率分布呢？由于这种策略是局中人策略集上的一个概率分布，故称之为混合策略。

定义3：设矩阵对策$G=\{S_1,S_2;A\}$，其中双方的策略集和赢得矩阵分别为$S_1=\{\alpha_1,\alpha_2,\cdots,\alpha_m\}$、$S_2=\{\beta_1,\beta_2,\cdots,\beta_n\}$、$A=(a_{ij})_{m\times n}$。

令：$X=\{x\in E^m|x_i\geqslant 0,i=1,2,\cdots,m;\sum_{i=1}^{m}x_i=1\}$

$Y=\{y\in E^n|y_j\geqslant 0,j=1,2,\cdots,n;\sum_{j=1}^{n}y_j=1\}$

则$X$和$Y$分别称为局中人甲、乙的混合策略集；$x\in X$、$y\in Y$，分别称为局中人甲、乙的混合策略；而（$x$，$y$）称为一个混合局势；局中人甲的赢得函数记为：

$$E(x,y)=x^TAy=\sum_{i=1}^{m}\sum_{j=1}^{n}a_{ij}x_iy_j \tag{8.6}$$

这样得到一个新的对策，记为$G'=\{X,Y;E\}$，对策$G'$称为对策$G$的混合拓展。

定义4：设$G'=\{X,Y;E\}$为矩阵对策$G=\{S_1,S_2;A\}$的混合拓展，如果存在：

$$V_G=\max_{x\in X}\min_{y\in Y}E(x,y)=\min_{y\in Y}\max_{x\in X}E(x,y) \tag{8.7}$$

则使式（8.7）成立的混合局势$(x^*,y^*)$称为矩阵对策$G$在混合意义上的解，$x^*$和$y^*$分别称为局中人甲和乙的最优混合策略，$V_G$为矩阵对策$G=\{S_1,S_2;A\}$或$G'=\{X,Y;E\}$的值。

为方便起见，我们无须对矩阵对策$G=\{S_1,S_2;A\}$及其混合拓展$G'=\{X,Y;E\}$加以区别，均可以用$G=\{S_1,S_2;A\}$来表示。当矩阵对策$G=\{S_1,S_2;A\}$在纯策略意义上无解时，自动转向讨论混合策略意义上的解。

定理2：局势$(x^*,y^*)$是矩阵对策$G=\{S_1,S_2;A\}$在混合策略意义上解的充分必要条件是对于一切$x\in X$、$y\in Y$均存在：

$$E(x,y^*)\leqslant E(x^*,y^*)\leqslant E(x^*,y) \tag{8.8}$$

一般矩阵对策在纯策略意义上的解很可能是不存在的，但在混合策略意义上的解却总是存在的。下面用一个简单的例子说明混合策略意义上解的存在。

【例8-5】已知矩阵对策$G=\{S_1,S_2;A\}$，求其混合策略意义上的解。其中$S_1=\{\alpha_1,\alpha_2\}$、$S_2=\{\beta_1,\beta_2\}$、赢得矩阵$A=\begin{bmatrix}3&2\\1&5\end{bmatrix}$。

解：显然$G$在纯策略意义上无解，于是设$x=(x_1,x_2)$是局中人甲的混合策略，$y=(y_1,y_2)$是局中人乙的混合策略，则：

$X=\{(x_1,x_2)|x_i\geqslant 0,i=1,2;x_1+x_2=1\}$

$Y=\{(y_1,y_2)|y_j\geqslant 0,j=1,2;y_1+y_2=1\}$

局中人甲的赢得期望值：

$$
\begin{aligned}
E(x,y)&=x^TAy=3x_1y_1+2x_1y_2+x_2y_1+5x_2y_2\\
&=5x_1y_1-3x_1-4y_1+5\\
&=5(x_1-\frac{4}{5})(y_1-\frac{3}{5})+\frac{13}{5}
\end{aligned}
$$

取$x^*=\left(\frac{4}{5},\frac{1}{5}\right)$、$y^*=\left(\frac{3}{5},\frac{2}{5}\right)$，则$E(x^*,y^*)=\frac{13}{5}$，$E(x^*,y)=E(x,y^*)=\frac{13}{5}$，即有式（8.8）成立，故局势$(x^*,y^*)$是矩阵对策$G=\{S_1,S_2;A\}$在混合策略意义上的解，$V_G=\frac{13}{5}$为矩阵对策的值。

下面继续讨论对策混合策略意义上的解的性质。

设局中人甲采取策略$\alpha_i$时，其相应的赢得函数为$E(i,y)$，于是：

$$E(i,y)=\sum_{j=1}^{n}a_{ij}y_j \tag{8.9}$$

设局中人乙采取策略$\beta_j$时，其相应的赢得函数为$E(x,j)$，于是：

$$E(x,j)=\sum_{i=1}^{m}a_{ij}x_i \tag{8.10}$$

由（8.9）式和（8.10）式可得：

$$E(x,y)=\sum_{i=1}^{m}\sum_{j=1}^{n}a_{ij}x_iy_j=\sum_{i=1}^{m}(\sum_{j=1}^{n}a_{ij}y_j)x_i=\sum_{i=1}^{m}E(i,y)x_i \tag{8.11}$$

和

$$E(x,y)=\sum_{i=1}^{m}\sum_{j=1}^{n}a_{ij}x_iy_j=\sum_{j=1}^{n}(\sum_{i=1}^{m}a_{ij}x_i)y_j=\sum_{j=1}^{n}E(x,j)y_j \tag{8.12}$$

定理3：设$x^*\in X$、$y^*\in Y$，则$(x^*,y^*)$是矩阵对策$G=\{S_1,S_2;A\}$的解的充分必要条件是对于任意的$i$（$i$=1，2，…，$m$）和$j$（$j$=1，2，…，$n$）均存在：

$$E(i,y^*)\leqslant E(x^*,y^*)\leqslant E(x^*,j) \tag{8.13}$$

证明：设$(x^*,y^*)$是矩阵对策$G=\{S_1,S_2;A\}$的解，则由定理2可知式（8.8）成立。由于纯策略是混合策略的特例，故式（8.13）成立。反之，设（8.13）式成立，由

$$E(x,y^*)=\sum_{i=1}^{m}E(i,y^*)x_i\leqslant E(x^*,y^*)\cdot\sum_{i=1}^{m}x_i=E(x^*,y^*)$$

$$E(x^*,y)=\sum_{j=1}^{n}E(x^*,j)y_j\geqslant E(x^*,y^*)\cdot\sum_{j=1}^{n}y_j=E(x^*,y^*)$$

即得式（8.8），证毕。

定理3的意义在于，在检验$(x^*,y^*)$是否为对策$G$的解时，式（8.13）把需要对无限个不等式进行验证的问题转化为只需对有限个不等式进行验证的问题，从而研究更加简化。

不难证明，定理3可表达为如下定理4的等价形式，这一形式在求解矩阵对策时特别有用。

定理4：设$x^*\in X$、$y^*\in Y$，则$(x^*,y^*)$是矩阵对策$G=\{S_1,S_2;A\}$的解的充分必要条件是存在数$v$，使得$x^*$和$y^*$分别是不等式组

$$(\text{I})\begin{cases}\sum_{i=1}^{m} a_{ij} x_i \geqslant v & (j=1,2,\cdots,n)\\ \sum_{i=1}^{m} x_i = 1 \\ x_i \geqslant 0 & (i=1,2,\cdots,m)\end{cases} \tag{8.14}$$

和

$$(\text{II})\begin{cases}\sum_{j=1}^{n} a_{ij} y_i \leqslant \nu & (i=1,2,\cdots,m)\\ \sum_{j=1}^{n} y_j = 1 \\ y_j \geqslant 0 & (j=1,2,\cdots,n)\end{cases} \tag{8.15}$$

的解且 $\nu = V_G$。

定理5：对任一矩阵对策 $G=\{S_1,S_2;A\}$，一定存在混合策略意义上的解。

证明：由定理3可知，此命题只需证明存在 $x^* \in X$、$y^* \in Y$ 使得式（8.13）成立。为此，考虑如下两个线性规划问题。

线性规划问题（P）：$\max \quad w$

$$\begin{cases}\sum_{i=1}^{m} a_{ij} x_i \geqslant w & (j=1,2,\cdots,n)\\ \sum_{i=1}^{m} x_i = 1 \\ x_i \geqslant 0 & (i=1,2,\cdots,m)\end{cases}$$

线性规划问题（D）：$\min \quad \nu$

$$\begin{cases}\sum_{j=1}^{n} a_{ij} y_i \leqslant \nu & (i=1,2,\cdots,m)\\ \sum_{j=1}^{n} y_j = 1 \\ y_j \geqslant 0 & (j=1,2,\cdots,n)\end{cases}$$

显然，这两个线性规划问题互为对偶，而且

$$x=(1,0,0,\cdots,0)^T \in E^m,\ w=\min_j (a_{1j})$$

是第一个问题（P）的一个可行解；而

$$y=(1,0,0,\cdots,0)^T \in E^n,\ \nu=\max_i (a_{i1})$$

是第二个问题（D）的一个可行解。由线性规划的对偶理论可知，这两个线性规划问题分别存在最优解 $(x^*,w^*)$ 和 $(y^*,\nu^*)$，且 $w^*=\nu^*$。即存在 $x^* \in X$、$y^* \in Y$ 和数 $\nu^*$，使得对任意的 $i$（$i$=1，2，…，$m$）和 $j$（$j$=1，2，…，$n$）均存在：

$$\sum_{j=1}^{n} a_{ij} y_j^* \leqslant \nu^* \leqslant \sum_{i=1}^{m} a_{ij} x_i^* \tag{8.16}$$

或

$$E(i,y^*) \leqslant \nu^* \leqslant E(x^*,j) \tag{8.17}$$

又由

$$E(x^*,y^*)=\sum_{i=1}^{m} E(i,y^*)x_i^* \leqslant \nu^* \cdot \sum_{i=1}^{m} x_i^* = \nu^*$$

$$E(x^*,y^*) = \sum_{j=1}^{n} E(x^*,j)y_j^* \geqslant \nu^* \cdot \sum_{j=1}^{n} y_j^* = \nu^*$$

得到$\nu^* = E(x^*,y^*)$，故由式（8.17）可知式（8.13）成立，证毕。

定理5的证明是一个构造性的证明，它不仅证明了矩阵对策解的存在性，而且给出了利用线性规划方法求解矩阵对策的思想。

定理6：设$(x^*,y^*)$是矩阵对策$G=\{S_1,S_2;A\}$的解，$\nu = V_G$，则

（1）若$x_i^* > 0$，则$\sum_{j=1}^{n} a_{ij}y_j^* = \nu$；

（2）若$y_j^* > 0$，则$\sum_{i=1}^{m} a_{ij}x_i^* = \nu$；

（3）若$\sum_{j=1}^{n} a_{ij}y_j^* < v$，则$x_i^* = 0$；

（4）若$\sum_{i=1}^{m} a_{ij}x_i^* > v$，则$y_j^* = 0$。

定义5：设有矩阵对策$G=\{S_1,S_2;A\}$，其中$S_1=\{\alpha_1,\alpha_2,\cdots,\alpha_m\}$，$S_2=\{\beta_1,\beta_2,\cdots,\beta_n\}$，$A(a_{ij})_{m\times n}$。若对于一切$j$=1，2，…，$n$均有$a_{i^0 j} \geqslant a_{k^0 j}$，即矩阵的第$i^0$行元素均不小于第$k^0$行的对应元素，则称局中人甲的策略$\alpha_{i^0}$优超于$\alpha_{k^0}$；若对于一切$i$=1，2，…，$m$均有$a_{ij^0} \leqslant a_{is^0}$，即矩阵的第$j^0$列各元素均不大于第$s^0$列的对应元素，则称局中人乙的策略$\beta_{j^0}$优超于$\beta_{s^0}$。

定理7：设有矩阵对策$G=\{S_1,S_2;A\}$，其中$S_1=\{\alpha_1,\alpha_2,\cdots,\alpha_m\}$，$S_2=\{\beta_1,\beta_2,\cdots,\beta_n\}$，$A=(a_{ij})_{m\times n}$。若策略$\alpha_1$被其他策略$\alpha_2,\cdots,\alpha_m$之一所优超，由矩阵对策$G$得到新矩阵对策$G'=\{S'_1,S_2;A'\}$，其中$S'_1=\{\alpha_2,\cdots,\alpha_m\}$，$S_2=\{\beta_1,\beta_2,\cdots,\beta_n\}$，$A'=(a'_{ij})_{(m-1)\times n}$。则

（1）$V_{G'} = V_G$；

（2）$G'$中局中人乙的最优策略也是其在$G$中的最优策略；

（3）若$(x_2^*,x_3^*,\cdots,x_m^*)^T$是$G'$中局中人甲的最优策略，则$x^*=(0,x_2^*,x_3^*,\cdots,x_m^*)^T$是局中人甲在$G$中的最优策略。

定理7的意义在于，通过它能够将矩阵对策化简，从而简化问题的求解。

【例8-6】设有一矩阵对策，其赢得矩阵为$A$，求该矩阵对策的解。

$$A=\begin{bmatrix} 2 & 1 & 0 & 2 & 0 \\ 3 & 0 & 1 & 4 & 8 \\ 6 & 4 & 9 & 5 & 9 \\ 3 & 6 & 8 & 7 & 5 \\ 5 & 0 & 7 & 9 & 3 \end{bmatrix}$$

解：矩阵A的第四行优超于第一行，第三行优超于第二行，根据定理7，可划去第一行和第二行，得到新的赢得矩阵

$$A_1=\begin{bmatrix} 6 & 4 & 9 & 5 & 9 \\ 3 & 6 & 8 & 7 & 5 \\ 5 & 0 & 7 & 9 & 3 \end{bmatrix}$$

在矩阵$A_1$中，第一列优超于第三列，第二优超于第四列，（第一列）/2+（第二列）/2优超于第五列，则划去第三列、第四列、第五列，得到新的赢得矩阵

$$A_2=\begin{bmatrix}6&4\\3&6\\5&0\end{bmatrix}$$

在矩阵$A_2$中，第一行优超于第三行，则划去第三行，得到新的赢得矩阵

$$A_3=\begin{bmatrix}6&4\\3&6\end{bmatrix}$$

可见，$A_3$在纯策略意义下无解。利用定理4，求解下列不等式组

$$(\text{I})\begin{cases}6x_3+3x_4\geqslant v\\4x_3+6x_4\geqslant v\\x_3+x_4=1\\x_3,x_4\geqslant 0\end{cases}\qquad(\text{II})\begin{cases}6y_1+4y_2\leqslant v\\3y_1+6y_2\leqslant v\\y_1+y_2=1\\y_1,y_2\geqslant 0\end{cases}$$

将上述两个不等式组中的不等号转化为等号，得

$$(\text{I})\begin{cases}6x_3+3x_4=v\\4x_3+6x_4=v\\x_3+x_4=1\\x_3,x_4\geqslant 0\end{cases}\qquad(\text{II})\begin{cases}6y_1+4y_2=v\\3y_1+6y_2=v\\y_1+y_2=1\\y_1,y_2\geqslant 0\end{cases}$$

求解得：$x_3^*=3/5$，$x_4^*=2/5$，$v=24/5$；$y_1^*=2/5$，$y_2^*=3/5$，$v=24/5$。

故该矩阵对策问题的一个解为

$$x^*=(0,0,3/5,2/5,0)^T$$

$$y^*=(2/5,3/5,0,0,0)^T$$

$$V_G=\frac{24}{5}$$

## 8.3 矩阵对策的解法

### 8.3.1 2×2对策的公式解法

所谓2×2对策是指局中人甲的赢得矩阵为2×2阶的，即

$$A=\begin{bmatrix}a_{11}&a_{12}\\a_{21}&a_{22}\end{bmatrix}$$

若$A$在纯策略意义下有解，则可很快求出局中人双方的最优纯策略；反之，则可证明各局中人最优策略中的$x_i^*$，$y_j^*$均大于0。由定理6可知，为求最优混合策略可求下列等式：

$$(\text{I})\begin{cases}a_{11}x_1+a_{21}x_2=v\\a_{12}x_1+a_{22}x_2=v\\x_1+x_2=1\end{cases}$$

$$(\text{II})\begin{cases}a_{11}y_1+a_{12}y_2=v\\a_{21}y_1+a_{22}y_2=v\\y_1+y_2=1\end{cases}$$

当矩阵$A$不存在纯策略意义下的解时，上述等式一定有非负解$x^*=(x_1^*,x_2^*)$和$y^*=(y_1^*,y_2^*)$，其中

$$x_1^*=\frac{a_{22}-a_{21}}{(a_{11}+a_{22})-(a_{12}+a_{21})}\tag{8.18}$$

$$x_2^*=\frac{a_{11}-a_{12}}{(a_{11}+a_{22})-(a_{12}+a_{21})}\tag{8.19}$$

$$y_1^* = \frac{a_{22} - a_{12}}{(a_{11} + a_{22}) - (a_{12} + a_{21})} \tag{8.20}$$

$$y_2^* = \frac{a_{11} - a_{21}}{(a_{11} + a_{22}) - (a_{12} + a_{21})} \tag{8.21}$$

$$V_G = \frac{a_{11}a_{22} - a_{12}a_{21}}{(a_{11} + a_{22}) - (a_{12} + a_{21})} \tag{8.22}$$

【例8-7】求解矩阵对策$G = \{S_1, S_2; A\}$，其中

$$A = \begin{bmatrix} 3 & 2 \\ 1 & 5 \end{bmatrix}$$

解 显然，该矩阵对策在纯策略意义下没有解。由式（8.18）~式（8.22）得：

$$x_1^* = \frac{5-1}{(3+5)-(1+2)} = \frac{4}{5},\ x_2^* = \frac{1}{5},\ y_1^* = \frac{3}{5},\ y_2^* = \frac{2}{5},\ V_G = \frac{13}{5}$$

即该矩阵对策的最优解为：$x^* = (\frac{4}{5}, \frac{1}{5})^T$，$y^* = (\frac{3}{5}, \frac{2}{5})$，对策值为$\frac{13}{5}$。

### 8.3.2 2×$n$或$m$×2对策的图解法

在矩阵对策中，当赢得矩阵为2×$n$或$m$×2阶时，用图解法非常方便；当赢得矩阵为3×$n$或$m$×3阶时，也可以使用图解法；但当$m \times n$中$n$和$m$均大于3时，用图解法求解就不适用了。现用一个2×$n$对策的例子说明这种方法的求解过程。

【例8-8】求解矩阵对策$G = \{S_1, S_2; A\}$，其中$S_1 = \{\alpha_1, \alpha_2\}$，$S_2 = \{\beta_1, \beta_2, \beta_3\}$，

$$A = \begin{bmatrix} 2 & 3 & 11 \\ 7 & 5 & 2 \end{bmatrix}$$

解 设局中人甲的混合策略为$(x, 1-x)^T, x \in [0,1]$。过数轴$x$在坐标0和1两点分别做两条垂线Ⅰ-Ⅰ和Ⅱ-Ⅱ，垂线上点的纵坐标表示局中人甲采取纯策略$\alpha_1$和$\alpha_2$时，局中人乙采取各种纯策略时的赢得值。如图8-2所示，当局中人甲选择每一混合策略$(x, 1-x)^T$时，其赢得不会低于当局中人乙选择$\beta_1$、$\beta_2$、$\beta_3$时所确定的三条直线$2x + 7(1-x) = v$、$3x + 5(1-x) = v$、$11x + 2(1-x) = v$，在$x$取值处的纵坐标中的最小值，即如折线$B_1BB_2B_3$所示。

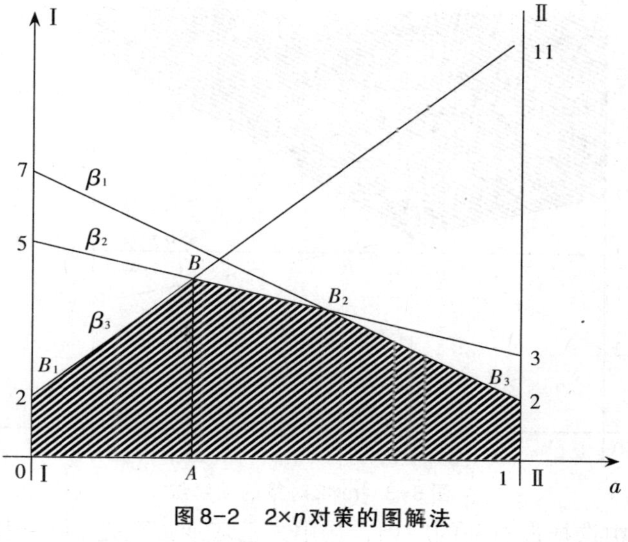


图8-2 2×$n$对策的图解法

对局中人甲而言，其最佳选择就是确定$x$的值，使他的赢得尽可能地多。由图8-2可知，按从最不利情形中选择最有利结果的原则，应取$x=OA$，而$AB$即为对策值$V_G$。为求出$x$和对策值$V_G$，可联立过$B$点的两条直线方程：

$$\begin{cases}3x+5(1-x)=V_G\\11x+2(1-x)=V_G\end{cases}$$

解得：$x^*=3/11$，$V_G=49/11$。所以，局中人甲的最优策略为$x^*=(\frac{3}{11},\frac{8}{11})^T$。

由图8-2可看出，局中人乙的最优策略，是由$\beta_2$、$\beta_3$这两条直线所决定的。若记$y^*=(y_1^*,y_2^*,y_3^*)^T$为局中人乙的最优混合策略，则由

$E(x^*,1)=2\times\frac{3}{11}+7\times\frac{8}{11}=\frac{62}{11}>\frac{49}{11}$，即$E(x^*,1)>V_G$

$(x^*,2)=E(x^*,3)=V_G$

根据定理6，必有$y_1^*=0,y_2^*>0,y_3^*>0$。

根据定理6，可由：

$$\begin{cases}3y_2+11y_3=\frac{49}{11}\\5y_2+2y_3=\frac{49}{11}\\y_2+y_3=1\end{cases}$$

求得$y_2^*=\frac{9}{11},y_3^*=\frac{2}{11}$。即局中人乙的最优混合策略为：$y^*=(0,\frac{9}{11},\frac{2}{11})^T$。

【例8-9】求解矩阵对策$G=\{S_1,S_2;A\}$，其中，$S_1=\{\alpha_1,\alpha_2,\alpha_3\}$，$S_2=\{\beta_1,\beta_2\}$，

$$A=\begin{vmatrix}3&5\\4&4\\9&2\end{vmatrix}$$

解：设局中人乙的混合策略为$(y,1-y)^T,y\in[0,1]$。在图8-3中，由$\alpha_1$、$\alpha_2$、$\alpha_3$所决定的三条直线在该区间任意点的纵坐标分别是局中人乙采取策略$(y,1-y)^T$时的支付值。

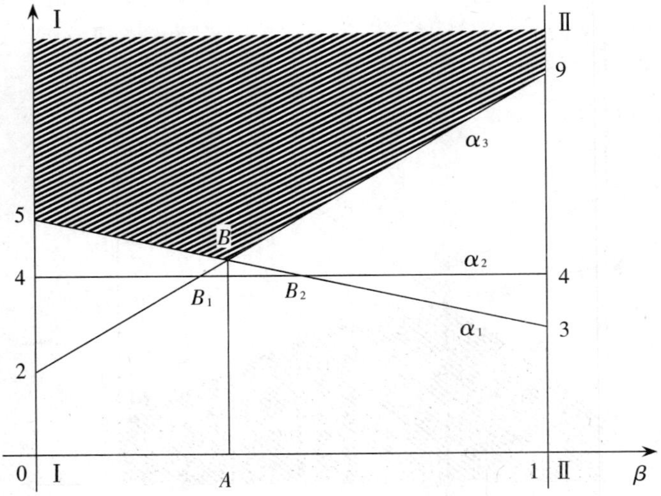


图8-3　m×2对策的图解法

根据从最不利中选择最有利的原则，局中人乙应通过确定$y$值，找到图中三条直线以

上部分中的最小值。显然，对本例而言，应选择点$B$。由方程：

$$\begin{cases} 3y+5(1-y)=V_G \\ 9y+2(1-y)=V_G \end{cases}$$

求得$y=\frac{1}{3}, V_G=\frac{13}{3}$。即局中人乙的最优混合策略是$y^*=(\frac{1}{3},\frac{2}{3})^T$，对策值$V_G=\frac{13}{3}$。

局中人甲的最优策略为$x^*=(x_1,x_2,x_3)^T$，

由$4y+4(1-y)=4<V_G$，得$x_2=0$

由$y=\frac{1}{3}>0$，得$3x_1+4x_2+9x_3=\frac{13}{3}$

由$1-y=\frac{2}{3}>0$，得$5x_1+4x_2+2x_3=\frac{13}{3}$

因此有

$$\begin{cases} 3x_1+4x_2+9x_3=\frac{13}{3} \\ 5x_1+4x_2+2x_3=\frac{13}{3} \\ x_2=0 \end{cases}$$

解上述方程组，得$x^*=(\frac{7}{9},0,\frac{2}{9})^T$，即局中人甲的最优混合策略为$x^*=(\frac{7}{9},0,\frac{2}{9})^T$。

### 8.3.3 矩阵对策的线性规划解法

由定理5可知，任一矩阵对策$G=\{S_1,S_2;A\}$的求解均等价于求解一对互为对偶的线性规划问题；而定理4表明，矩阵对策$G=\{S_1,S_2;A\}$的解$x^*$和$y^*$等价于如下两个不等式组的解：

$$\begin{cases} \sum_{i=1}^{m} a_{ij}x_i \geqslant \nu \quad (j=1,2,\cdots,n) \\ \sum_{i=1}^{m} x_i = 1 \\ x_i \geqslant 0 \quad (i=1,2,\cdots,m) \end{cases} \tag{8.23}$$

和

$$\begin{cases} \sum_{j=1}^{n} a_{ij}y_j \leqslant \nu \quad (i=1,2,\cdots,m) \\ \sum_{j=1}^{n} y_j = 1 \\ y_j \geqslant 0 \quad (j=1,2,\cdots,n) \end{cases} \tag{8.24}$$

其中：

$$\nu=\max_{x\in X}\min_{y\in Y}E(x,y)=\min_{y\in Y}\max_{x\in X}E(x,y)=V_G$$

定理8：设矩阵对策$G=\{S_1,S_2;A\}$的值为$V_G$，则

$$V_G=\max_{x\in X}\min_{1\leqslant j\leqslant n}E(x,j)=\min_{y\in Y}\max_{1\leqslant i\leqslant m}E(i,y) \tag{8.25}$$

证明：因$V_G$是矩阵对策的值，故

$$V_G=\max_{x\in X}\min_{y\in Y}E(x,y)=\min_{y\in Y}\max_{x\in X}E(x,y)$$

一方面，任给$x\in X$有

$$\min_{1\leqslant j\leqslant n}E(x,j)\geqslant \min_{y\in Y}E(x,y)$$

故

$$\max_{x\in X}\min_{1\leq j\leq n}E(x,j)\geq\max_{x\in X}\min_{y\in Y}E(x,y) \tag{8.26}$$

另一方面，任给$x\in X$、$y\in Y$有

$$E(x,y)=\sum_{j=1}^{n}E(x,j)\cdot y_j\geq\min_{1\leq j\leq n}E(x,j)$$

故

$$\min_{y\in Y}E(x,y)\geq\min_{1\leq j\leq n}E(x,j)$$

$$\max_{x\in X}\min_{y\in Y}E(x,y)\geq\max_{x\in X}\min_{1\leq j\leq n}E(x,j) \tag{8.27}$$

由式（8.26）和（8.27）得：

$$V_G=\max_{x\in X}\min_{1\leq j\leq n}E(x,j)$$

同理可得：

$$V_G=\min_{y\in Y}\max_{1\leq i\leq m}E(i,y)$$

下面给出求解矩阵对策的线性规划方法。由定理4和定理5及线性规划问题（P）和（D）的对偶性可知：

（1）（P）和（D）的最优解皆存在且最优值相等。

（2）（$x^*$，$y^*$）是矩阵对策$G=\{S_1,S_2;A\}$解的充分必要条件是$x^*$和$y^*$分别是线性规划（P）和（D）的最优解。

因此，求矩阵对策问题G的解可等价地转化为求下列两个互为对偶的线性规划问题（P）和（D）的解。

假设$V>0$。令$x'_i=\dfrac{x_i}{\nu}$，则不等式组（8.23）变为：

$$\begin{cases}\sum_{i=1}^{m}a_{ij}x'_i\geq 1 & (j=1,2,\cdots,n)\\ \sum_{i=1}^{m}x'_i=\dfrac{1}{\nu} & \\ x'_i\geq 0 & (i=1,2,\cdots,m)\end{cases} \tag{8.28}$$

根据定理8，有$\nu=\max\limits_{x=X}\min\limits_{1\leq j\leq n}\sum\limits_{i=1}^{m}a_{ij}x_i$。于是不等式组（8.28）等价于式（8.29）所示的线性规划问题：

$$(\mathrm{P})\begin{cases}\min\quad z=\sum_{i=1}^{m}x'_i\\ \sum_{i=1}^{m}a_{ij}x'_i\geq 1 & (j=1,2,\cdots,n)\\ x'_i\geq 0 & (i=1,2,\cdots,m)\end{cases} \tag{8.29}$$

同理，令$y'_j=\dfrac{y_j}{\nu}$，则不等式组（8.24）变为：

$$\begin{cases}\sum_{j=1}^{n}a_{ij}y'_j\leq 1 & (i=1,2,\cdots,m)\\ \sum_{i=1}^{m}y'_j\geq\dfrac{1}{\nu} & \\ y'_j\geq 0 & (j=1,2,\cdots,n)\end{cases} \tag{8.30}$$

其中 $\nu = \min\limits_{y \in Y} \max\limits_{1 \le i \le m} \sum\limits_{j=1}^{n} a_{ij} y_j$，于是不等式组（8.30）等价于式（8.31）所示的线性规划问题：

$$(D)\begin{cases} \max \quad w = \sum\limits_{j=1}^{n} y'_j \\ \sum\limits_{j=1}^{n} a_{ij} y'_j \le 1 \qquad (i = 1, 2, \cdots, m) \\ y'_j \ge 0 \qquad (j = 1, 2, \cdots, n) \end{cases} \tag{8.31}$$

显然，式（8.29）和式（8.31）所示的线性规划问题互为对偶问题，故可利用单纯形法及其对偶性质求解它们。在求解时，一般先求式（8.31）的解，因为这样容易得到初始的可行基；而式（8.29）的解可利用对偶性质直接得到。

【例8-10】利用线性规划解法求解矩阵对策，其中$A = \begin{bmatrix} -2 & 1 & 0 \\ 2 & -3 & -1 \\ 0 & 2 & -3 \end{bmatrix}$。

解　先验证是否存在纯策略意义上的解。

$\nu_1 = \max\limits_i \min\limits_j a_{ij} = -2$，$\nu_2 = \min\limits_j \max\limits_i a_{ij} = 0$，

$\nu_1 \ne \nu_2$，故该矩阵对策没有纯策略意义上的解。

$\because \nu_1 \le V_G \le \nu_2$，故对策值可能小于等于零。为保证 $V_G > 0$，先将矩阵 A 各元素同加 3，化为

$$A = \begin{bmatrix} 1 & 4 & 3 \\ 5 & 0 & 2 \\ 3 & 5 & 0 \end{bmatrix}$$

构造两个互为对偶的线性规划问题：

$$\min(x_1 + x_2 + x_3) \qquad\qquad \max(y_1 + y_2 + y_3)$$

$$\begin{cases} x_1 + 5x_2 + 3x_3 \ge 1 \\ 4x_1 \qquad\quad + 5x_3 \ge 1 \\ 3x_1 + 2x_2 \qquad\quad \ge 1 \\ x_1, x_2, x_3 \ge 0 \end{cases} \qquad \begin{cases} y_1 + 4y_2 + 3y_3 \le 1 \\ 5y_1 \qquad\quad + 2y_3 \le 1 \\ 3y_1 + 5y_2 \qquad\quad \le 1 \\ y_1, y_2, y_3 \ge 0 \end{cases}$$

利用单纯形法求解第二个线性规划问题，迭代过程见表8-3。

表8-3　**第二个线性规划问题的单纯形法求解过程**

| $c_j$ | | | 1 | 1 | 1 | 0 | 0 | 0 |
|---|---|---|---|---|---|---|---|---|
| $C_B$ | $Y_B$ | b | $y_1$ | $y_2$ | $y_3$ | $u_1$ | $u_2$ | $u_3$ |
| 0 | $u_1$ | 1 | 1 | 4 | 3 | 1 | 0 | 0 |
| 0 | $u_2$ | 1 | [5] | 0 | 2 | 0 | 1 | 0 |
| 0 | $u_3$ | 1 | 3 | 5 | 0 | 0 | 0 | 1 |
| $\sigma_j$ | | | 1 | 1 | 1 | 0 | 0 | 0 |
| 0 | $u_1$ | 4/5 | 0 | 4 | 13/5 | 1 | −1/5 | 0 |
| 0 | $y_1$ | 1/5 | 1 | 0 | 2/5 | 0 | 1/5 | 0 |
| 1 | $u_3$ | 2/5 | 0 | [5] | −6/5 | 0 | −3/5 | 1 |

续表

| | | | | | | | | |
|---|---|---|---|---|---|---|---|---|
| $\sigma_j$ | | | 0 | 1 | 3/5 | 0 | −1/5 | 0 |
| 0 | $u_1$ | 12/25 | 0 | 0 | [89/25] | 1 | 7/25 | −4/5 |
| 1 | $y_1$ | 1/5 | 1 | 0 | 2/5 | 0 | 1/5 | 0 |
| 1 | $y_2$ | 2/25 | 0 | 1 | −6/25 | 0 | −3/25 | 1/5 |
| $\sigma_j$ | | | 0 | 0 | 21/25 | 0 | −2/25 | −1/5 |
| 1 | $y_3$ | 12/89 | 0 | 0 | 1 | 25/89 | 7/89 | −20/89 |
| 1 | $y_2$ | 13/89 | 1 | 0 | 0 | −10/89 | 15/89 | 8/89 |
| 1 | $y_1$ | 10/89 | 0 | 1 | 0 | 6/89 | −9/89 | 9/89 |
| $\sigma_j$ | | | 0 | 0 | 0 | −21/89 | −13/89 | −1/89 |

从表8-3的最终单纯形表可以看出第二个线性规划问题的解为$y=\left(\frac{10}{89},\frac{13}{89},\frac{12}{89}\right)^T$，第一个线性规划问题的解为$x=\left(\frac{21}{89},\frac{13}{89},\frac{1}{89}\right)^T$，$\nu=\frac{35}{89}$。

于是$V_G=\frac{89}{35}$，$x^*=V_G\cdot\left(\frac{21}{89},\frac{13}{89},\frac{1}{89}\right)^T=\left(\frac{21}{35},\frac{13}{35},\frac{1}{35}\right)^T$，$y^*=V_G\cdot\left(\frac{10}{89},\frac{13}{89},\frac{12}{89}\right)^T=\left(\frac{10}{35},\frac{13}{35},\frac{12}{35}\right)^T$，原矩阵对策的对策值$V'_G=V_G-3=\frac{89}{35}-3=-\frac{16}{35}$。

对于本章的例8-4，可构造两个互为对偶的线性规划问题：

$$\min x_1+x_2+x_3+x_4$$
$$\begin{cases}-2x_1+2x_2+9x_3+7x_4\geqslant 1\\ 6x_1+3x_2+2x_3+x_4\geqslant 1\\ 5x_1+4x_2-4x_3-3x_4\geqslant 1\\ x_1,x_2,x_3,x_4\geqslant 0\end{cases}$$

$$\max y_1+y_2+y_3$$
$$\begin{cases}-2y_1+6y_2+5y_3\leqslant 1\\ 2y_1+3y_2+4y_3\leqslant 1\\ 9y_1+2y_2-4y_3\leqslant 1\\ 7y_1+y_2-3y_3\leqslant 1\\ y_1,y_2,y_3\geqslant 0\end{cases}$$

利用单纯形法求解第二个线性规划问题，即可得到$V_G$、$x^*$和$y^*$。

## 8.4 WinQSB软件在对策论中的应用

WinQSB软件在对策论中的应用是通过调用软件中的Decision Analysis实现的，启动程序进入决策分析界面，点击File→New Problem，系统出现如图8-4的界面。

以例8-10为例说明WinQSB软件在对策论中的应用。

(1) 建立新问题。选择二人零和对策（Two-player, Zero-sum Game），输入标题、局中人甲的策略数（Number of Strategies for Player1）和局中人乙的策略数（Number of Strategies for Player2），单击OK，系统进入数据输入界面。

(2) 输入数据。输入数据，系统显示如图8-5。

(3) 求解。点击系统菜单Solve and Analyze的下拉菜单选项：Solve the Problem（只求解问题），系统显示如图8-6所示的界面。

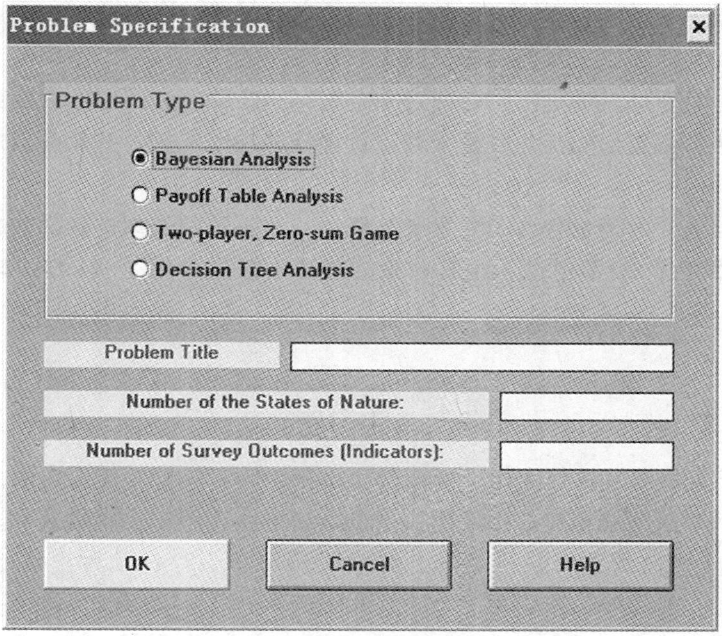


图 8-4　决策问题约定界面

| Player1 \ Player2 | Strategy2-1 | Strategy2-2 | Strategy2-3 |
|---|---|---|---|
| Strategy1-1 | -2 | 1 | 0 |
| Strategy1-2 | 2 | -3 | -1 |
| Strategy1-3 | 0 | 2 | -3 |

图 8-5　数据输入界面

| 05-14-2017 | Player | Strategy | Dominance | Elimination Sequence |
|---|---|---|---|---|
| 1 | 1 | Strategy1-1 | Not Dominated | |
| 2 | 1 | Strategy1-2 | Not Dominated | |
| 3 | 1 | Strategy1-3 | Not Dominated | |
| 4 | 2 | Strategy2-1 | Not Dominated | |
| 5 | 2 | Strategy2-2 | Not Dominated | |
| 6 | 2 | Strategy2-3 | Not Dominated | |
| | Player | Strategy | Optimal Probability | |
| 1 | 1 | Strategy1-1 | 0.60 | |
| 2 | 1 | Strategy1-2 | 0.37 | |
| 3 | 1 | Strategy1-3 | 0.03 | |
| 1 | 2 | Strategy2-1 | 0.37 | |
| 2 | 2 | Strategy2-2 | 0.29 | |
| 3 | 2 | Strategy2-3 | 0.34 | |
| | Expected | Payoff | for Player 1 = | 0 |

图 8-6　求解结果

## 本章小结

对策论的研究方法和其他许多利用数学工具研究社会经济现象的学科一样，都是从复杂的现象中抽象出基本的元素，对这些元素构成的数学模型进行分析，而后逐步引入对其形势产生影响的其他因素，从而分析其结果。

对策论是指某个个人或是组织，面对一定的环境条件，在一定的规则约束下，依靠所掌握的信息，从各自选择的行为或是策略进行选择并加以实施，并从各自取得相应结果或收益的过程。

本章首先阐述了对策论包含的要素及其概念；对策论的类型；其次解析了矩阵对策的基本理论；本章在第8.3节讲述了矩阵对策的解法；最后介绍了WinQSB软件在对策论中的应用。

## 章末习题

1.甲、乙两人做游戏，每人出一个或两个手指，同时又把猜测对方所出的手指数叫出来。如果只有一个人猜测正确，则他所赢得的数目为两人所出手指数之和。写出该对策中各局中人的策略集合及甲的赢得矩阵，并回答局中是否存在某种出法比其他出法更为有利。

2.甲、乙两个企业生产同一种电子产品，两个企业都想通过改革管理获取更多的市场销售份额. 甲企业的策略措施有：①降低产品价格；②提高产品质量，延长保修年限；③推出新产品。乙企业考虑的措施有：①增加广告费用；②增设维修网点，扩大维修服务；③改进产品性能。假定市场份额一定，由于各自采取的策略措施不同，通过预测，今后两个企业的市场占有份额变动情况如下表8-4所示（正值为甲企业增加的市场占有份额，负值为减少的市场占有份额)。试通过对策分析，确定两个企业各自的最优策略。

表8-4　　**两企业的不同措施下甲企业的市场占有份额变动**

| 乙<br>甲 | 1 | 2 | 3 |
|---|---|---|---|
| 1 | 10 | −1 | 3 |
| 2 | 12 | 10 | −5 |
| 3 | 6 | 8 | 5 |

3.某空调生产厂家要决定下季度某型号空调产量问题。已知在正常的夏季气温条件下该空调可卖出15万台，在较热与降雨量较大的条件下市场需求为20万台和10万台。假定该空调价格随天气程度有所变化，在雨量较大、正常、较热的气候条件下空调价格分别为1 000元、1 500元和2 000元，又设当时空调价为每台1 000元。在没有关于气温准确预报的条件下，生产多少空调能使该厂家收益最大?

4.求解下列矩阵对策

$$A=\begin{bmatrix}2 & 3\\5 & 3\end{bmatrix}\qquad A=\begin{bmatrix}5 & 6 & 4\\8 & 6 & 7\\5 & 4 & 5\end{bmatrix}$$

$$A=\begin{bmatrix}6&2&3\\7&3&6\\6&4&5\end{bmatrix}\qquad A=\begin{bmatrix}7&5&9&10&6\\6&4&1&-3&2\\3&2&-1&4&-5\\2&3&4&6&7\\5&3&7&8&5\end{bmatrix}$$

5.利用图解法求解下列矩阵对策

$$A=\begin{bmatrix}2&4\\2&3\\3&2\\-2&6\end{bmatrix}\qquad A=\begin{bmatrix}4&1&2&3\\-4&0&-2&-1\end{bmatrix}\qquad A=\begin{bmatrix}1&4&6\\3&2&5\end{bmatrix}$$

6.利用线性规划解法求解下列矩阵对策

$$A=\begin{bmatrix}7&5&3\\6&3&8\\6&2&1\end{bmatrix}\qquad A=\begin{bmatrix}3&5&7&2\\14&7&-2&4\\9&1&3&7\\3&7&5&4\end{bmatrix}$$

# 第9章/ 存储论

存储论也称库存论（Inventory Theory），是研究物资的订购、存储策略及存储控制的理论。人们在生产经营和商品销售活动中，经常需要把购买的原料、生产的产品和销售的商品存储起来，以备使用和销售。但是，由于种种原因，需求与供应、消费与存储之间常常存在着不协调性，这种不协调性表现在两个方面：一种是供过于求，即由于原料、产品或者商品的积压，造成资金周转的缓慢和成本的提高而带来经济损失；另一种是供不应求，即由于原料或者商品短缺，引起生产停工或者无货销售，使经营单位因利润降低而带来经济损失。为了使经营活动的经济损失达到最小或者收益实现最大，于是人们在供应和需求之间对于存储这个环节，开始研究如何寻求原料、产品或者商品合理的存储量以及它们合适的存储时间，来协调供应和需求的关系。

存储论研究的基本问题是，对于特定的需求类型，讨论用怎样的方式进行原料的供应、商品的订货或者产品的生产，以求最好地实现存储的经济管理目标。因此，存储论是研究如何根据生产或者销售活动的实际存储问题建立起数学模型，然后通过费用分析求出产品、商品的最佳供应量和供应周期这些数量指标。

存储模型分为确定型和随机型两大类，供需完全可以预测的模型称为确定型模型，否则就是随机型模型。

## 9.1 存储论的基本概念

### 9.1.1 需求

由于存在着对产品或原料的需求，必然要从存储中取出一定的数量，从而使存储数量减少，这就是存储的输出。有的需求是间断的，例如翻砂车间每间隔一段时间为机加工车间提供一定数量的毛坯；有的需求是均匀连续的，例如在自动装配线上每分钟装配若干件产品或部件。图9-1和图9-2分别表示t时间内的输出量皆为$S-W$，但二者的输出方式则不同，图9-1是间断地输出，而图9-2则是连续地均匀输出。

从另一个角度看，有的需求是确定的，如煤炭企业每月卖给钢铁企业的煤炭数量；有的需求是随机的，如超市每天出售商品的品种和数量；但经过大量的统计资料可以从中找出每天出售商品数量的统计规律，称之有一定规律的随机分布的需求。

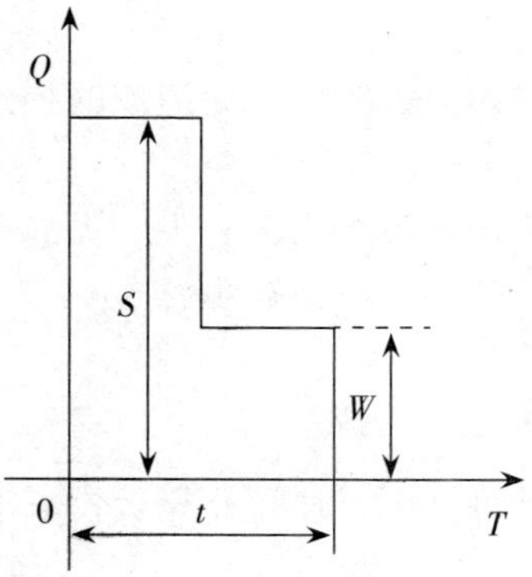


图9-1　间断输出

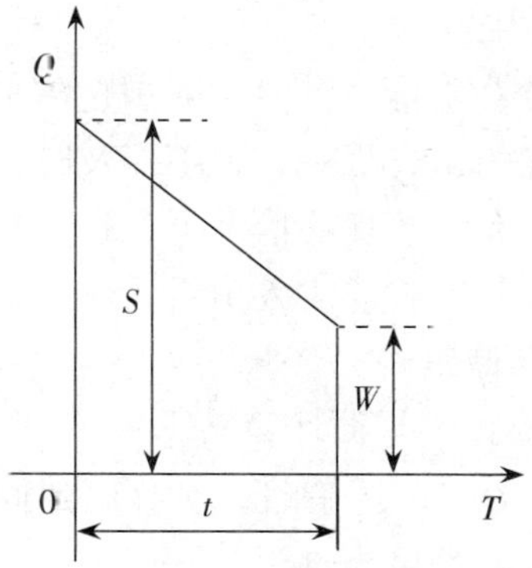


图9-2　连续均匀输出

### 9.1.2　补充

存储因需求而减少，必须进行补充，否则终会因存储不足无法满足经营需求。补充是生产经营或商品销售活动中从外部获得的原料或商品，是存储过程的输入。补充的办法可能是向其他企业购买，也可能是由本单位组织生产或是车间之间、班组之间甚至前后工序之间的产品交接。这些补充方式，也可称为订货。

从订货到货物进入“存储”往往需要一段时间，我们把这段时间称为备货时间。从另一个角度看，为了在某一时刻能补充存储，则必须提前订货，那么这段时间也可以称为提前时间（Leadtime）。当然备货的时间可能很长，也可能很短；可能是确定的，也可能是随机的。

存储论中对补充的讨论，主要是解决：多长时间补充一次？每次补充的数量是多少？

### 9.1.3　费用

存储论中决定多长时间补货一次以及每次补货数量的策略称为存储策略，也称补货策略。存储策略的衡量标准是费用，存储论中的费用包括以下几种：

1.存储费

存储费用是为存储货物而发生的费用支出，包括货物占用资金应付的利息、仓库保管费（如租用仓库的租金或仓库设施的运行费、维修费、管理人员工资等）、货物维修费、保险费，存储物资变坏、变质、损耗及降价等造成的损失费。

2.订货费

订货费是订购一次货物所需的订购费的费用支出，包括订购费用和货物的成本费用。订购费用包括手续费、通讯费、差旅费等，该项费用是一种仅与订货次数有关的一种固定费用；货物的成本费用包括货物本身的价格、保险费、运输费等，该项费用是一种与订货数量有关的可变费用。

3.生产费用

当库存不足时需要进行补充，如果选择的是自行生产，发生的费用包括装配费用和与产品生产量有关的费用。装配费用是从生产准备到结束所发生的固定费用，包括更换模具、夹具需要的工时，添置某些专用设备而发生的相关费月等；与生产产品的数量有关的费用包括直接材料、直接人工、变动的制造费用，它是一种可变费用。

4.缺货费

缺货费是指当存储不能满足需求而引起的损失费。如失去销售机会造成的损失、停工待料造成的生产损失、因不能及时付货违约所支付的罚金等。

在不允许缺货的情况下，在费用上处理的方式是缺货费被视为无穷大。如战争中缺少军械、弹药等将造成人员重大伤亡乃至战败，血库缺血将造成生命危害等。

### 9.1.4 存储策略

1）（$t_0$，$Q$）循环策略

（$t_0$，$Q$）循环策略，又称固定间隔补货策略。它是每间隔$t_0$时间补充货物一次，每次补充货物的数量为$Q$。

2）$(s,S)$策略

在该策略下，企业需要不定期地检查库存状态，当存储量$x>s$（企业的合理库存）时，不需要补货；当存储量$x<s$时，需要补货，补货量为$Q=S-x$，将存储量补充到最高库存水平$S$。

3）$(t,s,S)$混合策略

每间隔时间$t$检查企业的存储量$x$，当存储量$x>s$（企业的合理库存）时，不补货；当存储量$x<s$时，需要补货，补货量为$Q=S-x$，将存储量补充到最高库存水平$S$。

确定存储策略时，首先是把实际问题抽象为数学模型。在形成模型过程中，对一些复杂的条件尽量加以简化，只要模型能反映问题的本质就可以了。然后用数学的方法对模型进行求解，得出数量的结论是否正确，还需在实践中进行检验。若结论与实际不符，则要对模型进行修改或重新建立、求解、检验，直到满意为止。

## 9.2 确定型存储模型

### 9.2.1 经济订购批量模型

经济订购批量存储模型也称不允许缺货、备货时间很短模型，该模型的核心问题是决定每次订购的最优数量，即每次的订购量为多少时费用最省。为简化模型的建立、方便模型的计算和分析，对于经济订购批量存储模型，提出如下的假设：

（1）不允许缺货，即缺货费用为无穷大；

（2）需求是连续均匀的，需求速度为常数$R$；

（3）当存储量降至零时，可以立即得到补充（即补货提前期很短，可忽略不计）；

（4）订购的时间间隔为$t$，每次订购量$Q$不变；

（5）单位存储费为常数$c_1$，每次订购费为常数$c_3$。

存储量的变化情况如图9-3所示。

假定每间隔$t$时间补充一次库存，并且不允许缺货，那么每次订货量必须满足$t$时间的需求$Rt$。因而每次订购量$Q$可以转化为$t$的函数，即$Q=Rt$。

在$t$时间内的平均存储量为$\frac{1}{2}Rt$。

设单位订购货物的价格为$K$，$t$时间内的订购总费用包括订购费和货物成本费，用公式

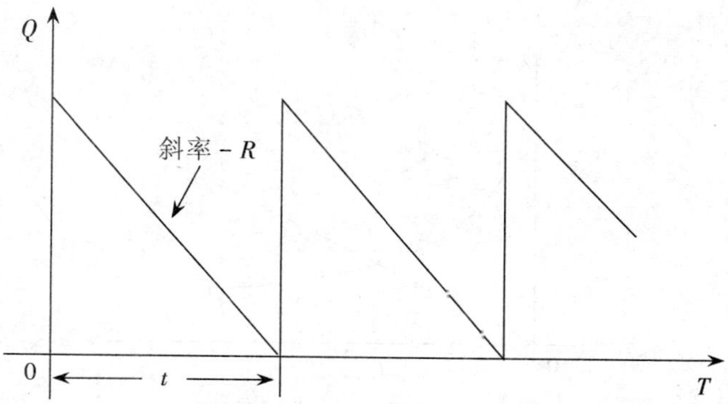


图9-3　不允许缺货经济批量订购模型

表示为$c_3 + KRt$。

货物存储的费用由平均存储量、单位存储费和存储时间共同影响，则$t$时间内的存储总费用为$\frac{1}{2}c_1Rt^2$。

由此，$t$时间内的总费用为：

$$C(t) = c_3 + KRt + \frac{1}{2}c_1Rt^2$$

在t时间内的平均总费用为：

$$\overline{C}(t) = \frac{1}{t}(c_3 + KRt + \frac{1}{2}c_1Rt^2) = \frac{c_3}{t} + KR + \frac{1}{2}c_1Rt \tag{9.1}$$

$t$取什么值时，$\overline{C}(t)$最小？只需对（9.1）式利用微分求最小值的方法即可得到。

令：

$$\frac{d\overline{C}(t)}{dt} = -\frac{c_3}{t^2} + \frac{1}{2}c_1R = 0$$

得：

$$t^* = \sqrt{\frac{2c_3}{c_1R}} \tag{9.2}$$

即每间隔时间$t^*$订购一次，可使总费用最小。订购批量为：

$$Q^* = \sqrt{\frac{2c_3R}{c_1}} \tag{9.3}$$

因式（9.3）求的是总费用最小的订购批量，通常称为经济订购批量（Economic Ordering Quantity），缩写为EOQ模型。

从式（9.2）、式（9.3）可以看出，$t^*$、$Q^*$均与单位订购货物的价格$K$无关，因而在总平均费用函数中可以省略$KR$，即：

$$\overline{C}(t) = \frac{c_3}{t} + \frac{1}{2}c_1Rt \tag{9.4}$$

将$t^*$代入式（9.4）得最佳平均费用，即：

$$\overline{C}^* = c_3\sqrt{\frac{c_1R}{2c_3}} + \frac{1}{2}c_1R\sqrt{\frac{2c_3}{c_1R}} = \sqrt{2c_1c_3R} \tag{9.5}$$

将费用函数以图形描述，如图9-4所示。

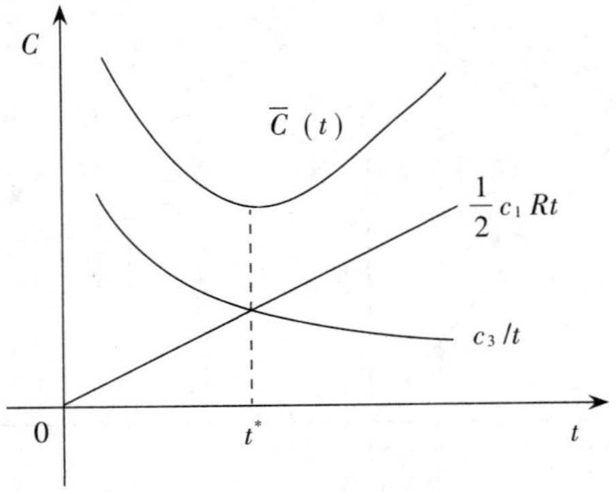


图 9-4　费用函数图

【例 9-1】据预测兴华公司全年需要某种材料 1 200 吨，每次订购该种材料的费用为 100 元，每吨材料年平均储存成本为 150 元，每吨材料买价为 800 元，计算经济订购批量及全年最小总成本。

解：已知 $R$=1 200，$c_1$=150，$c_3$=100，$K$=800

经济订购批量：$Q^*=\sqrt{\frac{2c_3R}{c_1}}=\sqrt{\frac{2\times100\times1200}{150}}$=40（吨）

最佳平均费用：$\overline{C}^*=\sqrt{2c_1c_3R}=\sqrt{2\times150\times100\times1200}$=6 000（元）

即公司每次订购 40 吨，每次的订购费用和存储费用最低为 6 000 元。

### 9.2.2　经济生产批量模型

经济生产批量存储模型也称不允许缺货、生产需要一定时间模型。对于经济生产批量存储模型，提出如下的假设：

（1）不允许缺货，即缺货费用为无穷大；

（2）需求是连续均匀的，需求速度为常数 $R$；

（3）单位存储费为常数 $c_1$，每次生产准备费为常数 $c_3$；

（4）每次生产量为 $Q$，且所需的生产时间为 $t_1$，则生产速度为 $P=Q/t_1$；

（5）当存储量降至零时，可以立即得到补充（即补货提前期很短，可忽略不计）。

已知需求速度为 $R$，生产的产品一部分满足当时的需求，剩余部分才能作为存储，存储量以 $P-R$ 的速度增加，这时存储量的变化情况如图 9-5 所示。

由图 9-5 可以看出，当存储量为零时开始生产，在生产 $t_1$ 时间库存达到 $S$ 后停止生产，此时存储量为 $(P-R)t_1$，以该存储量来满足需求。当存储量降至零时，再开始生产，开始一个新的周期。

由图 9-5 易知：$(P-R)t_1=R(t-t_1)$，即 $Pt_1=Rt$，表明以速度 $P$ 生产 $t_1$ 时间的产品等于 $t$ 时间内的需求。

在 $t$ 时间内的平均存储量为 $\frac{1}{2}(P-R)t_1$

在 $t$ 时间内的平均存储费用为 $\frac{1}{2}c_1(P-R)t_1$

在 $t$ 时间内所需的生产准备费为 $c_3$

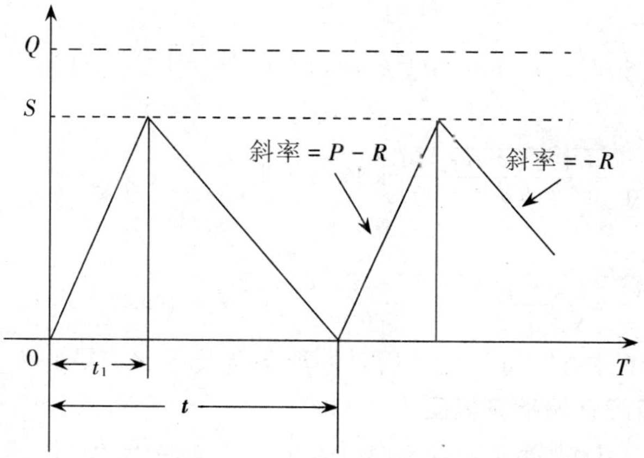


图9-5　不允许缺货生产批量模型

则单位时间平均总费用为：

$$\overline{C}(t)=\frac{1}{t}\left[\frac{1}{2}c_1(P-R)t_1t+c_3\right] \tag{9.6}$$

因：

$$Pt_1=Rt \tag{9.7}$$

故：

$$\begin{aligned}\overline{C}(t)&=\frac{1}{t}\left[\frac{1}{2}c_1(P-R)\frac{R}{P}t^2+c_3\right]\\&=c_1(P-R)\frac{R}{2P}t+\frac{c_3}{t}\end{aligned} \tag{9.8}$$

对式（9.8）利用微分求最小值，并令：

$$\frac{d\overline{C}(t)}{dt}=c_1(P-R)\frac{R}{2P}-\frac{c_3}{t^2}=0 \tag{9.9}$$

得最佳生产周期：

$$t^*=\sqrt{\frac{2c_3P}{c_1R(P-R)}} \tag{9.10}$$

将式（9.10）代入式（9.7）得最佳生产时间：

$$t_1^*=\sqrt{\frac{2c_3R}{c_1P(P-R)}} \tag{9.11}$$

最佳生产批量：

$$Q^*=Pt_1^*=\sqrt{\frac{2c_3RP}{c_1(P-R)}} \tag{9.12}$$

最佳平均费用：

$$\overline{C}^*=\sqrt{\frac{2c_1c_3R(P-R)}{P}} \tag{9.13}$$

最高库存量：

$$S^*=Q^*-Rt_1^*=\sqrt{\frac{2c_3R(P-R)}{c_1P}} \tag{9.14}$$

【例9-2】某装配车间每月需要零件490个，该零件由厂内生产供应，生产率为每月900个，每次生产准备费为100元，每月每个零件的存诸费为0.5元。试计算经济生产批量及最低费用。

解：已知$R$=490件/月，P=900件/月，$c_1$=0.5元/件·月，$c_3$=100元/次，则：

经济生产批量：

$$Q^*=\sqrt{\frac{2c_3RP}{c_1(P-R)}}=\sqrt{\frac{2\times100\times490\times900}{0.5\times(900-490)}}=656\text{（件）}$$

最低平均费用：

$$\overline{C}^*=\sqrt{\frac{2c_1c_3R(P-R)}{P}}=\sqrt{\frac{2\times0.5\times100\times490\times(900-490)}{900}}=149.41\text{（元）}$$

即每次生产批量为656件时，每次生产所需的准备费及存储费最低为149.41元。

### 9.2.3 允许缺货的经济订购批量模型

本模型允许缺货，对缺货损失能够进行定量计算。由于允许缺货，所以在存储降到零后，还可以再等一段时间订货，因而可以减少订货和存储费用；但缺货会影响生产与销售，造成直接与间接损失。一般地说，当顾客遇到缺货时不受损失或损失很小，而企业只需支付少量的缺货费，这时发生缺货现象可能对企业是有利的。该模型的假设为：

（1）顾客遇到缺货时不受损失或损失很小，当得到新的补充，可以立即交付顾客；

（2）需求是连续均匀的，需求速度为常数$R$；

（3）每次订购量$Q$不变；

（4）单位存储费为常数$c_1$，单位缺货费为常数$c_2$，每次订购费为常数$c_3$。

设最大库存量为$S$，则最大缺货量为$Q-S$，每次订购到货后立即支付给顾客的最大缺货量为$Q-S$，存储状态如图9-6所示。

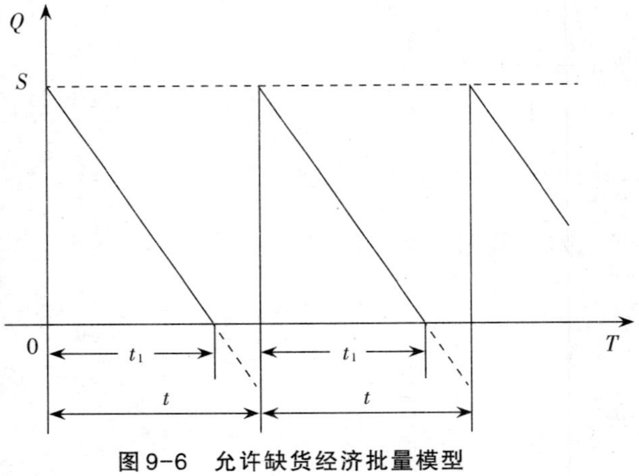


图9-6　允许缺货经济批量模型

假设期初的存储量$S$可以满足$t_1$时间的需求$S=Rt_1$，$t_1$时间的平均存储量为$\frac{1}{2}S$，在$(t-t_1)$时间的存储为零，平均缺货量$\frac{1}{2}R(t-t_1)$。

在t时间内的平均存储费用为$\frac{1}{2}c_1St_1=\frac{1}{2}c_1\frac{S^2}{R}$

在t时间内的平均缺货费为$\frac{1}{2}c_2R(t-t_1)^2=\frac{1}{2}c_2\frac{(Rt-S)^2}{R}$

在t时间内所需的订购费为$c_3$

则单位时间平均总费用为：

$$\overline{C}(t,S)=\frac{1}{t}\left[\frac{S^2}{2R}c_1+\frac{(Rt-S)^2}{2R}c_2+c_3\right] \tag{9.15}$$

对式（9.15）利用微分求最小值方法分别对$S$、$t$求偏导，并令：

$$\frac{\partial\overline{C}(t,S)}{\partial S}=\frac{1}{t}\left(\frac{S}{R}c_1-\frac{Rt-S}{R}c_2\right)=0 \tag{9.16}$$

$$\frac{\partial\overline{C}(t,S)}{\partial t}=-\frac{1}{t^2}\left[\frac{S^2}{2R}c_1+\frac{(Rt-S)^2}{2R}c_2+c_3\right]+\frac{1}{t}[(Rt-S)c_2]=0 \tag{9.17}$$

求解式（9.16）和式（9.17），得：

最佳订购周期：

$$t^*=\sqrt{\frac{2(c_1+c_2)c_3}{c_1Rc_2}} \tag{9.18}$$

最高库存量：

$$S^*=\sqrt{\frac{2c_2c_3R}{c_1(c_1+c_2)}} \tag{9.19}$$

相应地，可以得到最佳订购量：

$$Q^*=Rt^*=\sqrt{\frac{2(c_1+c_2)c_3R}{c_1c_2}} \tag{9.20}$$

最佳平均费用：

$$\overline{C}^*=\sqrt{\frac{2c_1c_2c_3R}{c_1+c_2}} \tag{9.21}$$

【例9-3】某批发商批发某种商品，已知该商品的月需求量为1 000件，每次订购费为50元；商品到货后存入仓库，每月每件存储费为1元；允许缺货，每月每缺1件的损失为0.5元。试求经济订购批量和最低平均费用。

解：已知R=1 000件/月，$c_1$=1元/件·月，$c_2$=0.5元/件·月，$c_3$=50元/次．则：

$$Q^*=\sqrt{\frac{2(c_1+c_2)c_3R}{c_1c_2}}=\sqrt{\frac{2\times(1+0.5)\times 50\times 1000}{1\times 0.5}}=548\text{（件）}$$

$$\overline{C}^*=\sqrt{\frac{2c_1c_2c_3R}{c_1+c_2}}=\sqrt{\frac{2\times 1\times 0.5\times 50\times 1000}{1+0.5}}=182.57\text{（元/月）}$$

即该批发商每次订购548件时，每次的订购费用、存储费用和缺货损失最低为182.57元/月。

### 9.2.4　允许缺货的经济生产批量模型

允许缺货经济生产批量模型也称允许缺货、生产需要一定时间模型。对该模型，提出如下的假设：

（1）需求是连续均匀的，需求速度为常数$R$；

（2）单位存储费为常数$c_1$，单位缺货费为常数$c_2$，每次生产准备费为常数$c_3$；

（3）每次生产量为常数$Q$；

（4）当缺货一段时间后开始生产，单位时间生产量为常数$P$。

已知需求速度为$R$，生产的产品一部分满足当时的需求，剩余部分作为存储，存储量以$P-R$的速度增加；停止生产时，以存储量满足需求。存储量的变化情况如图9-7所示。

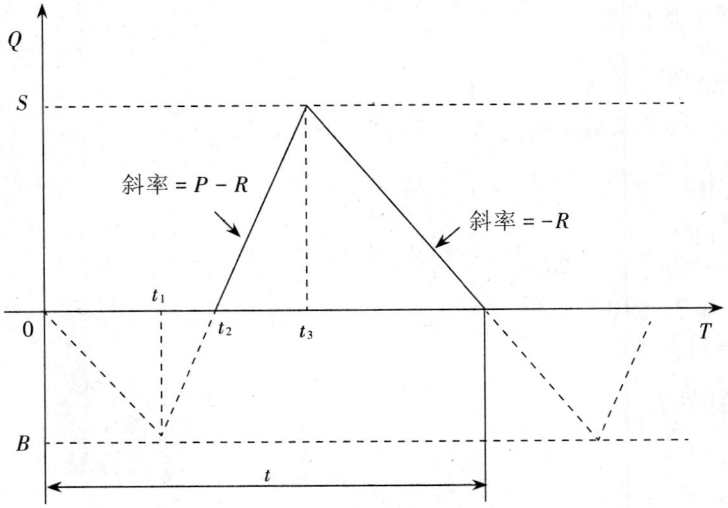


**图9-7 允许缺货生产批量模型**

在［0，$t_2$］时间内存储为零，设$t_1$时刻开始生产，此时的缺货量达到最大$B$；在［$t_1$，$t_2$］时间内除满足需求外，还要补足［0，$t_1$］时间内的缺货；［$t_2$，$t_3$］时间内的产品进入库存，存储量以（$P-R$）速度增加，在$t_3$时刻存储量达到最大，停止生产；［$t_3$，$t$］时间存储量以需求速度$R$减少。

由图9-7易知，最大缺货量$B=Rt_1=(P-R)(t_2-t_1)$，最大存储量$S=(P-R)(t_3-t_2)=R(t-t_3)$。因而：

$$t_1=\frac{P-R}{P}t_2 \tag{9.22}$$

$$t_3-t_2=\frac{R}{P}(t-t_2) \tag{9.23}$$

在［0，t］时间内的平均存储费用：

$$\frac{1}{2}c_1(P-R)(t_3-t_2)(t-t_2) \tag{9.24}$$

将式（9.23）代入式（9.24）消去$t_3$，得：

$$\frac{R}{2P}c_1(P-R)(t-t_2)^2 \tag{9.25}$$

在［0，t］时间内的平均缺货费用：

$$\frac{1}{2}c_2Rt_1t_2 \tag{9.26}$$

将式（9.22）代入式（9.26）消去$t_1$，得：

$$\frac{R(P-R)}{2P}c_2t_2^2 \tag{9.27}$$

在［0，t］时间内的总平均费用：

$$C(t,t_2)=\frac{1}{t}\left[\frac{R}{2P}c_1(P-R)(t-t_2)^2+\frac{R(P-R)}{2P}c_2t_2^2+c_3\right]$$

$$=\frac{R(P-R)}{2P}\left[c_1t-2c_1t_2+(c_1+c_2)\frac{t_2^2}{t}\right]+\frac{c_3}{t} \tag{9.28}$$

对（9.28）式利用微分求最小值方法分别对t、$t_2$求偏导，并令：

$$\frac{\partial \overline{C}(t,t_2)}{\partial t}=\frac{R(P-R)}{2P}\left[c_1-(c_1+c_2)\frac{t_2^2}{t^2}\right]-\frac{c_3}{t^2}=0 \tag{9.29}$$

$$\frac{\partial \overline{C}(t,t_2)}{\partial t_2}=\frac{R(P-R)}{2P}\left[-2c_1+2(c_1+c_2)\frac{t_2}{t}\right]=0 \tag{9.30}$$

求解（9.29）式和（9.30）式，得：

最佳生产周期：

$$t^*=\sqrt{\frac{2(c_1+c_2)c_3P}{c_1c_2R(P-R)}} \tag{9.31}$$

相应地，可以得到最佳生产批量：

$$Q^*=Rt^*=\sqrt{\frac{2(c_1+c_2)c_3PR}{c_1c_2(P-R)}} \tag{9.32}$$

最高库存量：

$$S^*=\sqrt{\frac{2c_2c_3R(P-R)}{c_1(c_1+c_2)P}} \tag{9.33}$$

最佳平均费用：

$$\overline{C}^*=\sqrt{\frac{2c_1c_2c_3R(P-R)}{(c_1+c_2)P}} \tag{9.34}$$

【例9-4】某装配车间每月需要零件490个，该零件由厂内生产供应，生产率为每月900个，每次生产准备费为100元，每月每个零件的存储费为0.5元，允许缺货且每月每缺一件零件损失1.5元。试计算经济生产批量及最低费用。

解：已知$R$=490件/月，$P$=900件/月，$c_1$=0.5元/件·月，$c_2$=1.5元/件·月，$c_3$=100元/次，则

经济生产批量：

$$Q^*=\sqrt{\frac{2(c_1+c_2)c_3PR}{c_1c_2(P-R)}}=\sqrt{\frac{2\times(0.5+1.5)\times100\times900\times490}{0.5\times1.5\times(900-490)}}=758\text{（件）}$$

最低平均费用：

$$\overline{C}^*=\sqrt{\frac{2c_1c_2c_3R(P-R)}{(c_1+c_2)P}}=\sqrt{\frac{2\times0.5\times1.5\times100\times490\times(900-490)}{(0.5+1.5)\times900}}=129.39\text{（元/月）}$$

即该装配车间每次生产758件时，每次的生产准备费用、存储费用和缺货损失最低为129.39元/月。

## 9.3　单周期的随机存储模型

通过上一节的讨论可以看出，模型的需求率是常量，因而属于确定性模型。然而在多数情况下，需求是一个随机变量。所谓单周期的随机存储问题，是指市场上对某种商品的需求量是随机变量且其分布为已知。

### 9.3.1　单周期离散型随机存贮模型

1）报童问题

报童每天售出报纸的份数r是一个随机变量，且已知其概率为$P(r)$。若每天售出一份

报纸可赚$k$元，每剩一份赔$h$元，问报童每天应订购多少份报纸损失最小？该问题就是一个单周期离散型随机存贮问题。

2）建立模型

设报童每天订购报纸$Q$份，当$Q>r$时，因报纸订购过剩而造成的损失为$h(Q-r)$；当$Q<r$时，因失去销售机会可能造成的损失为$k(r-Q)$。故当报童每天订购报纸$Q$份时，期望损失为：

$$C(Q)=\sum_{r=0}^{Q}h(Q-r)P(r)+\sum_{r=Q+1}^{\infty}k(r-Q)P(r)$$

当订购份数为（$Q^*$+1）时，期望损失与最佳订购份数的期望损失的关系为：

$$C(Q^*+1)>C(Q^*)$$

即：

$$\sum_{r=0}^{Q^*}h(Q^*+1-r)P(r)+\sum_{r=Q^*+2}^{\infty}k(r-Q^*-1)P(r)>\sum_{r=0}^{Q^*}h(Q^*-r)P(r)+\sum_{r=Q^*+1}^{\infty}k(r-Q^*)P(r)$$

简化得：

$$h\sum_{r=0}^{Q^*}P(r)-k\sum_{r=Q^*+1}^{\infty}P(r)>0$$

即：

$$\sum_{r=0}^{Q^*}P(r)>\frac{k}{k+h} \tag{9.35}$$

当订购份数为（$Q^*$-1）时，期望损失与最佳订购份数的期望损失的关系为：

$$C(Q^*-1)<C(Q^*)$$

即：

$$\sum_{r=0}^{Q^*-1}h(Q^*-1-r)P(r)+\sum_{r=Q^*}^{\infty}k(r-Q^*+1)P(r)<\sum_{r=0}^{Q^*}h(Q^*-r)P(r)+\sum_{r=Q^*+1}^{\infty}k(r-Q^*)P(r)$$

即：

$$\sum_{r=0}^{Q^*-1}P(r)<\frac{k}{k+h} \tag{9.36}$$

因而，单周期离散型随机存贮模型最佳订购批量$Q^*$应满足下列不等式：

$$\sum_{r=0}^{Q^*-1}P(r)<\frac{k}{k+h}<\sum_{r=0}^{Q^*}P(r) \tag{9.37}$$

【例9-5】报亭经营晚报，每份进价0.8元，零售价1元，如售不出退回邮局时，每份价格0.5元，缺货时无罚款，根据1 000天的统计，该报的销售概率分布如表9-1所示。

表9-1　　**晚报销售情况统计表**

| 售出份数（份） | 200 | 250 | 300 | 350 | 400 | 450 | 500 | 550 | 600 | 650 |
|---|---|---|---|---|---|---|---|---|---|---|
| 发生天数（天） | 5 | 20 | 75 | 90 | 190 | 260 | 205 | 120 | 30 | 5 |
| 概率 | 0.005 | 0.020 | 0.075 | 0.090 | 0.190 | 0.260 | 0.205 | 0.120 | 0.030 | 0.005 |
| 累计概率 | 0.005 | 0.025 | 0.100 | 0.190 | 0.380 | 0.640 | 0.845 | 0.965 | 0.995 | 1.000 |

解：由已知资料可知，该报亭售出一份报纸可赚0.2元，每退回邮局一份报纸损失0.3元，则

$$\frac{k}{k+h}=\frac{0.2}{0.2+0.3}=-0.4$$

根据表9-1可知：

$$\sum_{r=0}^{400}P(r)=0.38<\frac{k}{k+h}=0.4<\sum_{r=0}^{450}P(r)=0.64$$

因此，该报纸每天订购份数应在400份到450份之间。

### 9.3.2　单周期连续型随机存贮模型

1）模型假设

现有某种单周期物资，需求量$r$为连续型随机变量，其概率密度函数为$f(r)$，分布函数为$F(a)=\int_0^a f(r)\mathrm{d}r$。该物资单位进价为$K$，售价为$p$，单位存储费为$c_1$，订货量为$Q$。

2）建立模型

当订货量为$Q$，需求量为$r$时，实际销售量为min［$r,Q$］，实际收入为$p$min［$r,Q$］，进货成本为$KQ$。当$r>Q$时，无存储，存储费用为0；当$r<Q$时，存储费用为$c_1(Q-r)$。因而，期望利润为

$$\begin{aligned}EW(Q)&=ER(Q)-EC(Q)\\&=\int_0^Q prf(r)\mathrm{d}r+\int_Q^\infty pQf(r)\mathrm{d}r-\int_0^Q c_1(Q-r)f(r)\mathrm{d}r-KQ\\&=\left[\int_0^\infty prf(r)\mathrm{d}r-\int_Q^\infty prf(r)\mathrm{d}r\right]+\int_Q^\infty pQf(r)\mathrm{d}r-\int_0^Q c_1(Q-r)f(r)\mathrm{d}r-KQ\\&=pE(r)-\left[\int_Q^\infty p(r-Q)f(r)\mathrm{d}r+\int_0^Q c_1(Q-r)f(r)\mathrm{d}r+KQ\right]\end{aligned}$$

式中，$pE(r)$为平均利润，$\int_Q^\infty p(r-Q)f(r)\mathrm{d}r$为因缺货失去销售机会而造成的期望损失，$\int_0^Q c_1(Q-r)f(r)\mathrm{d}r$为滞销而产生的期望存储费。

记

$$EC(Q)=\int_Q^\infty p(r-Q)f(r)\mathrm{d}r+\int_0^Q c_1(Q-r)f(r)\mathrm{d}r+KQ$$

利用函数求极值的方法，求解使$EC(Q)$达到最小的订货量。即：

$$\begin{aligned}\frac{\mathrm{d}E[C(Q)]}{\mathrm{d}Q}&=\frac{d}{dQ}\left[\int_Q^\infty p(r-Q)f(r)\mathrm{d}r+\int_0^Q c_1(Q-r)f(r)\mathrm{d}r+KQ\right]\\&=c_1\int_0^Q f(r)\mathrm{d}r-p\int_Q^\infty f(r)\mathrm{d}r+K\\&=(c_1+p)\int_0^Q f(r)\mathrm{d}r-p+K\end{aligned}$$

令$\frac{\mathrm{d}E[C(Q)]}{\mathrm{d}Q}=0$，得：

$$F(Q)=\frac{p-K}{p+c_1}\tag{9.38}$$

由（9.37）式确定的$Q$记为$Q^*$。若$p\leq K$，由$F(Q)\geq 0$可知（9.37）式不成立，因而不能订货。

上述模型的建立过程中，当缺货发生时仅考虑了因缺货失去销售机会而造成的损失，若缺货需要付出的费用$c_2$大于产品价格时，期望费用函数应为

$$EC(Q)=\int_{Q}^{\infty}c_2(r-Q)f(r)\,\mathrm{d}r+\int_{0}^{Q}c_1(Q-r)f(r)\,\mathrm{d}r+KQ$$

同样，利用函数求极值的方法求得：

$$F(Q)=\frac{c_2-K}{c_2+c_1} \tag{9.39}$$

【例9-6】某公司销售某种商品，该商品单件进价为220元、售价320元，单件商品月存储费10元。月销售量为随机变量，服从均值为60、标准差为3的正态分布，试确定最佳订货量。

解：根据题意可知，$K=220$，$p=320$，$c_1=10$，销售量$r\sim N(60,3^2)$。由（9.38）式得：

$$F(Q)=\frac{p-K}{p+c_1}=\frac{320-220}{320+10}=0.303$$

即：$F\left(\frac{Q-60}{3}\right)=0.303$

又$F\left(-\frac{Q-60}{3}\right)=1-F\left(\frac{Q-60}{3}\right)=1-0.303=0.697$

查概率分布表得：

$$F(0.515)=0.697$$

即：$-\frac{Q-60}{3}=0.515$

得：$Q^*=60-3\times0.515=58.455$（件）

因此，该公司这种商品的最佳订货量为59件。

## 9.4 多周期的随机存储模型

多周期库存模型是考虑了时间因素的一种随机动态库存模型，它与单周期库存模型的不同之处在于：每个周期的期末库存货物对于下周期仍然可用。由于多周期随机库存问题更为复杂和更为广泛，在实际应用中，库存系统的管理人员往往要根据不同物资的需求特点及资源情况，本着经济的原则采用不同的库存策略，最常用的是$(s,S)$策略。

### 9.4.1 需求是随机离散的多周期（$s$，$S$）模型

该模型的特点在于订货的机会是周期出现。假设在一个阶段的开始时原有库存量为$Q_0$，若供不应求，则需承担缺货损失；若供大于求，则多余部分仍需库存起来，供下阶段使用。当本阶段开始时，按订货量$Q$，使库存水平达到$S=Q_0+Q$，则本阶段的总费用应是订货费、库存费和缺货费之和。

设货物的单位成本为$K$，单位库存费为$c_1$，单位缺货损失为$c_2$，每次订货费为$c_3$，需求为$r$，概率分布为$P(r)$，为方便可设$r_i<r_{i+1}$。

订购费为$c_3+KQ$；市场上实际卖出产品数量将为$\min\{r,Q_0+Q\}$，缺货量为$\max\{0,r-Q_0-Q\}$，本期的库存量$\max\{0,Q+Q_0-r\}$。

利用$S=Q_0+Q$，总费用函数可表示为：

$$F(r,S)=c_3+K(S-Q_0)+c_2\max\{0,r-s\}+c_1\max\{0,S-r\}$$

期望总费用函数$F(S)$为：

$$F(S)=E[F(r,S)]=c_3+K(S-Q_0)+c_2\sum_{r>S}(r-S)p(r)+c_1\sum_{r\leqslant S}(S-r)P(r) \tag{9.40}$$

使（9.40）式达到最小的$S$即为最优库存水平。

因为$F(S)$是离散的，设$r_{i-2} < S^* = r_{i-1} < r_i$，采用边际分析法。

由$F(r_{i-1}) \leq F(r_i)$及$F(r_{i-1}) \leq F(r_{i-2})$得出：

$$\sum_{i=1}^{r-2} P(r_i) < \frac{c_2 - K}{c_1 + c_2} \leq \sum_{i=1}^{r-1} P(r_i) \tag{9.41}$$

称$\frac{c_2 - K}{c_1 + c_2}$为临界值，据上式可求出$S^* = r_{i-1}$，最佳订货量为$r_{i-1} - Q_0$，实际订货量选择$\max\{0, r_{i-1} - Q_0\}$。

【例9-7】设某企业对于某种材料每月需求量的资料如表9-2所示：

表9-2　**材料月需求情况表**

| 需求量$r$（吨） | 55 | 64 | 75 | 82 | 88 | 90 | 100 | 110 |
|---|---|---|---|---|---|---|---|---|
| 概率$P(r)$ | 0.05 | 0.10 | 0.15 | 0.15 | 0.20 | 0.10 | 0.15 | 0.10 |
| 累计概率 | 0.05 | 0.15 | 0.30 | 0.45 | 0.65 | 0.75 | 0.90 | 1.00 |

每次订货费为400元，每月每吨保管费为40元，每月每吨缺货费为1 400元，每吨材料的购置费为752元，该企业欲采用$(s,S)$库存策略来控制库存量，试求出$S$之值。

解：由题知$K$=752元，$c_1$=40元，$c_2$=1 400元。

临界值$\frac{c_2 - K}{c_1 + c_2}$=0.45。由$\sum_{i=1}^{3} P(r_i) < 0.45 \leq \sum_{i=1}^{4} P(r_i)$，$S = r_4$=82吨。如$Q_0$=40吨，则需补充42吨货物。此时期望费用为：

$$F(S)=400+42\times752+40\times[(82-55)\times0.05+(82-64)\times0.10+(82-75)\times0.15]+1\,400\times[(88-82)\times0.2+(90-82)\times0.1+(100-82)\times0.15+(110-82)\times0.1]$$
$$=42\,652\text{（元）}$$

### 9.4.2　需求是随机连续的多周期（s，S）模型

设货物的单位成本为$K$，单位库存费为$c_1$，单位缺货损失费为$c_2$，每次订货费为$c_3$，假定滞后时间为0，需求$r$是连续的随机变量，概率密度为$f(r)$，期初库存量为$Q_0$，订货量为$Q$。确定订货量$Q$，使总费用的期望值最小。

订货费为$c_3 + KQ$；

当需求$r \leq S$时有剩余货物，而当$r > S$时无库存。式中$S$为最大库存量$S = Q_0 + Q$。

库存费的期望值为：

$$\int_0^S c_1(S-r)f(r)\,\mathrm{d}r$$

当需求$r > S$时，$c_2(r-S)$为需支付缺货费，缺货费的期望值为：

$$\int_S^{\infty} c_2(r-S)f(r)\,\mathrm{d}r$$

总费用的期望值为：

$$F(S) = c_3 + K(S-Q_0) + \int_0^S c_1(S-r)f(r)\,\mathrm{d}r + \int_S^{\infty} c_2(r-S)f(r)\,\mathrm{d}r$$

利用含参变量的求导得：

$$\frac{\mathrm{d}F(S)}{\mathrm{d}s}=K+c_1\int_0^S f(r)\mathrm{d}r-c_2\int_S^\infty f(r)\mathrm{d}r$$

$$=K+(c_1+c_2)\int_0^S f(r)\mathrm{d}r-c_2$$

令 $\frac{\mathrm{d}f(S)}{\mathrm{d}s}=0$ 得：

$$\int_0^S f(r)\mathrm{d}r=\frac{c_2-K}{c_1+c_2} \tag{9.42}$$

称 $\frac{c_2-K}{c_1+c_2}$ 为临界值，由（9.42）式可确定出 $S$，再由 $Q=S-Q_0$ 可确定最佳订货量。

【例9-8】某商场经销一种电子产品，根据历史资料，该产品的销售量服从区间为［50，100］的均匀分布，每台产品进货价为3 000元，单位库存费为40元，若缺货，商店为了维护自己的信誉，将以每台3 400元向其他商店进货后再卖给顾客，每次订购费为400元，设期初无库存，试确定最佳订货量及 $S$ 值。

解：由题知 $K$=3 000，$c_1$=40，$c_2$=3 400，$c_3$=400，临界值 $\frac{3\,400-3\,000}{40+3\,400}$=0.1163。

$$f(r)=\begin{cases}\frac{1}{50} & (50\leqslant r\leqslant 100)\\ 5 & 其他\end{cases}$$

由 $\int_0^S f(r)dr$=0.1163

$S\approx$56（台），$Q=S-Q_0\approx$56（台）。

此时，费用期望值为

$$F(S)=400+3\,000\times 56+\int_0^{56}40\times(56-r)\times\frac{1}{50}\mathrm{d}r+\int_{56}^{100}3\,400\times(r-56)\times\frac{1}{50}\mathrm{d}r$$

$$=235\,792（元）$$

## 9.5 WinQSB软件在存储论中的应用

WinQSB软件在存储论中的应用是通过调用软件中的Inventory Theory and System实现的，启动程序进入存储论与存储控制系统界面，点击File→New Problem，系统出现如图9-8的界面。

图9-8的存储问题约定项中的问题类型有如下八种：

· Deterministic Demand Economic Order Quantity（EOQ）Problem：确定型需求经济订购批量问题；

· Deterministic Demand Quantity Discount Analysis Problem：确定型需求批量折扣分析问题；

· Single-period Stochastic（Newsboy）Problem：单周期随机需求（报童）问题；

· Multiple-period Dynamic Demand Lot Sizing Problem：多周期动态需求批量问题；

· Continuous Review Fixed-Order-Quantity（s，S）System：连续盘存的固定订购量系统；

· Continuous Review Order-Up-To（s，S）System：连续盘存的上、下界存量系统；

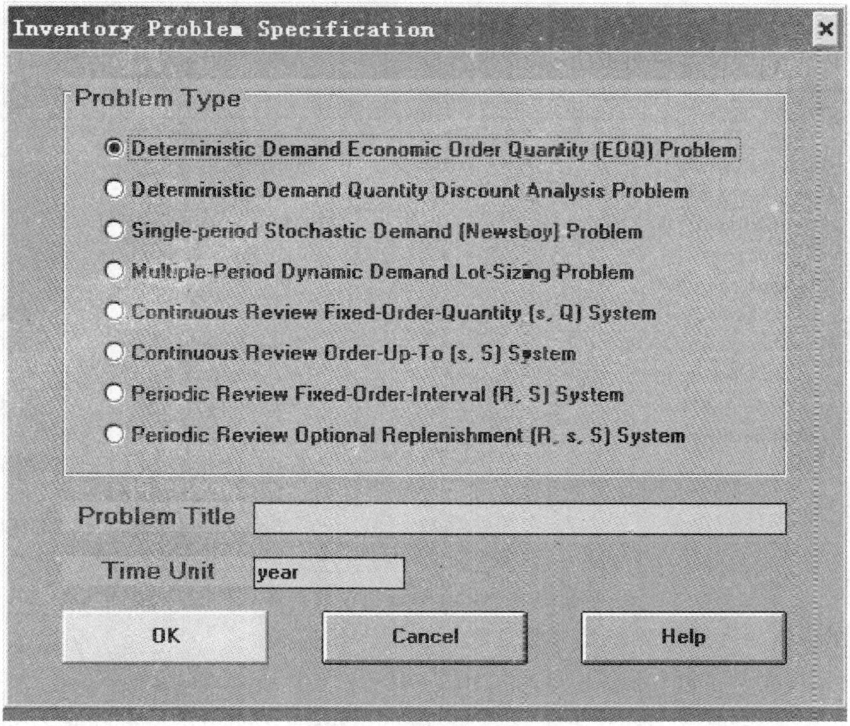


图9-8　存储问题约定项界面

· Periodic Review Fixed-Order-Interval（R，S）System：定期盘存固定订购区间系统；

· Periodic Review Optional Replenishment（R，s，S）System：定期盘存有选择的再补充订购系统。

### 9.5.1　确定型经济订购批量模型

以例9-1说明WinQSB在确定型存储模型中的应用。

（1）建立新问题。在图9-8中选择Deterministic Demand Economic Order Quantity（EOQ）Problem，输入标题与时间单位，点击OK后，系统进入如图9-9的数据界面。

（2）输入数据。在图9-9中相应的项输入数据。

| DATA ITEM | ENTRY |
|---|---|
| Demand per year | 1200 |
| Order or setup cost per order | 100 |
| Unit holding cost per year | 150 |
| Unit shortage cost per year | M |
| Unit shortage cost independent of time | |
| Replenishment or production rate per year | M |
| Lead time for a new order in year | |
| Unit acquisition cost without discount | 800 |
| Number of discount breaks (quantities) | |
| Order quantity if you known | |

图9-9　数据输入界面（一）

（3）求解。点击系统菜单Solve and Analyze的下拉菜单选项：Solve the Problem（只求出最优解），系统显示如图9-10所示的求解结果。

| 05-11-2017 | Input Data | Value | Economic Order Analysis | Value |
|---|---|---|---|---|
| 1 | Demand per year | 1200 | Order quantity | 40 |
| 2 | Order (setup) cost | $100.0000 | Maximum inventory | 40 |
| 3 | Unit holding cost per year | $150.0000 | Maximum backorder | 0 |
| 4 | Unit shortage cost | | Order interval in year | 0.0333 |
| 5 | per year | M | Reorder point | 0 |
| 6 | Unit shortage cost | | | |
| 7 | independent of time | 0 | Total setup or ordering cost | $3000.0000 |
| 8 | Replenishment/production | | Total holding cost | $3000.0000 |
| 9 | rate per year | M | Total shortage cost | 0 |
| 10 | Lead time in year | 0 | Subtotal of above | $6000.0000 |
| 11 | Unit acquisition cost | $800.0000 | | |
| 12 | | | Total material cost | $960000.0000 |
| 13 | | | | |
| 14 | | | Grand total cost | $966000.0000 |

图9-10　不允许缺货求解结果

### 9.5.2　允许缺货的经济订购批量模型

以例9-3说明WinQSB在确定型存储模型中的应用。

（1）建立新问题。在图9-8中选择Deterministic Demand Economic Order Quantity（EOQ）Problem，输入标题与时间单位，点击OK后，系统进入如图9-11的数据界面。

（2）输入数据。在图9-11中相应的项输入数据。

| DATA ITEM | ENTRY |
|---|---|
| Demand per month | 1000 |
| Order or setup cost per order | 50 |
| Unit holding cost per month | 1 |
| Unit shortage cost per month | 0.5 |
| Unit shortage cost independent of time | |
| Replenishment or production rate per month | M |
| Lead time for a new order in month | |
| Unit acquisition cost without discount | |
| Number of discount breaks (quantities) | |
| Order quantity if you known | |

图9-11　数据输入界面（二）

（3）求解。点击系统菜单Solve and Analyze的下拉菜单选项：Solve the Problem（只求出最优解），系统显示如图9-12所示的求解结果。

### 9.5.3　单周期随机存储模型

以例9-5说明WinQSB在单周期随机存储模型（离散型随机模型）中的应用。

（1）建立新问题。在图9-8所示界面，选择Single-period Stochastic Demand（Newsboy）Problem，输入标题与时间单位，点击OK后，出现图9-13的数据输入界面。

| 05-11-2017 | Input Data | Value | Economic Order Analysis | Value |
|---|---|---|---|---|
| 1 | Demand per month | 1000 | Order quantity | 547.7225 |
| 2 | Order (setup) cost | $50.0000 | Maximum inventory | 182.5742 |
| 3 | Unit holding cost per | $1.0000 | Maximum backorder | 365.1483 |
| 4 | Unit shortage cost | | Order interval in month | 0.5477 |
| 5 | per month | $0.5000 | Reorder point | -365.1483 |
| 6 | Unit shortage cost | | | |
| 7 | independent of time | 0 | Total setup or ordering cost | $91.2871 |
| 8 | Replenishment/production | | Total holding cost | $30.4290 |
| 9 | rate per month | M | Total shortage cost | $60.8581 |
| 10 | Lead time in month | 0 | Subtotal of above | $182.5742 |
| 11 | Unit acquisition cost | 0 | | |
| 12 | | | Total material cost | 0 |
| 13 | | | | |
| 14 | | | Grand total cost | $182.5742 |

图9-12　允许缺货求解结果

| DATA ITEM | ENTRY |
|---|---|
| Demand distribution (in year) | Normal |
| Mean (u) | |
| Standard deviation (s>0) | |
| (Not used) | |
| Order or setup cost | |
| Unit acquisition cost | |
| Unit selling price | |
| Unit shortage (opportunity) cost | |
| Unit salvage value | |
| Initial inventory | |
| Order quantity if you know | |
| Desired service level (%) if you know | |

图9-13　数据输入界面（三）

（2）输入数据。在图9-13中相应的项输入数据：

需求分布（Demand Distribution），系统默认为Normal，若需要修改，则在该项的输入处双击，系统出现如图9-14所示的界面。本例选择Discrete（离散的）。

离散变量值的个数（Number of discrete values）。本例输入6；离散变量值（Discrete values），变量值1/概率1，变量值2/概率2，…；订购或设置费用（Order or setup cost），本例没有；单位获得成本（Unit acquisition cost），本例22；单位销售价格（Unit selling price），本例35；单位缺货成本（Unit shortage cost），本例没有；单位降价处理成本（Unit salvage cost），本例15；期初库存（Initial inventory），本例0。输入数据后，系统显示如图9-15所示的界面。

（3）求解。点击系统菜单Solve and Analyze的下拉菜单选项：Solve the Problem（只求出最优解），系统显示如图9-16所示的求解结果。

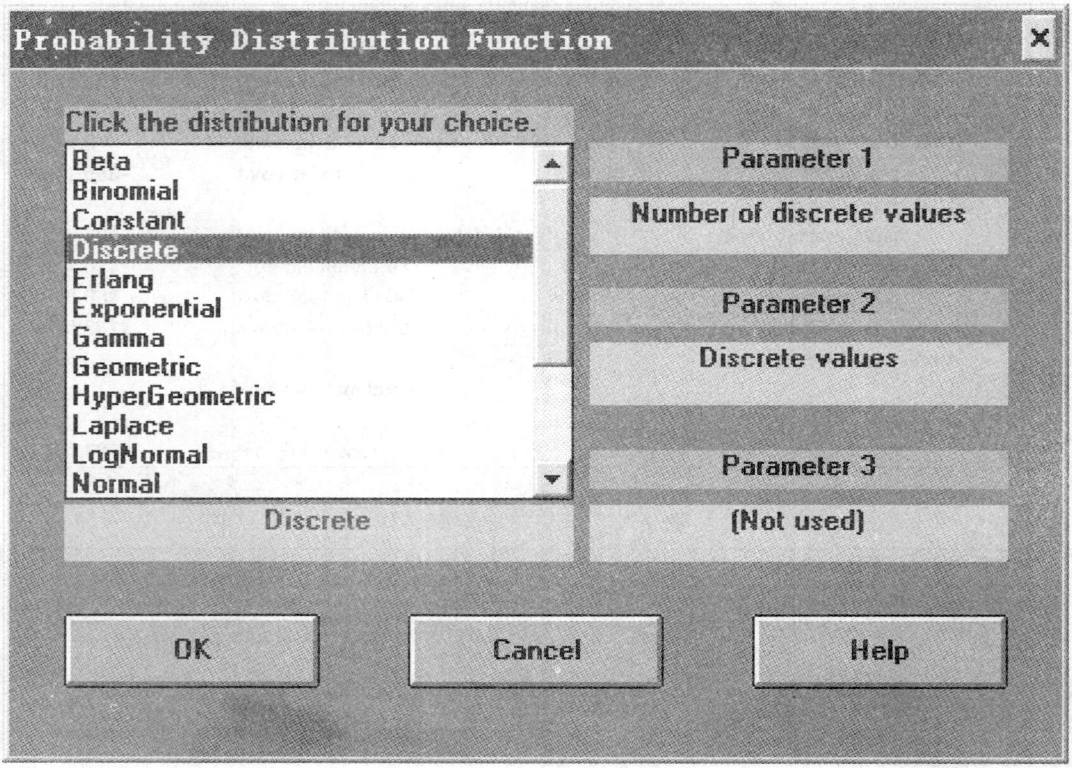


图 9-14　需求分布类型选择

| DATA ITEM | ENTRY |
|---|---|
| Demand distribution (in year) | Discrete |
| Number of discrete values | 10 |
| Discrete values (v/p,v/p,...) | 200/0.005,250/0.02,300/0.075,350/0.0! |
| (Not used) | |
| Order or setup cost | |
| Unit acquisition cost | 0.8 |
| Unit selling price | 1 |
| Unit shortage (opportunity) cost | |
| Unit salvage value | 0.5 |
| Initial inventory | 0 |
| Order quantity if you know | |
| Desired service level (%) if you know | |

图 9-15　数据输入界面（四）

连续型随机模型的 WinQSB 软件应用，只需在图 9-15 输入数据时，选择 Demand distribution 相应的概率分布类型即可。

| 05-14-2017 | Input Data or Result | Value |
|---|---|---|
| 1 | Demand distribution (in year) | Discrete |
| 2 | Demand mean | 441.4500 |
| 3 | Demand standard deviation | 81.3919 |
| 4 | Order or setup cost | 0 |
| 5 | Unit cost | $0.8000 |
| 6 | Unit selling price | $1.0000 |
| 7 | Unit shortage (opportunity) cost | 0 |
| 8 | Unit salvage value | $0.5000 |
| 9 | Initial inventory | 0 |
| 10 | | |
| 11 | Optimal order quantity | 450 |
| 12 | Optimal inventory level | 450 |
| 13 | Optimal service level | 64% |
| 14 | Optimal expected profit | $72.5000 |

图9-16　求解结果

## 本章小结

物资的存储，按其目的的不同，可分为生产存储、产品存储和供销存储，但不论哪种类型的存储系统，一般都可以用“供-存-销” 三个字来描述，即一个存储系统，通过订货以及进货后的存储与销售来满足顾客的需求。或者说由于生产或销售的需求，从存储系统中取出一定数量的库存货物，这就是存储系统的输出；储存的货物由于不断的输出而减少，必须及时的补充，补充就是存储系统的输入，补充可以通过外部订货、采购等活动来进行，也可以通过内部的生产活动来进行，在这个系统中，决策者可以通过控制订货时间的间隔和订货量的多少来调节系统的运行，使得在某种准则下系统运行达到最优。因此，存储论中研究的主要问题可以概括为：何时订货（补充存储），每次订多少货（补充多少库存）这两个问题。

本章先后讲述了存储论的基本概念、确定型存储模型、单周期的随机存储模型、多周期的随机存储模型和 WinQSB 软件在储存论中的应用。

## 章末习题

1.某货物每周的提取量为2 000件，每次订货的固定费用为15元，每件产品每周的保管费用0.30元，求最佳订货批量和订货时间。

2.某工厂每年对某种零件的需要量为10 000件，订货的固定费用为2 000元，采购一个零件的单价为100元，保管费为每年每个零件20元，求最优订购批量和最低成本。

3.某企业每天可以生产某种产品14 000件，生产的固定成本为1 000元，每件产品每年的存储费为28元。已知市场一年对该产品的需要量为1 440 000件，若一年以360天计算，试求生产的最佳批量。

4.某公司每月需要某种机械零件2 000个，每个零件的订购单价为150元，每次订货的固定费为100元，每个零件每年的存储费为24元、每月的缺货费为30元，求最优订货批量和最大缺货量。

5.某商店准备于年末销售一批挂历，已知每销售出100本的盈利为300元；如挂历在年前销售不完，过年后需削价处理，此时每100本损失400元。根据以往经验，市场需求情况如表9-3所示：

表9-3　**挂历市场需求情况表**

| 需求量$r$（百本） | 4 | 5 | 6 | 7 | 8 | 9 |
|---|---|---|---|---|---|---|
| $P(r)$ | 0.05 | 0.10 | 0.25 | 0.35 | 0.15 | 0.10 |

如该商店只进一次货，问应订几百本挂历，使获利的期望值最大。

6.某企业对于某种材料每月需求量的概率分布表（表9-4）如下：

表9-4　**某种材料月需求概率分布**

| 需求量$r$ | 50 | 60 | 70 | 80 | 90 | 100 | 110 | 120 |
|---|---|---|---|---|---|---|---|---|
| $P(r)$ | 0.05 | 0.10 | 0.15 | 0.25 | 0.20 | 0.10 | 0.10 | 0.05 |

每次订购费为500元，每吨材料订购单价1 000元，每月每吨的存储费为50元，每月每吨的缺货费1 500元。现在决定采取（$s$，$S$）存储策略，试求$s$和$S$。

7.现有一批订货业务问题。订购费用为每次15元，每吨货物每年的存储费用为0.5元。允许缺货，缺货要补齐，每吨货物每年的缺货损失费用为50元。年需求量期望值为365吨，拖后时间为15天，拖后时间内的需求服从从均值为15吨、方差为$2^2$吨的正态分布。试确定（$s$，$S$）存储策略。

8.考虑一个多周期的随机存储模型。已知订购费用每次100元，每件货物每年的存储费0.15元，需求量10 000件/年，单位货物缺货费1元，提前期内需求量服从均值为1 000、方差为$250^2$的正态分布，试确定最佳订货点和最佳订货批量。

# 第10章/ 决策分析

决策（Decision Making）是在人们的政治、经济、技术和日常生活中，为了达到预期目的，从所有可供选择的多个方案中，找出最满意的（最优的）方案的一种活动。关于决策的重要性，著名的诺贝尔经济学获奖者西蒙（H.A.Simon）有一句名言："管理就是决策"，就是说管理的核心是决策。决策的正确与否会给国家、企业、个人带来重大的经济损失或丰厚的利益。在国际市场的竞争中，一个错误的决策可能会造成几亿元、几十亿元甚至更多的损失。真可谓一着不慎，满盘皆输。

决策是一种选择行为的全部过程，其中最关键的部分是回答"是"与"否"。决策分析在经济及管理领域具有非常广泛的应用，在投资、产品开发、市场营销、项目可行性研究等方面的应用都取得过辉煌的成就。决策科学本身内容也非常广泛，包括决策数量化方法、决策心理学、决策支持系统、决策自动化等。

## 10.1 决策分析的基本问题

### 10.1.1 决策、决策分析及其基本要素

决策是一个在各种层次上被广泛应用的概念，是现代管理的核心问题，很难给出一个没有异议的概念的表述。现有的关于决策概念有下面两种表述：一是狭义的表述，认为决策是选择方案的活动，是领导最后做出决定的行动；二是广义的表述，认为决策是一个提出问题、研究问题、拟订方案、选择方案并实施方案的全过程，即决策是决策主体以问题为导向，对组织或个人未来行动的方法、目标和原则所做的判断和抉择。决策是人类社会中不可缺少的一种实践活动。任何个人、企业、事业单位和政府机构都离不开决策。然而，一个人或一个组织的决策结果完全符合预期情况的很少，总是或多或少地偏离原先的期望，缩小这种偏离正是决策研究的潜力所在。

决策分析指的是为了合理解决不确定性的决策问题时的一套概念和方法，其目的是改进决策过程，从一系列可行方案中找出一个满足一定目标的合适方案。作为一个完整的决策过程，一般应包括以下几个阶段：

（1）问题的确定。包括对决策环境的调查、信息的收集以及决策目标的确立。

（2）方案的设计。分析决策目标，提出为实现该目标的有关方案。

（3）方案选优。应用各种定性定量方法，对方案进行可行性和技术经济方法的比较分析，然后从中找出最满意的一个方案。

（4）方案实施。实施选定的方案并在实施过程中对原有方案进行修改调整。

例如，企业资产总值为200万元，如果企业参加保险，则每年要交保险金2 500元，而企业每年发生灾害性损失的可能性为0.1%，问企业是否参加保险。这就是一个简单的决策问题。在这个问题中，企业的目标是损失尽可能小，可选的方案有参加保险和不参加保险两种，而是否会出现灾害则是企业无法控制的自然状态，在每种状态下，采取不同的方案就会得到不同的结果。

因此，决策分析的基本要素包括以下几个方面：

（1）决策者。决策者是决策过程的主体，即有理智的人。一般说来，他是某一方面或某一部分人的利益代表者，决策者在决策过程中起着决策作用。由多方利益代表者构成的决策集体称多人决策，或称这个集体为决策组、决策集团。

（2）方案。方案是指决策过程中可供选择的行动方案或策略，方案可能是有限的，也可能是无限的，但至少应有两个以上可供选择的方案。方案可以表示为

$$A=\{A_1,A_2,\cdots,A_m\}$$

式中：$A$——所有可能的方案；$A_i$——第$i$个方案。

（3）状态。状态是指在决策过程中存在的不以决策者主观意志为转移的客观环境条件。例如，工厂建成后所生产的产品，在市场上可能面临畅销、销售一般、滞销三种状态。状态可以表示为

$$S=\{S_1,S_2,\cdots,S_n\}$$

式中：$S$——所有可能的自然状态；$S_j$——第$j$个状态。

（4）结局。结局是方案选择以后所造成的结果。根据决策问题的性质不同，决策结果可以是收益最大化，也可以是损失最小化。

（5）价值及效用。它是指对结局所做的评价。在决策分析中，一般无风险情况下对结局的评价称为价值，可以用具体的损益值表示；在有风险的情况下，价值将随风险的大小有所改变，称其为效用，效用取值［0，1］。本章所讨论的决策问题均以损益值来描述对结局所做的评价，损益值可表示为

$$C=\begin{bmatrix} C_{11} & C_{12} & \cdots & C_{1n} \\ C_{21} & C_{22} & \cdots & C_{2n} \\ \vdots & \vdots & \vdots & \vdots \\ C_{m1} & C_{m2} & \cdots & C_{mn} \end{bmatrix}$$

式中：$C$——损益值矩阵；$c_{ij}$——第$i$个方案在第$j$种状态下的损益值。

显然，$c_{ij}$是方案和状态的函数，即如果决策问题的目标是唯一的，损益值矩阵$C$也是唯一的；如果目标为多个时，损益值矩阵$C$也有多个。

### 10.1.2 决策的基本类型

决策问题可以从不同角度进行分类，归纳起来有以下几种类型。

1）按决策的重要性，可分为战略决策、战术决策和执行决策

战略决策是一类关系到全局性、方向性和根本性问题的决策，属于最高层次的决策。这种决策产生的影响是深远的，对决策系统的各个方面都在较长时间范围内产生影响。如企业的长远发展规划、新产品开发方向、市场开拓的选择等。

战术决策是为完成战略决策所规定的目的而进行的决策，属于中层决策。如一个企业产品规格的选择、产品生产工艺方案和设备的选择、物流配套系统的选择等。

执行决策是指根据战术决策的要求对执行行为方案的选择，是局部性的、暂时性的决策，属于基层决策。如生产中产品合格标准的选择、日常生产调度的决策等。

2）按决策的目标多少，可分单目标决策和多目标决策

单目标决策是指决策目标仅有一个的决策。在单目标决策中，目标唯一，求最优值。

多目标决策是指决策目标有多个的决策。在多目标决策中，有多个目标，各个目标之间常常存在矛盾，不可能全部到达最优，必然要根据轻重缓急对目标进行排序或调整、剔除，而求出满意解。本章重点讨论单目标决策，对于多目标决策问题，可以按后面介绍的方法把多目标化为单目标来处理。

3）按决策者数量多少，可分为个人决策和集体决策

个人决策是指由单个决策者做出的决策。优点是往往能够迅速及时，决策效率相当高；只要信息无误，决策的效果是较好的。不足之处是这类决策有时带有局限性，因而风险也较大。

集体决策是指由两个或两个以上的决策者群体做出的决策。集体决策能充分发挥集体智慧，信息比较全面，可以避免局限性，但决策过程较长。

4）按决策问题的结构，可分为程序决策和非程序决策

程序决策是一种有章可循的决策，一般是可重复的。在管理工作中，经常遇到一些重复出现的问题，对这些问题的决策凭借已有的规章制度就可以解决。

非程序决策是指对偶然发生或初次发生的问题进行的决策。这种决策，没有固定的程序和方法，只能依赖于决策者的经验、智慧和判断能力。

5）按问题性质和条件，可分为确定型决策、不确定型决策、风险型决策、竞争型决策

确定型决策是指为达到预定目标选择各种方案时只有一种状态或结果，本书前面各章讲述的模型，大多属于这一类决策模型。

不确定型决策是指在一个具有多个自然状态的决策问题中，如果对各自然状态在未来发生的可能性一无所知，也就是在进行决策时，决策者不知道哪个状态会发生，哪个状态不会发生，哪个状态发生的可能性大，哪个状态发生的可能性小。

风险型决策是指在具有多个自然状态的决策问题中，决策者虽然不知道未来哪一个状态一定发生，但知道（或可设定）每个状态发生的可能性有多大，也就是知道（或可设定）各自然状态发生的概率分配。这时，决策者即可根据概率论和数理统计学的知识，做出统计意义下的决策。由于这时决策者总要冒一定的风险，故称为风险型决策（也叫统计决策）。在一般情况下，决策者总要设法获得关于状态发生的一些信息，因而，这种决策问题在实际中常常碰到。

竞争型决策是指问题中有两个以上决策者参与，决策的结果取决于竞争各方策略的选择，前面对策论中所介绍的决策即为竞争型的决策。

### 10.1.3 决策准则

决策的核心是要选择，而要进行正确的选择，就必须利用合理的标准对各种可行方案进行评价。为了评价各个可行方案的好坏，应拟定相应的原则和标准，作为选择决策方案的准绳，这就是决策准则。

在决策分析中常使用条件值这一名词。所谓条件值，就是在一定条件（即某一自然状态）下，采取某一策略所产生的效果。根据这种效果的意义，可能为条件盈利、条件收益、条件费用、条件损失等。

针对不同类型的决策问题，应采用不同的准则。对于确定型决策，由于其状态是确定的，故只要直接比较各可行方案的损益值，即可评定可行方案的好坏；对于不确定型决策，由于决策者不知道各自然状态发生的任何信息，因而其决策带有很强的主观性；对于风险型决策，由于知道各自然状态发生的概率，故当采取某可行方案时，可计算出对应于这一可行方案的期望收益（或损失）值，比较各方案的期望收益（或损失）值，即可选定最满意的可行方案。

除了用上述期望损益值作为评价标准外，还可用效用值作为评价标准。

## 10.2 不确定型决策

在不确定型决策中，决策环境是不确定的。决策者只知道行动方案在不同的自然状态下所获得的收益值，而对各种自然状态出现的概率则无法预先估计或计算出来。此时决策者根据自己的主观倾向进行决策，由于决策者的主观态度不同，常用的不确定型决策准则有：悲观主义准则、乐观主义准则、等可能性准则、折中主义准则和最小后悔值准则。

### 10.2.1 悲观主义准则

悲观主义准则也称保守主义准则。当决策者对所面临的各种事件的发生概率不清楚时，其主要考虑由于决策错误而造成的损失问题，处理问题时要持谨小慎微的态度。决策者从最不利的角度出发，分析各种最坏的可能结果，选出每个方案在不同自然状态的最小收益值，然后从这些最小收益中选取一个最大值，从而确定最好的行动方案。该决策准则用符号表示为max-min决策准则，也称最大最小准则。

【例10-1】某公司现需对某新产品生产批量做出决策，现有三种备选行动方案：$A_1$——大批量生产；$A_2$——中批量生产；$A_3$——小批量生产。未来市场对这种产品的需求情况有三种可能发生的自然状态：$S_1$——畅销，$S_2$——一般，$S_3$——滞销。经估计，采用某一行动方案而实际发生某一自然状态时，公司的收益如表10-1所示，试用悲观主义准则做出决策。

上述收益表也称之为收益矩阵。用$c_{ij}$表示采用方案$A_i$而发生的自然状态为$S_j$时公司的收益值，这样可知采用$A_1$行动方案时在各种自然状态下最小收益为-6，即：

$$\min_{1\leq j\leq 3}[c_{1j}]=\min[60,15,-6]=-6$$

同样有：

表10-1　**某新产品收益表**　单位：万元

| 行动方案 \ 收益值 \ 自然状态 | $S_1$（畅销） | $S_2$（一般） | $S_3$（滞销） |
|---|---|---|---|
| $A_1$（大批量生产） | 60 | 15 | -6 |
| $A_2$（中批量生产） | 30 | 21 | 0 |
| $A_3$（小批量生产） | 10 | 10 | 10 |

$$\min_{1\leq j\leq 3}[c_{2j}]=\min[30,21,0]=0$$

$$\min_{1\leq j\leq 3}[c_{3j}]=\min[10,10,10]=10$$

再从这些最小收益中选取一个最大值10，即：

$$\max_{1\leq i\leq 3}\{\min_{1\leq j\leq 3}[c_{ij}]\}=\max[-6,0,10]=10$$

在此准则下，方案$A_3$即小批量生产为最优。上述计算用公式表示为：

$$A_k^*=\max_i\min_j(c_{ij})$$

### 10.2.2　乐观主义准则

当决策者面临情况不明的决策问题时，他考虑的是绝不放弃任何一个可获得最好结果的机会，对待问题时持积极乐观的态度。因此，决策者从最有利的结果出发，先找出每个方案在不同自然状态下最大的收益值，再从这些最大收益值中选取一个最大值，相应的方案为最优方案。用符号表示为max-max决策准则，此准则又称最大最大准则。用例10-1说明，如表10-2所示。

表10-2　**某新产品最大最大准则收益计算表**　单位：万元

| 行动方案 \ 收益值 \ 自然状态 | $S_1$（畅销） | $S_2$（一般） | $S_3$（滞销） | $\max_{1\leq j\leq 3}[c_{ij}]$ |
|---|---|---|---|---|
| $A_1$（大批量生产） | 60 | 15 | -6 | 60←max |
| $A_2$（中批量生产） | 30 | 21 | 0 | 30 |
| $A_3$（小批量生产） | 10 | 10 | 10 | 10 |

很容易得到：

$$\max_{1\leq j\leq 3}[c_{1j}]=\max[60,15,-6]=60$$

$$\max_{1\leq j\leq 3}[c_{2j}]=\max[30,21,0]=30$$

$$\max_{1\leq j\leq 3}[c_{3j}]=\max[10,10,10]=10$$

最后得到：

$$\max_{1\leq i\leq 3}\{\max_{1\leq j\leq 3}[c_{ij}]\}=\max[60,30,10]=60$$

可见在此准则下，方案$A_1$即大批量生产为最优。上述计算用公式表示为：

$$A_k^*=\max_i\max_j(c_{ij})$$

### 10.2.3　等可能性准则

等可能性（Laplace）准则是十九世纪的数学家Laplace提出的。他认为：当一人面临着某事件集合，在没有什么确切理由来说明这一事件比那一事件有更多发生机会时，只能认为各事件发生的机会是均等的，即每一事件发生的概率都是1/事件数。决策者应首先计算各方案的期望收益值，然后在所有这些期望值中选择最大者，以它对应的方案为最优方案。用例10-1说明，如表10-3所示。

表10-3 **某新产品等可能性准则收益计算表** 单位：万元

| 收益值 \ 自然状态<br>行动方案 | $S_1$（畅销） | $S_2$（一般） | $S_3$（滞销） | $E(A_i)$ |
|---|---|---|---|---|
| | 1/3 | 1/3 | 1/3 | |
| $A_1$（大批量生产） | 60 | 15 | −6 | 23←max |
| $A_2$（中批量生产） | 30 | 21 | 0 | 17 |
| $A_3$（小批量生产） | 10 | 10 | 10 | 10 |

公司收入期望值为：

$$E(A_1)=60\times\frac{1}{3}+15\times\frac{1}{3}+(-6)\times\frac{1}{3}=23$$

$$E(A_2)=30\times\frac{1}{3}+21\times\frac{1}{3}+0\times\frac{1}{3}=17$$

$$E(A_3)=10\times\frac{1}{3}+10\times\frac{1}{3}+10\times\frac{1}{3}=10$$

其中$E(A_1)$最大，根据等可能性准则方案$A_1$为最优。上述计算用公式表示为：

$$A_k^*=\max_i\{E(A_i)\}$$

### 10.2.4 折中主义准则

当用悲观主义准则或乐观主义准则来处理问题时，有的决策者认为这样太极端，于是把这两种决策准则给予综合，即在这两者之间折中。决策者根据以往的经验，确定一个乐观系数α（0<α<1）。利用公式：

$$CV_i=\alpha\cdot\max_j[c_{ij}]+(1-\alpha)\min_j[c_{ij}]$$

计算出方案$A_i$的折中收益值$CV_i$，然后在$CV_i$（$i$=1，2，3，…，$m$）中选择最大值，从而确定最优方案。仍用例10-1说明，取α=0.7，如表10-4所示。

表10-4 **某新产品收益计算表** 单位：万元

| 收益值 \ 自然状态<br>行动方案 | $S_1$（畅销） | $S_2$（一般） | $S_3$（滞销） | $CV_i$ |
|---|---|---|---|---|
| $A_1$（大批量生产） | 60 | 15 | −6 | 40.2 |
| $A_2$（中批量生产） | 30 | 21 | 0 | 21 |
| $A_3$（小批量生产） | 10 | 10 | 10 | 10 |

根据计算公式得：

$$CV_1=0.7\times60+(1-0.7)\times(-6)=40.2$$

$$CV_2=0.7\times30+(1-0.7)\times0=21$$

$$CV_3=0.7\times10+(1-0.7)\times10=10$$

其中$CV_1$最大，根据折中主义准则方案$A_1$为最优。上述计算用公式表示为：

$$A_k^*=\max_{1\leq i\leq3}[CV_i]$$

### 10.2.5 最小后悔值准则

最小后悔值准则是由经济学家沙万奇（Savage）提出的，故又称沙万奇准则。决策者制定决策之后，若情况未能符合理想，必将后悔。该准则是将各自然状态下的最大收益值定为理想目标，并将该状态中的其他值与最高值之差称为未达到理想目标的后悔值。该准则的决策方法为：

（1）找出 $c_{ij}$ 在各自然状态下的最大收益值 $\max_{j}\{c_{ij}\}$；

（2）分别求出各方案的后悔值 $c'_{ij}=\{\max_{j}\{c_{ij}\}-c_{ij}\}$；

（3）确定各方案的最大后悔值 $\max_{i}\{c'_{ij}\}$；

（4）从各方案的最大后悔值中选择最小后悔值，对应的方案即为最优方案。

利用后悔值准则确定例10-1的后悔值矩阵，如表10-5所示。

表10-5　**某新产品最小后悔值准则收益计算表**　单位：万元

| 行动方案＼后悔值＼自然状态 | $S_1$（畅销） | $S_2$（一般） | $S_3$（滞销） | $\max_{1\leq j\leq 3} c'_{ij}$ |
|---|---|---|---|---|
| $A_1$（大批量生产） | 0 | 6 | 16 | 16←min |
| $A_2$（中批量生产） | 30 | 0 | 10 | 30 |
| $A_3$（小批量生产） | 50 | 1[illegible] | 0 | 50 |

由表10-5可以看出，各方案最大后悔值中的最小后悔值为16，对应的方案为 $A_1$，故最优方案为大批量生产。

对于不确定型的决策问题，采用不同的决策准则做出的决策往往是不同的。由于它们之间没有统一的客观标准，故很难说哪个准则好，哪个准则不好。持乐观态度的人，当他面临情况不明的决策问题时，不愿放弃任何一个可获得最好结果的机会，以争取好中之好的乐观态度来选择他的决策方案，故常采用乐观主义准则；持稳重保守态度的人，往往更看重决策失误带来的损失，心理承受能力比较脆弱，在处理问题时比较谨慎和保守，故常采用悲观主义准则；持中间态度的人多选用折中主义准则；对因决策失误而容易后悔的人来说，可以用最小后悔值准则。为了使决策更为客观可靠，最好设法了解自然状态发生的概率，而将不确定型决策问题转化为风险型决策问题。

## 10.3 风险型决策

实际工作中所遇到的决策分析问题，对各种自然状态可能出现的信息一无所知的情况是极为少见的。通常根据过去的统计资料和积累的工作经验，或通过一定的调查研究所获得的信息，总是可以对各种自然状态的概率做出一定估算。这种在事前估算和确定的概率叫作“主观”概率。所以，在实际工作中需要进行决策分析的问题大多数属于风险型决策分析问题。风险型决策方法主要有期望值法、决策树法。

### 10.3.1 期望值法

期望值法也叫决策矩阵表法，它是用风险型决策基本结构矩阵表来表述各种可供选择的方案，并计算出各方案的期望损益值，经比较，选择期望损益值最佳方案为决策方案。期望值法是依据期望值准则进行决策分析的方法，每个备选方案都可计算其期望损益值（简称损益值）。

若离散型随机变量的分布如表10-6所示：

表10-6　**离散型随机变量分布表**

| $X$ | $x_1$ | $x_2$ | … | $x_n$ |
|---|---|---|---|---|
| $p(X=x_i)$ | $p_1$ | $p_2$ | … | $p_n$ |

则有

$$E(X)=\sum_i x_i p_i$$

若把每个行动方案$A_i$看作离散型随机变量，其取值就是在每个自然状态$S_j$下相应的损益值$c_{ij}$，如表10-7所示。

表10-7　**离散型随机变量损益值表**

| 方案 / 状态 | $S_1$ | $S_2$ | … | $S_n$ |
|---|---|---|---|---|
| | $p_1$ | $p_2$ | … | $p_n$ |
| $A_1$ | $c_{11}$ | $c_{12}$ | … | $c_{1n}$ |
| $A_2$ | $c_{21}$ | $c_{22}$ | … | $c_{2n}$ |
| ⋮ | ⋮ | ⋮ | … | ⋮ |
| $A_m$ | $c_{m1}$ | $c_{m2}$ | … | $c_{mn}$ |

则第$i$个方案的期望损益值为：

$$E(A_i)=\sum_{j=1}^{n} c_{ij} p_j \qquad (i=1,\ 2,\ \cdots,\ m) \tag{10.1}$$

式（10.1）表示行动方案$A_i$在各种不同状态下的损益平均值。

如果决策目标是收益最大，则期望值最大的方案为最优方案：

$$\max_i E(A_i)=\sum_{j=1}^{n} c_{ij} p_j \qquad (i=1,\ 2,\ \cdots,\ m) \tag{10.2}$$

如果决策目标是损失最小，则期望值最小的方案为最优方案：

$$\min_i E(A_i)=\sum_{j=1}^{n} c_{ij} p_j \qquad (i=1,\ 2,\ \cdots,\ m) \tag{10.3}$$

由（10.2）和（10.3）式可以看出，期望值准则可分为最大期望收益值准则和最小期望损失值准则两类。下面通过例子分别介绍这两种准则的应用。

【例10-2】某冷饮店销售冷饮食品，平均每箱冷饮进价40元，售价60元。若当天进货的冷饮卖不完，由于要冷藏及折价处理，平均每箱亏损10元。已知该店以往夏季每天冷饮销售如表10-8，试决策该店每天应进货冷饮多少箱最佳？

1）最大期望收益值准则（Expected Monetary Value，EMV）

（1）根据去年同期冷饮销售资料，估算各种市场销售量的概率，如表10-8所示。

由表10-8可知，去年夏季每天销售冷饮120箱的概率为0.2，销售140箱的概率为0.3，销售160箱概率为0.4，销售180箱概率为0.1。

表10-8 **去年同期冷饮销售资料量统计表**

| 日销售量（箱） | 完成日销售量的天数（日） | 概率值 |
|---|---|---|
| 120 | 18 | 18÷90=0.2 |
| 140 | 27 | 27÷90=0.3 |
| 160 | 36 | 36÷90=0.4 |
| 180 | 9 | 9÷90=0.1 |
| 总计 | 90 | 1.0 |

（2）拟定各种进货的备选方案。根据以往销售资料，拟定今年夏季每天冷饮进货方案为：$A_1$方案为120箱，$A_2$方案为140箱，$A_3$方案为160箱，$A_4$方案为180箱，各方案的收益值计算方法如下：

若当天进货为$A_1$方案120箱，遇到市场销售状态为120箱，收益值为120×20=2 400（元）；遇到市场销售状态为140箱、160箱、180箱时，收益值均为120×20=2 400（元）。

若当天进货为$A_2$方案140箱，遇到市场销售状态为120箱，收益值为120×20−20×10=2 200（元）；遇到市场销售状态为140箱、160箱、180箱时，收益值均为140×20=2 800（元）。

其余方案收益值计算，以此类推。各方案计算的收益值如表10-9所示。

表10-9 **各方案不同状态收益值表**

| 收益值 方案 ＼ 销售状态 | 120箱 | 140箱 | 160箱 | 180箱 |
|---|---|---|---|---|
| 概率 | 0.2 | 0.3 | 0.4 | 0.1 |
| $A_1$：120箱 | 2 400 | 2 400 | 2 400 | 2 400 |
| $A_2$：140箱 | 2 200 | 2 800 | 2 800 | 2 800 |
| $A_3$：160箱 | 2 000 | 2 600 | 3 200 | 3 200 |
| $A_4$：180箱 | 1 800 | 2 400 | 3 000 | 3 600 |

（3）计算各方案的期望收益值：

$A_1$方案期望收益值为：2 400×0.2+2 400×0.3+2 400×0.4+2 400×0.1=2 400（元）

$A_2$方案期望收益值为：2 200×0.2+2 800×0.3+2 800×0.4+2 800×0.1=2 680（元）

同理，可计算出$A_3$、$A_4$方案的期望收益值。计算得到各方案的期望收益值如表10-10所示。

（4）选择期望收益值最大的方案为决策的行动方案。$A_3$方案期望收益值最大，故决策选择方案$A_3$，即每天冷饮进货160箱。

2）最小期望（机会）损失值准则（Expected Opportunity Loss，EOL）

该准则以追求销售损失最小为决策目标，即以销售损失期望值最小的原则选择方案。这里的销售损失，既包括进货量高于市场需求量而折价处理的损失，也包括进货量低于市场需求量而造成缺货失去销售机会的利润损失。

表10-10　**各方案期望收益表**

| 收益值/方案 \ 销售状态/概率 | 120箱 | 140箱 | 160箱 | 180箱 | 期望收益值 |
|---|---|---|---|---|---|
| | 0.2 | 0.3 | 0.4 | 0.1 | |
| $A_1$：120箱 | 2 400 | 2 400 | 2 400 | 2 400 | 2 400 |
| $A_2$：140箱 | 2 200 | 2 800 | 2 800 | 2 800 | 2 680 |
| $A_3$：160箱 | 2 000 | 2 600 | 3 200 | 3 200 | 2 780 |
| $A_4$：180箱 | 1 800 | 2 400 | 3 000 | 3 600 | 2 640 |

（1）根据去年同期冷饮销售资料，估算各种市场销售量的概率。

（2）拟定各种进货的备选方案，计算各方案的损失值。

$A_1$方案：进货120箱，市场销售状态为120箱，损失为0元；市场销售状态为140箱，损失=（140−120）×20=400（元）；市场销售状态为160箱，损失=（160−120）×20=800（元）；市场销售状态为180箱，损失=（180−120）×20=1 200（元）。

$A_2$方案：进货140箱，市场销售状态为120箱，损失（140−120）×10=200（元）；市场销售状态为140箱，损失0元；市场销售状态为160箱，损失（160−140）×20= 400（元）；市场销售状态为180箱，损失（180−140）×20= 800（元）。

同理，可计算出$A_3$、$A_4$方案的损失值。各方案损失值计算结果如表10-11所示。

表10-11　**各方案不同状态损失值表**

| 收益值/方案 \ 销售状态/概率 | 120箱 | 140箱 | 160箱 | 180箱 |
|---|---|---|---|---|
| | 0.2 | 0.3 | 0.4 | 0.1 |
| $A_1$：120箱 | 0 | 400 | 800 | 1 200 |
| $A_2$：140箱 | 200 | 0 | 400 | 800 |
| $A_3$：160箱 | 400 | 200 | 0 | 400 |
| $A_4$：180箱 | 600 | 400 | 200 | 0 |

（3）计算各方案的期望损失值。

利用各方案的损失值和相应的销售状态概率，计算其期望损失值如表10-12所示。

表10-12　**各方案期望损失值表**

| 收益值/方案 \ 销售状态/概率 | 120箱 | 140箱 | 160箱 | 180箱 | 期望损失值 |
|---|---|---|---|---|---|
| | 0.2 | 0.3 | 0.4 | 0.1 | |
| $A_1$：120箱 | 0 | 400 | 800 | 1 200 | 560 |
| $A_2$：140箱 | 200 | 0 | 400 | 800 | 580 |
| $A_3$：160箱 | 400 | 200 | 0 | 400 | 180 |
| $A_4$：180箱 | 600 | 400 | 200 | 0 | 320 |

(4) 选择期望损失最小的方案为决策的行动方案。比较各方案的期望损失值，$A_3$方案的期望损失最小，所以，选择$A_3$方案为决策的行动方案。这一决策结果与最大期望收益值准则决策结果是一致的。

### 10.3.2　决策树法

决策树法是指将决策的问题以树状图形来表达，并通过对树状图形的计算分析来选择决策行动方案的方法。这里的树状图形称为"决策树"。

决策树一般由方块节点、圆形节点、三角形节点、方案枝、概率枝等组成。方块节点称为决策节点，由决策节点引出若干条细支，每条细支代表一个方案，称为方案枝；圆形节点称为状态节点，由状态节点引出若干条细支，表示不同的自然状态，称为概率枝。每条概率枝代表一种自然状态，在每条概率枝上要标明客观状态的名称和其出现的概率。在概率枝的最末稍为三角形节点，标明该方案在该自然状态下所达到的结果（收益值或损失值）。这样树形图从左至右，由简到繁展开，组成一个树状网络图，如图10-1所示。

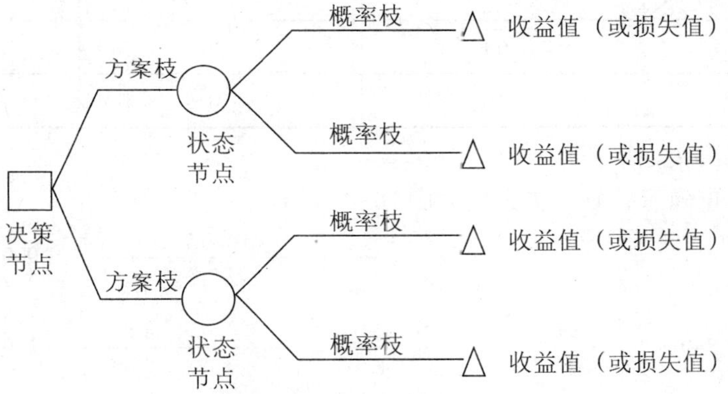


**图10-1　决策树结构**

应用决策树进行决策分析步骤如下：

(1) 画出决策树。决策树图是人们对某个决策问题未来可能发生的情况与方案可能结果在图纸上的表示。因此，画决策树图的过程就是拟定各种方案的过程，也是进行状态分析和估算方案条件结果的过程。因此，要对决策问题的发展动向步步深入地进行分析，并按决策树的结构规范从左至右推画出决策树图。

(2) 计算期望值。将各自然状态的收益值或损失值分别乘以概率枝上的概率，并将这些值相加，计算出状态节点和决策节点的期望收益值或期望损失值。期望值的计算，一般在决策树图上从右至左进行，并把计算结果标示在相应节点的上方。

(3) 修枝选定方案。根据不同方案期望值的大小，从右至左（逆推法）进行修枝优选。舍去期望收益值小的方案，留下期望收益值最大的方案。在较复杂的决策问题中，此步骤常与上述计算期望收益值步骤交叉进行。修枝时要把修枝符号画在图上，最后便可得出最优方案，并写出结论。

决策树分析法使用决策树图对决策问题进行分析，因而整个决策分析过程具有直观、简要、清晰等优点。决策树分析既可用于单阶段决策问题，也可用于多阶段决策问题。

1）单阶段决策

在整个决策中只决策一次，就能选择出决策的行动方案的过程，称为单阶段决策。

【例10-3】某企业为增加销售，拟定开发一种新产品。有两个方案可供选择：

方案一：投资300万元，建大车间。建成后，如果畅销，每年获利100万元；如果滞销，每年将亏损20万元。使用年限10年。

方案二：投资160万元，建小车间。建成后，如果畅销，每年获利40万元；如果滞销，每年获利10万元。使用年限10年。

据市场调查预测，新产品在案10年内，畅销的概率是0.7，滞销的概率是0.3。试决策哪个方案好。

解：对这一决策问题，其决策收益及各状态的概率如表10-13所示。

表10-13 **新产品生产方案收益表** 单位：万元

| 收益值 / 状态 / 方案 | 畅销（$S_1$） | 滞销（$S_2$） | $E(A_i)$ |
|---|---|---|---|
| | $p(S_1)=0.7$ | $p(S_2)=0.3$ | |
| 建大车间 | 100 | -20 | 64 |
| 建小车间 | 40 | 10 | 31 |

使用决策树决策如下：

第一步，依据题意，画出决策树如图10-2所示。

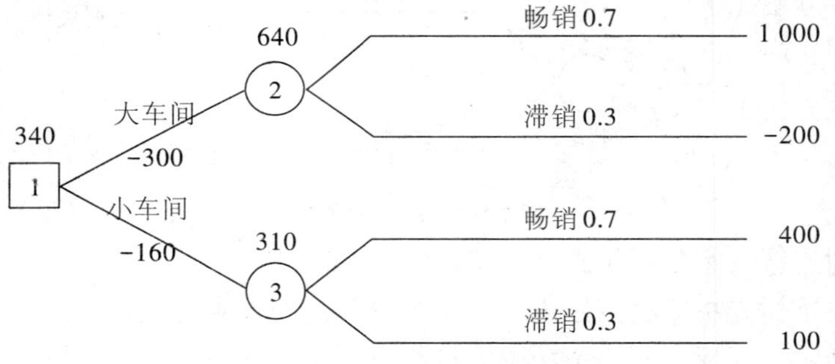


**图10-2 例10-3决策树图**

第二步，从右至左，依次计算各节点的收益（决定节点）或期望收益（状态节点）。

状态节点②期望收益：$0.7\times100\times10+0.3\times(-20)\times10=640$（万元）

状态节点③期望收益：$0.7\times40\times10+0.3\times10\times10=310$（万元）

决策节点①收益：$\max\{640-300,\ 310-160\}=340$（万元）

第三步，根据各决策节点的计算结果写出决策方案。决策结果：选择建大车间的方案。

2）多阶段决策

如果决策问题比较复杂，在决策中，一次决策不能解决问题，需要进行多次决策才能确定决策的行动方案，称为多阶段决策。

【例10-4】假定将例10-3分为前三年和后七年两期考虑。根据市场预测，前三年畅销的概率为0.7。而且，如果前三年畅销，后七年继续畅销的概率为0.9；如果前三年滞销，后七年也一定滞销。如果建小车间前三年畅销，再投资130万元扩建大车间，其获利值与建大车间一样。问在这种情况下，建大车间好还是建小车间好？

本例题实际上是例10-3的进一步扩展。这一决策包括两个问题的决策；一是建小车间3年后扩建好，还是不扩建好？二是建大车间好，还是建小车间好？故这一问题属于多阶段决策问题。

解：（1）画出决策树，如图10-3所示。

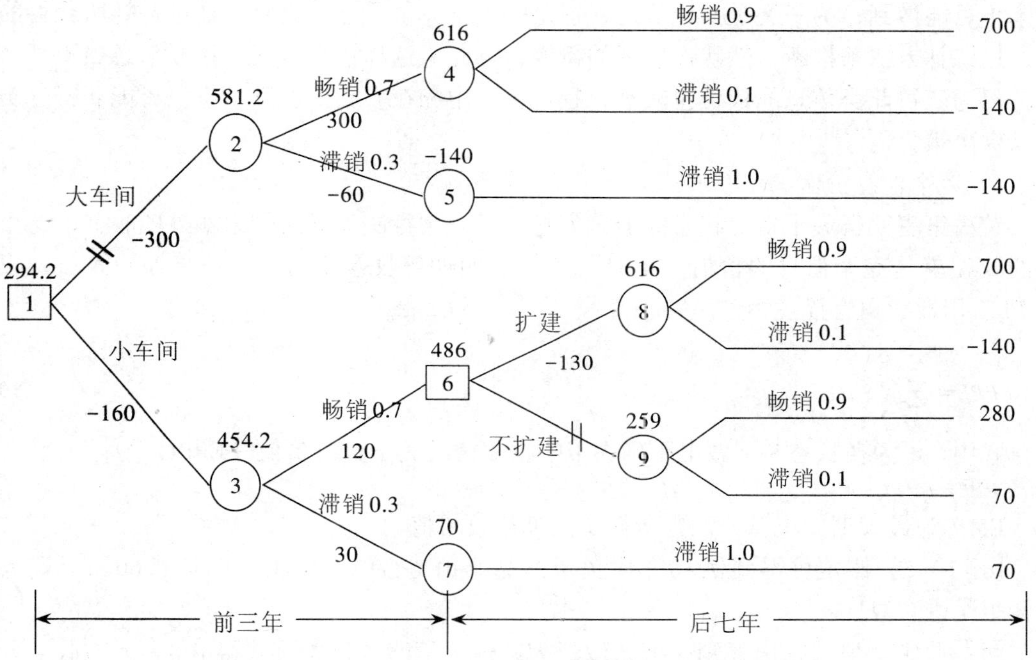


**图10-3　例10-4决策树图**

（2）从右至左，依次计算各节点的收益或期望收益。

状态结点④期望值：0.9×700+0.1×（-140）=616

状态节点⑤期望值：1.0×（-140）=-140

状态节点②期望值：0.7×（616+300）+0.3×（-140-60）=581.2

状态节点⑧期望值：0.9×700+0.1×（-140）=616

状态节点⑨期望值：0.9×280+0.1×70=259

决策节点⑥的收益：max{616-130，259}=486（万元），即应当舍弃不扩建这一分支，选择扩建。

状态节点⑦期望值：1.0×70=70

状态节点③期望值：0.7×（486+120）+0.3×（70+30）=454.2

决策节点①的收益：max{581.2-300，454.2-160}=294.2（万元），即应当舍弃建大车间，选择建小车间。

（3）最后写出完整的决策方案：先建小车间，若前3年畅销，再扩建大车间。

### 10.3.3　信息的价值

信息的价值和决策的关系十分密切。要获得正确的决策，在很大程度上要依赖足够和可靠的信息，但是为取得这些信息所花费的代价也相当可观。这就提出了一个问题：是否值得花费一定的代价去获得必需的信息以供决策之需呢？由此就出现了如何评价信息价值的问题。

决策所需的信息一般分为两类：一类是完全信息，即据此可以得到完全肯定的自然状态信息，这样就有助于正确的决策，从而使决策结果能获得较大的收益，但为获得完全信息的代价也相当可观，而且在现实中和在多数情况下，要获得这种完全信息也较为困难或根本不可能做到；另一类是抽样信息，这是一类不完全可靠的信息。通过抽样所获得的信息，用统计方法来推断自然状态出现的概率，据此来选择行动方案。抽样信息虽不十分可靠，但为获得此类信息的代价也较小，且在实际中和在多数情况下，也只可能获得这类信息以供决策之需。

1）完全信息价值

若决策者获得关于自然状态的准确信息，以此进行决策则会带来额外的收益，这个额外的收益就是完全信息的价值。此时，决策者的期望收益称为完全信息期望收益，记作 ***EPPL***。用数学语言描述为：

$$c_j^* = \max_i \{c_{ij}\}$$

$$EPPL = \sum_j p(S_j)c_j^* \tag{10.4}$$

式中，$c_j^*$ 为在状态 $S_j$ 下做出正确决策的收益值。完全信息价值（EPPI）为：

$$EPPI = EPPL - EMV^*$$

$EMV^*$为最大期望收益值准则所确定的期望收益值。

【例10-5】假定可得到例10-3中关于产品畅销与否的全情报，问花费60万元购买这项情报是否合算？

解：假定全情报指出畅销，就选取建大厂这一策略，每年可获得100万元的收益。如果全情报指出滞销，就建小厂，每年可获得10万元的收益。由于在决定是否购买这项全情报时还不知道全情报的内容，故在决策时无法算出确切的收益，只能算出其期望收益：

$$c_1^* = \max_{i=1,2} \{a_{i1}\} = 100\times10-300=700\text{（万元）}$$

$$c_2^* = \max_{i=1,2} \{a_{i1}\} = 10\times10-160=-60\text{（万元）}$$

$$EPPL = \sum_{j=1}^{n} p(S_j)c_j^* = 0.7\times700+0.3\times(-60)=472\text{（万元）}$$

例10-3中决策的结果是选择方案一，即建大车间。计算的期望收益为340万元，可知由于得到全情报而使期望收益增加价值为：

$$EPPI = EPPL - EMV^* = 472-340=132\text{（万元）}$$

由于132万元大于采集情报的费用60万元，故值得购买这一情报。

若采用决策树分析该问题，绘制决策树如图10-4所示。

2）抽样信息价值

风险决策问题中，根据过去的经验和资料能够估计出各自然状态出现的概率，通常称这种概率为先验概率。如果决策者通过抽样等方法获得自然状态出现概率的新信息作为补充信息，并以此修正先验概率，从而得到修正后的自然状态的概率，这种概率称为后验概

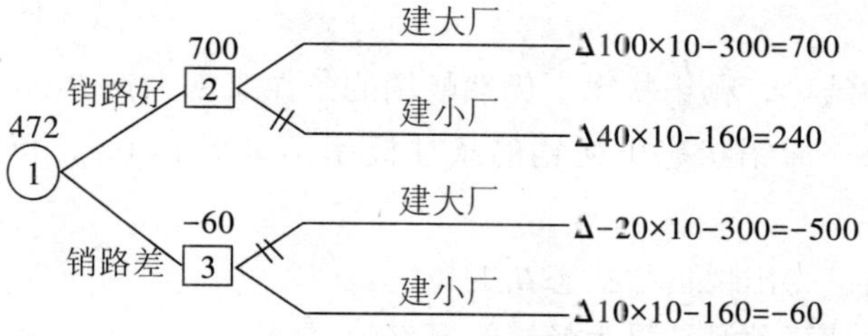


**图10-4　例10-5决策树图**

率。由于这种概率的获得是借助于贝叶斯定理完成的，因此这种情况下的决策也称为贝叶斯决策。

一般来说，抽样信息也能够给决策者带来额外的收益，该额外收益就是抽样信息价值。抽样信息价值的计算步骤如下：

（1）据过去的经验和资料确定自然状态发生的先验概率；

（2）计算抽样信息出现的自然状态的概率，即：

$$p(B_i)=\sum_{k=1}^{n}p(S_k)\,p(B_i|S_k)\quad(i=1,2,\cdots,n)$$

式中：$p(B_i)$为抽样信息出现自然状态$B_i$的概率；$pS_j$为自然状态$S_j$发生的先验概率；$p(B_i|S_j)$为抽样信息获得的在自然状态为$S_j$条件下出现自然状态$B_i$的概率；

（3）利用贝叶斯公式计算后验概率，即：

$$p(S_j|B_i)=\frac{p(S_j)\,p(B_i|S_j)}{p(B_i)}\quad(i,j=1,2,\cdots,n)\tag{10.5}$$

式中：$p(S_j|B_i)$为抽样信息出现自然状态$B_i$时，自然状态$S_j$的后验概率。

（4）利用后验概率代替先验概率进行决策。

【例10-6】某家电公司由于原产品结构已陈旧落后，产品质量差而销路不广。为满足广大消费者日益增长的需要，公司拟对产品结构进行改革，制订了两种设计方案：一是全新设计方案（$A_1$），即产品结构全部重新设计；二是改型设计方案（$A_2$），即在原有产品结构基础上加以改进。

根据以往统计资料，公司产品畅销的概率为0.35，滞销的概率为0.65，计划将结构改革后的产品生产5年，估算的损益值如表10-14所示。

表10-14　**某家电生产损益值表**　单位：万元

| 方案 ＼ 损益值 ＼ 状态/概率 | 畅销（$S_1$） | 滞销（$S_2$） |
| --- | --- | --- |
| 概率 | 0.35 | 0.65 |
| 全新设计$A_1$ | 45 | −22.5 |
| 改型设计$A_2$ | 18 | 4.5 |

公司为了进一步确定采用哪种设计方案，对产品销路问题专门做一预测。根据以往经验，得出畅销结论的可靠程度只有80%，而得出滞销结论的可靠程度只有70%。试分析该家电公司的这种预测是否可取？

解：（1）由以往统计资料可知，该产品畅销的先验概率为$p(S_1)=0.35$，滞销的先验概率为$p(S_2)=0.65$。

根据预测得到的结论，畅销状态下仍然畅销的条件概率为$p(B_1|S_1)=0.8$，滞销的条件概率为$p(B_2|S_1)=0.2$；滞销状态下畅销的条件概率$p(B_1|S_2)=0.3$，仍然滞销的条件概率为$p(B_2|S_2)=0.7$。

（2）计算抽样信息为出现自然状态$B_i$的概率。

利用全概率公式计算预测结果为畅销的概率为：

$$\begin{aligned}p(B_1)&=p(S_1)\,p(B_1|S_1)+p(S_2)\,p(B_1|S_2)\\&=0.35\times0.8+0.65\times0.3=0.475\end{aligned}$$

利用全概率公式计算预测结果为滞销的概率为：

$$\begin{aligned}p(B_2)&=p(S_1)\,p(B_2|S_1)+p(S_2)\,p(B_2|S_2)\\&=0.35\times0.2+0.65\times0.7=0.525\end{aligned}$$

（3）利用贝叶斯公式计算后验概率。

预测结果为产品畅销，而产品确实畅销的概率为：

$$\begin{aligned}p(S_1|B_1)&=\frac{p(S_1)\,p(B_1|S_1)}{p(S_1)\,p(B_1|S_1)+p(S_2)\,p(B_1|S_2)}\\&=\frac{0.35\times0.8}{0.35\times0.8+0.65\times0.3}=0.589\end{aligned}$$

预测结果为产品畅销，而产品却滞销的概率为：

$$\begin{aligned}p(S_2|B_1)&=\frac{p(S_2)\,p(B_1|S_2)}{p(S_1)\,p(B_1|S_1)+p(S_2)\,p(B_1|S_2)}\\&=\frac{0.65\times0.3}{0.35\times0.8+0.65\times0.3}=0.411\end{aligned}$$

预测结果为产品滞销，而产品确实滞销的概率为：

$$\begin{aligned}p(S_2|B_2)&=\frac{p(S_2)\,p(B_2|S_2)}{p(S_1)\,p(B_2|S_1)+p(S_2)\,p(B_2|S_2)}\\&=\frac{0.65\times0.7}{0.35\times0.2+0.65\times0.7}=0.867\end{aligned}$$

预测结果为产品滞销，而产品却畅销的概率为：

$$\begin{aligned}p(S_1|B_2)&=\frac{p(S_1)\,p(B_2|S_1)}{p(S_1)\,p(B_2|S_1)+p(S_2)\,p(B_2|S_2)}\\&=\frac{0.35\times0.2}{0.35\times0.8+0.65\times0.3}=0.133\end{aligned}$$

（4）利用后验概率进行决策。

若不进行预测，公司可以直接根据先验概率进行决策；若进行预测，则需要通过后验概率进行决策。根据公司的已知资料和抽样信息，绘制多级决策树如图10–5所示。

根据先验概率、后验概率和收益值计算出各节点的期望值，并标注在节点上，通过比较决策节点的期望收益决定方案的取舍。

由图10–5图可知，抽样信息的期望收益值为：

11.505–9.225=2.28（万元）

若预测费用为0.5万元，小于抽样信息所获得的期望收益值，因此对产品销路进行预测的做法是可取的。

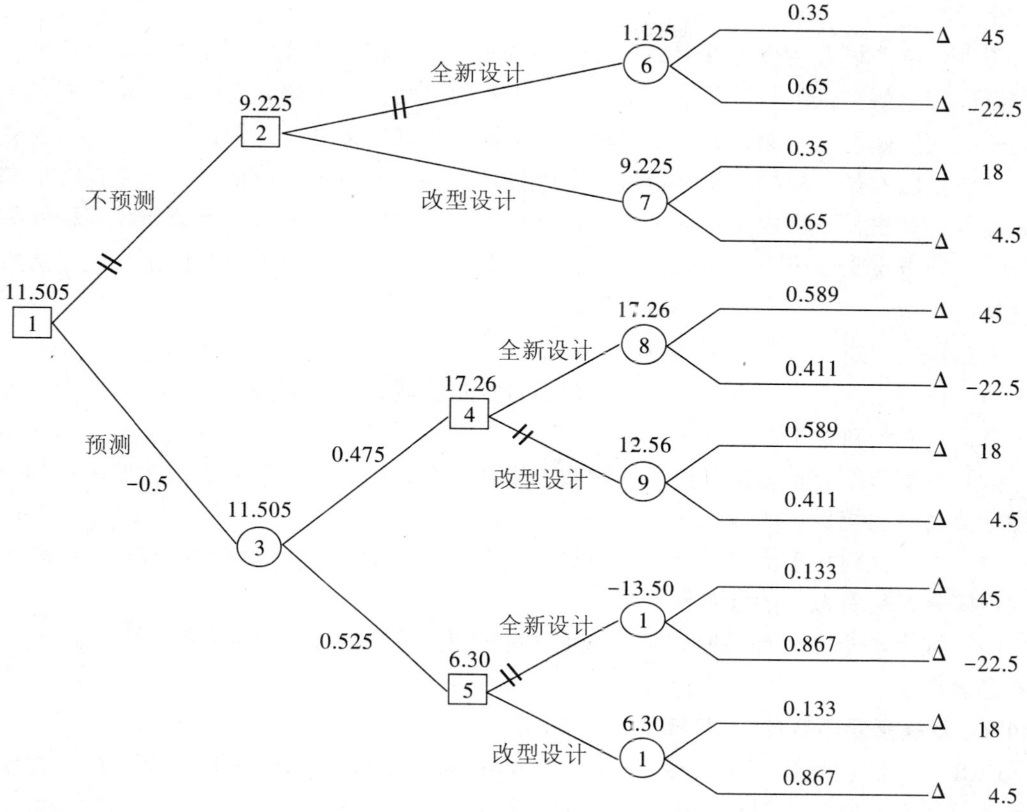


图10-5　某家电生产多级决策树

## 10.4　数据包络分析

在人们的生产活动和社会活动中常常会遇到这栏的问题：经过一段时间之后，需要对具有相同类型的部门或单位（称为决策单元）进行评价，其评价的依据是决策单元的投入数据和产出数据。根据投入数据和产出数据来评价决策单元的优劣，即所谓评价决策单元间的相对有效性。

### 10.4.1　数据包络分析简介

数据包络分析（Data Envelopment Analysis，DEA）是一种基于被评价对象间相对比较的非参数技术效率分析方法，由美国著名的运筹学家A.Charnes、W.W.Cooper和E.Rhodes于1978年首次提出，因此后来将数据包络分析的第一个模型命名为CCR模型。1984年R. D.Banker、A.Charnes和W.W.Cooper给出了一个被称为BCC的模型。

数据包络分析方法可以看作一种统计分析的新方法，它是根据一组关于输入-输出的观察值来估计有效生产前沿面的。在有效性的评价方面，除了数据包络分析方法以外，还有其他的一些方法，但是那些方法几乎仅限于单输出的情况。相比之下，数据包络分析方法处理多输入，特别是多输出的问题的能力具有绝对的优势。并且，数据包络分析方法不仅可以用线性规划来判断决策单元对应的点是否位于有效生产前沿面上，同时又可获得许多有用的管理信息。因此，它比其他方法（包括采用统计的方法）优越，用处也更广泛。

数据包络分析方法也可以用来研究多种方案之间的相对有效性，如投资项目评价；研究在做决策之前去预测一旦做出决策后它的相对效果如何，如建立新厂后，新厂相对于已有的一些工厂是否为有效；数据包络分析模型甚至可以用来进行政策评价。

需要指出的是，数据包络分析方法是纯技术性的，与市场（价格）可以无关。只需要区分投入与产出，不需要对指标进行无量纲化处理，可以直接进行技术效率与规模效率的分析而无须再定义一个特殊的函数形式，而且对样本数量的要求不高，这是其他方法所无法比拟的。

数据包络分析具有以下特点：

（1）适用于多产出—多投入的有效性综合评价问题，在处理多产出—多投入的有效性评价方面具有绝对优势。

（2）数据包络分析方法并不直接对数据进行综合，因此决策单元的最优效率指标与投入指标值及产出指标值的量纲选取无关。

（3）无须任何权重假设，而以决策单元投入产出的实际数据求得最优权重，排除了很多主观因素，具有很强的客观性。

（4）假定每个投入都关联到一个或者多个产出，且投入产出之间确实存在某种联系，但不必确定这种关系的显示表达式。

### 10.4.2 规模报酬不变的CCR模型

CCR模型假设规模报酬不变（Constant Returns to scale，CRS），其得出的技术效率包含了规模效率的成分，因此被称为综合技术效率，简称技术效率。技术效率指被评价决策单元（Decision Making Unit，DMU）的生产过程达到该行业技术水平的程度，可以从投入产出两个角度来衡量。在投入既定的条件下，技术效率由产出的最大化的程度来衡量；在产出既定的条件下，技术效率由投入的最小化的程度来衡量。

1）投入导向CCR模型

投入导向模型是从投入的角度对被评价决策单元无效率程度进行测量，关注的是在不减少产出的条件下，要达到技术有效各项投入应该减少的程度。

假设要测量一组共有$n$个决策单元的技术效率，记为$DMU_j$（$j=1, 2, \cdots, n$）；每个决策单元有$m$种投入，记为$x_i$（$i=1, 2, \cdots, m$），投入的权重表示为$v_i$（$i=1, 2, \cdots, m$）；$q$种产出，记为$y_r$（$r=1, 2, \cdots, q$），产出的权重表示为$u_r$（$r=1, 2, \cdots, q$）。初始数据如表10-15所示。

若当前要测量的决策单元记为$DMU_k$，其技术效率指数表示为：

$$h_k = \frac{u_1 y_{1k} + u_2 y_{2k} + \cdots + u_q y_{qk}}{v_1 x_{1k} + v_2 x_{2k} + \cdots + v_m x_{mk}} = \frac{\sum_{r=1}^{q} u_r y_{rk}}{\sum_{i=1}^{m} v_i x_{ik}} \tag{10.6}$$

对要测量的效率指数附加一项条件，将所有决策单元采用上述权重加权得出的效率指数限定在［0，1］之间，即：

表10-15 各决策单元投入与产出表

| 决策单元 | 投入指标 | | | | 产出指标 | | | |
|---|---|---|---|---|---|---|---|---|
| | $x_1$ | $x_2$ | … | $x_m$ | $y_1$ | $y_2$ | … | $y_q$ |
| $DMU_1$ | $x_{11}$ | $x_{12}$ | … | $x_{1m}$ | $y_{11}$ | $y_{12}$ | … | $y_{1q}$ |
| $DMU_2$ | $x_{21}$ | $x_{22}$ | … | $x_{2m}$ | $y_{21}$ | $y_{22}$ | … | $y_{2q}$ |
| ⋮ | ⋮ | ⋮ | ⋮ | ⋮ | ⋮ | ⋮ | ⋮ | ⋮ |
| $DMU_n$ | $x_{n1}$ | $x_{n2}$ | … | $x_{nm}$ | $y_{n1}$ | $y_{n2}$ | … | $y_{nq}$ |
| 权重 | $v_1$ | $v_2$ | … | $v_m$ | $u_1$ | $u_2$ | … | $u_q$ |

$$\frac{\sum_{r=1}^{q} u_r y_{rj}}{\sum_{i=1}^{m} v_i x_{ij}} \leqslant 1 \quad (j = 1,2,\cdots,n) \tag{10.7}$$

就一般而言，对第$k$个决策单元进行效率评价，$h_k$越大表明第$k$个决策单元能够用相对较少的投入而取得相对较多的产出。

以第$k$个决策单元的效率指数为目标，以所有决策单元的效率指数为约束，构造规模报酬不变的CCR模型为：

$$\max\ h_k = \frac{\sum_{r=1}^{q} u_r y_{rk}}{\sum_{i=1}^{m} v_i x_{ik}}$$

$$\begin{cases} \dfrac{\sum_{r=1}^{q} u_r y_{rj}}{\sum_{i=1}^{m} v_i x_{ij}} \leqslant 1 \quad (j = 1,2,\cdots,n) \\ v_i, u_r \geqslant 0 \quad (i = 1,2,\cdots,m;\ r = 1,2,\cdots,q) \end{cases} \tag{10.8}$$

上述规模报酬不变的CCR模型是一个非线性规划模型，其含义在于：在使所有决策单元的效率指数都不超过1的条件下，使被决策单元的效率指数最大化，因此模型确定的权重$v$和$u$是对评价第$k$个决策单元最有利的。从这个意义上讲，CCR模型是对评价决策单元的无效率状况做出的一种保守估计。

由于$\sum_{i=1}^{m} v_i x_{ij} > 0$，（10.8）式的约束等价于：

$$\sum_{r=1}^{q} u_r y_{rj} - \sum_{i=1}^{m} v_i x_{ij} \leqslant 0$$

令$t = \dfrac{1}{\sum_{i=1}^{m} v_i x_{ik}}$，（10.8）式的目标函数变为：

$$\max\ t\sum_{r=1}^{q} u_r y_{rk} = \sum_{r=1}^{q} t u_r y_{rk}$$

令$\mu_r = tu_r, w_i = tv_i$，非线性规划模型（10.8）式变换为等价的线性规划模型：

$$\max\ h_k = \sum_{r=1}^{q} \mu_r y_{rk}$$

$$\begin{cases} \sum_{r=1}^{q} \mu_r y_{rj} - \sum_{i=1}^{m} w_i x_{ij} \leqslant 0 \quad (j = 1,2,3,\cdots,n) \\ \sum_{i=1}^{m} w_i x_{ik} = 1 \\ w_i,\mu_r \geqslant 0 \quad (i = 1,2,\cdots,m;r = 1,2,\cdots,q) \end{cases} \tag{10.9}$$

（10.9）式是以求解第$k$个决策单元的技术效率为例表述的投入导向CCR模型的线性规划式，对于每个决策单元需要分别建立类似的线性规划模型。由于模型中投入和产出的权重与投入和产出在形式上是乘数和被乘数的关系，因而模型（10.9）式被称为DEA的乘数形式。

对偶线性规划模型为：

$$\min\ \theta$$

$$\begin{cases} \sum_{j=1}^{n} \lambda_j x_{ij} \leqslant \theta x_{ik} \quad (i = 1,2,\cdots,m) \\ \sum_{j=1}^{n} \lambda_j x_{ij} \geqslant y_{rk} \quad (r = 1,2,\cdots,q) \\ \lambda_j \geqslant 0 \quad (j = 1,2,\cdots,n) \end{cases} \tag{10.10}$$

对偶线性规划模型（10.10）式中$\lambda$表示决策单元的线性组合系数，模型的最优解$\theta^*$为效率指数，取值范围为（0，1]。$1-\theta^*$表示在当前技术水平下，第$k$个被评价决策单元在不降低产出水平的条件下，其投入能够缩减的最大限度。$\theta^*$越小，效率越低，表示投入可以缩减的幅度越大。

为了讨论和计算应用方便，在模型中进一步引入投入的松弛变量$s^-$和产出的松弛变量$s^+$，将（10.10）式的不等式约束变为等式约束：

$$\min\ \theta$$

$$\begin{cases} \sum_{j=1}^{n} \lambda_j x_{ij} + s_i^- = \theta x_{ik} \quad (i = 1,2,\cdots,m) \\ \sum_{j=1}^{n} \lambda_j y_{rj} - s_r^+ = y_{rk} \quad (r = 1,2,\cdots,q) \\ \lambda_j,s_i^-,s_r^+ \geqslant 0 \quad (j = 1,2,\cdots,n) \end{cases} \tag{10.11}$$

利用该模型能够判定是否同时技术有效和规模有效：

（1）$\theta^*=1$，且$s^{*+}=0$，$s^{*-}=0$。则第$k$个决策单元为DEA有效，决策单元的经济活动同时为技术有效和规模有效。

（2）$\theta^*=1$，但至少某个$s^{*+}$或者$s^{*-}$大于0，则第$k$个决策单元为弱DEA有效，决策单元的经济活动不是同时为技术效率最佳和规模最佳。

（3）$\theta^*<1$，第$k$个决策单元不是DEA有效，经济活动既不是技术效率最佳，也不是规模最佳。

（10.11）式在多数情况下能获得正确的松弛变量值，但并不能保证能获得完全的松弛变量值，为解决这一问题，1952年，查恩斯（Charnes）通过引入具有非阿基米德无穷小量$\varepsilon$，建立了具有非阿基米德无穷小量$\varepsilon$的CCR模型：

$$\min \quad \theta - \varepsilon\left(\sum_{i=1}^{m} s_i^- + \sum_{r=1}^{q} s_r^+\right)$$

$$\begin{cases} \sum_{j=1}^{n} \lambda_j x_{ij} + s_i^- = \theta x_{ik} & (i=1,2,\cdots,m) \\ \sum_{j=1}^{n} \lambda_j y_{rj} - s_r^+ = y_{rk} & (r=1,2,\cdots,q) \\ \lambda_j, s_i^-, s_r^+ \geqslant 0 & (j=1,2,\cdots,n) \end{cases} \tag{10.12}$$

利用模型中的$\lambda_j$可以判断决策单元的规模报酬情况：

（1）如果在规模报酬不变模型的所有解中，$\sum\lambda_j^*=1$，则该决策单元为规模报酬不变。

（2）如果在规模报酬不变模型的所有解中，$\sum\lambda_j^*<1$，则该决策单元为规模报酬递增。

（3）如果在规模报酬不变模型的所有解中，$\sum\lambda_j^*>1$，则该决策单元为规模报酬递减。

【例10-7】现有7个生产单位的投入产出数据如表10-16所示。

表10-16　**生产单位多投入单产出数据表**

| 生产单位 | $x_1$ | $x_2$ | $y$ |
|---|---|---|---|
| A | 10 | 40 | 10 |
| B | 15 | 25 | 10 |
| C | 32 | 24 | 16 |
| D | 48 | 16 | 16 |
| E | 24 | 48 | 16 |
| F | 54 | 27 | 18 |
| G | 50 | 60 | 20 |

解：利用表10-16的资料，根据（10.9）式得到A生产单位的投入导向型CCR线性规划模型：

$$\max \quad 10\mu$$

$$\begin{cases} 10\mu - 10w_1 - 40w_2 \leqslant 0 \\ 10\mu - 15w_1 - 25w_2 \leqslant 0 \\ 16\mu - 32w_1 - 24w_2 \leqslant 0 \\ 16\mu - 48w_1 - 16w_2 \leqslant 0 \\ 10\mu - 24w_1 - 48w_2 \leqslant 0 \\ 18\mu - 54w_1 - 27w_2 \leqslant 0 \\ 20\mu - 50w_1 - 60w_2 \leqslant 0 \\ 10w_1 + 40w_2 \leqslant 1 \\ w_1, \mu \geqslant 0 \quad (i=1,2) \end{cases}$$

同理，可得到生产单位B、C、D、E、F、G的线性规划模型。生产单位A的对偶线性规划模型为：

$$\min \quad \theta$$

$$\begin{cases} 10\lambda_1 + 15\lambda_2 + 32\lambda_3 + 48\lambda_4 + 24\lambda_5 + 54\lambda_6 + 50\lambda_7 \leqslant 10\theta \\ 40\lambda_1 + 25\lambda_2 + 24\lambda_3 + 16\lambda_4 + 48\lambda_5 + 27\lambda_6 + 60\lambda_7 \leqslant 40\theta \\ 10\lambda_1 + 10\lambda_2 + 16\lambda_3 + 16\lambda_4 + 16\lambda_5 + 18\lambda_6 + 20\lambda_7 \leqslant 10 \\ \lambda_j \geqslant 0 \quad (j=1,2,3,4,5,6,7) \end{cases}$$

同理，可得到生产单位B、C、D、E、F、G的对偶线性规划模型。

2）产出导向CCR模型

产出导向模型是从产出的角度对被评价决策单元无效率程度进行测量，关注的是在不增加投入的条件下，要达到技术有效各项产出应该增加的程度。

产出导向CCR模型的线性规划式为：

$$\min \quad \sum_{i=1}^{m} w_i x_{ik}$$

$$\begin{cases} \sum_{r=1}^{q}\mu_r y_{rj} - \sum_{i=1}^{m} w_i x_{ij} \leqslant 0 & (j=1,2,\cdots,n) \\ \sum_{r=1}^{q}\mu_r y_{rk} = 1 \\ w_i,\mu_r \geqslant 0 & (i=1,2,\cdots,m;r=1,2,\cdots,q) \end{cases} \tag{10.13}$$

其对偶线性规划模型为：

$$\max \quad \varphi$$

$$\begin{cases} \sum_{j=1}^{n}\lambda_j x_{ij} \leqslant x_{ik} & (i=1,2,\cdots,m) \\ \sum_{j=1}^{n}\lambda_j y_{rj} \geqslant \varphi y_{rk} & (r=1,2,\cdots,q) \\ \lambda_j \geqslant 0 & (j=1,2,\cdots,n) \end{cases} \tag{10.14}$$

对偶模型（10.14）是在投入既定的条件下，各项产出可以等比例增长的程度来对无效率的状况进行测量，因此被称为产出导向CCR模型。模型的最优解$\varphi^*$，$\varphi^* \geqslant 1$，所以一般用$1/\varphi^*$表示效率值。$\varphi^*$越大，表示产出可以增长的幅度越大，效率越低。

【例10-8】现有7个生产单位的投入（$x$）、产出（$y_1$和$y_2$）数据如表10-17所示。

表10-17 **生产单位单投入多产出数据表**

| 生产单位 | x | $y_1$ | $y_2$ |
|---|---|---|---|
| A | 10 | 10 | 40 |
| B | 10 | 25 | 35 |
| C | 16 | 48 | 40 |
| D | 16 | 64 | 16 |
| E | 16 | 32 | 48 |
| F | 18 | 54 | 27 |
| G | 20 | 20 | 40 |

解：利用表10-17资料，根据（10.13）式得到A生产单位的产出导向CCR线性规划模型：

$$\begin{aligned}
&\min\quad 10w\\
&10\mu_1+40\mu_2-10w\leqslant 0\\
&25\mu_1+35\mu_2-10w\leqslant 0\\
&48\mu_1+40\mu_2-16w\leqslant 0\\
&64\mu_1+16\mu_2-16w\leqslant 0\\
&32\mu_1+48\mu_2-16w\leqslant 0\\
&54\mu_1+27\mu_2-18w\leqslant 0\\
&20\mu_1+40\mu_2-20w\leqslant 0\\
&10\mu_1+40\mu_2=1\\
&w,\mu_r\geqslant 0\quad (r=1,2)
\end{aligned}$$

同理，可得到生产单位B、C、D、E、F、G的产出导向CCR线性规划模型。生产单位A的对偶线性规划模型为：

$$\max\quad \varphi$$
$$\begin{cases}
10\lambda_1+10\lambda_2+16\lambda_3+16\lambda_4+16\lambda_5+18\lambda_6+20\lambda_7\leqslant 10\\
10\lambda_1+25\lambda_2+48\lambda_3+64\lambda_4+32\lambda_5+54\lambda_6+20\lambda_7\leqslant 10\varphi\\
40\lambda_1+35\lambda_2+40\lambda_3+16\lambda_4+48\lambda_5+27\lambda_6+40\lambda_7\leqslant 40\varphi\\
\lambda_j\geqslant 0\quad (j=1,2,3,4,5,6,7)
\end{cases}$$

同理，可得到生产单位B、C、D、E、F、G的对偶线性规划模型。

### 10.4.3　规模报酬可变的BCC模型

BCC模型假设规模报酬可变（Variable Returns to Scale，VRS)，得出的技术效率排除了规模的影响，因此称为纯技术效率。

1）投入导向BCC模型

投入导向BCC模型的规划式为：

$$\min\quad \theta$$
$$\begin{cases}
\sum_{j=1}^{n}\lambda_j x_{ij}\leqslant \theta x_{ik} & (i=1,2,\cdots,m)\\
\sum_{j=1}^{n}\lambda_j y_{rj}\geqslant y_{rk} & (r=1,2,\cdots,q)\\
\sum_{j=1}^{n}\lambda_j=1 & \\
\lambda_j\geqslant 0 & (j=1,2,\cdots,n)
\end{cases}\tag{10.15}$$

由（10.15）式可以看出，投入导向BCC模型是在投入导向CCR对偶线性规划模型（10.10）式的基础上，增加约束条件$\sum_{j=1}^{n}\lambda_j=1(\lambda\geqslant 0)$构成的，其作用是使投影点的生产规模与被评价决策单元的生产规模处于同一水平。

投入导向BCC模型（10.15）式的对偶线性规划式为：

$$\max\quad \sum_{r=1}^{q}\mu_r y_{rk}-\mu_0$$
$$\begin{cases}
\sum_{r=1}^{q}\mu_r y_{rj}-\sum_{i=1}^{m}w_i x_{ij}-\mu_0\leqslant 0 & (j=1,2,\cdots,n)\\
\sum_{i=1}^{m}w_i x_{ik}=1 & \\
w_i,\mu_r\geqslant 0,\mu_0\text{无约束} & (i=1,2,\cdots,m;r=1,2,\cdots,q)
\end{cases}\tag{10.16}$$

2）产出导向BCC模型

产出导向BCC模型的线性规划式为：

$$
\max \quad \varphi
$$

$$
\begin{cases}
\sum_{j=1}^{n}\lambda_j x_{ij} \leqslant x_{ik} & (i=1,2,\cdots,m) \\
\sum_{j=1}^{n}\lambda_j y_{rj} \geqslant \varphi y_{rk} & (r=1,2,\cdots,q) \\
\sum_{j=1}^{n}\lambda_j = 1 & \\
\lambda_j \geqslant 0 & (j=1,2,\cdots,n)
\end{cases}
\tag{10.17}
$$

产出导向BCC模型（10.17）式是在产出导向CCR对偶线性规划模型（10.13）式的基础上，增加约束条件$\sum_{j=1}^{n}\lambda_j = 1(\lambda \geqslant 0)$构成的，其对偶线性规划式为：

$$
\min \quad \sum_{i=1}^{m} w_i x_{ik} + w_0
$$

$$
\begin{cases}
\sum_{r=1}^{q}\mu_r y_{rj} - \sum_{i=1}^{m} w_i x_{ij} - w_0 \leqslant 0 & (j=1,2,\cdots,n) \\
\sum_{r=1}^{q}\mu_r y_{ik} = 1 & \\
w_i,\mu_r \geqslant 0, w_0\text{无约束} & (i=1,2,\cdots,m; r=1,2,\cdots,q)
\end{cases}
\tag{10.18}
$$

### 10.4.4 DEA模型的图解

DEA模型的图解是利用图示的方式解释模型的基本原理，该方法适合于二维数据包络分析模型的求解。

1）投入导向CCR模型的图解

现以表10-15为例说明投入导向CCR模型的基本原理。

（1）计算投入产出比。

该资料有两种资源投入和一种产出，以产出做分母计算投入产出比，结果如表10-18所示。

表10-18　**生产单位多投入单产出关系比率计算表**

| 生产单位 | $x_1$ | $x_2$ | $y$ | $x_1/y$ | $x_2/y$ |
|---|---|---|---|---|---|
| A | 10 | 40 | 10 | 1.0 | 4.0 |
| B | 15 | 25 | 10 | 1.5 | 2.5 |
| C | 32 | 24 | 16 | 2.0 | 1.5 |
| D | 48 | 16 | 16 | 3.0 | 1.0 |
| E | 24 | 48 | 16 | 1.5 | 3.0 |
| F | 54 | 27 | 18 | 3.0 | 1.5 |
| G | 50 | 60 | 20 | 2.5 | 3.0 |

（2）建立平面直角坐标。

以单位产出消耗的资源量$x_1/y$为横坐标，$x_2/y$为纵坐标，建立平面直角坐标，并将各生产单位标注于平面直角坐标上。

（3）确定效率前沿。

在图10-6中，A、B、C、D四个点及其垂线与坐标轴围城的区域内，没有包含其他点或其他点的线性组合，表示A、B、C、D处于技术效率的前沿上，四点连成的曲线及其延长线称为效率前沿，也称为生产前沿。

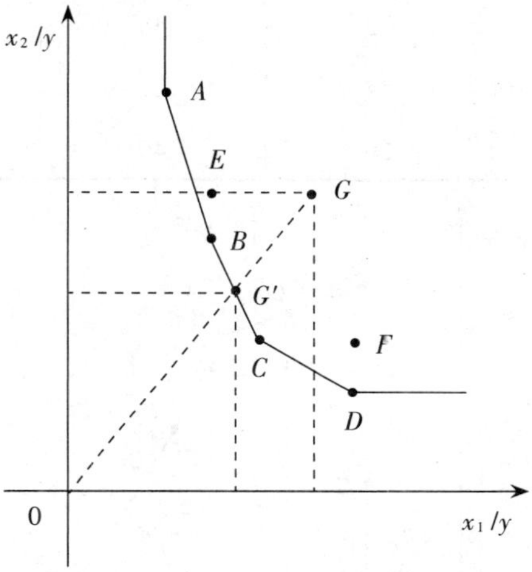


**图10-6　投入导向CCR模型**

（4）技术效率分析。

由图10-6可以看出，前沿的形状凸向原点，形似包络，包裹所有的点，因而称这一分析方法为包络分析。

根据效率前沿可以确定，位于前沿的点其效率为1，被前沿包裹的点效率为0~1。效率值小于1的点，其技术效率包含了无效率部分。以G点为例，G点与原点的连线和前沿曲线的交点$G'$，$G'$点称为G点在前沿上的投影。G点生产每一个的产出要比$G'$点多消耗两种投入。$G'$点效率值为1，G点的有效率部分为$OG'$，效率值为$\theta = OG'/OG$，无效部分为$GG'$。

结论：DEA测度的效率为相对效率，是被评价决策单元相对于领先决策单元的效率，DEA得出的效率值是被评价决策单元与处于前沿上的投影点相比较得出的。

2）产出导向CCR模型的图解

利用表10-17中的数据资料，以投入做分母计算产出投入比如表10-19所示。

利用表10-19资料，绘制图10-7。

在图10-7中，G点与原点的连线和前沿曲线的交点$G'$，$G'$点称为G点在前沿上的投影。$G'$点效率状况为$\varphi = OG'/OG$，其取值范围为［1，+∞）。因实际应用中一般取其倒数作为效率值，故$\theta = 1/\varphi = OG/OG'$，θ的取值范围为（0，1］。

3）投入导向BCC模型的图解

【例10-9】现有4个生产单位的投入（$x$）和产出（$y$）数据如表10-20所示。

表 10-19　　**生产单位单投入多产出关系比率计算表**

| 生产单位 | $x$ | $y_1$ | $y_2$ | $y_1/x$ | $y_2/x$ |
|---|---|---|---|---|---|
| A | 10 | 10 | 40 | 1.0 | 4.0 |
| B | 10 | 25 | 35 | 2.5 | 3.5 |
| C | 16 | 48 | 40 | 3.0 | 2.5 |
| D | 16 | 64 | 16 | 4.0 | 1.0 |
| E | 16 | 32 | 48 | 2.0 | 3.0 |
| F | 18 | 54 | 27 | 3.0 | 1.5 |
| G | 20 | 20 | 40 | 1.0 | 2.0 |

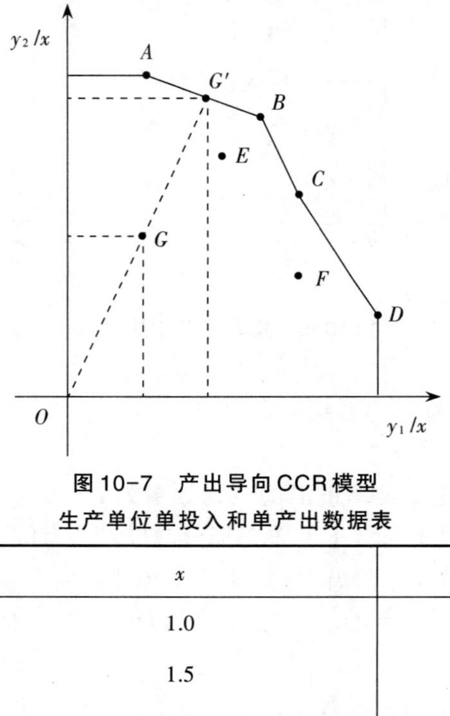


**图 10-7　产出导向 CCR 模型**

表 10-20　　**生产单位单投入和单产出数据表**

| 生产单位 | $x$ | $y$ |
|---|---|---|
| A | 1.0 | 1.0 |
| B | 1.5 | 4.0 |
| C | 3.5 | 2.5 |
| D | 4.0 | 3.0 |

利用表 10-20资料，绘制图 10-8。

规模报酬不变时，生产前沿可用 $OB$ 射线表示，$B$ 是唯一有效点。$B$ 点的产出投入比最高，而 $A$、$C$、$D$ 三点则处于无效率状态。其中 $A$ 点的投影处于 $OB$ 上，$\lambda$ 小于 0；$C$、$D$ 两点的投影处于 $OB$ 的延长线上，$\lambda$ 大于 0。$C$ 点为无效点，其无效率投入为 $CC''$。

模型为规模报酬可变投入导向 $BCC$ 时，受到 $\sum_{j=1}^{n}\lambda_j = 1$ 的限制，使得生产前沿线往后退缩，生产前沿为用 $ABD$ 及 $A$ 垂直向下的线构成的凸向左侧的曲线。$C$ 点为无效点，其无效率投入为 $CC'$。

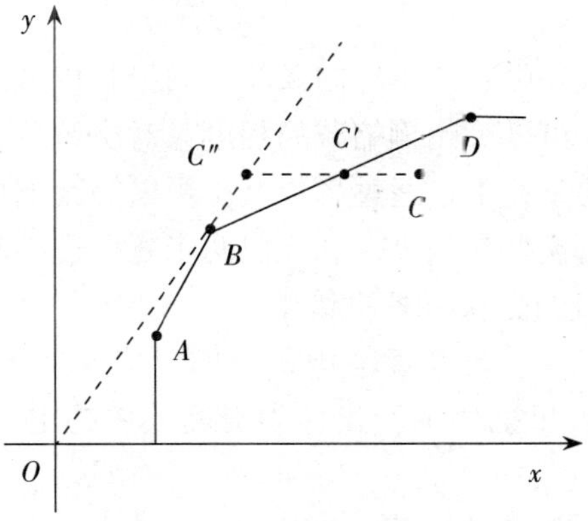


图10-8　投入导向BCC模型

4）产出导向BCC模型的图解

仍然利用表10-20资料，绘制相应图形如图10-9所示。

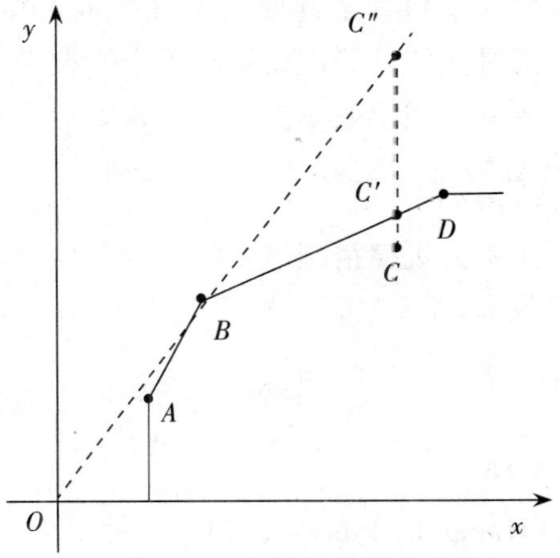


图10-9　产出导向BCC模型

规模报酬不变时，生产前沿可用$OB$射线表示，$B$是唯一有效点。$C$点为无效点，在前沿线上的投影完全不同，其无效率投入为$CC''$。

模型为规模报酬可变产出导向$BCC$时，受到$\sum_{j=1}^{n}\lambda_j=1$的限制，使得生产前沿线往后退缩，生产前沿为用$ABD$及$D$点平行于$x$轴的延长线构成的凸向左侧的曲线。$C$点为无效点，其无效率投入为$CC'$。

### 10.4.5　DEA模型的有关问题

1）规模报酬类型的选择

数据包络分析模型中的规模报酬（Returns to Scale）的设定决定了生产前沿的形状，前面介绍的单投入单产出模型的图解中，规模报酬不变（CRS）模型的前沿为射线$OB$，规模报酬可变（VRS）模型的前沿为凸形曲线。

一般而言，生产技术规模报酬包含规模报酬不变、规模报酬递增和规模报酬递减三种类型。如果已知所评价的决策单元所处的类型，则应选择相应类型的规模报酬；如果不清楚或不能确定所评价的决策单元所处的类型，则应选择规模报酬可变的类型。

2）模型导向的选择

数据包络分析包含投入导向、产出导向和非导向三种模型。投入导向模型是在产出既定的条件下，通过各项投入可以等比例缩减的程度来对决策单元无效的状况进行测量。产出导向模型是在投入既定的条件下，通过各项产出可以等比例增长的程度来对决策单元无效的状况进行测量。非导向模型是从投入和产出两个方面进行测量。

如果数据包络分析的目的是获得各决策单元的效率值，有三种导向模型均可以选择。如果要进一步作投影分析，从管理角度考虑，如果把减少投入作为提高效率的主要途径，则应选择投入导向模型；如果把增加产出作为提高效率的主要途径，则应选择产出导向模型。

3）规模效率问题

前面讲过，BCC模型能够计算规模报酬可变的条件下的纯技术效率（Pure Technical Efficiency，PTE），CCR模型能够计算规模报酬不变的条件下的技术效率（Technical Efficiency，TE），即在技术效率中包含了规模效率（Scale Efficiency，SE）的成分。这使得求解规模效率成为可能，通过比较计算规模报酬不变的技术效率和规模报酬可变的纯技术效率，就可以分离出规模效率。规模效率的计算公式为：

$$\text{规模效率}(SE)=\frac{\text{技术效率}(TE)}{\text{纯技术效率}(PTE)}$$

需要注意的是，当生产技术为规模报酬可变时才存在规模效率问题，在此只是借助规模报酬不变模型分离出规模效率。

## 10.5 层次分析法

### 10.5.1 层次分析法的基本原理

层次分析法（Analytical Hierarchy Process，AHP）是由美国运筹学家T.L.Saaty于20世纪70年代提出的，它特别适用于分析解决一些结构比较复杂、难以量化的多目标（多准则）的决策问题。层次分析法是社会、经济系统决策中的有效工具，是系统科学中常用的一种系统分析方法。其特征是合理地将定性与定量的决策结合起来，按照思维、心理的规律把决策过程层次化、数量化。

层次分析法根据问题的性质和要达到的总目标，将问题分解为不同的组成因素，并按照因素间的相互关联影响以及隶属关系将因素按不同层次聚集组合，形成一个多层次的分析结构模型，从而最终使问题归结为最低层相对于最高层的权值的确定或相对优劣次序的排定。

层次的正确划分和各因素间关系的正确描述是层次分析法的关键，需慎重对待。在经过充分的讨论和分析后，最后画出相应的层次结构图，如图10-10所示。

### 10.5.2 层次分析法的基本步骤

层次分析法的基本步骤具体叙述如下：

第1步：明确问题，提出总目标。

第2步：建立层次结构模型，把问题分解成若干层次。

第3步：构造判断矩阵。

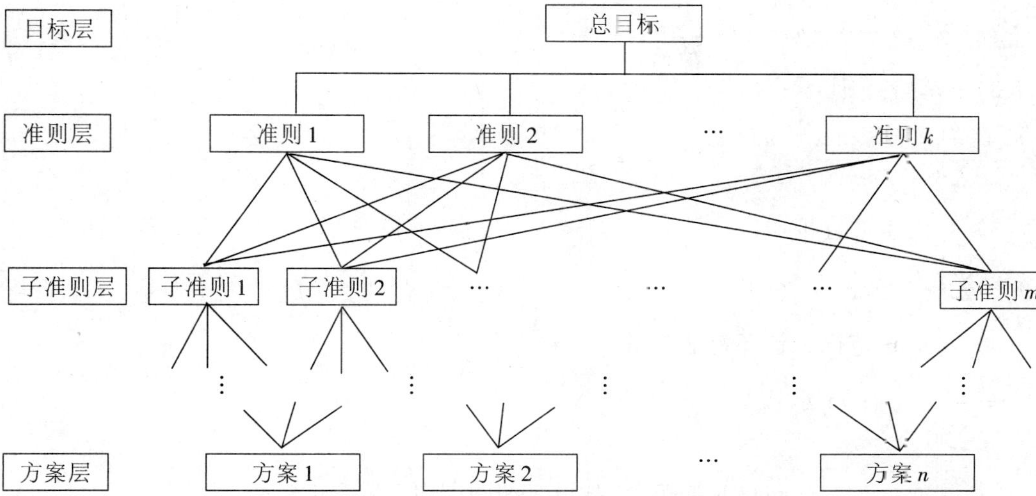


**图10-10　层次分析法递阶层次结构图**

层次分析法要求决策者对每一层次各因素的相对重要性给出判断，即本层次各因素对上层某因素进行优劣或重要性程度等方面的两两比较，给予合适的标值，构造判断矩阵。假设$A$层中因素$A_k$（$k$=1，2，…，$m$）与下一层$B_1$，$B_2$，…，$B_n$有联系，构造的判断矩阵如下：

| $A_k$ | $B_1$ | $B_2$ | $\cdots$ | $B_n$ |
|---|---|---|---|---|
| $B_1$ | $b_{11}$ | $b_{12}$ | $\cdots$ | $b_{1n}$ |
| $B_1$ | $b_{21}$ | $b_{22}$ | $\cdots$ | $b_{2n}$ |
| $\vdots$ | $\vdots$ | $\vdots$ | $\vdots$ | $\vdots$ |
| $B_n$ | $b_{n1}$ | $b_{n2}$ | $\cdots$ | $b_{nn}$ |

矩阵中$b_{ij}$表示对$A_k$因素而言，$B_i$与$B_j$优劣或重要性比的标值。判断矩阵中主对角线上的标值是因素自身比较的结果，因此$b_{ij}=1(i=j)$；主对角线将判断矩阵划分为上三角和下三角，上三角标值与下三角标值的关系可表示为$b_{ij}=1/b_{ji}(i\neq j)$，即互为倒数。表10-21为判断矩阵中取值的标度：

表10-21　**因素重要性比标值表**

| 相对重要程度$b_{ij}$ | 定义 | 解释 |
|---|---|---|
| 1 | 同等重要 | 因素$i$和因素$j$同样重要 |
| 3 | 略微重要 | 因素$i$比因素$j$略微重要 |
| 5 | 相当重要 | 因素$i$比因素$j$重要 |
| 7 | 明显重要 | 因素$i$比因素$j$明显重要 |
| 9 | 绝对重要 | 因素$i$比因素$j$绝对重要 |
| 2、4、6、8 | 介于相邻重要程度之间 | |

第4步：层次单排序。

层次单排序的目的是要确定同层内各因素的权重，层次单排序的方法有和积法与方根法。

1）和积法

（1）将判断矩阵按列求和，有：

$$\sum_{i}^{n} b_{ij} = b_{1j} + b_{2j} + \cdots + b_{nj} \quad (j = 1,2,\cdots,n)$$

（2）计算各列比重：

$$\overline{b}_{ij} = \frac{b_{ij}}{\sum_{i=1}^{n} b_{ij}} \quad (j = 1,2,\cdots,n)$$

（3）将比重按行相加，计算$\overline{w}_i$：

$$\overline{w}_i = \sum_{j=1}^{n} b_{ij} \quad (i = 1,2,\cdots,n)$$

（4）将$\overline{w}_i$规范化，计算特征向量$w_i$：

$$w_i = \frac{\overline{w}_j}{\sum_{j=1}^{n} \overline{w}_j} \quad (i = 1,2,\cdots,n)$$

所得到的$w_i$为特征向量$W$的第$i$个分量，即同层内各因素的权重。

2）方根法

（1）求判断矩阵各行的乘积，有：

$$S_i = \prod_{j=1}^{n} b_{ij} \quad (i = 1,2,\cdots,n)$$

（2）将各行的乘积$S_i$开方，计算$\overline{w}_j$：

$$\overline{w}_j = \sqrt[n]{S_i} \quad (i = 1,2,\cdots,n)$$

（3）将$\overline{w}_j$规范化，计算特征向量$w_i$：

$$w_i = \frac{\overline{w}_i}{\sum_{j=1}^{n} \overline{w}_j} \quad (i = 1,2,\cdots,n)$$

同理，所得到的$w_i$为特征向量$W$的第$i$个分量，即同层内各元素的权重。

第5步：判断矩阵的一致性检验。

在得到判断矩阵$A_k$时，有时难免出现判断上的不一致性，因而还需利用一致性指标进行检验。

（1）求最大特征根$\lambda_{\max}$：

$$\lambda_{\max} = \sum_{i=1}^{n} \frac{(BW)_i}{nw_i} = \sum_{i=1}^{n} \frac{\sum_{j=1}^{n} b_{ij} w_j}{nw_i}$$

（2）计算判断矩阵的一致性指标：

$$CI = \frac{\lambda_{\max} - n}{n - 1}$$

（3）计算一致性比例。

判断矩阵的维数越高，判断的一致性越差，因而应放宽对高维判断矩阵一致性的要求，故引入随机一致性指标$RI$进行修正，$RI$值如表10-22所示。

表10-22 **$RI$值表**

| $n$ | 1 | 2 | 3 | 4 | 5 | 6 | 7 | 8 | 9 | 10 |
|---|---|---|---|---|---|---|---|---|---|---|
| $RI$ | 0 | 0 | 0.58 | 0.90 | 1.12 | 1.24 | 1.32 | 1.41 | 1.45 | 1.49 |

一致性比例为衡量判断矩阵一致性更为合理的指标，其计算公式为：

$$CR = \frac{CI}{RI}$$

若有 $CR \leqslant 0.1$，就可认为判断矩阵 $A_k$ 是满意的；否则，说明判断矩阵中所给定的各判断数有矛盾，则需要从头对判断矩阵进行调整。

第6步：层次总排序。

利用同一层次中排序的结果，与上一层某个因素进行组合，计算本层所有因素相对重要性的权值，即层次总排序。层次总排序时，需要自下而上层层进行，直至最高层。

假设A层所有因素单排序已经完成，B层所有因素单排序也已经完成，则B层所有因素对A层所有因素的相对重要性的权值计算如表10-23所示。

表10-23　**层次总排序表**

| 层次A \ 层次B | $A_1$ | $A_2$ | … | $A_m$ | B层总排序 |
|---|---|---|---|---|---|
| | $w_{A1}$ | $w_{A2}$ | … | $w_{Am}$ | |
| $B_1$ | $w_{B11}$ | $w_{B21}$ | … | $w_{Bm1}$ | $\sum_j^m w_{Aj} w_{Bj1}$ |
| $B_2$ | $w_{B12}$ | $w_{B22}$ | … | $w_{Bm2}$ | $\sum_j^m w_{Aj} w_{Bj2}$ |
| ⋮ | ⋮ | ⋮ | ⋮ | ⋮ | ⋮ |
| $B_n$ | $w_{B1n}$ | $w_{B2n}$ | … | $w_{Bmn}$ | $\sum_j^m w_{Aj} w_{Bjn}$ |

### 10.5.3　层次分析法应用举例

【例10-10】某企业拟从三个供应商 $C_1$、$C_2$、$C_3$ 中选择一个作为其供应链的供应商，选择的标准是 $B_1$ 时间、$B_2$ 质量、$B_3$ 成本、$B_4$ 服务。将四个标准进行成对比较后，得到各判断矩阵为：

$$A = \begin{matrix} B_1 \\ B_2 \\ B_3 \\ B_4 \end{matrix}\begin{bmatrix} 1 & 1/3 & 1/3 & 1 \\ 3 & 1 & 2 & 3 \\ 3 & 1/2 & 1 & 5 \\ 1 & 1/3 & 1/5 & 1 \end{bmatrix},\ B_1 = \begin{matrix} C_1 \\ C_2 \\ C_3 \end{matrix}\begin{bmatrix} 1 & 5 & 3 \\ 1/5 & 1 & 1/3 \\ 1/3 & 3 & 1 \end{bmatrix},\ B_2 = \begin{matrix} C_1 \\ C_2 \\ C_3 \end{matrix}\begin{bmatrix} 1 & 1/3 & 1/2 \\ 3 & 1 & 2 \\ 2 & 1/2 & 1 \end{bmatrix},\ B_3 = \begin{matrix} C_1 \\ C_2 \\ C_3 \end{matrix}\begin{bmatrix} 1 & 1/3 & 1/2 \\ 3 & 1 & 2 \\ 2 & 1/2 & 1 \end{bmatrix},$$

$$B_4 = \begin{matrix} C_1 \\ C_2 \\ C_3 \end{matrix}\begin{bmatrix} 1 & 1/5 & 1/3 \\ 5 & 1 & 3 \\ 3 & 1/3 & 1 \end{bmatrix}$$

解：首先，采用方根法对B层因素进行单排序。

（1）求判断矩阵各行的乘积：

$$S_1 = 1 \times \frac{1}{3} \times \frac{1}{3} \times 1 = \frac{1}{9},\ S_2 = 3 \times 1 \times 2 \times 3 = 18,\ S_3 = 3 \times \frac{1}{2} \times 1 \times 5 = \frac{15}{2},\ S_4 = 1 \times \frac{1}{3} \times \frac{1}{5} \times 1 = \frac{1}{15}$$

（2）将各行乘积开方：

$$\overline{w}_1 = \sqrt[4]{S_1} = \sqrt[4]{1/9} = 0.5774,\ \overline{w}_2 = \sqrt[4]{S_2} = \sqrt[4]{18} = 2.0598,\ \overline{u}_3 = \sqrt[4]{S_3} = \sqrt[4]{15/2} = 1.6549,$$

$$\overline{w}_4 = \sqrt[4]{S_4} = \sqrt[4]{1/15} = 0.5081$$

（3）计算特征向量 $w_i$：

$$\sum_{i=1}^{4}\overline{w}_i=0.5774+2.0598+1.6549+0.5081=4.8002$$

$$w_1=\frac{\overline{w}_1}{\sum_{i=1}^{4}\overline{w}_i}=\frac{0.5774}{4.8002}=0.1203，\quad w_2=\frac{\overline{w}_2}{\sum_{i=1}^{4}\overline{w}_i}=\frac{2.0598}{4.8002}=0.4291$$

$$w_3=\frac{\overline{w}_3}{\sum_{i=1}^{4}\overline{w}_i}=\frac{1.6549}{4.8002}=0.3448，\quad w_4=\frac{\overline{w}_4}{\sum_{i=1}^{4}\overline{w}_i}=\frac{0.5081}{4.8002}=0.1058$$

$$W=(0.1203, 0.4291, 0.3448, 0.1058)^T$$

（4）对判断矩阵进行一致性检验：

①求最大特征根 $\lambda_{\max}$。

$$(AW)=\begin{bmatrix}1 & 1/3 & 1/3 & 1\\ 3 & 1 & 2 & 3\\ 3 & 1/2 & 1 & 5\\ 1 & 1/3 & 1/5 & 1\end{bmatrix}\begin{bmatrix}0.1203\\ 0.4291\\ 0.3448\\ 0.1058\end{bmatrix}=\begin{bmatrix}0.4841\\ 1.7970\\ 1.4494\\ 0.4381\end{bmatrix}$$

$$\lambda_{\max}=\sum_{i=1}^{4}\frac{(AW)_i}{nw_i}=\frac{0.4841}{4\times0.1203}+\frac{1.7970}{4\times0.4291}+\frac{1.4494}{4\times0.3448}+\frac{0.4381}{4\times0.1058}=4.1389$$

②单排序的一致性检验。

计算判断矩阵的一致性指标：

$$CI=\frac{\lambda_{\max}-n}{n-1}=\frac{4.1389-4}{4-1}=0.0463$$

查随机一致性指标表（表 10-21）得，RI=0.9，计算一致性比例：

$$CR=\frac{CI}{RI}=\frac{0.0463}{0.9}=0.0514<0.1$$

结果表明：判断矩阵 A 通过了一致性检验，即对判断矩阵 A 的赋值是满意的。

其次，对 C 层各因素进行单排序。

按照前述层次单排序的方法，对 C 层各因素进行单排序结果如表 10-24 至表 10-27 所示。

表 10-24　　**$B_1$ 准则下因素单排序结果表**

| $B_1$ | $C_1$ | $C_2$ | $C_3$ | $\overline{w}_i$ | $w_i$ | $(B_1W)_i$ | |
|---|---|---|---|---|---|---|---|
| $C_1$ | 1 | 5 | 3 | 2.4662 | 0.6370 | 1.9355 | $\lambda_{\max}=3.0385$<br>$CI=0.0193$<br>$CR=0.0332<0.1$ |
| $C_2$ | 1/5 | 1 | 1/3 | 0.4055 | 0.1047 | 0.3182 | |
| $C_3$ | 1/3 | 3 | 1 | 1.0000 | 0.2583 | 0.7848 | |

表 10-25　　**$B_2$ 准则下因素单排序结果表**

| $B_2$ | $C_1$ | $C_2$ | $C_3$ | $\overline{w}_i$ | $w_i$ | $(B_2W)_i$ | |
|---|---|---|---|---|---|---|---|
| $C_1$ | 1 | 1/3 | 1/2 | 0.5503 | 0.1634 | 0.4918 | $\lambda_{\max}=3.0092$<br>$CI=0.0046$<br>$CR=0.0079<0.1$ |
| $C_2$ | 3 | 1 | 2 | 1.8171 | 0.5396 | 1.6238 | |
| $C_3$ | 2 | 1/2 | 1 | 1.0000 | 0.2970 | 0.8936 | |

表10-26　**$B_3$准则下因素单排序结果表**

| $B_3$ | $C_1$ | $C_2$ | $C_3$ | $\overline{w}_i$ | $w_i$ | $(B_3W)_i$ | |
|---|---|---|---|---|---|---|---|
| $C_1$ | 1 | 1/3 | 1/2 | 0.5503 | 0.1634 | 0.4918 | $\lambda_{max}=3.0092$<br>$CI=0.0046$<br>$CR=0.0079<0.1$ |
| $C_2$ | 3 | 1 | 2 | 1.8171 | 0.5396 | 1.6238 | |
| $C_3$ | 2 | 1/2 | 1 | 1.0000 | 0.2970 | 0.8936 | |

表10-27　**$B_4$准则下因素单排序结果表**

| $B_4$ | $C_1$ | $C_2$ | $C_3$ | $\overline{w}_i$ | $w_i$ | $(B_4W)_i$ | |
|---|---|---|---|---|---|---|---|
| $C_1$ | 1 | 1/5 | 1/3 | 0.4055 | 0.1047 | 0.3182 | $\lambda_{max}=3.0385$<br>$CI=0.0193$<br>$CR=0.0332<0.1$ |
| $C_2$ | 5 | 1 | 3 | 2.4662 | 0.6370 | 1.9355 | |
| $C_3$ | 3 | 1/3 | 1 | 1.0000 | 0.2583 | 0.7848 | |

最后，进行层次总排序。

将B层和C层相应因素权重相乘，计算组合权重（或评价结果），计算过程和结果如表10-28所示。

表10-28　**方案总评价结果计算列表**

| 层次B / 层次C | $B_1$ | $B_2$ | $B_3$ | $B_4$ | $\sum_j^m w_{Bj}w_{Cij}$ |
|---|---|---|---|---|---|
| | 0.1203 | 0.4291 | 0.3448 | 0.1058 | |
| $C_1$ | 0.6370 | 0.1634 | 0.1634 | 0.1047 | 0.2142 |
| $C_2$ | 0.1047 | 0.5396 | 0.5396 | 0.6370 | 0.4976 |
| $C_3$ | 0.2583 | 0.2970 | 0.2970 | 0.2583 | 0.2882 |

结果表明，三个供应商综合评价结果按高低排序为：$C_2$、$C_3$、$C_1$，应选择供应商$C_2$。

## 10.6　软件在决策分析中的应用

### 10.6.1　WinQSB软件在决策分析中的应用

WinQSB软件在决策分析中的应用是通过调用软件中的Decision Analysis实现的，启动程序进入决策分析界面，点击File→New Problem，系统出现如图10-11所示的界面。

图10-11中的主要功能包括贝叶斯分析（Bayesian Analysis）、效益表分析（Payoff Table Analysis）、二人零和对策（Two-player，Zero-sum Game）、决策树（Decision Tree Analysis）问题的求解。

1）效益表分析

以例10-1为例说明WinQSB在效益表分析中的应用。

（1）建立新问题。选择Payoff Table Analysis，输入标题、自然状态数（Number of the States of Nature）和供选择的方案数（Number of Decision Alternatives），修改自然状态名称、供选择的方案名称，输入数据后，系统显示如图10-12所示。

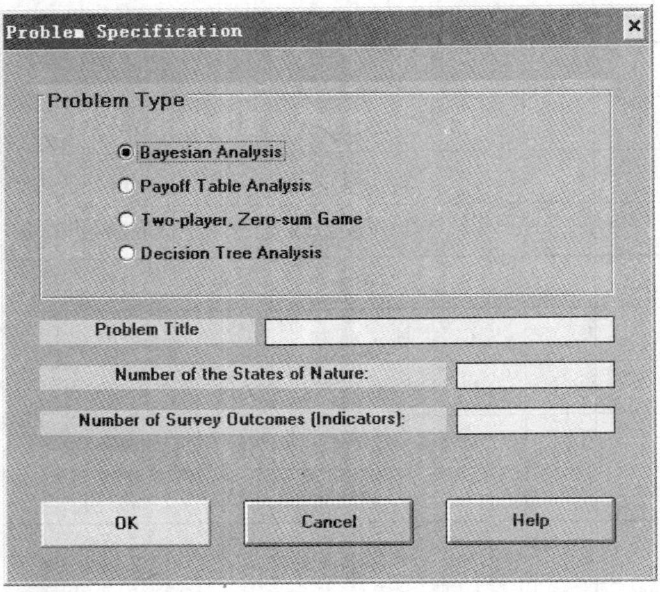


图 10-11　决策问题约定界面

| Decision \ State | S1 | S2 | S3 |
|---|---|---|---|
| Prior Probability | | | |
| A1 | 60 | 15 | -6 |
| A2 | 30 | 21 | 0 |
| A3 | 10 | 10 | 10 |

图 10-12　数据输入界面

（2）求解。点击系统菜单 Solve and Analyze 的下拉菜单选项：Solve the Problem（只求解问题），系统显示如图 10-13 所示的界面。

图 10-13 中各项的含义：

· Maximin criterion：小中取大/悲观主义准则；

· Maximax criterion：大中取大/乐观主义准则；

· Hurwicz criterion：折中主义准则；

· Minimax regret criterion：最小机会损失/后悔值准则；

· Expected value criterion：最大期望收益准则；

· Equal likelihood criterion：等可能性准则；

· Expected regret criterion：最小期望后悔值准则；

· Coefficient of optimism for Hurwicz criterion：折中法中乐观系数。

输入乐观系数 0.7，点击［OK］后，系统显示如图 10-14 所示的求解结果。

2）决策树

以例 10-4 为例说明 WinQSB 在决策树分析中的应用。

（1）建立新问题。输入标题、节点总数（Number of Notes/Events），本例中决策节点和状态节点 9 个，收益节点 8 个，节点总数为 17。

（2）输入数据。点击［OK］后，并输入数据后，系统显示如图 10-15 所示。

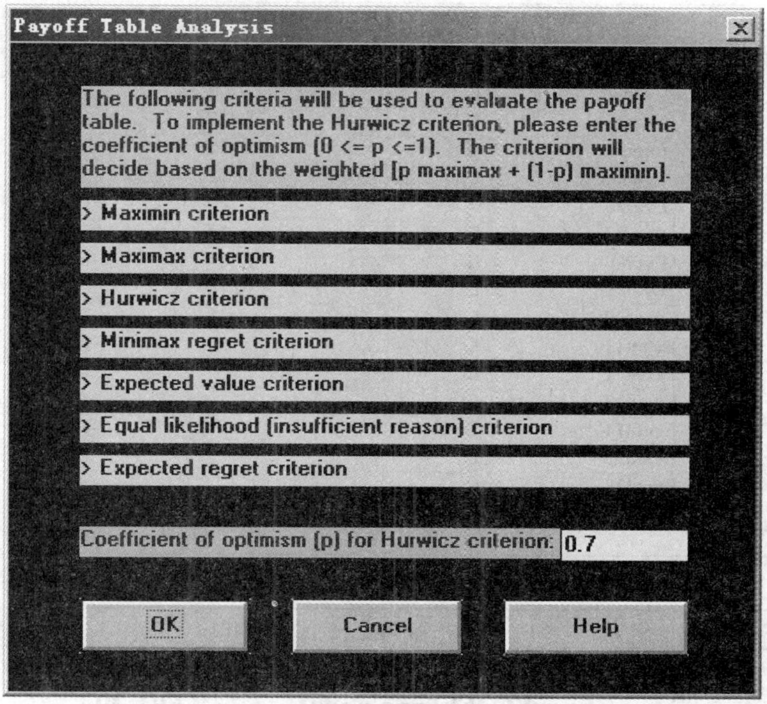


图10-13　效益表分析的决策准则

| 03-01-2017 Criterion | Best Decision | Decision Value | |
|---|---|---|---|
| Maximin | A3 | $10 | |
| Maximax | A1 | $60 | |
| Hurwicz (p=0.7) | A1 | ¥40.20 | |
| Minimax Regret | A1 | $16 | |
| Expected Value | A1 | $23 | |
| Equal Likelihood | A1 | $23 | |
| Expected Regret | A1 | ¥7.33 | |
| Expected Value | without any | Information = | $23 |
| Expected Value | with Perfect | Information = | ¥30.33 |
| Expected Value | of Perfect | Information = | ¥7.33 |

图10-14　求解结果

图10-14第一列为节点编号；第二列为节点名称描述；第三列为节点类型，决策点1、6输入字母“D”，其他节点输入字母“C”；第四列为紧后节点；第五列为收益节点（利润为正数，成本为负数），本例节点2、3、8输入成本，节点4到7应输入3年的收益，10到17应输入7年的收益。

（3）求解。点击系统菜单Solve and Analyze的下拉菜单选项：Solve the Problem（只求解问题），系统显示如图10-16所示的界面。

| Node/Event Number | Node Name or Description | Node Type (enter D or C) | Immediate Following Node (numbers separated by ',') | Node Payoff (+ profit, - cost) | Probability (if available) |
|---|---|---|---|---|---|
| 1 | Event1 | D | 2,3 | | |
| 2 | Event2 | C | 4,5 | -300 | |
| 3 | Event3 | C | 6,7 | -160 | |
| 4 | Event4 | C | 10,11 | 300 | 0.7 |
| 5 | Event5 | C | 12 | -60 | 0.3 |
| 6 | Event6 | D | 8,9 | 120 | 0.7 |
| 7 | Event7 | C | 17 | 30 | 0.3 |
| 8 | Event8 | C | 13,14 | -130 | |
| 9 | Event9 | C | 15,16 | | |
| 10 | Event10 | C | | 700 | 0.9 |
| 11 | Event11 | C | | -140 | 0.1 |
| 12 | Event12 | C | | -140 | 1.0 |
| 13 | Event13 | C | | 700 | 0.9 |
| 14 | Event14 | C | | -140 | 0.1 |
| 15 | Event15 | C | | 280 | 0.9 |
| 16 | Event16 | C | | 70 | 0.1 |
| 17 | Event17 | C | | 70 | 1.0 |

图 10-15 数据输入界面

| 08-26-2010 | Node/Event | Type | Expected value | Decision |
|---|---|---|---|---|
| 1 | Event1 | Decision node | ¥ 294.20 | Event3 |
| 2 | Event2 | Chance node | ¥ 581.20 | |
| 3 | Event3 | Chance node | ¥ 454.20 | |
| 4 | Event4 | Chance node | $616 | |
| 5 | Event5 | Chance node | ($140) | |
| 6 | Event6 | Decision node | $486 | Event8 |
| 7 | Event7 | Chance node | $70 | |
| 8 | Event8 | Chance node | $616 | |
| 9 | Event9 | Chance node | $259 | |
| 10 | Event10 | Chance node | 0 | |
| 11 | Event11 | Chance node | 0 | |
| 12 | Event12 | Chance node | 0 | |
| 13 | Event13 | Chance node | 0 | |
| 14 | Event14 | Chance node | 0 | |
| 15 | Event15 | Chance node | 0 | |
| 16 | Event16 | Chance node | 0 | |
| 17 | Event17 | Chance node | 0 | |
| Overall | Expected | Value = | ¥ 294.20 | |

图 10-16 求解结果

点击系统菜单Solve and Analyze的下拉菜单选项：Draw Decision Tree（画决策树），在出现的界面中选择Node number only，其他默认，点击OK后，系统显示如图10-17所示的界面。

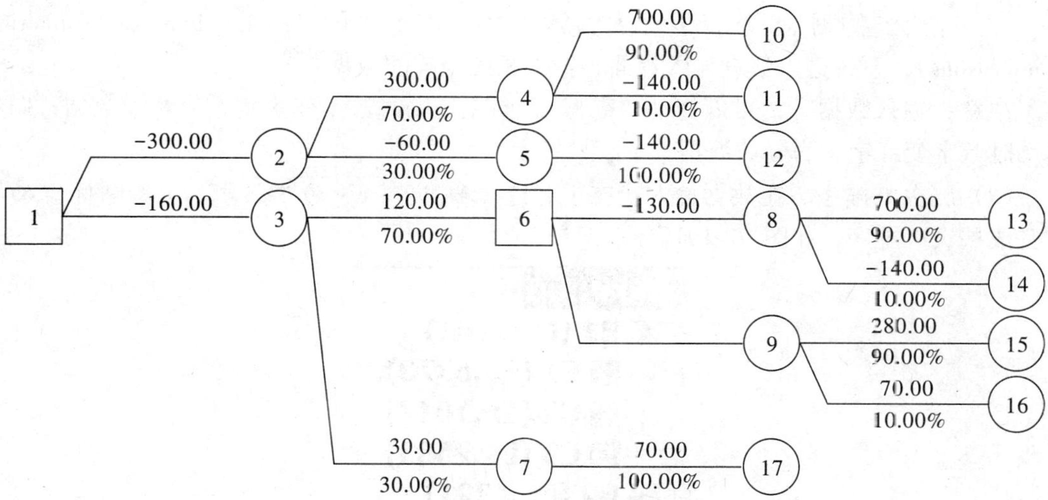


图10-17　例10-4问题决策树

### 10.6.2　Expert Choice软件在层次分析中的应用

以例10-10为例说明Expert Choice软件在层次分析中的应用。

（1）建立新问题。在系统显示界面中选择“Create new model”，单击OK，输入新建文件名称，单击“打开”，输入要建立的目标名称后，单击OK，系统进入递阶结构模型建立状态。

在该状态下，点击Edit→Insert Child of Current Node，建立问题的递阶结构模型，如图10-18所示。

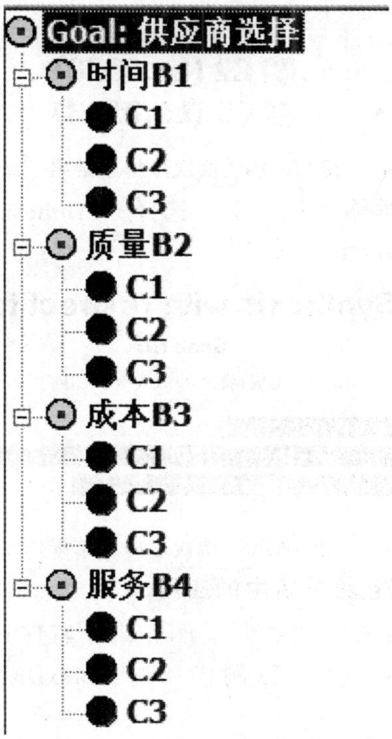


图10-18　递阶结构模型

（2）输入数据。选择 [toolbar] 上的3：1（Pairwise Mumerical Comparisons），系统进入数据输入界面，输入相应矩阵的数据。

**注意：**输入数据时，可以拖动“滑标”，向左拖动时数字变黑字，为整数数据；向右拖动时数字变红字，为分数数据。

（3）层次单排序。在数据输入状态下，选择 [toolbar] 上的图标“[icon]”，即完成层次单排序，如图10-19所示。

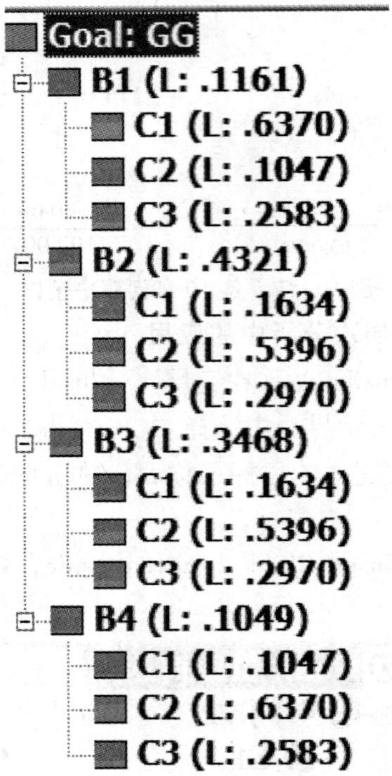


图10-19 层次单排序结果

（4）层次总排序。在数据输入状态下，选择“Synthesize→With Respect to Goal”，即完成层次总排序，结果如图10-20所示。

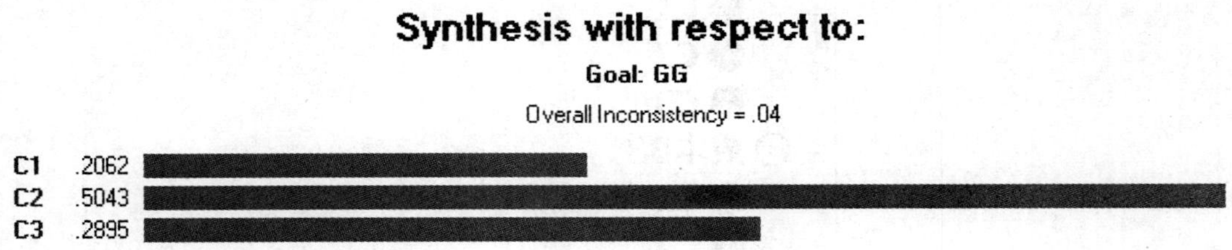


图10-20 层次总排序结果

### 10.6.3 MaxDEA软件在数据包络分析中的应用

MaxDEA软件采用Access VBA平台开发的，因而软件运行时需要系统安装Wicrosoft Office专业版中的完整版Access软件。以例10-8说明MaxDEA Basic 6.6软件的应用。

1）建立数据文件

建立DEA模型之前，首先需要建立相应的数据文件。MaxDEA支持的数据文件包括

Excel、Access等格式的数据文件，数据文件中应包括决策单元、投入指标、决策指标等。本例根据表10-16建立Excel文件。

2）导入和定义数据

运行MaxDEA Basic 6.6.mdb文件，系统进入数据包络分析界面，单击菜单“Step1：Prepare Data”，选择“Import Data from File and Define Data（DMU，Input，Output，etc）”，在打开的文件窗口中选择要导入的数据文件，指定工作表即可完成数据的导入。导入数据后，系统显示如图10-21所示。

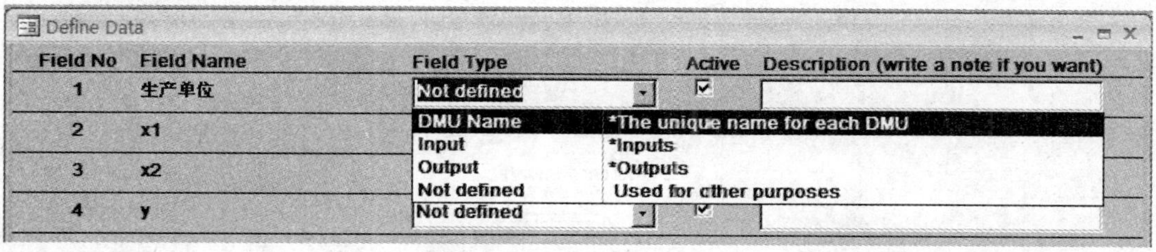


图10-21　数据定义窗口

在图10-21中的Field Type下需要定义数据的哪一列是决策单元（DMU）、哪一列或几列是投入指标（Input）、产出指标（Output），如果某指标不参与模型的建立，需要取消勾选“Active”复选框。

3）模型设置

单击菜单“Step2：Run Model→Run Envelopment Model”，选择的是包络模型；单击菜单“Step2：Run Model→Run Multiplier Model”，选择的是乘法模型。

选择“Step2：Run Model→Run Envelopment Model”，显示“Distance”页面如图10-22所示。

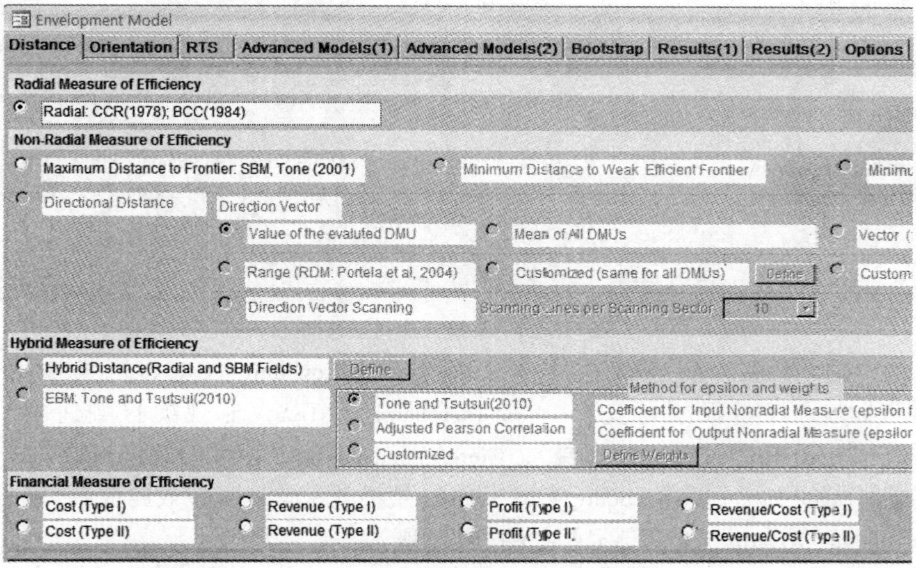


图10-22　距离测度选择

在图10-22中，至前沿距离的测度有四种方法：Radial Measure of Efficiency（效率的径向测度），Non-Radial Measure of Efficiency（效率的非径向测度），Hybrid Measure of

Efficiency（效率的Hybrid测度）以及Financial Measure of Efficiency（效率的财务测度）。采用默认状态，单击页面“Orientation”，显示如图10-23所示。

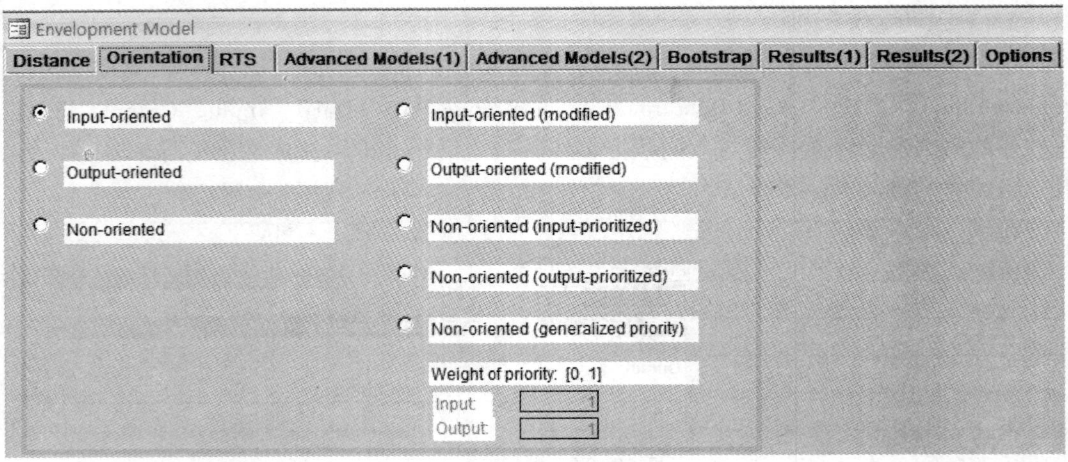


图10-23　模型导向选择

图10-23中导向的方法有：Input-oriented（投入导向），Output-oriented（产出导向），Non-oriented（非导向），Input-oriented（modified，修正的），Output-oriented（modified，修正的），Non-oriented（input prioritized，投入优先），Non-oriented（output prioritized，产出优先）以及Non-oriented（generalized prioritized，广义优先）。单击“RTS”，显示如图10-24所示。

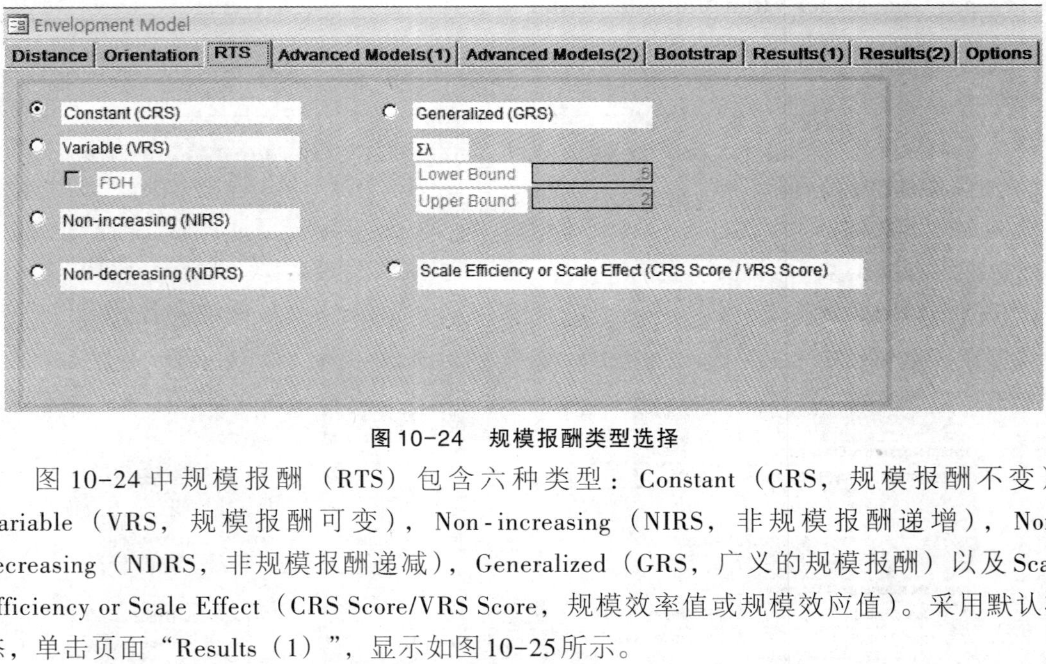


图10-24　规模报酬类型选择

图10-24中规模报酬（RTS）包含六种类型：Constant（CRS，规模报酬不变），Variable（VRS，规模报酬可变），Non-increasing（NIRS，非规模报酬递增），Non-decreasing（NDRS，非规模报酬递减），Generalized（GRS，广义的规模报酬）以及Scale Efficiency or Scale Effect（CRS Score/VRS Score，规模效率值或规模效应值）。采用默认状态，单击页面“Results（1）”，显示如图10-25所示。

在图10-25中要设置输出结果选项，包括：Efficiency Score（效率值，必选），Proportionate Movement（比例改进值），Slack Movement（松弛变量改进值），Projection（目标值或投影值），Σλ（参考标杆的权重系数之和），Benchmark and Lambda（参考标杆

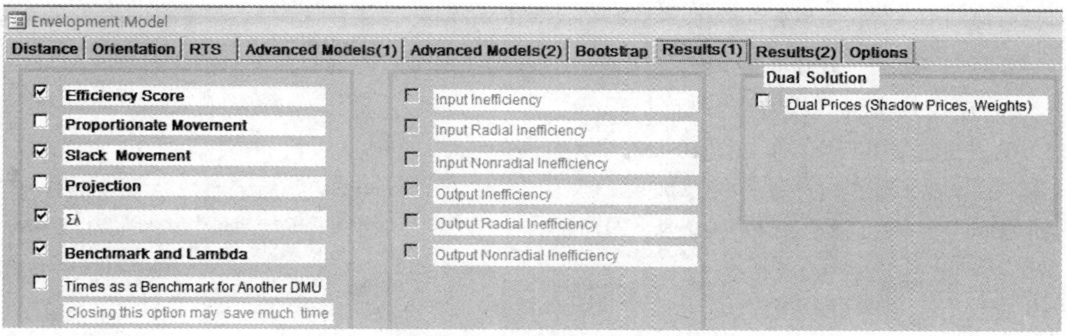


图10-25　输出结果设置

及其权重），Time as a Benchmark for Another DMU（有效DMU作为其他DMU的参考标杆的次数）以及Dual Prices（影子价格，权重）。本例做上如上图四项勾选。

4）输出结果分析

单击“Run”，输出分析结果如图10-26和图10-27所示。

Summary | Score, Benchmarks, ... | Weights(Dual Values)

| | |
|---|---|
| Model Type | Envelopment Model |
| Number of DMUs | 7 |
| Number of Inputs | 2 |
| Number of Outputs | 1 |
| Distance | Radial |
| Orientation | Input-oriented |
| Returns to Scale | Constant |
| Slack Computation | 2 Stage |
| Elapsed Time | 1 Seconds |

图10-26　输出结果摘要页面

Summary | Score, Benchmarks, ...

| NO | DMU | Score | Benchmark(Lambda) | SumLambda | Slack Movement (x1) | Slack Movement (x2) | Slack Movement (y) |
|---|---|---|---|---|---|---|---|
| 1 | A | 1 | A(1.0000) | 1 | 0 | 0 | 0 |
| 2 | B | 1 | B(1.0000) | 1 | 0 | 0 | 0 |
| 3 | C | 1 | C(1.0000) | 1 | 0 | 0 | 0 |
| 4 | D | 1 | D(1.0000) | 1 | 0 | 0 | 0 |
| 5 | E | .9333 | A(0.3200); B(1.2800) | 1.6 | 0 | 0 | 0 |
| 6 | F | .8333 | C(0.5625); D(0.5625) | 1.125 | 0 | 0 | 0 |
| 7 | G | .6875 | B(1.1250); C(0.5469) | 1.6719 | 0 | 0 | 0 |

图10-27　输出结果效率值页面

（1）第三列Score是效率值，在投入导向CRS模型中Score=$\theta^*$，在产出导向CRS模型中Score=$1/\varphi^*$，计算结果显示A、B、C、D有效。

（2）第四列Benchmark（Lambda）是参考标杆（λ）。λ是被参考的系数，有多个参考标杆时，用分号分割隔开。如G的参考标杆为“B（1.1250）；C（0.5469）”，表示G在前沿线上的投影点由B和C的投入产出线性组合构成，B和C的权重系数分别为1.1250和0.5469。

（3）第五列Sum Lambda是Σλ。该列中E、F、G的值均大于，说明该三个DMU规模递减。

（4）第六、七、八列为松弛变量改进值。对于无效的DMU而言，其改进方向是减少投入或增加产出。改进值松弛变量结果表示形式为Slack Movement（指标名称）。投入松弛变量改进值用负数表示，产出松弛变量改进值用正数表示。本例中松弛变量改进值均为0，说明A、B、C、D强有效。

5）规模效率或规模效应分析

单击页面“RTS”，作如图10-28所示的选择。

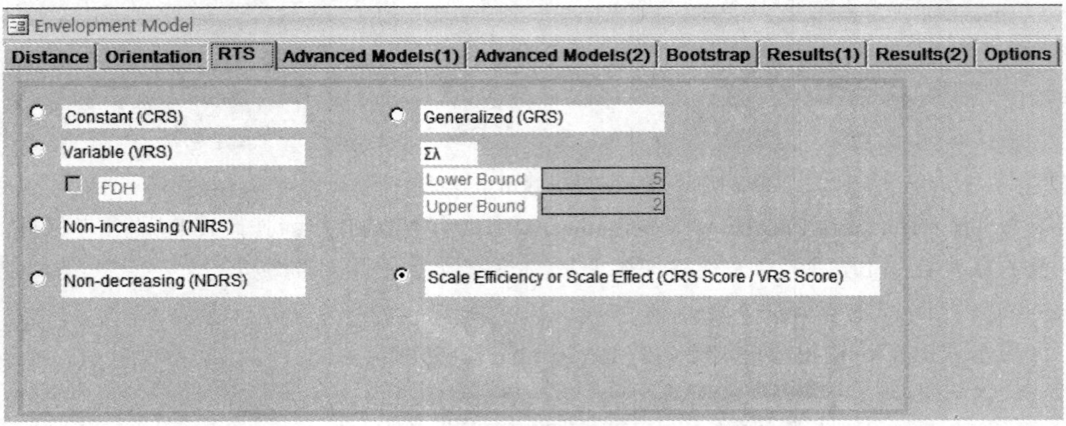


**图10-28　规模效率/效应选择**

单击“Run”，输出如图10-29所示的计算结果。

Summary | Score, Benchmarks, ...

| NO | DMU | Technical Efficiency Score(CRS) | Pure Technical Efficiency Score(VRS) | Scale Efficiency Score | RTS |
|---|---|---|---|---|---|
| 15 | A | 1 | 1 | 1 | Constant |
| 16 | B | 1 | 1 | 1 | Constant |
| 17 | C | 1 | 1 | 1 | Constant |
| 18 | D | 1 | 1 | 1 | Constant |
| 19 | E | .9333 | 1 | .9333 | Decreasing |
| 20 | F | .8333 | 1 | .8333 | Decreasing |
| 21 | G | .6875 | 1 | .6875 | Decreasing |

**图10-29　规模效率/效应分析结果**

图10-29中第三列是根据规模报酬不变模型计算的技术效率，第四列是根据规模报酬可变模型计算的纯技术效率，第五列是规模效率，第六列是规模报酬的类型。

## 本章小结

大多数的决策理论是规范性的，即决策理论以假设一个具有完全信息的、可实现精度计算的、并且完全理性的理想决策者的方式达到最优的决策（在实际中，某些所谓“最好”的情景并不是最大，最优也可能包含在一个具体的或近似的最大值）。这种规范模型的实际应用被称为决策分析，其目标是帮助人们进行进一步优化决策的工具和方法论。

一般来讲，一个完整的决策过程应包括决策问题的确定、方案设计、方案选优和方案实施等几个阶段。

决策问题可以从不同角度进行分类，按决策的重要性，可分为战略决策、战术决策和执行决策；按决策的目标多少，可分单目标决策和多目标决策；按决策者数量多少，可分为个人决策和集体决策；按决策问题的结构，可分为程序决策和非程序决策；按问题性质和条件，可分为确定型决策、不确定型决策、风险型决策和竞争型决策。为了评价各个可行方案的好坏，应拟定相应的原则和标准，作为选择决策方案的准绳，这就是决策准则。

针对不同类型的决策问题，应采用不同的准则。

在不确定型决策中，决策环境是不确定的。由于决策者的主观态度不同，常用的不确定型决策准则有悲观主义准则、乐观主义准则、等可能性准则、折衷主义准则和最小后悔值准则。在实际工作中需要进行决策分析的问题大多数属于风险型决策分析问题，风险型决策方法主要有期望值法、决策树法。

数据包络分析是一种基于被评价对象间相对比较的非参数技术效率分析方法，由美国著名的运筹学家A.Charnes、W.W.Cooper和E.Rhodes于1978年首次提出，并被命名为CCR模型；1984年R.D.Banker、A.Charnes和W.W.Cooper给出的模型被称为BCC的模型。CCR模型假设规模报酬不变，其得出的技术效率包含了规模效率的成分，因此被称为综合技术效率，本章主要介绍了投入导向CCR模型和产出导向CCR模型。规模报酬可变的BCC模型假设规模报酬可变，得出的技术效率排除了规模的影响，因此称为纯技术效率，本章主要介绍了投入导向BCC模型和产出导向BCC模型。DEA模型的图解是利用图示的方式解释模型的基本原理，该方法适合于二维数据包络分析模型的求解。

层次分析法是由美国运筹学家T.L.Saaty提出，它特别适用于分析解决一些结构比较复杂、难以量化的多目标（多准则）的决策问题。其特征是合理地将定性与定量的决策结合起来，按照思维、心理的规律把决策过程层次化、数量化。层次分析法的基本步骤为：（1）明确问题，提出总目标；（2）建立层次结构模型，把问题分解成若干层次；（3）构造判断矩阵；（4）层次单排序；（5）判断矩阵的一致性检验；（6）层次总排序。

## 章末习题

1. 某商店在夏季决定从外地运来一批西瓜销售，根据以往的经验，当地居民的需要量可能为10 000千克、15 000千克、20 000千克或25 000千克，商店的支出为0.80元/千克，而售价为1.20元/千克。要求：

（1）写出该问题的损益值表；

（2）分别采用五种决策准则确定商店应进货的数量。

2. 企业根据产品生产的需要，准备异地建设工厂生产某种产品，建设大厂的投资费用为280万元，建设小厂的投资费用为140万元。预计10年内产品市场需求量高的可能性为0.5，需求量一般的可能性为0.3，需求量低的可能性为0.2。如果建大厂，需求量高时企业每年可获利100万元，需求量一般时每年可获利60万元，需求量低时由于生产不足每年亏损20万元；如果建小厂，需求量高时企业每年可获利40万元，需求量一般时每年可获利25万元，需求量低时每年可获利15万元。用决策树方法进行决策。

3. 某厂面临如下市场形势：估计市场销路好的概率为0.7，滞销的概率为0.3。若进行全面设备更新，销路好时收益为1 200万元，滞销时亏损150万元。若不进行设备更新，则不论销路好坏均可稳获收益100万元。为避免决策的盲目性，可以先进行部分设备更新试验，预测新的市场信息。根据市场研究知，试验结果销路好的概率是0.8，滞销的概率是0.2；又试验结果销路好实际销路也好的概率是0.85，试验结果滞销实际销路好的概率为0.10。要求：

（1）绘制决策树；

（2）计算进行部分设备更新获取信息的价值。

4.某企业计划生产一种新产品，根据市场估计该产品畅销的概率为0.35，销售一般的概率为0.3，滞销的概率为0.35，各种状态下的盈利分别是50万元、10万元和-15万元。为准确把握市场的状态，需要作市场调查，调查费用0.5万元，调查结果如表10-29所示。

表10-29 **新产品销售状态表**

| $[p(B\|S)]$ \ S / B | | 估计结果 | | |
|---|---|---|---|---|
| | | $S_1$（畅销） | $S_2$（一般） | $S_3$（滞销） |
| 调查结果 | $B_1$（畅销） | 0.75 | 0.15 | 0.10 |
| | $B_2$（一般） | 0.20 | 0.55 | 0.15 |
| | $B_3$（滞销） | 0.05 | 0.30 | 0.75 |

试根据上述资料，对企业新产品的生产进行决策。

5.现有北京、天津、上海和重庆四个直辖市某年的投入和产出数据如表10-30所示。

表10-30 **四个直辖市某年投入产出数据表**

| 城市 | 投入指标 | | 产出指标 | |
|---|---|---|---|---|
| | 固定资产投资（亿元） | 城镇单位就业人员（万人） | 地区总产值（亿元） | 财政收入（亿元） |
| 北京 | 7 495.99 | 777.34 | 23 014.59 | 4 723.86 |
| 天津 | 11 831.99 | 294.78 | 16 538.19 | 2 667.11 |
| 上海 | 6 352.70 | 637.23 | 25 123.45 | 5 519.50 |
| 重庆 | 14 353.24 | 415.61 | 15 717.27 | 2 154.83 |

根据上述资料，对四个直辖市生产水平的相对有效性进行分析。

6.振华银行下属的四个分理处投入和产出的有关数据如表10-31所示。

表10-31 **振华银行四个分理处投入产出有关数据表**

| 项目 | 投入指标 | | 产出指标 | | |
|---|---|---|---|---|---|
| | 职员数（人） | 营业面积（$m^2$） | 储蓄存取（笔/月） | 总产值（笔/月） | 中间业务（笔/月） |
| 分理处1 | 15 | 140 | 1 800 | 200 | 1 600 |
| 分理处2 | 20 | 130 | 1 000 | 350 | 1 000 |
| 分理处3 | 21 | 120 | 800 | 450 | 1 300 |
| 分理处4 | 20 | 135 | 900 | 420 | 1 500 |

试对各分理处的运行效率进行分析。

7.某人要对自游地点做出安排，计划从海南、黄山、贵州三个旅游地点做出选择，考察的项目是：景色、费用、居住、饮食、交通。试构造判断矩阵，进行决策分析。

8.某投资公司计划开发某一项目，经过对项目开发影响因素的分析，构造了如图10-30所示的层阶结构图：

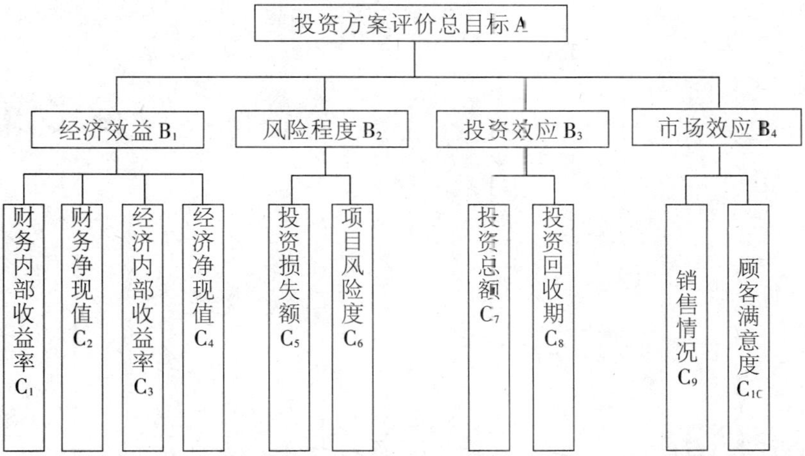


图10-30　层阶结构图

确定的判断矩阵 $A=\begin{bmatrix}1 & 3 & 6 & 8\\ 1/3 & 1 & 4 & 6\\ 1/6 & 1/4 & 1 & 3\\ 1/8 & 1/6 & 1/3 & 1\end{bmatrix}$，$B_1=\begin{bmatrix}1 & 1 & 3 & 4\\ 1 & 1 & 2 & 3\\ 1/3 & 1/2 & 1 & 2\\ 1/4 & 1/3 & 1/2 & 1\end{bmatrix}$，$B_2=\begin{bmatrix}1 & 2\\ 1/2 & 1\end{bmatrix}$，$B_3=\begin{bmatrix}1 & 5\\ 1/5 & 1\end{bmatrix}$，$B_2=\begin{bmatrix}1 & 3\\ 1/3 & 1\end{bmatrix}$。

试对C层因素的重要程度进行分析。

# 参考文献


[1]《运筹学》教材编写组．运筹学［M］．4版．北京：清华大学出版社，2013.

[2] 成刚．数据包络分析方法与MaxDEA软件［M］．北京：知识产权出版社，2014.

[3] 党耀国，李帮义，朱建军．运筹学［M］．2版．北京：科学出版社，2015.

[4] 韩伯棠．管理运筹学［M］．4版．北京：高等教育出版社，2015.

[5] 胡运权．运筹学基础及应用［M］．6版．北京：高等教育出版社，2015.

[6] 胡运权．运筹学教程［M］．4版．北京：清华大学出版社，2012.

[7] 胡运权．运筹学习题集［M］．4版．北京：清华大学出版社，2010.

[8] 黄本笑，范如国．管理科学理论与方法［M］．武汉：武汉大学出版社，2006.

[9] 龙子泉，陆菊春．管理运筹学［M］．2版．武汉：武汉大学出版社，2010.

[10] 牛映武．运筹学［M］．3版．西安：西安交通大学出版社，2013.

[11] 孙麟平．运筹学［M］．北京：科学出版社，2013.

[12] 王文平．运筹学［M］．北京：科学出版社，2007.

[13] 魏权龄，胡显佑，严颖．运筹学通论［M］．3版．北京：中国人民大学出版社，2014.

[14] 吴育华，杜纲．管理科学基础［M］．3版．天津：天津大学出版社，2009.

[15] 希利尔 F S，希利尔 M S，施梅德斯 K，等．数据、模型与决策［M］．任建标，译．3版．北京：中国财政经济出版社，2010.

[16] 熊伟．运筹学［M］．3版．北京：机械工业出版社，2014.

[17] 徐玖平，胡知能，王緌．运筹学（Ⅰ类）［M］．3版．北京：科学出版社，2007.

[18] 徐玖平，胡知能．运筹学——数据、模型、决策［M］．北京：科学出版社，2006.

[19] 徐永仁．运筹学试题精选与答题技巧［M］．哈尔滨：哈尔滨工业大学出版社，2000.

[20] 周华任．运筹学解题指导［M］．2版．北京：清华大学出版社，2013.